VDE-Schriftenreihe 127

VDE-Schriftenreihe Normen verständlich **127**

Power Quality

Entstehung und Bewertung von Netzrückwirkungen;
Netzanschluss erneuerbarer Energiequellen

Theorie, Normung und Anwendung von

DIN EN 61000-3-2 (VDE 0838-2)
DIN EN 61000-3-12 (VDE 0838-12)

DIN EN 61000-3-3 (VDE 0838-3)
DIN EN 61000-3-11 (VDE 0838-11)

DIN EN 61000-2-2 (VDE 0839-2-2)
DIN EN 61000-2-4 (VDE 0839-2-4)

DIN EN 61000-4-7 (VDE 0847-4-7)
DIN EN 61000-4-15 (VDE 0847-4-15)

DIN EN 50160
DIN EN 61000-4-30 (VDE 0847-4-30)
VDN – Technische Regeln zur Beurteilung von Netzrückwirkungen

Prof. Dr.-Ing. Jürgen Schlabbach
Prof. Dr.-Ing. Wilhelm Mombauer

2008

VDE VERLAG GMBH · Berlin · Offenbach

Auszüge aus DIN-Normen mit VDE-Klassifikation sind für die angemeldete limitierte Auflage wiedergegeben mit Genehmigung 012.007 des DIN Deutsches Institut für Normung e. V. und des VDE Verband der Elektrotechnik Elektronik Informationstechnik e. V. Für weitere Wiedergaben oder Auflagen ist eine gesonderte Genehmigung erforderlich.

Die zusätzlichen Erläuterungen geben die Auffassung der Autoren wieder. Maßgebend für das Anwenden der Normen sind deren Fassungen mit dem neuesten Ausgabedatum, die bei der VDE VERLAG GMBH, Bismarckstraße 33, 10625 Berlin und der Beuth Verlag GmbH, Burggrafenstraße 6, 10787 Berlin erhältlich sind.

Bibliografische Information der Deutschen Nationalbibliothek
Die Deutsche Nationalbibliothek verzeichnet diese Publikation in der Deutschen Nationalbibliografie; detaillierte bibliografische Daten sind im Internet über http://dnb.d-nb.de abrufbar

ISBN 978-3-8007-2993-7

ISSN 0506-6719

© 2008   VDE VERLAG GMBH, Berlin und Offenbach
         Bismarckstraße 33, 10625 Berlin
         www.vde-verlag.de

Alle Rechte vorbehalten

Gesamtherstellung: KOMAG mbH, Berlin   2008-03

Vorwort

Die Betrachtung der Spannungsqualität, im englischen Sprachraum „Voltage quality" genannt, gewinnt durch den vermehrten Einsatz von Leistungselektronik in Verbrauchs- und Erzeugungsanlagen immer mehr an Bedeutung. Die Qualität der Spannung wird dabei durch verschiedene Phänomene beschrieben. Mindestanforderungen an die Spannungsqualität in Nieder- und Mittelspannungsnetzen können aus den in DIN EN 50160 aufgeführten Werten abgeleitet werden. Dabei ist zu unterscheiden zwischen solchen Merkmalen, die durch die Angabe von Pegeln eindeutig festgelegt sind, wie z. B. Netzfrequenz, Oberschwingungsspannungen und solchen, für die Anhaltswerte oder Erwartungswerte gegeben sind, wie z. B. Spannungseinbrüche und Spannungsunterbrechungen.

Der vorliegende Band 127 der VDE-Schriftenreihe schildert, ausgehend von den theoretischen Grundlagen der verschiedenen Phänomene der Spannungsqualität, die Inhalte der aktuellen Normung und der daraus entwickelten anwendungsbezogenen Richtlinien.

Kapitel 1 schildert neben allgemeinen Darstellungen zur Spannungsqualität und zu DIN EN 50160 die mathematischen Grundlagen, wie Fourieranalyse, symmetrische Komponenten und die Berechnung der Impedanzen von Betriebsmitteln, die für das Verständnis der nachfolgenden Kapitel notwendig sind.

Kapitel 2 erläutert grundsätzliche Netzformen und die sich daraus ergebenden Netzresonanzen. Weiterhin wird die Kurzschlussstromberechnung nach DIN EN 60909 (VDE 0102) insoweit erläutert, als dies zur Ermittlung der Netzimpedanz zur Bewertung von Netzrückwirkungen notwendig ist.

Kapitel 3 geht auf die grundlegenden elektrotechnischen Eigenarten der Erzeugungsanlagen erneuerbarer Energiequellen ein und vermittelt einen grundlegenden Überblick über die durch die eingesetzte Leistungselektronik verursachten Störaussendungen. Mess- und Analysebeispiele ergänzen dieses Kapitel praxisnah.

Kapitel 4 schildert detailliert den aktuellen Stand der Normung im Bereich Spannungsqualität, wobei ausschließlich auf die leitungsgebundenen, niederfrequenten Störaussendungen eingegangen wird. Die Einbettung der elektrotechnischen Normung in das Regulierungsumfeld von EMV-Gesetz, EnW-Gesetz und NAV wird ebenso dargestellt wie die Inhalte von technischen Anschlussbedingungen und Verbandsrichtlinien.

Kapitel 5 beschäftigt sich mit Entstehung, Auswirkungen und Bewertung von Oberschwingungen und Zwischenharmonischen. Ausgehend von den Grundlagen der

Leistungselektronik und der Darstellung der Normung werden Auswirkungen im Netz, insbesondere durch Resonanzen, sowie die Vorgehensweise bei der Bewertung geschildert. Anwendungsbeispiele ergänzen dieses Kapitel.

Kapitel 6 befasst sich mit der Berechnung der Flickerstärke am Anschlusspunkt einer Anlage sowie der Verteilung von Flicker im Netz. Beispiele zur Anschlussbeurteilung ergänzen dieses Kapitel.

Kapitel 7 erläutert die Ursachen und Auswirkungen von Spannungsunsymmetrien sowie die Vorgehensweise bei der Bewertung. Der Stand der Normung für eine Bewertung von Spannungsunsymmetrien wird dargestellt. Auch hier runden Anwendungsbeispiele das Kapitel ab.

Kapitel 8 beschreibt ausführlich die theoretischen Grundlagen für die Messung von Oberschwingungen und Flicker und erläutert die einschlägigen Normen zur Ermittlung von Merkmalen der Spannungsqualität.

Schwerpunktmäßig wurden die Kapitel 1 bis 3, 5 und 7 sowie Abschnitte 4.1 bis 4.5 von Prof. Dr.-Ing. Schlabbach, Kapitel 6 und 8 sowie Abschnitt 4.6 von Prof. Dr.-Ing. Mombauer bearbeitet.

Es wird darauf hingewiesen, dass der aktuelle Stand der Normung (Februar 2008) in diesem Buch Eingang gefunden hat. Normen und Richtlinien unterliegen der Überarbeitung. Maßgeblich sind daher die zum Zeitpunkt der Anwendung gültigen Normen und Richtlinien. Die Interpretationen und Auslegungen dieses Buchs stellen die persönliche Meinung der Autoren dar. In Zweifelsfällen sind die zuständigen Ausschüsse der DKE zu konsultieren.

Die Autoren danken allen Firmen, die durch Informationsmaterial und Messergebnisse maßgeblich zur praxisnahen Darstellung der Sachinhalte beigetragen haben. Insbesondere sei Herrn Dr. Koschinsky (Windtest Grevenbroich GmbH) für die Überlassung von Flickermessungen gedankt sowie Herrn Dipl.-Ing. Weinert (FH Bielefeld) für die zusätzlichen Entwicklungsarbeiten am Oberschwingungsmesssystem und der normgerechten Darstellung der Auswerteergebnisse. Herrn Dipl.-Ing. Werner und den Mitarbeiterinnen und Mitarbeitern des VDE VERLAGs sei für die gute Zusammenarbeit in jeder Phase der Erstellung dieses Buchs gedankt.

Anmerkungen, Hinweise und Kommentare zum Buch sind den Autoren willkommen unter juergen.schlabbach@fh-bielefeld.de und w.mombauer@t-online.de. Aktualisierungen zum Buch findet man unter www.fh-bielefeld.de/fb2/labor-ev und www.power-quality-net.de.

Bielefeld und Altrip im Februar 2008

Inhaltsverzeichnis

1	**Einführung**	**13**
1.1	Elektromagnetische Verträglichkeit in elektrischen Netzen	13
1.2	Klassifizierung von Störgrößen (Netzrückwirkungen)	19
1.3	EU-Richtlinien, VDE-Bestimmungen, Normung	21
1.4	Merkmale der Spannung in Netzen, DIN EN 50160	25
1.5	Mathematische Grundlagen	28
1.5.1	Komplexe Rechnung, Zählpfeile und Zeigerdiagramme	28
1.5.2	Fourieranalyse und -synthese	35
1.5.3	System der symmetrischen Komponenten	41
1.5.4	Messung der Impedanzen der symmetrischen Komponenten (012-System)	47
1.5.5	Symmetrische Komponenten und Oberschwingungen	52
1.5.6	Leistungsbetrachtungen	53
1.5.7	Statistik	56
1.6	Berechnung der Impedanzen von Betriebsmitteln	61
1.7	Rechenbeispiele	67
1.7.1	Grafische Ermittlung der symmetrischen Komponenten	67
1.7.2	Rechnerische Ermittlung der symmetrischen Komponenten	69
1.7.3	Berechnung von Betriebsmitteln	70
	Literatur Kapitel 1	72
2	**Elektrische Netze und Betriebsmittel**	**73**
2.1	Struktur und Aufbau elektrischer Netze	73
2.1.1	Strahlennetze	73
2.1.2	Ringnetze	74
2.1.3	Vermaschte Netze	77
2.1.4	Maschennetze	77
2.2	Netzbedingungen	81
2.2.1	Spannungsebenen und Impedanzen	81
2.2.2	Empfohlene Spannungsebenen	83
2.3	Berechnung von Netzen und Betriebsmitteln	84
2.3.1	Allgemeines	84
2.3.2	Modellierung von Betriebsmitteln	85
2.3.3	Besonderheiten der Nachbildung von Verbraucherlasten	87
2.4	Reihen- und Parallelschwingkreise in Energieversorgungsnetzen	90
2.5	Berechnung von Kurzschlussleistung und Kurzschlussströmen nach DIN EN 60909-0 (VDE 0102)	96
2.5.1	Allgemeines	96
2.5.2	Berechnung der Kurzschlussstromparameter	101

2.5.3	Einfluss von Motoren	103
2.6	Berechnung der größten Netzimpedanz zur Beurteilung von Netzrückwirkungen	104
2.7	Kenndaten typischer Betriebsmittel	106
2.8	Beispiele	110
2.8.1	Berechnung von Schwingkreisen	110
2.8.2	Resonanzen in Mittelspannungskabelnetzen	110
2.8.3	Berechnung des Kurzschlussstroms nach DIN EN 60909-0 (VDE 0102) und der Netzimpedanz nach VDN-Technische Regeln...	111
2.8.4	Berechnung der frequenzabhängigen Impedanz in einem Mittelspannungsnetz	114
2.8.5	Frequenzabhängige Impedanz eines 220-kV-Netzes	116
	Literatur Kapitel 2	117
3	**Anlagen zur Nutzung erneuerbarer Energiequellen**	119
3.1	Grundlagen	119
3.2	Grundlagen der Leitungselektronik	121
3.2.1	Allgemeines	121
3.2.2	Fremdgeführte (netzgeführte) Stromrichter	123
3.2.2.1	Allgemeines	123
3.2.2.2	Drehstrombrückenschaltung	124
3.2.3	Selbstgeführte Stromrichter	130
3.2.3.1	Allgemeines	130
3.2.3.2	Umrichter	131
3.2.3.3	Pulsweitenmodulation	133
3.2.4	Gleichspannungswandler	137
3.2.4.1	Tiefsetzsteller	138
3.2.4.2	Hochsetzsteller	140
3.3	Photovoltaikanlagen	141
3.3.1	Grundlagen	141
3.3.2	Wechselrichter in PV-Anlagen	145
3.3.3	Funktioneller Aufbau von PV-Wechselrichtern	146
3.3.4	Netzüberwachung	148
3.4	Windenergieanlagen	149
3.4.1	Grundlagen	149
3.4.2	Elektrische Ausrüstung von Windenergieanlagen	152
3.4.2.1	Allgemeines	152
3.4.2.2	Asynchrongenerator mit direkter Netzankopplung	152
3.4.2.3	Asynchrongenerator mit direkter Netzankopplung und dynamischer Schlupfregelung	153
3.4.2.4	Doppelt gespeister Asynchrongenerator mit Umrichter im Läuferkreis	154
3.4.2.5	Synchrongenerator mit Umrichter (Gleichspannungszwischenkreis)	155

3.5	Beispiele	155
3.5.1	Störaussendungen von PV-Anlagen	155
3.5.2	Einfluss der in der Netzspannung vorhandenen Oberschwingungen auf die Störaussendung	158
3.5.3	Einfluss der Netzüberwachung auf die Störaussendung	161
3.5.2	Störaussendungen von Windenergieanlagen	163
	Literatur Kapitel 3	168
4	**Anschluss von Anlagen an das öffentliche Stromversorgungsnetz**	**169**
4.1	Allgemeines zu Regeln, Richtlinien und Anschlussbedingungen	169
4.2	Transmission Code – Verband der Netzbetreiber	172
4.3	Technische Anschlussbedingungen TAB	172
4.3.1	Bau und Betrieb von Übergabestationen zur Versorgung von Kunden aus dem Mittelspannungsnetz	172
4.3.2	Technische Anschlussbedingungen für den Anschluss an das Niederspannungsnetz	173
4.4	Richtlinien der Fördergesellschaft Windenergie e. V. (FGW-Richtlinien)	173
4.5	VDEW-Richtlinien	174
4.5.1	Eigenerzeugungsanlagen am Mittelspannungsnetz	174
4.5.2	Eigenerzeugungsanlagen am Niederspannungsnetz	175
4.6	VDN-Technische Regeln zur Beurteilung von Netzrückwirkungen	175
4.6.1	VDN-Technische Regeln – Kapitel 1: Netzrückwirkungen, Elektromagnetische Verträglichkeit und Spannungsqualität	176
4.6.2	VDN-Technische Regeln – Kapitel 2: Begriffe und Definitionen	176
4.6.3	VDN-Technische Regeln – Kapitel 3: Kurzschlussleistung	178
4.6.4	VDN-Technische Regeln – Kapitel 4: Spannungsänderungen und Flicker	179
4.6.5	VDN-Technische Regeln – Kapitel 5: Spannungsunsymmetrie	182
4.6.6	VDN-Technische Regeln – Kapitel 6: Oberschwingungen	182
4.6.7	VDN-Technische Regeln – Kapitel 7: Kommutierungseinbrüche	191
4.6.8	VDN-Technische Regeln – Kapitel 8: Zwischenharmonische Spannungen	192
4.6.9	VDN-Technische Regeln – Kapitel 9: Tonfrequenzrundsteuerungen (TRA) – Beeinflussungen	192
4.6.10	VDN-Technische Regeln – Kapitel 10: Erzeugungsanlagen	192
	Literatur Kapitel 4	194
5	**Oberschwingungen und Zwischenharmonische**	**195**
5.1	Entstehung und Ursachen	195
5.1.1	Allgemeines	195
5.1.2	Entstehung durch Netzbetriebsmittel und Lasten	195

5.1.3	Zweiweg-Gleichrichter mit kapazitiver Glättung	198
5.1.4	Höherpulsige leistungselektronische Schaltungen	201
5.1.5	Entstehung durch stochastisches Verbraucherverhalten	201
5.1.5	Rundsteuersignale	205
5.2	Beschreibung und Berechnung	207
5.2.1	Kenngrößen und Parameter	207
5.3	Auswirkungen von Oberschwingungen und Zwischenharmonischen	210
5.3.1	Allgemeines	210
5.3.2	Motoren und Generatoren	211
5.3.3	Kondensatoren	212
5.3.3.1	Resonanzen in elektrischen Netzen	212
5.3.3.2	Auswirkungen von Oberschwingungen auf Kondensatoren	214
5.3.3.3	Verdrosselung von Kondensatoren	217
5.3.3.4	Belastbarkeit von Kondensatoren	220
5.3.4	Andere energietechnische Betriebsmittel	221
5.3.5	Netzbetrieb	223
5.3.6	Elektronische Betriebsmittel	223
5.3.7	Schutz-, Mess- und Automatisierungsgeräte	224
5.3.8	Lasten und Verbraucher	227
5.4	Bewertung von Oberschwingungen	228
5.4.1	Allgemeines, Verträglichkeitspegel	228
5.4.2	Grenzwerte für Oberschwingungen von Geräten mit einem Nennstrom $\leq$ 16 A	232
5.4.3	Grenzwerte für Oberschwingungen von Geräten mit einem Nennstrom $\leq$ 75 A	236
5.4.4	Bewertung nach Technischen Regeln zur Beurteilung von Netzrückwirkungen	240
5.5	Bewertung von Zwischenharmonischen	244
5.6	Mess- und Rechenbeispiele	247
5.6.1	Oberschwingungsresonanz durch Blindstromkompensation	247
5.6.2	Bewertung von Oberschwingungen	250
5.6.3	Zwischenharmonische	252
5.6.4	Störaussendungen von Niederspannungsverbrauchern	255
	Literatur Kapitel 5	259
6	**Spannungsschwankungen und Flicker**	**261**
6.1	Einführung	261
6.2	Flickererzeugende Lasten	263
6.2.1	Motoren	263
6.2.2	Drehstrom-Lichtbogenofen	267
6.2.3	Widerstandsschweißmaschinen	269
6.3	Summationsgesetz für Flicker	275

6.4	Berechnung der Flickerstärke	278
6.4.1	Beispiel – Berechnung der Flickerstärke	286
6.5	Ermittlung des Spannungsänderungsverlaufs zur Beurteilung der Störaussendung einzelner Verbrauchseinrichtungen	287
6.5.1	Symmetrische Belastung	288
6.5.1.1	Beispiel – Spannungsänderung beim Motoranlauf	291
6.5.2	Unsymmetrische Belastung	291
6.5.2.1	Beispiel – Anschlussbeurteilung einer Punktschweißmaschine	295
6.6	Verteilung der Flickerpegel im Netz	297
6.6.1	Verlegung des Anschlusspunkts einer Last	301
6.6.1.1	Beispiel – Flickerverteilung im Netz	303
6.6.1.2	Beispiel – Verlagerung des Anschlusspunkts	306
6.6.1.3	Beispiel – Transferkoeffizient, Summationsgesetz	307
6.7	Flickerminimierung und Kompensation	309
6.7.1	Anlagenseitige Maßnahmen:	309
6.7.2	Netzseitige Maßnahmen:	312
6.8	Flicker durch Zwischenharmonische	312
6.8.1	Beispiel – Flicker durch Zwischenharmonische	315
6.9	Anschluss von Flicker erzeugenden Lasten an das öffentliche Netz	316
6.9.1	Grenzwerte für Spannungsschwankungen und Flicker von Geräten mit einem Nennstrom ≤ 16 A – DIN EN 61000-3-3 (VDE 0838-3)	316
6.9.2	Grenzwerte für Spannungsschwankungen und Flicker von Geräten mit einem Nennstrom von ≤ 75 A, die einer Sonderanschlussbedingung unterliegen – DIN EN 61000-3-11 (VDE 0838-11)	323
6.9.3	Anschluss von Kundenanlagen größerer Leistung an das öffentliche NS-/MS-Netz – die VDN (D-A-CH-CZ)-Technische Regeln	326
	Literatur Kapitel 6	329
7	**Spannungsunsymmetrien**	**331**
7.1	Ursachen und Beschreibungsparameter	331
7.2	Auswirkungen, Grenzwerte und Normung	333
7.3	Bewertung von Spannungsunsymmetrien in Niederspannungsnetzen	333
7.4	Bewertung von Spannungsunsymmetrien in Mittel-, Hoch- und Höchstspannungsnetzen	335
7.4.1	Allgemeines, Planungspegel	335
7.4.2	Summationsexponent α	336
7.4.3	Transferfaktoren T	336
7.4.4	Faktoren $k_{u,E}$	338
7.4.5	Bewertung in Mittelspannungsnetzen	338
7.4.6	Bewertung in Hoch- und Höchstspannungsnetzen	342

7.5	Beispiele	344
7.5.1	Bewertung eines unsymmetrischen Verbrauchers im Niederspannungsnetz	344
7.5.2	Bewertung eines unsymmetrischen Verbrauchers im Mittelspannungsnetz	344
7.5.3	Spannungsunsymmetrie in einem Industriebetrieb	345
	Literatur Kapitel 7	346
8	**Messgeräte und Messverfahren**	**347**
8.1	Zielsetzung von Messungen	347
8.2	Oberschwingungsmessverfahren – DIN EN 61000-4-7 (VDE 0847-4-7)	351
8.3	Flickermeter – DIN EN 61000-4-15 (VDE 0847-4-15)	369
8.4	Verfahren zur Messung der Spannungsqualität – DIN EN 61000-4-30 (VDE 0847-4-30)	378
	Literatur Kapitel 8	388

1 Einführung

1.1 Elektromagnetische Verträglichkeit in elektrischen Netzen

Aufgrund der „Verordnung über allgemeine Bedingungen für den Netzanschluss und dessen Nutzung für die Elektrizitätsversorgung in Niederspannung (NAV)", bisher „Verordnung über Allgemeine Bedingungen für die Elektrizitätsversorgung von Tarifkunden (AVBEltV)" sowie der „Technischen Anschlussbedingungen für den Anschluss an das Netz" (TAB) und der Verträge für Sondervertragskunden sind

„Anlagen und Verbrauchsgeräte so zu betreiben, dass Störungen anderer Kunden und störende Rückwirkungen auf Einrichtungen des Elektrizitätsversorgungsunternehmens oder Dritter ausgeschlossen sind".

Diese Aussage wird ergänzt durch die Definition des Begriffs der Elektromagnetischen Verträglichkeit (EMV) nach DIN EN 61000-2-2 (VDE 0839-2-2), ähnlich DIN 57870-1 (VDE 0870-1), als

„Fähigkeit einer elektrischen Einrichtung (Betriebsmittel, Gerät oder System), in seiner elektromagnetischen Umgebung zufriedenstellend zu funktionieren, ohne in diese Umgebung, zu der auch andere Einrichtungen gehören, unzulässige elektromagnetische Störgrößen einzubringen".

Dabei wird die Problematik der Elektromagnetischen Verträglichkeit nicht erst in der heutigen Zeit erkannt. Bereits im Jahr 1892 wurde im Deutschen Reich ein Gesetz erlassen, das als erstes EMV-Gesetz [1.1] angesehen werden kann:

„Elektrische Anlagen sind, wenn eine Störung des Betriebs der einen Leitung durch eine andere eingetreten oder zu befürchten ist, auf Kosten desjenigen Theiles, welcher durch die spätere Anlage oder durch eine später eintretende Änderung seiner bestehenden Anlage diese Störung oder die Gefahr derselben veranlasst, nach Möglichkeit so auszuführen, dass sie sich nicht störend beeinflussen."

Es ist eine weitverbreitete Ansicht, dass zur Erreichung der EMV die definierte Anwendung der in den Normen gegebenen Prozeduren ausreicht, dies also zu einem sicheren Betrieb von elektrotechnischen Systemen bezüglich elektromagnetischer Störeinflüsse führt. Dies ist nur bedingt korrekt, da die Normung lediglich die zu erfüllenden Anforderungen für Standardfälle festlegt. Technische Systeme sind aber hinsichtlich ihrer Auslegung und ihres Betriebs so komplex und vielfältig, dass die in den Normen gegebenen Vorgaben oft zu kurz greifen und somit interpretiert werden den müssen.

Die elektrische Energie und dabei insbesondere die Spannung hat an der Übergabestelle zum Kunden viele veränderliche Merkmale, die einen zum Teil erheblichen störenden Einfluss auf die Nutzungsmöglichkeit haben. Einen wesentlichen Teil dieser Störungen der Spannung stellen Netzrückwirkungen dar. Netzrückwirkungen ergeben sich, wenn Betriebsmittel mit nicht linearer Strom-Spannungs-Kennlinie oder mit nicht stationärem Betriebsverhalten an einem Netz mit endlicher Kurzschlussleistung, d. h. an einem Netz mit endlicher Impedanz, betrieben werden.

Die Problematik der Netzrückwirkungen gewinnt durch den vermehrten Einsatz von Leistungselektronik (vermehrte Störaussendung) einerseits und die Reduzierung der Signalpegel in elektronischen Geräten (erhöhte Störempfindlichkeit) andererseits immer mehr an Bedeutung. In diesem Zusammenhang seien einige typische Werte von Signalpegeln von Geräten der Mess-, Steuer- und Regeltechnik genannt:

- elektromechanische Geräte $(10^{-1} \ldots 10^{1})$ W
- analoge elektronische Geräte $(10^{-3} \ldots 10^{-1})$ W
- digitale elektronische Geräte $(10^{-5} \ldots 10^{-3})$ W

Bei der Betrachtung der Netzrückwirkungen ist prinzipiell davon auszugehen, dass die Interessenlagen der Verbraucher und der Netzbetreiber in Einklang gebracht werden müssen. Dabei müssen wirtschaftliche Aspekte ebenso berücksichtigt werden wie technische Randbedingungen der Betriebsmittel und Netznutzer.

So ist es generell nicht möglich, die Kurzschlussleistung des Netzes beliebig zu erhöhen, dadurch die Impedanz beliebig zu verkleinern und die Spannungsfälle möglichst gering zu halten, um so die Netzrückwirkungen zu verringern. Wirtschaftliche und technische Grenzen sind hier maßgebend. Auf der anderen Seite können die im Netz zu betreibenden Geräte nicht mit einer beliebig hohen Störfestigkeit ausgestattet werden, die Kosten hierfür wachsen mit höherer Störfestigkeit stark an. Den grundlegenden Zusammenhang zeigt **Bild 1.1**.

Zwischen diesen Randbedingungen muss ein für alle Netznutzer und Verbraucher verlässlicher Kompromiss gefunden werden, der insbesondere bei Netzänderungen Bestand hat und das ordnungsgemäße Funktionieren der Betriebsmittel und Anlagen auch in der Zukunft gewährleistet.

Die einzelnen Phänomene der Netzrückwirkungen sind dabei jeweils getrennt zu untersuchen, wobei Fragen der Messbarkeit, der Analyse möglicher Auswirkungen auf Betriebsmittel sowie die Festlegung geeigneter Abhilfemaßnahmen zu jeweils unterschiedlichen Lösungen führen können.

Die zukünftige Entwicklung erfordert ein ständiges Beobachten der Netzrückwirkungen. Gründe hierfür sind:

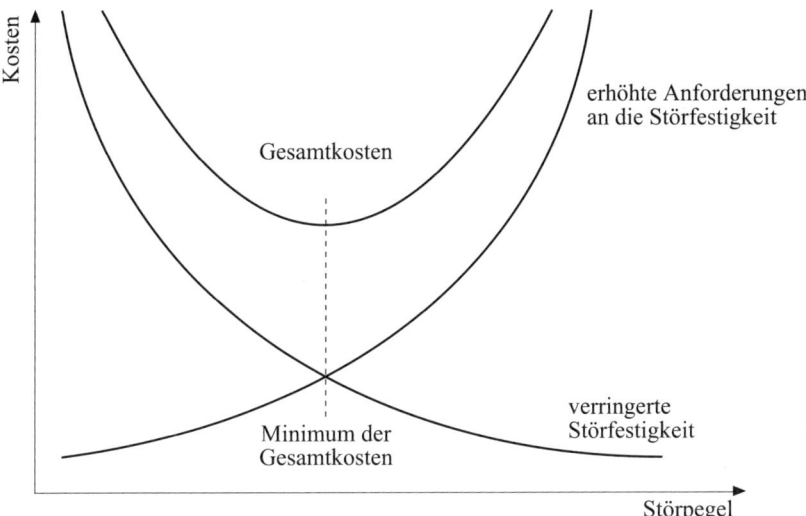

Bild 1.1 Qualitativer Vergleich der Kosten für Reduzierung von Störaussendungen, Erhöhung der Störfestigkeit und Gesamtkosten

- Netzveränderungen und -umstrukturierungen (z. B. Erhöhung des Kabelanteils in Netzen) sowie der verstärkte Einsatz von Anlagen zur Blindleistungskompensation führen zu niedrigeren Resonanzfrequenzen des Netzes.

- Änderungen der Verbraucherzusammensetzung (Ersatz von Ohm'schen Verbrauchern durch elektronische Betriebsmittel, z. B. in der industriellen Wärmetechnik) und geändertes Verbraucherverhalten (vermehrte Nutzung von elektronischen Kleingeräten) führen zu geringerer Dämpfung des Netzes und zu höheren Störpegeln.

- Maßnahmen der Verbrauchsminderung durch Ersatz konventioneller Beleuchtungseinrichtungen durch Kompaktleuchtstofflampen führen zu erhöhten Störpegeln.

- Einsatz nicht konventioneller Strom- und Spannungswandler (Lichtwellenleiter) führt zur Verbesserung der Messung von Netzrückwirkungen.

- Entwicklung neuer Kompensations- und Abhilfemaßnahmen erlaubt kostengünstige Lösungen zur Verbesserung der Spannungsqualität.

Wegen der zeit- und ortsabhängig unterschiedlichen Überlagerung und des stochastischen Verhaltens der Störgrößen im elektrischen Versorgungsnetz, wie in **Bild 1.2** dargestellt, kann der Pegel einer Störgröße lediglich als Häufigkeitsverteilung angegeben werden. Ebenso ist die Störfestigkeit der Einzelgeräte statistisch verteilt.

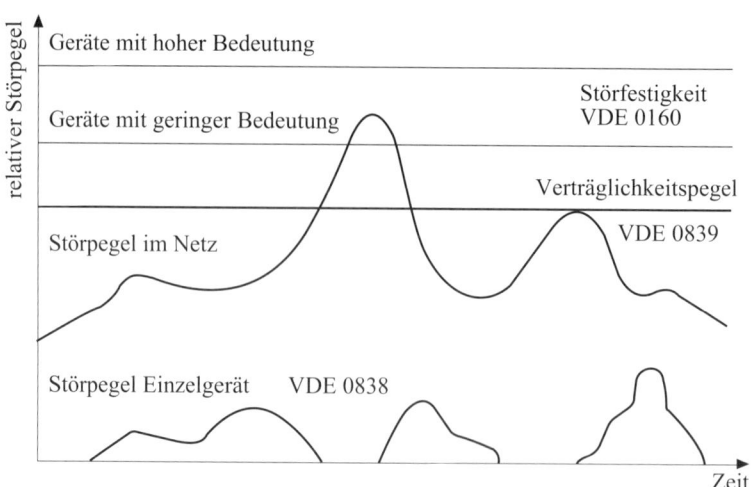

Bild 1.2 Stochastischer zeitlicher Verlauf von Störgrößen, Pegelwerte

Nur im Überlappungsbereich ist mit Funktionsbeeinträchtigungen oder Ausfällen von Betriebsmitteln zu rechnen, siehe auch Bild 1.3.

Als *Störgröße* wird eine elektromagnetische Erscheinung bezeichnet, die die Funktion eines Geräts, einer Ausrüstung oder eines Systems beeinträchtigen oder lebende oder tote Materie beeinflussen kann. Diese Größe wird auch dann Störgröße genannt, wenn sie nicht zu einer Störung bzw. unerwünschten Beeinflussung führt.

Als *Störfestigkeit* wird die Fähigkeit eines Geräts, einer Ausrüstung oder eines Systems verstanden, in Gegenwart einer elektromagnetischen Störgröße ohne Beeinträchtigung der Funktion zu funktionieren. Die Höhe der Störfestigkeit wird normungsmäßig von den Produktkomitees festgelegt. Sie kann je nach Verwendungszweck des Geräts unterschiedlich sein.

Störaussendungspegel, z. B. DIN EN 61000-3-2 (VDE 0838-2) für Oberschwingungsströme und Störfestigkeitsprüfpegel, z. B. DIN EN 50178 (VDE 0160) für die Ausrüstung von Starkstromanlagen mit elektronischen Betriebsmitteln, werden auf Basis dieser Wahrscheinlichkeit festgelegt.

Als Orientierung dient der *Verträglichkeitspegel* z. B. nach DIN EN 61000-2-2 (VDE 0839-2-2). Der Verträglichkeitspegel ist der für ein System festgelegte Wert einer Störgröße, der von der auftretenden Störgröße nur mit einer so geringen Wahrscheinlichkeit überschritten wird, dass elektromagnetische Verträglichkeit für alle Einrichtungen des jeweiligen Systems besteht. Der Verträglichkeitspegel ist der Bezugspegel für die Koordination bei der Festlegung von Aussendungs- und Störfestigkeitsgrenzwerten der im jeweiligen System betriebenen oder zu betreibenden

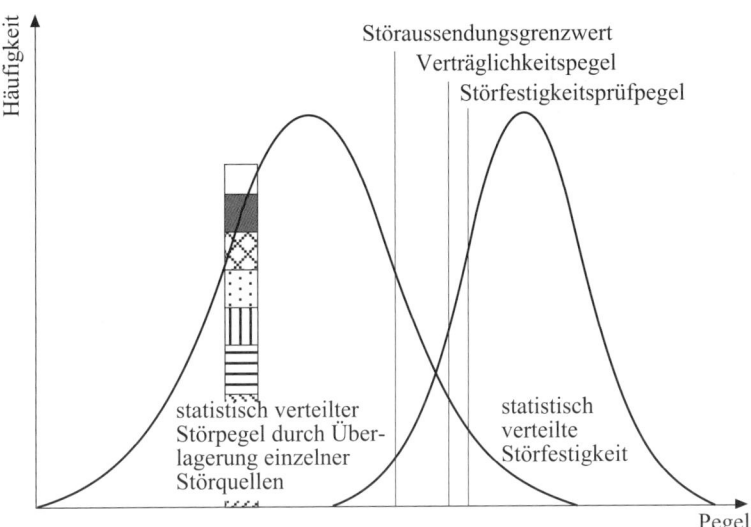

Bild 1.3 Häufigkeitsverteilung von Störaussendungs- und Störfestigkeitspegeln [1.2]

Einrichtungen. Die Verträglichkeitspegel basieren auf den *95-%-Wahrscheinlichkeitspegeln*, die für das gesamte Versorgungsnetz durch Verteilungsfunktionen, die die örtlichen und zeitlichen Schwankungen der Störgrößen beschreiben, ermittelt werden, siehe hierzu **Bild 1.3**.

Aus dieser Betrachtung kann gefolgert werden, dass mit einer bestimmten Wahrscheinlichkeit Störpegel auftreten können, die den Verträglichkeitspegel überschreiten. Diese Wahrscheinlichkeit kann für unterschiedliche Störphänomene zeitlich und betragsmäßig unterschiedlich sein.

Das Phänomen der Störgröße ist sowohl auf der erzeugenden Seite (Störaussendung des störenden Geräts) als auch auf der gestörten Seite (Störempfindlichkeit des gestörten Geräts) sowie durch Änderung der Störübertragung zu beeinflussen. Wesentliche Voraussetzung für die Analyse der Störphänomene und möglicher Abhilfemaßnahmen stellt die Kenntnis der Übertragungsmechanismen zwischen der Störquelle und der Störsenke dar. Die grundlegenden Zusammenhänge der Kopplungsmechanismen sind in **Bild 1.4** zusammengefasst.

Die Kopplungen zwischen störendem (Störquelle) und gestörtem (Störsenke) Gerät werden durch die Innenimpedanz des Versorgungsnetzes, in erster Näherung durch die Kurzschlussleistung S_k am Verknüpfungspunkt beschrieben. Da hierbei induktive, kapazitive und konduktive Anteile zu betrachten sind, kann es zu Resonanzerscheinungen in Netzen kommen, die Betrachtung der Netzimpedanz mittels der Kurzschlussleistung führt dann zu falschen Ergebnissen.

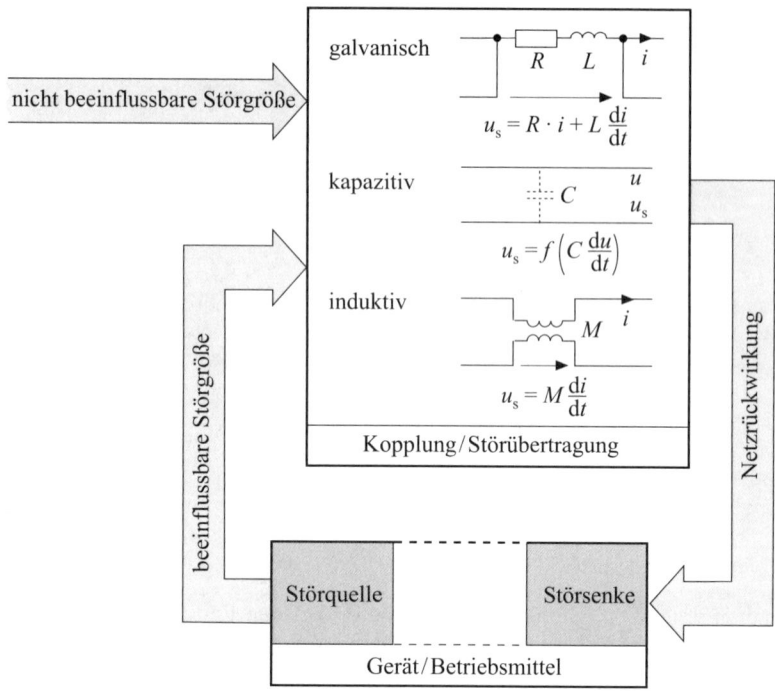

Bild 1.4 Grundlegende Zusammenhänge bei der Betrachtung von Kopplungen und Übertragung von Störgrößen

Für den Bereich der Netzrückwirkungen im Bereich elektrischer Energieversorgungsnetze können die Laufzeiten der Störgrößen innerhalb des betrachteten Systems vernachlässigt werden, die Wellenlänge der Störgröße ist groß gegen die Systemabmessungen. Falls die Wellenlänge der Störgröße kleiner ist als die Systemabmessung, wie z. B. im Bereich der EMV-Probleme von elektronischen Leiterplatten, müssen die Übertragungsmechanismen durch Modelle der Wellenausbreitung oder der Strahlungsbeeinflussung beschrieben werden. Gleiches gilt für den Fall, dass die Anstiegszeiten der Störgrößen in der Größenordnung der Signallaufzeiten liegen. Dies ist bei der Betrachtung impulsförmiger Vorgänge der Fall.

Da das Konzept der elektromagnetischen Verträglichkeit nicht auf Extremwerte abgestellt ist, sondern die Wahrscheinlichkeit des zeitlichen und örtlichen Auftretens von Störgrößen berücksichtigt, kann auch nicht davon ausgegangen werden, dass ein an das Versorgungsnetz angeschlossenes Gerät oder eine Einrichtung zu jeder Zeit und unter allen Umständen einwandfrei funktioniert. Dies wäre wirtschaftlich nicht sinnvoll und technisch nicht durchführbar.

Die Betrachtungen des Systems der elektromagnetischen Beeinflussung nach Bild 1.4 liefert bereits Hinweise auf mögliche Verbesserungsmaßnahmen.

Die Störgröße ist klein, wenn die Störaussendung klein ist. Normen schreiben daher für bestimmte Geräte die Begrenzung der Störaussendung vor (z. B. DIN EN 61000-3-3 (VDE 0838-3)).

Die Störgröße ist dann klein, wenn die Netzimpedanz klein ist. Parallelresonanzen im Frequenzbereich der auftretenden Störgrößen sind zu vermeiden. Maßnahmen zur Netzverstärkung oder zentrale Filteranlagen sind geeignete Mittel zur Verringerung der Netzimpedanz.

Störungen an Geräten und Einrichtungen treten nur bei geringer Störfestigkeit auf. Die Erhöhung der Störfestigkeit, z. B. durch den Einsatz passiver und aktiver Filter, ist eine geeignete geräteseitige Maßnahme zur Erhöhung der Störfestigkeit.

Prinzipiell kann keine Aussage über die kumulative Wirkung unterschiedlicher Störgrößen gemacht werden. Trotz Einhaltung der Verträglichkeitspegel jeder einzelnen Störgröße kann es durch das zeitliche Zusammenwirken mehrerer Störgrößen zu Störungen kommen. Dies ist grundsätzlich von allen Beteiligten, also Störaussender, Netzbetreiber und Netznutzer als Betreiber der gestörten Anlage, zu akzeptieren. Die Erfahrung zeigt, dass eine Verbesserung der elektromagnetischen Verträglichkeit bzw. der Spannungsqualität in einem System dann mit vertretbarem Aufwand erreicht werden kann, wenn eine sinnvoll aufeinander abgestimmte Vorgehensweise mit allen Beteiligten eingeschlagen wird.

Die Qualität der Spannung, nicht zu verwechseln mit der Versorgungsqualität, spielt für den zuverlässigen Betrieb von Anlagen, Geräten und Betriebsmitteln eine zentrale Rolle. Eine hohe Spannungsqualität ist dann vorhanden, wenn die im Netz vorhandenen Störgrößen deutlich kleiner sind als die entsprechenden Verträglichkeitspegel der jeweiligen Störgrößen. Merkmale der Spannung in öffentlichen Versorgungsnetzen werden in DIN EN 50160 beschrieben, siehe hierzu Abschnitt 1.4.

1.2 Klassifizierung von Störgrößen (Netzrückwirkungen)

Netzrückwirkungen treten als Oberschwingungsspannungen, Spannungen bei zwischenharmonischen Frequenzen, Flicker, Spannungsänderungen, Spannungsänderungsverläufen, Spannungsschwankungen, Spannungsunsymmetrien und als Frequenzschwankungen auf. Der für die Betrachtung von Netzrückwirkungen maßgebliche Frequenzbereich reicht dabei von Gleichgrößen mit $f \approx 0$ Hz bis in den Bereich $f \approx 10$ kHz. Bei der Betrachtung der einzelnen Arten der Netzrückwirkungen wird auf den jeweiligen Frequenzbereich näher eingegangen. Die einzelnen Phänomene der Netzrückwirkungen sind wie folgt definiert:

- Oberschwingung als sinusförmige Schwingung, deren Frequenz ein ganzzahliges Vielfaches der Grundfrequenz ist bzw. sinusförmiger Term mit höherer Ordnungszahl als 1 der Fourier-Reihe einer periodischen Größe.

- Zwischenharmonische als sinusförmige Schwingung, deren Frequenz kein ganzzahliges Vielfaches der Grundfrequenz ist bzw. deren Frequenz zwischen denen der Oberschwingungen liegt.

- Flicker als subjektiver Eindruck von Leuchtdichteschwankungen von Glühlampen oder Leuchtstofflampen bzw. als Eindruck der Unstetigkeit visueller Empfindungen, hervorgerufen durch Lichtreize mit zeitlicher Schwankung der Leuchtdichte oder der spektralen Verteilung.

- Spannungsänderung als Änderung des Effektivwerts oder Spitzenwerts einer Spannung zwischen zwei aufeinanderfolgenden Pegeln, die für eine bestimmte, aber nicht festgelegte Dauer aufrechterhalten werden.

- Spannungsänderungsverlauf als Zeitverlauf der Änderung des Effektivwerts der Spannung, ermittelt als einzelner Wert für jede aufeinanderfolgende Halbperiode zwischen den Nullduchgängen der Quellenspannung, zwischen Intervallen, in denen die Spannung für mindestens 1 s konstant ist.

- Spannungsschwankung als Abfolge von Spannungsänderungen oder periodische Änderung der Einhüllenden der Spannungskurve.

- Spannungsunsymmetrie als Zustand eines Drehstromnetzes, bei dem die Effektivwerte der Außenleiter-Neutralleiter-Spannung oder die Winkel zwischen aufeinanderfolgenden Phasen nicht gleich sind.

- Frequenzschwankungen als Abweichungen von der Netznennfrequenz $f = 50$ Hz im UCTE-Netz.

Frequenzschwankungen, also Abweichungen der definierten Netznennfrequenz, sind ein globales Phänomen, solange quasistationäre Zustände betrachtet werden.

Abweichend oder ergänzend zu den eingangs erwähnten Phänomenen sind in IEC 61000-2-1 folgende *Störphänomene* definiert:

- „*short supply interruptions*" ist das Ausbleiben der Versorgungsspannung für maximal 1 min; Interpretation als „voltage dip" über einem Schwellenwert von z. B. größer 99-%-Einbruch

- „*d. c. component*" ist der Gleichanteil in Strom oder Spannung, in IEC derzeit in der Diskussion

- „*mains signalling*" sind höherfrequente Übertragungssignale auf HS-Leitungen für Tonfrequenzrundsteuerungen bis 2 kHz, PLC-Übertragung bis 20 kHz und Telefonanlagen bis 500 kHz

Dabei ist anzumerken, dass Spannungsausfälle („short supply interruptions") keine Netzrückwirkungen darstellen, sondern als gestörter Betriebszustand einzuordnen sind. Spannungsausfälle werden daher im Zusammenhang dieses Buchs nicht behandelt. Maßnahmen zur Verringerung von Netzrückwirkungen sind u. U. auch als Maßnahmen gegen Spannungsausfälle einsetzbar.

Gleichanteile der Spannung und des Stroms werden nicht behandelt, da zur Zeit weder im Bereich der internationalen noch der nationalen Normung Aussagen zur Behandlung von Gleichanteilen der Spannung und des Stroms getroffen werden.

Die Verwendung von höherfrequenten Signalen auf Leitungen der elektrischen Energieversorgung zum Zwecke der Signalübertragung wird im Zusammenhang mit der Thematik der Oberschwingungen und Zwischenharmonischen betrachtet. Hier ist im Hinblick auf Netzrückwirkungen derjenige Frequenzbereich von Interesse, in dem Tonfrequenzrundsteueranlagen arbeiten.

1.3   EU-Richtlinien, VDE-Bestimmungen, Normung

Die Thematik der Netzrückwirkungen ist heute in einem umfangreichen Normen- und Vorschriftenkatalog behandelt und stellt einen Teilbereich der Elektromagnetischen Verträglichkeit dar. Sie ist dabei im nationalen Bereich in Gesetze wie dem EMV-Gesetz vom 09.11.1992, dem 1. EMV-Änderungsgesetz vom 30.11.1995 und dem Bundes-Immissionsschutzgesetz vom Juni 1996 mit zur Zeit mehr als 26 Durchführungsverordnungen eingebunden. Zu weiteren rechtlichen Randbedingungen siehe Abschnitt 4.1.

Elektromagnetische Verträglichkeit wird im europäischen Rahmen durch Richtlinien der EU-Kommission behandelt, wobei hier zwei Richtlinien zu nennen sind. Die EU-Richtlinie 85/374 vom Juli 1995 beschreibt die elektrische Energie als Produkt, für das eine Produkthaftung gegeben ist, mithin die Notwendigkeit definiert wird, Qualitätsmerkmale festzulegen. Die EU-Richtlinie 89/336 vom Mai 1989 definiert Vorgaben für die EMV-Aussendungen in elektrischen Netzen.

Auf Grundlage dieser Richtlinien, Gesetze und Verordnungen findet die Normungsarbeit im Bereich der elektromagnetischen Verträglichkeit statt. Die bisher freiwillig anzuwendenden VDE-Bestimmungen erhalten nach Harmonisierung im Rahmen des EMV-Gesetzes und der entsprechenden Europäischen Normen ein anderes Gewicht und gelten als allgemein anerkannte Regeln der Technik. Als äußeres Kennzeichen für die EMV-Konformität von Geräten muss seit 01.01.1996 das CE-Zeichen auf allen in der EU zu verkaufenden Geräten angebracht werden. Dabei kann der Hersteller nach eigener Prüfung das CE-Zeichen selbst anbringen. Sind beim Hersteller keine ausreichenden Prüfmöglichkeiten vorhanden oder liegen keine einschlägigen Normen vor, so kann eine für die Vergabe des CE-Zeichens berechtigte Zertifizierungsstelle das CE-Zeichen vergeben.

Die Erarbeitung von Normen wird in unterschiedlichen Gremien der IEC, des CENELEC und der CISPR durchgeführt. Das TC77 der IEC erarbeitet Normen für Mess- und Prüfmethoden und Störfestigkeit für den gesamten Frequenzbereich, wobei der Bereich der Normung von Störaussendungsgrenzwerten für den Frequenzbereich 0 Hz bis 9 kHz durch das Unterkomitee SC77A, für den Frequenzbereich größer 9 kHz durch CISPR bearbeitet wird.

Bei der Umwandlung internationaler Normungsdokumente in Europäische Normen und umgekehrt werden folgende Nummerierungsänderungen vorgenommen:

- CENELEC nn → EN 50000 + nn (auslaufend, zukünftig wie bei IEC)
- CISPR nn → EN 55000 + nn
- IEC nn → EN 60000 + nn

Für den Bereich der CENELEC basieren die für EMV erarbeiteten Normen auf einer Hierarchie aus Grundnormen, Fachgrundnormen und Produktnormen.

Grundnormen (Basic standards)

beschreiben phänomenbezogene Mess- und Prüfmethoden zum Nachweis der EMV. Festlegungen für Messinstrumente und Prüfaufbauten sind ebenso enthalten wie die Empfehlung von Störfestigkeitsprüfpegeln, die aber erst in Fachgrundnormen oder Produktnormen als verbindliche Grenzwerte einfließen.

Fachgrundnormen (Generic standards)

enthalten wichtige allgemeine Grenzwerte zur Beurteilung von Produkten, für die es keine produktspezifischen Normen gibt. Für die EMV-Umgebung wird dabei unterschieden zwischen dem industriellen Bereich (EN-Normen erhalten die Erweiterung ...-2) sowie der Umgebung in Kleinbetrieben, des Wohn-, Gewerbe- und Geschäftsbereichs (EN-Normen erhalten die Erweiterung ...-1).

Produkt- oder Produktfamiliennormen (product standards)

beschreiben spezifische Umgebungsbedingungen und haben Vorrang vor den Fachgrundnormen. Grenzwerte werden auf Basis der zitierten Fachgrundnormen vorgeschrieben, Prüfmethoden und -verfahren werden meist für Produktfamilien festgelegt.

Zusätzlich existieren noch verschiedene Empfehlungen, z. B. der Vereinigung Deutscher Elektrizitätswerke (VDEW) und des Verbands der Netzbetreiber (VDN), die als Ergänzungen für die Produktnormen anzusehen sind. Im Zusammenhang mit der Thematik der Netzrückwirkungen sind als Beispiel folgende VDEW-Empfehlungen sowie Richtlinien des VDN zu nennen, die aber weitestgehend auf die in Normen festgelegten Werte verweisen.

- Technische Regeln zur Beurteilung von Netzrückwirkungen
- Technische Anschlussbedingungen für den Anschluss an das Niederspannungsnetz TAB
- Technische Richtlinie Bau und Betrieb von Übergabestationen zur Versorgung von Kunden aus dem Mittelspannungsnetz
- Empfehlung für digitale Stationsleittechnik
- Empfehlungen zur Vermeidung von unzulässigen Rückwirkungen auf die Tonfrequenz-Rundsteuerung

Im internationalen Bereich wird die Normung durch die IEC betrieben, welche eine umfangreiche Normungsreihe zum Thema Netzrückwirkungen erarbeitet hat. Die Umsetzung in EN-Normen erfolgt dabei durch das Europäische Komitee für Elektrotechnische Normung (CENELEC) unter Beteiligung der DKE Deutsche Kommission Elektrotchnik Elektronik Informationstechnik im DIN und VDE. Zum Teil erfolgt dies durch Übersetzung der entsprechenden IEC-Schriftstücke; zusätzliche informative Anhänge sind erlaubt. Diese EN-Normen haben in Deutschland den Status einer deutschen Norm und werden mit dem Vorsatz DIN versehen. Deutsche Normen werden in der Regel in das VDE-Vorschriftenwerk aufgenommen und als VDE-Bestimmung mit einer VDE-Klassifikation veröffentlicht wie z. B.:

- Europäische Norm   EN 61000-4-15:1983
- Internationale Norm   IEC 61000-4-15:1997+A1:2003
- Deutsche Norm   DIN EN 61000-4-15:2003-11
- VDE-Klassifikation   VDE 0847-4-15:2003

Die Normungsreihe DIN EN 61000 (IEC 61000) umfasst dabei alle Bereiche der Elektromagnetischen Verträglichkeit. Hierbei ist zu unterscheiden zwischen den leitungsgebundenen Störgrößen (Frequenzbereich bis einige 10 kHz) und den nicht leitungsgebundenen Störgrößen im höheren Frequenzbereich. In der VDE-Klassifikation finden sich die entsprechenden Bestimmungen vornehmlich als Teile unter den Klassifikationsnummern 0838, 0839 und 0847. DIN EN 61000 ist in mehrere Haupt- und Unterabschnitte gegliedert, die nachstehend als Auszug erwähnt werden:

Teil 1: Allgemeines, Grundprinzipien, Begriffe und Definitionen

Teil 2: Umgebung

Teil 2-2: Verträglichkeitspegel für niederfrequente leitungsgeführte Störgrößen und Signalübertragung in öffentlichen Niederspannungsnetzen

Teil 2-4: Verträglichkeitspegel für niederfrequente leitungsgeführte Störgrößen in Industrieanlagen

Teil 2-12: Verträglichkeitspegel für niederfrequente leitungsgeführte Störgrößen und Signalübertragung in öffentlichen Mittelspannungsnetzen

Deutsche Fassungen im Rahmen der VDE-Klassifikation 0839

Teil 3: Grenzwerte der Störaussendung, Grenzwerte der Störfestigkeit (soweit nicht im Zuständigkeitsbereich der Produktkomitees)

Teil 3-2: Grenzwerte für Oberschwingungsströme (Geräteeingangsstrom ≤ 16 A je Leiter)

Teil 3-3: Grenzwerte von Spannungsschwankungen und Flicker in öffentlichen Niederspannungsnetzen (Geräte mit Eingangsstrom ≤ 16 A je Leiter, die keiner Sonderanschlussbedingung unterliegen)

Teil 3-11: Grenzwerte von Spannungsänderungen, Spannungsschwankungen und Flicker in öffentlichen Niederspannungsnetzen (Geräte mit Eingangsstrom < 75 A, die einer Sonderanschlussbedingung unterliegen)

Teil 3-12: Grenzwerte für Oberschwingungsströme, verursacht von Geräten und Einrichtungen mit einem Eingangsstrom < 75 A je Leiter, die zum Anschluss an öffentliche Niederspannungsnetze vorgesehen sind und einer Sonderanschlussbedingung unterliegen

Deutsche Fassungen im Rahmen der VDE-Klassifikation 0838

Teil 4: Prüf- und Messverfahren

Teil 4-1: Übersicht

Teil 4-7: Allgemeiner Leitfaden für Verfahren und Geräte zur Messung von Oberschwingungen und Zwischenharmonischen in Stromversorgungsnetzen und angeschlossenen Geräten

Teil 4-11: Prüfung der Störfestigkeit gegen Spannungseinbrüche, Kurzzeitunterbrechungen und Spannungsschwankungen

Teil 4-13: Prüfung der Störfestigkeit am Wechselstrom-Netzanschluss gegen Oberschwingungen und Zwischenharmonische einschließlich leitungsgeführter Störgrößen aus der Signalübertragung in Niederspannungsnetzen

Teil 4-14: Prüfung der Störfestigkeit gegen Spannungsschwankungen

Teil 4-15: Flickermeter – Funktionsbeschreibung und Auslegungsspezifikation

Teil 4-27: Prüfung der Störfestigkeit gegen Unsymmetrie der Versorgungsspannung

Teil 4-30: Verfahren zur Messung der Spannungsqualität

Deutsche Fassungen im Rahmen der VDE-Klassifikation 0847

Teil 5: Installationsrichtlinien und Abhilfemaßnahmen

Deutsche Fassungen im Rahmen der VDE-Klassifikation 0847

Teil 6: Fachgrundnormen

Teil 6-1: Störfestigkeit für Wohnbereich, Geschäfts- und Gewerbebereiche sowie Kleinbetriebe

Teil 6-2: Störfestigkeit für Industriebereich

Teil 6-3: Störaussendung für Wohnbereich, Geschäfts- und Gewerbebereiche sowie Kleinbetriebe

Teil 6-4: Störaussendung für Industriebereich

Deutsche Fassungen im Rahmen der VDE-Klassifikation 0839

1.4 Merkmale der Spannung in Netzen, DIN EN 50160

Erste Ansätze zur Festschreibung der Parameter der Spannung datieren aus dem Jahr 1989 durch UNIPEDE, welche den Istzustand in Nieder- und Mittelspannungsnetzen beschrieb. Auf Grundlage dieses Dokuments wurde von CENELEC 1993 eine Europäische Norm DIN EN 50160 verabschiedet, die die Merkmale von Spannung und Frequenz in öffentlichen Versorgungsnetzen beschreibt. Diese Norm ist seit Oktober 1995 in Kraft und hat den Status einer Deutschen Norm. Zur Zeit liegt ein Änderungsentwurf, Ausgabe August 2006, vor, der nach Inkrafttreten die Norm DIN EN 50160:2000-03 ersetzt.

Die Norm enthält eine Beschreibung der wesentlichen Merkmale der Spannung in öffentlichen Nieder- und Mittelspannungs-Versorgungsnetzen an der Übergabestelle. Die Merkmale der Spannung sind nicht als Werte der Elektromagnetischen Verträglichkeit oder als leitungsgebundene Störaussendungsgrenzwerte definiert. Es ist bei den in DIN EN 50160 aufgeführten Merkmalen zu unterscheiden zwischen solchen, die durch die Angabe von Pegeln eindeutig festgelegt sind, wie z. B. Netzfrequenz, Oberschwingungsspannungen und solchen, für die Anhaltswerte gegeben sind, wie z. B. Spannungseinbrüche, Unterbrechungen. Die Merkmale der Versorgungsspannung sind nachstehend für Niederspannungsnetze erläutert.

Merkmale, die durch Pegelwerte festgelegt sind:

- Frequenz im Verbundnetz:

  10-s-Mittelwert der Grundfrequenz:

  50 Hz ± 1 % während 95 % einer Woche

  50 Hz + 4 %–6 % während 100 % einer Woche

- Höhe der Spannung

  NS-Dreileiter-Drehstromnetze: U_n = 230 V zwischen Außenleitern

  NS-Vierleiter-Drehstromnetze: U_n = 230 V zwischen Außenleiter und Neutralleiter

- Langsame Spannungsänderungen

  95 % der 10-min-Mittelwerte der Netzspannung

  $U_{eff} = U_n \pm 10\ \%$

- Schnelle Spannungsänderungen

  $\Delta u \leq 5\ \%$ (bis zu 10 % kurzzeitig mehrmals am Tag)

- Flickerstärke

  $P_{lt} \leq 1$ für 95 % der Woche

- Spannungsunsymmetrie

  95 % der 10-min-Effektivwerte einer Woche: $U_{gegen} \leq 0{,}02 \cdot U_{mit}$

  Ausnahme bei vielen Wechselstromverbrauchern: $U_{gegen} \leq 0{,}03 \cdot U_{mit}$

- Oberschwingungsspannungen

  95 % der 10-min-Mittelwerte von angegebenen Tabellenwerten (Ordnungszahl $v \leq 25$). Gesamtoberschwingungsgehalt THD bis $v = 40$: $THD \leq 8\ \%$

- Zwischenharmonische

  Keine Angaben

- Signalspannungen

  Grenzwerte als relative Spannung in Abhängigkeit der Rundsteuerfrequenz

ungeradzahlige Oberschwingungen, keine Vielfache von 3		ungeradzahlige Oberschwingungen, Vielfache von 3		geradzahlige Oberschwingungen	
v	U_v/U_n in %	v	U_v/U_n in %	v	U_v/U_n in %
5	6,0	3	5,0	2	2,0
7	5,0	9	1,5	4	1,0
11	3,5	15	0,5	6	0,5
13	3,0	21	0,5	8	0,5
17	2,0			10	0,5
19	1,5			12	0,5
23	1,5			14	0,5
25	1,5			16	0,5
				18 ... 24	0,5

Merkmale, für die Anhaltswerte angegeben sind:

- Spannungseinbrüche

  $\Delta u \leq 40\ \%$; Dauer < 1 s; n = 10 bis 1000 pro Jahr, vereinzelt auch längere Dauer, größere Einbruchstiefe und größere Häufigkeit

- Kurzzeitunterbrechungen

  n = 10 bis 500 pro Jahr; Dauer < 1 s für 70 % aller Unterbrechungen; Auslegung von Schutzeinrichtungen bis zu 3 min

- Langzeitunterbrechungen

  n = 10 bis 50 pro Jahr; Dauer > 3 min

- Zeitweilige (netzfrequente) Überspannungen

  $U_{max} \leq 1{,}5$ kV zwischen Außenleiter und Erde bei Kurzschlüssen auf der Oberspannungsseite eines Transformators

- Transiente Überspannungen

  $U_{max} \leq 6$ kV; Anstiegzeiten im Mikrosekundenbereich; maßgeblich für Wirkung ist der Energieinhalt der Überspannung

Anzumerken ist, dass das Spannungsband bis zum 31.12.2008 gemäß DIN IEC 60038 (VDE 0175) hiervon abweichen kann.

Die Merkmale der Versorgungsspannung ändern sich normalerweise in den angegebenen Grenzen. Es bleibt jedoch eine bestimmte Wahrscheinlichkeit, dass Merkmale außerhalb der angegebenen Grenzen vorkommen können. Es darf deshalb aus DIN EN 50160 nicht gefolgert werden, dass die angegebenen Werte und Häufigkeiten nicht bei einzelnen Kunden oder in bestimmten Netzteilen überschritten werden können. Im informativen Anhang der DIN EN 50160 ist zu lesen:

„Diese Norm legt für die Phänomene, für die das möglich ist, die üblicherweise zu erwartenden Wertebereiche fest, in denen sich die Merkmale der Versorgungsspannung ändern. Für die übrigen Merkmale liefert die Norm bestmögliche Anhaltswerte, mit denen in Netzen zu rechnen ist.

...

Obwohl diese Norm offensichtlich Bezüge zu den Verträglichkeitspegeln hat, ist es wichtig, ausdrücklich darauf hinzuweisen, dass diese Norm sich auf die elektrische Energie im Sinne von Merkmalen der Versorgungsspannung bezieht. Sie ist keine Norm für Verträglichkeitspegel."

DIN EN 50160 ist anzuwenden auf die Spannung an der Übergabestelle (Anschlusspunkt einer Netznutzeranlage bzw. Kundenanlage an das öffentliche Netz). Die Norm unterscheidet zwischen der Versorgungsspannung U, der Nennspannung U_n und der vereinbarten Versorgungsspannung U_C. Die Versorgungsspannung kann dabei an verschiedenen Punkten des Netzes unterschiedlich sein. Die tatsächliche Versorgungsspannung ist für einige der aufgeführten Merkmale, z. B. für Flicker, der Bezugswert. Die Nennspannung ist der Effektivwert der Spannung, die eine Netzebene kennzeichnet (benennt). Die vereinbarte Versorgungsspannung ist im Niederspannungsnetz gleich der Nennspannung. Im Mittelspannungsnetz kann die Spannung zwischen dem Netzbetreiber und dem Netznutzer an dessen Übergabestelle vereinbart werden.

1.5 Mathematische Grundlagen

1.5.1 Komplexe Rechnung, Zählpfeile und Zeigerdiagramme

Bei der Behandlung von Wechsel- und Drehstromnetzen ist zu beachten, dass Ströme und Spannungen im Allgemeinen nicht mehr in Phase sind. Die Phasenlage ist dabei abhängig vom Anteil der Induktivitäten, Kapazitäten und Ohm'schen Widerstände an der Gesamtimpedanz.

Der Zeitverlauf eines Stroms oder einer Spannung nach Gln. (1.1).

$$u(t) = \sqrt{2}\, U \cos(\omega t + \varphi_U) \quad (1.1\text{a})$$

$$u(t) = \hat{u}\cos(\omega t + \varphi_U) \tag{1.1b}$$

$$i(t) = \sqrt{2}\, I \cos(\omega t + \varphi_I) \tag{1.1c}$$

$$i(t) = \hat{i}\cos(\omega t + \varphi_I) \tag{1.1d}$$

kann dabei als Liniendiagramm wie in **Bild 1.5** dargestellt werden. Im Falle sinusförmiger Größen können diese in der komplexen Zahlenebene durch Drehzeiger dargestellt werden, welche im mathematisch positiven Sinn (entgegen der Uhrzeigerrichtung) rotieren. Der Zeitverlauf ergibt sich dabei als Projektion auf die reelle Achse, siehe Bild 1.5.

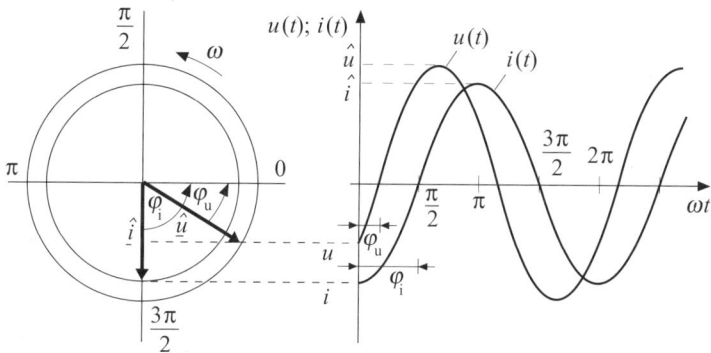

Bild 1.5 Liniendiagramm und Zeigerdiagramm einer Spannung
b) Liniendiagramm
a) Zeigerdiagramm

Will man z. B. in einem ohmsch-induktiven Kreis bei gegebenem Spannungsverlauf den Stromverlauf bestimmen, so ist die Beschreibung von Strömen und Spannungen mittels Sinus- oder Kosinus-Funktionen aufwändig und unübersichtlich, da die Funktionen beim Differenzieren ineinander übergehen [1.4]. Drückt man diese Funktionen nach der Euler'schen Formel durch Exponential-Funktionen der Form

$$u(t) = \hat{u}\cos(\omega t + \varphi_U) = 0{,}5\left(\hat{u}\,\mathrm{e}^{\mathrm{j}(\omega t + \varphi_U)} + \hat{u}\,\mathrm{e}^{-\mathrm{j}(\omega t + \varphi_U)}\right) \tag{1.2a}$$

$$u(t) = 0{,}5\left(\underline{\hat{U}}\cdot\mathrm{e}^{\mathrm{j}\omega t} + \underline{\hat{U}}^{*}\cdot\mathrm{e}^{-\mathrm{j}\omega t}\right) \tag{1.2b}$$

mit der komplexen bzw. konjugiert komplexen Spannungsamplitude $\underline{\hat{U}}$ bzw. $\underline{\hat{U}}^{*}$

$$\hat{\underline{U}} = \hat{u}\,e^{j\varphi_U} \tag{1.3a}$$

$$\hat{\underline{U}}^* = \hat{u}\,e^{-j\varphi_U} \tag{1.3b}$$

aus, so wird dieses Problem vermieden. Für den Strom schreibt man analog

$$i(t) = \hat{i}\cos(\omega t + \varphi_I) = 0{,}5\left(\hat{i}\,e^{j(\omega t+\varphi_I)} + \hat{i}\,e^{-j(\omega t+\varphi_I)}\right) \tag{1.4a}$$

$$i(t) = 0{,}5\left(\hat{\underline{I}}\cdot e^{j\omega t} + \hat{\underline{I}}^*\cdot e^{-j\omega t}\right) \tag{1.4b}$$

mit der komplexen bzw. konjugiert komplexen Stromamplitude $\hat{\underline{I}}$ bzw. $\hat{\underline{I}}^*$.

$$\hat{\underline{I}} = \hat{i}\,e^{j\varphi_I} \tag{1.5a}$$

$$\hat{\underline{I}}^* = \hat{i}\,e^{-j\varphi_I} \tag{1.5b}$$

Die Berechnung der komplexen bzw. konjugiert komplexen Amplituden $\underline{U}, \underline{I}$ bzw. $\underline{U}^*, \underline{I}^*$ ergibt sich im Beispiel des ohmsch-induktiven Kreises in gleicher Weise mit

$$\hat{\underline{I}} = \frac{\hat{\underline{U}}}{R + j\omega L} = \frac{\hat{\underline{U}}}{\underline{Z}} \tag{1.6a}$$

$$\hat{\underline{I}}^* = \frac{\hat{\underline{U}}^*}{R - j\omega L} = \frac{\hat{\underline{U}}^*}{\underline{Z}^*} \tag{1.6b}$$

Beide Gleichungen sind äquivalent, sodass es genügt, Strom und Spannung als Realteil von Gln. (1.2b) und (1.4b) zu beschreiben. Es ergeben sich Gln. (1.7) und (1.8).

$$i(t) = 0{,}5\left(\hat{\underline{I}}\cdot e^{j\omega t} + \hat{\underline{I}}^*\cdot e^{-j\omega t}\right) = \operatorname{Re}\left\{\hat{\underline{I}}\cdot e^{j\omega t}\right\} = \operatorname{Re}\left\{\hat{i}\,e^{j\varphi_I}e^{j\omega t}\right\} \tag{1.7}$$

bzw.

$$u(t) = 0{,}5\left(\hat{\underline{U}}\cdot e^{j\omega t} + \hat{\underline{U}}^*\cdot e^{-j\omega t}\right) = \operatorname{Re}\left\{\hat{\underline{U}}\cdot e^{j\omega t}\right\} = \operatorname{Re}\left\{\hat{u}\,e^{j\varphi_U}e^{j\omega t}\right\} \tag{1.8}$$

Die Amplitude und den Phasenwinkel des Stroms berechnet man aus der Polarkoordinatendarstellung von Gl. (1.5a)

$$\hat{\underline{I}} = \hat{i} \cdot e^{j\varphi_I} = \frac{\hat{u} \cdot e^{j\varphi_U}}{R + j\omega L} \tag{1.9a}$$

$$\hat{\underline{I}} = \frac{\hat{u}}{|R + j\omega L|} \cdot e^{j\left(\varphi_U - \arctan\frac{\omega L}{R}\right)} \tag{1.9b}$$

$$\hat{\underline{I}} = \frac{\hat{u}}{\sqrt{R^2 + (\omega L)^2}} \cdot e^{j\left(\varphi_U - \arctan\frac{\omega L}{R}\right)} \tag{1.9c}$$

Damit ergeben sich Amplitude und Phasenlage

$$\hat{i} = \frac{\hat{u}}{\sqrt{R^2 + (\omega L)^2}} \tag{1.10}$$

bzw.

$$\varphi_U - \varphi_I = \arctan\frac{\omega L}{R} \tag{1.11}$$

In der elektrischen Energietechnik verwendet man oftmals Effektivwerte anstelle der Amplituden- oder Scheitelwerte.

DIN 40110 (VDE 0110) legt Begriffe für die Benennungen der Widerstände und Leitwerte fest. Danach bezeichnet man als:

Resistanz R	den Wirkwiderstand
Reaktanz X	den Blindwiderstand
Konduktanz G	den Wirkleitwert
Suszeptanz B	den Blindleitwert

Der Oberbegriff für Widerstände wird als Impedanz oder komplexer Scheinwiderstand mit den Effektivwerten bzw. Amplituden von Strom und Spannung nach Gln. (1.13)

$$\underline{Z} = \frac{\underline{U}}{\underline{I}} \tag{1.13a}$$

$$\underline{Z} = \frac{\hat{\underline{U}}}{\hat{\underline{I}}} \tag{1.13b}$$

der Oberbegriff für Leitwerte als Admittanz oder komplexer Scheinleitwert nach Gl. (1.14)

$$\underline{Y} = \frac{1}{\underline{Z}} = \frac{\underline{I}}{\underline{U}} \tag{1.14}$$

bezeichnet. Setzt man die komplexen Strom- und Spannungsamplituden $\hat{U}$ und $\hat{I}$ nach Gln. (1.3a) und (1.5a) ein, so ergeben sich die Impedanz und die Admittanz nach Betrag und Phasenlage zu

$$\underline{Z} = \frac{\hat{u}}{\hat{i}} \cdot e^{j(\varphi_U - \varphi_I)} = |\underline{Z}| \cdot e^{j(\varphi_U - \varphi_I)} \tag{1.15}$$

$$\underline{Y} = \frac{\hat{i}}{\hat{u}} \cdot e^{j(\varphi_I - \varphi_U)} = |\underline{Y}| \cdot e^{j(\varphi_I - \varphi_U)} \tag{1.16}$$

In komplexer Schreibweise bezeichnet man die Impedanz und die Admittanz mit

$$\underline{Z} = R + jX \tag{1.17}$$

$$\underline{Y} = G + jB \tag{1.18}$$

Die Reaktanz X bzw. die Suszeptanz B ist abhängig von der jeweils betrachteten Frequenz. Man berechnet für Kapazitäten bzw. Induktivitäten gemäß Gln. (1.19) und (1.20)

$$-jX_C = \frac{1}{j\omega C} \tag{1.19}$$

$$jX_L = j\omega L \tag{1.20}$$

Für sinusförmige Größen kann der Effektivwert der Spannung $\underline{U}_L$ an einer Induktivität bzw. der komplexe Effektivwert des Stroms $\underline{I}_C$ durch einen Kondensator nach Gln. (1.21) und (1.22) berechnet werden

$$\underline{U}_L = j\omega L \cdot \underline{I}_L = \omega L \cdot \underline{I}_L \cdot e^{j\pi/2} \tag{1.21}$$

$$\underline{I}_C = j\omega C \cdot \underline{U}_C = \omega C \cdot \underline{U}_C \cdot e^{j\pi/2} \qquad (1.22)$$

Man erkennt, dass der Strom durch eine Induktivität seinen Maximalwert eine Viertelperiode nach der Spannung erreicht. Bei Betrachtung des Vorgangs in der komplexen Ebene eilt der Zeiger der Spannung dem Zeiger des Stroms um π/2 oder 90° voraus. Dies entspricht der Multiplikation mit +j. Bei einer Kapazität erreicht die Spannung ihren Maximalwert erst eine Viertelperiode nach dem Strom, der Zeiger der Spannung eilt dem Strom um π/2 oder 90° nach, was einer Multiplikation mit −j entspricht. Damit lassen sich die Zusammenhänge zwischen Strom und Spannung bei Induktivitäten und Kapazitäten in komplexer Schreibweise wie in Gln. (1.23) und (1.24) darstellen.

$$\underline{U} = j\omega L \cdot \underline{I} \qquad (1.23)$$

$$\underline{U} = \frac{1}{j\omega C} \cdot \underline{I} \qquad (1.24)$$

Zählpfeile dienen der Beschreibung elektrischer Vorgänge und finden deshalb Verwendung in Gleich-, Wechsel- und Drehstromsystemen. Zählpfeilsysteme sind definitionsgemäß beliebig wählbar, dürfen jedoch während einer Analyse bzw. Berechnung nicht gewechselt werden. Weiterhin ist zu beachten, dass die geschickte Wahl des Zählpfeilsystems die Beschreibung und Berechnung spezieller Aufgaben wesentlich erleichtert. Als Verdeutlichung für die Notwendigkeit von Zählpfeilsystemen sei an die Kirchhoff'schen Gesetze erinnert, für die eine Festlegung der positiven Richtung der Ströme und Spannungen erfolgen muss. Dadurch sind dann auch die positiven Richtungen der Wirk- und Blindleistung festgelegt.

Die Wahl des Zählpfeilsystems für das Drehstromnetz (RST-Komponenten) ist aus Gründen der Vergleichbarkeit und Übertragbarkeit auch bei anderen Komponenten-

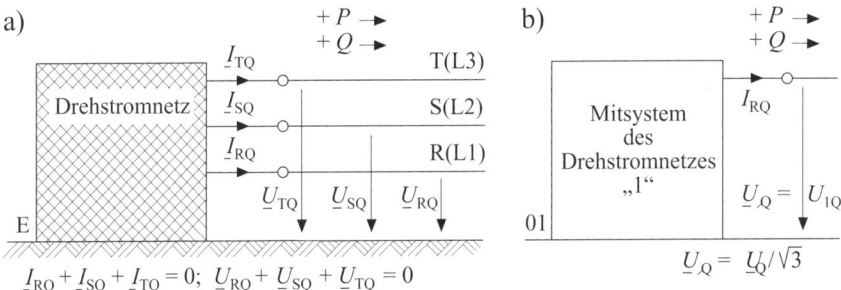

Bild 1.6 Zählpfeilfestlegungen
a) Netzersatzschaltbild
b) Ersatzschaltbild für symmetrische Vorgänge

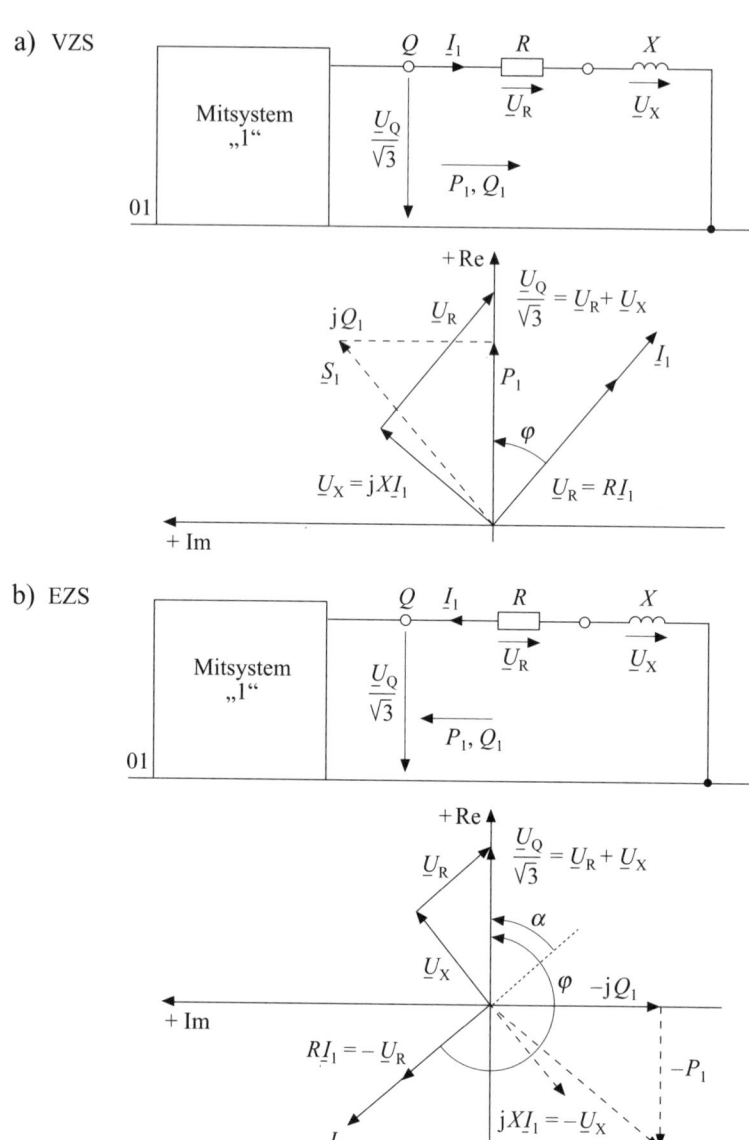

Bild 1.7 Zeigerdiagramm eines Verbrauchers
a) Verbraucherzählpfeilsystem
b) Erzeugerzählpfeilsystem

systemen, z. B. beim System der symmetrischen Komponenten, welche das Drehstromnetz beschreiben, anzuwenden.

Trägt man Zählpfeile wie in **Bild 1.**6 gezeichnet ein, so sind die abgegebene Wirkleistung und die von einem Generator im übererregten Betrieb abgegebene kapazitive Blindleistung positiv. Dieses Zählpfeilsystem bezeichnet man als Erzeugerzählpfeilsystem. Demgegenüber werden bei Wahl des Verbraucherzählpfeilsystems die von einem ohmsch-induktiven Verbraucher aufgenommene Wirk- und Blindleistung positiv.

Bei der Beschreibung elektrischer Netze stellt man Spannungszählpfeile vom Außenleiter (L1, L2, L3 oder auch R, S, T) gegen Erde (E) dar. Auch in anderen Komponentensystemen, also z. B. bei dem System der symmetrischen Komponenten (Abschnitt 1.5.3) wird der Spannungszählpfeil vom Leiter gegen die jeweilige Bezugsschiene dargestellt. Demgegenüber stellt man Zählpfeile in Zeigerdiagrammen in umgekehrter Richtung dar. Der Zählpfeil einer Spannung Leiter gegen Erde wird im Zeigerdiagramm also vom Erdpotential zum Leiterpotential dargestellt.

Basierend auf der Festlegung des Zählpfeilsystems können die Spannungs- und Stromverhältnisse eines elektrischen Netzes in Zeigerdiagrammen dargestellt werden. Soweit es sich um Darstellungen des stationären bzw. quasistationären Betriebs handelt, verwendet man hierfür meist Effektivwertzeiger. **Bild 1.7** zeigt das Zeigerdiagramm eines ohmsch-induktiven Verbrauchers im Erzeuger- und im Verbraucherzählpfeilsystem.

1.5.2 Fourieranalyse und -synthese

Die bisher betrachteten Vorgänge in linearen Netzen, bei denen Ströme und Spannungen mit lediglich einer Frequenz auftreten, lassen sich auch auf Netze mit beliebigem Strom- und Spannungsverlauf übertragen. Dabei wird die bekannte Tatsache zugrunde gelegt, dass sich ein beliebiges, mit der Periodendauer T periodisches Signal mittels einer Fourier-Reihe gemäß Gl. (1.25) darstellen lässt [1.4].

$$f(t) = \frac{a_0}{2} + \sum_{\nu=1}^{\infty} \left(a_\nu \cos(\nu\omega_1 t) + b_\nu \sin(\nu\omega_1 t) \right) \quad (1.25)$$

Der Zusammenhang zwischen der Periodendauer T und der Grundkreisfrequenz ω_1 ist nach Gl. (1.26) gegeben.

$$\omega_1 = \frac{2\pi}{T} \quad (1.26)$$

Der Frequenzanteil mit $\nu = 1$ wird Grundschwingung, die Anteile mit $\nu \geq 2$ werden Oberschwingungen genannt.

Die Koeffizienten a_ν und b_ν lassen sich nach Gln. (1.27) bestimmen.

$$a_\nu = \frac{1}{\pi} \int_0^{2\pi} f(t)\cos(\nu\omega_1 t)\,\mathrm{d}\omega_1 t \tag{1.27a}$$

$$b_\nu = \frac{1}{\pi} \int_0^{2\pi} f(t)\sin(\nu\omega_1 t)\,\mathrm{d}\omega_1 t \tag{1.27b}$$

Die Integrale nach Gln. (1.27) sind i. Allg. nur numerisch auswertbar. Eine besonders einfache und der Berechnung mit komplexen Zahlen angepasste Darstellung der Fourier-Koefizienten erhält man durch Zusammenfassung der Koeffizienten a_ν und b_ν nach Gl. (1.28a) zum komplexen Koeffizienten $\underline{c}_\nu$

$$\underline{c}_\nu = 0{,}5 \cdot (a_\nu - \mathrm{j}b_\nu) \tag{1.28a}$$

mit der Amplitude der Oberschwingungskomponente c_ν und der Phasenlage φ_ν

$$c_\nu = 0{,}5 \cdot \sqrt{a_\nu^2 + b_\nu^2} \tag{1.28b}$$

$$\varphi_\nu = \arctan\frac{-b_\nu}{a_\nu} \tag{1.28c}$$

Setzt man Gln. (1.27) ein, so ergibt sich

$$\underline{c}_\nu = \frac{1}{\pi}\int_0^{2\pi} f(t)\cdot\big(\cos(\nu\omega_1 t) - \mathrm{j}\sin(\nu\omega_1 t)\big)\,\mathrm{d}\omega_1 t \tag{1.29a}$$

$$\underline{c}_\nu = \frac{1}{\pi}\int_0^{2\pi} f(t)\cdot \mathrm{e}^{-\mathrm{j}\nu\omega_1 t}\,\mathrm{d}\omega_1 t \tag{1.29b}$$

Setzt man die komplexen Koeffizienten $\underline{c}_\nu$ in Gl. (1.25) ein, so ergibt sich in Exponentialform

$$f(t) = \frac{a_0}{2} + \sum_{\nu=1}^{\infty}\frac{a_\nu}{2}\cdot\left(\mathrm{e}^{\mathrm{j}\nu\omega_1 t} + \mathrm{e}^{-\mathrm{j}\nu\omega_1 t}\right) - \sum_{\nu=1}^{\infty}\mathrm{j}\frac{b_\nu}{2}\cdot\left(\mathrm{e}^{\mathrm{j}\nu\omega_1 t} - \mathrm{e}^{-\mathrm{j}\nu\omega_1 t}\right) \tag{1.30a}$$

und nach Zusammenfassen der Exponentialfunktionen

$$f(t) = \frac{a_0}{2} + \sum_{v=1}^{\infty} 0{,}5 \cdot (a_v - jb_v) \cdot e^{jv\omega_1 t} + \sum_{v=1}^{\infty} 0{,}5 \cdot (a_v + jb_v) \cdot e^{-jv\omega_1 t} \qquad (1.30b)$$

wobei die erste Summe den komplexen Koeffizienten $\underline{c}_v$ nach Gl. (1.28a) und die zweite Summe den konjugiert komplexen Koeffizienten $\underline{c}_v^*$ beschreibt. Der Koeffizient $\underline{c}_v^*$ lässt sich auch berechnen durch Summation von $v = -\infty \ldots -1$, sodass sich Gl. (1.30b) in vereinfachter Form darstellt.

$$f(t) = \sum_{v=-\infty}^{\infty} \underline{c}_v \cdot e^{jv\omega_1 t} \qquad (1.31)$$

Fasst man bei der Summation in Gl. (1.31) die Terme für $\pm v$ paarweise zusammen ($\underline{c}_v \cdot e^{jv\omega_1 t} + \underline{c}_{-v} \cdot e^{-jv\omega_1 t}$), so ergeben sich reelle Summanden, die die Sinus-Schwingung durch die komplexe Amplitude darstellen.

$$u = 0{,}5 \left(\hat{\underline{U}} \cdot e^{j\omega t} + \hat{\underline{U}}^* \cdot e^{-j\omega t} \right) \qquad (1.32)$$

die in Abschnitt 1.5.1, Gl. (1.8) bestimmt wurde.

Die Reihe nach Gl. (1.31) wird als Spektraldarstellung der Zeitfunktion $f(t)$, die Beträge der komplexen Koeffizienten $\underline{c}_v$ werden Spektralkomponenten genannt. Das Spektrum einer periodischen Funktion ist ein Linienspektrum, das nur Anteile bei diskreten Kreisfrequenzen aufweist, und umfasst negative und positive Frequenzen. Berechnung und Darstellung beschränken sich meist auf die positiven Frequenzen, da die Anteile bei negativen Frequenzen eindeutig aus den positiven Frequenzen bestimmt sind, da $\underline{c}_{-v} = \underline{c}_v^*$.

Im Falle der Abtastung eines Signals (periodisch in 2π) kann die Berechnung der Fourierkoeffizienten näherungsweise durch eine Summenbildung durchgeführt werden. Als Beispiel wird der Funktionsverlauf $f(t)$ nach **Bild 1.8** betrachtet.

Für Abtastung in äquidistanten Zeitabständen und für Unterteilung des Periodenintervalls $0 \leq x \leq 2\pi$ in eine ungerade Anzahl $n = 2N + 1$ Teilintervalle der Länge $l = 2\pi/n$ erhält man für die Fourierkoeffizienten die Näherungswerte a_v und b_v nach Gln. (1.33) für $v = 0, 1, \ldots, N$

$$a_v(l) = \frac{1}{\pi} \sum_{k=0}^{2N} f_k \cos(vkl) \qquad (1.33a)$$

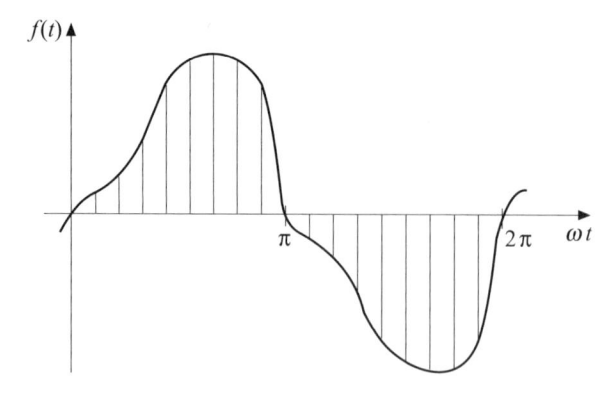

Bild 1.8 Zeitverlauf einer Funktion $f(t)$ mit der Periodendauer T bzw. 2π; Anzahl der Abtastintervalle $n = 17$

$$b_\nu(l) = \frac{1}{\pi} \sum_{k=0}^{2N} f_k \sin(\nu k l) \tag{1.33b}$$

mit $f_k = f(kl)$. Es ist dann gemäß Gl. (1.34)

$$f(x;l) = 0{,}5 \cdot a_0 + \sum_{\nu=1}^{N} a_\nu(l) \cos(\nu x) + \sum_{\nu=1}^{N} b_\nu(l) \sin(\nu x) \tag{1.34}$$

das trigonometrische Näherungspolynom N-ter Ordnung für $f(x)$, das an den Stellen $x = \nu l$ mit $f(x)$ übereinstimmt.

Bei Unterteilung des Intervalls in eine gerade Anzahl $n = 2N$ von Teilintervallen der Länge $l = 2\pi/n$ ist zur Erhaltung der Interpolationseigenschaft das Glied a_N mit dem Faktor 0,5 zu versehen. Für die Fourierkoeffizienten erhält man die Näherungswerte a_ν und b_ν nach Gln. (1.35) für $\nu = 0, 1, \ldots, N$

$$a_\nu(l) = \frac{1}{\pi} \sum_{k=0}^{2N-1} f_k \cos(\nu k l) \tag{1.53a}$$

und für $\nu = 1, \ldots, N-1$

$$b_\nu(l) = \frac{1}{\pi} \sum_{k=0}^{2N-1} f_k \sin(\nu k l) \tag{1.35b}$$

Das trigonometrische Näherungspolynom ist dann gemäß Gl. (1.36)

$$f(x;l) = 0,5 \cdot a_0 + \sum_{v=1}^{2N-1} a_v(l)\cos(vx) + \sum_{v=1}^{2N-1} b_v(l)\sin(vx) +$$
$$0,5 \cdot a_N(l)\cos(vx) \tag{1.36}$$

Dabei bedeutet v die Ordnung der Oberschwingung und $n = 2N$ bzw. $n = 2N+1$ die Anzahl der Abtastwerte pro Periode der Grundschwingung. Man erkennt aus den o. a. Gleichungen, dass zur Darstellung des Anteils mit der Ordnung der Oberschwingung v mindestens die Anzahl von $2v$ Abtastwerten pro Periode der Grundfrequenz benötigt wird. Daraus folgt, dass bei fester Abtastfrequenz eines Signals die höchste darstellbare Oberschwingung diejenige mit der halben Frequenz des Abtastsignals ist (Abtasttheorem von Shannon).

Wird ein lineares Netz von einer beliebigen periodischen Spannung gespeist oder wird in das Netz ein beliebiger periodischer Strom eingespeist, so berechnet man die Ströme und Spannungen des Netzes, indem man die speisende Spannung bzw. den speisenden Strom in das Fourier-Spektrum zerlegt und für jede Frequenzkomponente die komplexen Spannungs- und Stromamplituden an den betrachteten Knoten bzw. in den Zweigen berechnet. Wegen der Linearität des Netzes können die sich daraus ergebenden Zeitfunktionen zum Gesamtzeitverlauf der Spannung bzw. des Stroms addiert werden.

Falls die zu analysierende Funktion Symmetrieeigenschaften aufweist, vereinfacht sich die Berechnung der Fourierkoeffizienten erheblich [1.4]. Unter der Voraussetzung, dass die Funktion $f(t)$ wie in Gl. (1.37) ungerade ist

$$f(t) = -f(-t) \tag{1.37}$$

(siehe auch **Bild 1.9**), werden alle $\underline{c}_v$ rein imaginär, die Fourierkoeffizienten a_v, auch der Koeffizient a_0, sind gleich null. Im Falle einer Funktion $f(t)$, die ungerade mit der halben Periode gemäß Bild 1.8b ist, gilt Gl. (1.38)

$$f(t) = -f(t - \frac{T}{2}) \tag{1.38}$$

Hier werden alle geradzahligen Koeffizienten und der Koeffizient a_0 zu null.

Sei die Funktion $f(t)$, z. B. die Spannung $u(t)$ an einem nichtlinearen Widerstand, über den der sinusförmige Strom $i(t)$ fließt, so weist die Spannung nur Oberschwingungen ungeradzahliger Ordnung auf. Man nennt die zugehörige Strom-Spannungs-Kennlinie zentralsymmetrisch. Solche Kennlinien sind in Netzen der elektrischen Energieversorgung häufig anzutreffen. Bei dieser Art von Symmetrie treten keine

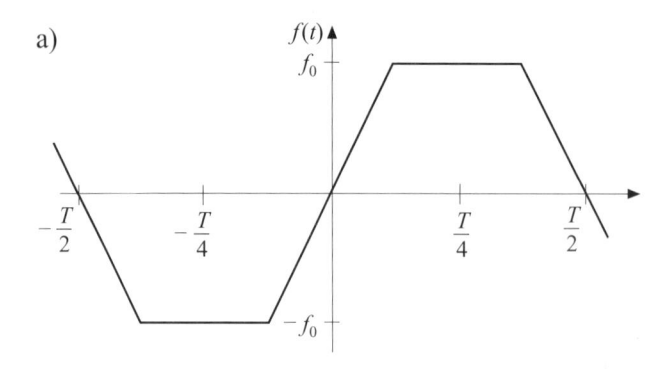

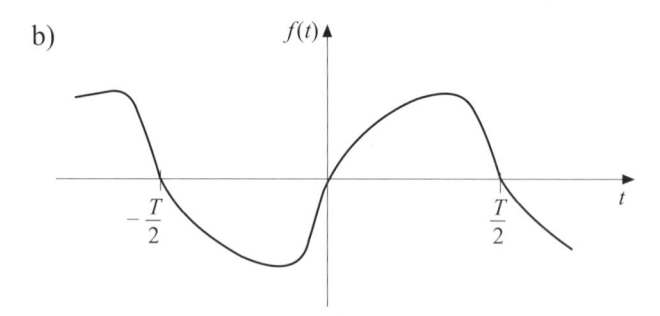

Bild 1.9 Zeitverlauf einer Funktion
a) ungerade Funktion
b) ungerade Funktion mit der halben Periode

Gleichglieder und keine Oberschwingungen geradzahliger Ordnung auf, die Ordnung der Oberschwingungen ist ungeradzahlig.

Mithilfe der berechneten Fourierkoeffizienten lässt sich die originale Zeitfunktion $f(t)$ in guter Näherung für endlich viele Oberschwingungen (Anzahl N) synthetisieren. Dazu sind die einzelnen Frequenzanteile nach Gl. (1.39) bis zur Ordnung N zu addieren.

$$f(t) = \frac{a_0}{2} + \sum_{v=1}^{N} \left(a_v \cos(v\omega_1 t) + b_v \sin(v\omega_1 t) \right) \qquad (1.39)$$

Die Genauigkeit der Nachbildung mittels der Fouriersynthese ist von der Anzahl der ermittelten Oberschwingungen abhängig. Es ist zu beachten, dass zur Synthese von Strom- und Spannungsverläufen mit großen Gradienten, wie z. B. bei einem recht-

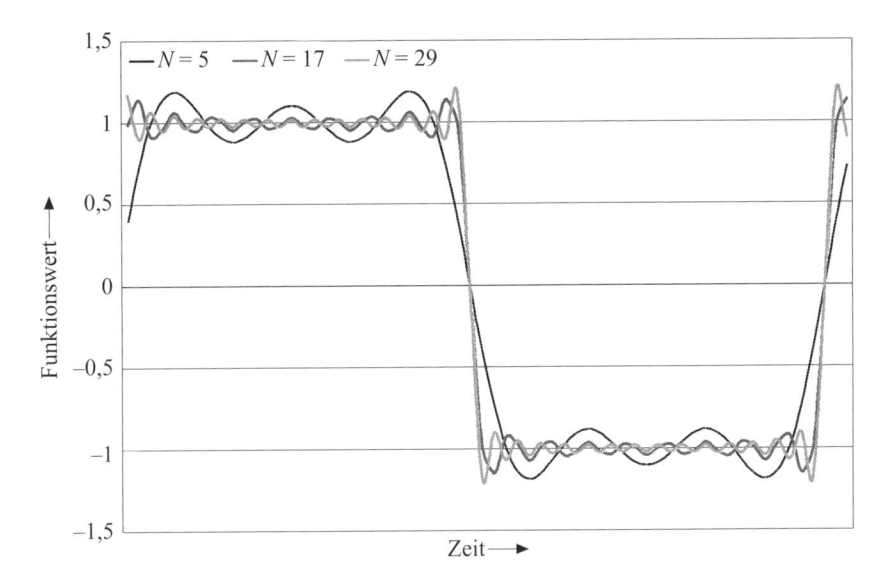

Bild 1.10 Ergebnisse der Fouriersynthese einer Rechteckschwingung für 5, 17 und 29 Oberschwingungen

eckpulsigen Stromverlauf, eine höhere Anzahl von Oberschwingungen addiert werden muss als zur Synthese von Zeitverläufen mit kleinem Gradienten, wie es z. B. für den zeitlichen Verlauf der Spannung in öffentlichen Netzen im Allgemeinen der Fall ist, wenn man gleiche Genauigkeit erzielen will. **Bild 1.10** zeigt die Ergebnisse der Fouriersynthese einer Rechteckschwingung für verschiedene Anzahl N von Oberschwingungen.

1.5.3 System der symmetrischen Komponenten

Die Beziehungen zwischen Spannungen und Strömen eines Drehstromsystems können durch eine Matrizengleichung dargestellt werden, z. B. mit Hilfe der Impedanzmatrix. Die drei Leiter elektrischer Betriebsmittel, wie Leitungen, Kabel, Transformatoren und Maschinen, weisen induktive, kapazitive und Ohm'sche Kopplungen untereinander auf. Dies ist am Beispiel eines differentiell kurzen Elements einer Freileitung in **Bild 1.11** dargestellt.

Die Vielzahl der Kopplungen zwischen den einzelnen Komponenten des Drehstromsystems kompliziert Lösungsverfahren insbesondere bei der Berechnung ausgedehnter Netze sehr. Es wird daher eine mathematische Transformation gesucht,

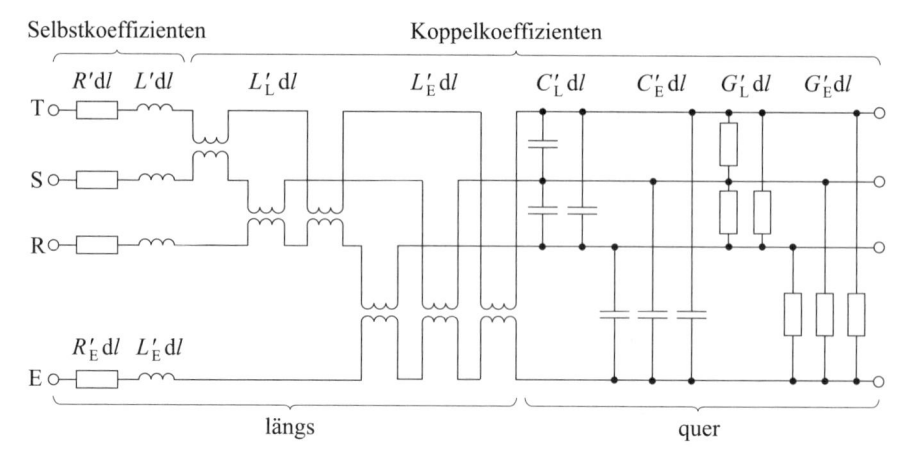

Bild 1.11 Differentiell kurzes Teilstück einer homogenen Drehstromleitung in RST-Komponenten (Drehstrom-Komponenten)

welche die RST-Komponenten in ein anderes System dergestalt überführt, dass die einzelnen Komponenten entkoppelt werden.

Für die Transformation soll gelten:

- Die transformierten Spannungen sollen nur noch von einem transformierten Strom abhängen.
- Bei symmetrischem Betrieb soll nur eine Komponente ungleich null sein.
- Der lineare Zusammenhang zwischen Strom und Spannung soll erhalten bleiben, d. h., die Transformation soll linear sein.
- Bei symmetrischem Betrieb sollen Strom und Spannung der Bezugskomponente erhalten bleiben.

Damit erhält man die Transformation in die symmetrischen Komponenten [1.3], die mittels der Transformationsmatrix $\underline{T}$ nach Gl. (1.40) Spannungen aus dem RST-System in das 012-System, das System der symmetrischen Komponenten, überführt. Analog dazu kann man auch die Ströme transformieren.

$$\underline{U}_{012} = \underline{T} \cdot \underline{U}_{RST} \tag{1.40}$$

Die Beziehung der Ströme und Spannungen des RST-Systems mittels der Impedanzmatrix lautet nach Gl. (1.41):

$$\begin{bmatrix} \underline{U}_R \\ \underline{U}_S \\ \underline{U}_T \end{bmatrix} = \begin{bmatrix} \underline{Z}_{RR} & \underline{Z}_{RS} & \underline{Z}_{RT} \\ \underline{Z}_{SR} & \underline{Z}_{SS} & \underline{Z}_{ST} \\ \underline{Z}_{TR} & \underline{Z}_{TS} & \underline{Z}_{TT} \end{bmatrix} \cdot \begin{bmatrix} \underline{I}_R \\ \underline{I}_S \\ \underline{I}_T \end{bmatrix} \tag{1.41}$$

Die Werte der Impedanzmatrix können im Allgemeinen alle unterschiedlich sein. Bedingt durch den zyklisch-symmetrischen Aufbau der Drehstromnetze sind jedoch nur die Eigenimpedanz (Größen in der Hauptdiagonale) und zwei Koppelimpedanzen zu berücksichtigen. Man erhält damit eine zyklisch symmetrische Matrix nach Gl. (1.42)

$$\begin{bmatrix} \underline{U}_R \\ \underline{U}_S \\ \underline{U}_T \end{bmatrix} = \begin{bmatrix} \underline{Z}_A & \underline{Z}_B & \underline{Z}_C \\ \underline{Z}_C & \underline{Z}_A & \underline{Z}_B \\ \underline{Z}_B & \underline{Z}_C & \underline{Z}_A \end{bmatrix} \cdot \begin{bmatrix} \underline{I}_R \\ \underline{I}_S \\ \underline{I}_T \end{bmatrix} \tag{1.42}$$

Die gesuchte Transformation soll dabei die Entkopplung der drei Systeme in der Weise ermöglichen, dass keine Kopplungen der Komponenten auftreten, wie in Gl. (1.43) dargestellt.

$$\begin{bmatrix} \underline{U}_0 \\ \underline{U}_1 \\ \underline{U}_2 \end{bmatrix} = \begin{bmatrix} \underline{Z}_0 & 0 & 0 \\ 0 & \underline{Z}_1 & 0 \\ 0 & 0 & \underline{Z}_2 \end{bmatrix} \cdot \begin{bmatrix} \underline{I}_0 \\ \underline{I}_1 \\ \underline{I}_2 \end{bmatrix} \tag{1.43}$$

Diese Transformation wird durch die Transformationsmatrix $\underline{T}$ nach Gl. (1.44a) realisiert. Man beachte, dass der Faktor 1/3 Teil der Transformation ist und daher zur Matrix $\underline{T}$ gehört.

$$\underline{T} = \frac{1}{3} \begin{bmatrix} 1 & 1 & 1 \\ 1 & \underline{a} & \underline{a}^2 \\ 1 & \underline{a}^2 & \underline{a} \end{bmatrix} \tag{1.44a}$$

$$\begin{bmatrix} \underline{U}_0 \\ \underline{U}_1 \\ \underline{U}_2 \end{bmatrix} = \frac{1}{3} \begin{bmatrix} 1 & 1 & 1 \\ 1 & \underline{a} & \underline{a}^2 \\ 1 & \underline{a}^2 & \underline{a} \end{bmatrix} \cdot \begin{bmatrix} \underline{U}_R \\ \underline{U}_S \\ \underline{U}_T \end{bmatrix} \tag{1.44b}$$

Die Rücktransformation von 012-System in das RST-System erfolgt durch die Matrix $\underline{T}^{-1}$ nach Gl. (1.45a)

$$\underline{T}^{-1} = \begin{bmatrix} 1 & 1 & 1 \\ 1 & \underline{a}^2 & \underline{a} \\ 1 & \underline{a} & \underline{a}^2 \end{bmatrix} \tag{1.45a}$$

$$\begin{bmatrix} \underline{U}_R \\ \underline{U}_S \\ \underline{U}_T \end{bmatrix} = \begin{bmatrix} 1 & 1 & 1 \\ 1 & \underline{a}^2 & \underline{a} \\ 1 & \underline{a} & \underline{a}^2 \end{bmatrix} \cdot \begin{bmatrix} \underline{U}_0 \\ \underline{U}_1 \\ \underline{U}_2 \end{bmatrix} \tag{1.45b}$$

Für die Ströme gelten analoge Transformationen. Für die beiden Transformationsmatrizen $\underline{T}$ und $\underline{T}^{-1}$ gilt Gl. (1.46):

$$\underline{T} \cdot \underline{T}^{-1} = \underline{E} \tag{1.46}$$

mit der Einheitsmatrix $\underline{E}$. Die komplexen Drehoperatoren $\underline{a}$ und $\underline{a}^2$ bedeuten nach Gln. (1.47):

$$\underline{a} = e^{j120^o} = -\frac{1}{2} + j\frac{1}{2}\sqrt{3} \tag{1.47a}$$

$$\underline{a}^2 = e^{j240^o} = -\frac{1}{2} - j\frac{1}{2}\sqrt{3} \tag{1.47b}$$

$$1 + \underline{a} + \underline{a}^2 = 0 \tag{1.47c}$$

Für die Transformation der Impedanzmatrix gelten die Gln. (1.48) nach den Gesetzen der Matrizenmultiplikation unter Berücksichtigung von Gl. (1.44) und Gl. (1.46):

$$\underline{T}\underline{U}_{RST} = \underline{T}\underline{Z}_{RST}\,\underline{T}^{-1}\,\underline{T}\underline{I}_{RST} \tag{1.48a}$$

$$\underline{U}_{012} = \underline{Z}_{012}\,\underline{I}_{012} \tag{1.48b}$$

und somit für die Umrechnung der Impedanzen des Drehstromsystems in das 012-System die Gln. (1.49):

$$\underline{Z}_{012} = \underline{T}\,\underline{Z}_{RST}\,\underline{T}^{-1} \tag{1.49a}$$

$$\underline{Z}_0 = \underline{Z}_A + \underline{Z}_B + \underline{Z}_C \tag{1.49b}$$

$$\underline{Z}_1 = \underline{Z}_A + \underline{a}^2\,\underline{Z}_B + \underline{a}\,\underline{Z}_C \tag{1.49c}$$

$$\underline{Z}_2 = \underline{Z}_A + \underline{a}\,\underline{Z}_B + a^2\,\underline{Z}_C \tag{1.49d}$$

Betrachtet man das Beispiel des vereinfachten Ersatzschaltbilds einer Freileitung nach **Bild 1.12** mit den Resistanzen R und den Reaktanzen X sowie den Koppelreaktanzen X_M, so ergibt sich die Impedanzmatrix des RST-Systems nach Gl. (1.50) zu:

$$\underline{Z}_{RST} = \begin{bmatrix} R+jX & jX_M & jX_M \\ jX_M & R+jX & jX_M \\ jX_M & jX_M & R+jX \end{bmatrix} \tag{1.50}$$

Damit wird die Impedanzmatrix des 012-Systems nach Gl. (1.51):

$$\underline{Z}_{012} = \begin{bmatrix} R+j(X+2X_M) & 0 & 0 \\ 0 & R+j(X-X_M) & 0 \\ 0 & 0 & R+j(X-X_M) \end{bmatrix} \tag{1.51}$$

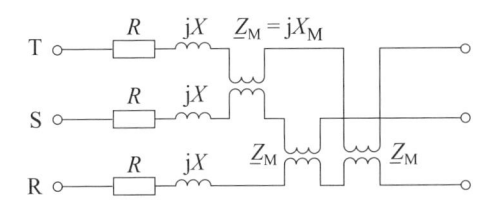

Bild 1.12 Vereinfachtes Ersatzschaltbild einer Freileitung im RST-System

Man entnimmt Gl. (1.51), dass die Impedanzwerte des Mit- und Gegensystems gleich sind. Dies ist bei allen nicht rotierenden Betriebsmitteln der Fall. Die Nullimpedanz ist im Allgemeinen von der Mit- bzw. der Gegenimpedanz verschieden. Im Falle fehlender gegenseitiger Kopplungen, wie sie z. B. bei drei zu einem Drehstromtransformator zusammengeschlossenen einpoligen Transformatoren vorliegt, ist die Nullimpedanz gleich der Mit- bzw. Gegenimpedanz.

Der Spannungsvektor des RST-Systems ist linear mit dem Spannungsvektor des 012-Systems verknüpft, Analoges gilt für die Ströme.

Für den Fall, dass nur die Mitkomponente existiert, gilt Gl. (1.52):

$$\begin{bmatrix} \underline{U}_R \\ \underline{U}_S \\ \underline{U}_T \end{bmatrix} = \begin{bmatrix} 1 & 1 & 1 \\ 1 & \underline{a}^2 & \underline{a} \\ 1 & \underline{a} & \underline{a}^2 \end{bmatrix} \cdot \begin{bmatrix} 0 \\ \underline{U}_1 \\ 0 \end{bmatrix} = \begin{bmatrix} \underline{U}_1 \\ \underline{a}^2 \underline{U}_1 \\ \underline{a}\, \underline{U}_1 \end{bmatrix} \qquad (1.52)$$

Es ergibt sich ein Drehstromsystem mit positiv umlaufender Phasenfolge R, S, T, beschrieben durch die Mitkomponente. **Bild 1.13** zeigt das Zeigerdiagramm der Spannungen des RST-Systems und der Spannung der Mitkomponente.

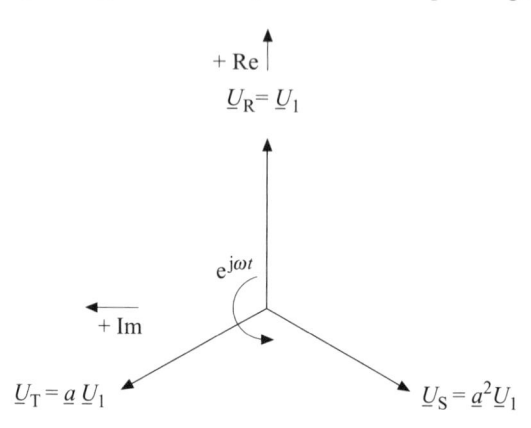

Bild 1.13 Zeigerdiagramm der Spannungen des RST-Systems und der Mitkomponente für fehlende Null- und Gegenkomponente

Für den Fall, dass nur die Gegenkomponente existiert, gilt Gl. (1.53):

$$\begin{bmatrix} \underline{U}_R \\ \underline{U}_S \\ \underline{U}_T \end{bmatrix} = \begin{bmatrix} 1 & 1 & 1 \\ 1 & \underline{a}^2 & \underline{a} \\ 1 & \underline{a} & \underline{a}^2 \end{bmatrix} \cdot \begin{bmatrix} 0 \\ 0 \\ \underline{U}_2 \end{bmatrix} = \begin{bmatrix} \underline{U}_2 \\ \underline{a}\, \underline{U}_2 \\ \underline{a}^2 \underline{U}_2 \end{bmatrix} \qquad (1.53)$$

Es ergibt sich ein Drehstromsystem mit positiv gegenläufiger Phasenfolge R, T, S, beschrieben durch das Gegensystem. **Bild 1.14** zeigt das Zeigerdiagramm der Spannungen des RST-Systems und der Spannung der Gegenkomponente.

Existiert nur die Nullkomponente, so gilt Gl. (1.54):

$$\begin{bmatrix} \underline{U}_R \\ \underline{U}_S \\ \underline{U}_T \end{bmatrix} = \begin{bmatrix} 1 & 1 & 1 \\ 1 & \underline{a}^2 & \underline{a} \\ 1 & \underline{a} & \underline{a}^2 \end{bmatrix} \cdot \begin{bmatrix} \underline{U}_0 \\ 0 \\ 0 \end{bmatrix} = \begin{bmatrix} \underline{U}_0 \\ \underline{U}_0 \\ \underline{U}_0 \end{bmatrix} \qquad (1.54)$$

$$+\text{Re} \uparrow$$
$$\underline{U}_R = \underline{U}_2$$

$$e^{j\omega t}$$

$$\leftarrow +\text{Im}$$

$$\underline{U}_S = \underline{a}\,\underline{U}_2 \qquad \underline{U}_T = \underline{a}^2 \underline{U}_2$$

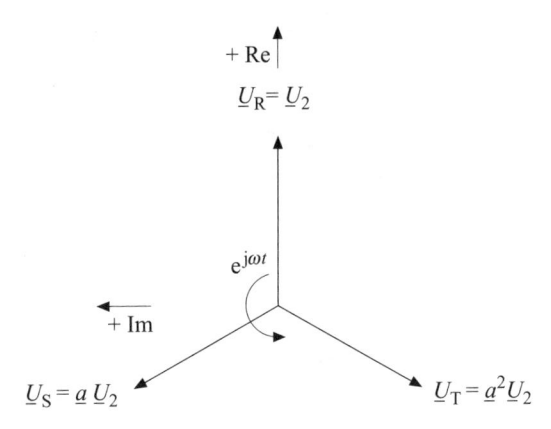

Bild 1.14 Zeigerdiagramm der Spannungen des RST-Systems und der Gegenkomponente für fehlende Null- und Mitkomponente

$$+\text{Re} \uparrow$$

$$e^{j\omega t} \quad \underline{U}_R;\ \underline{U}_S;\ \underline{U}_T;\ \underline{U}_0$$

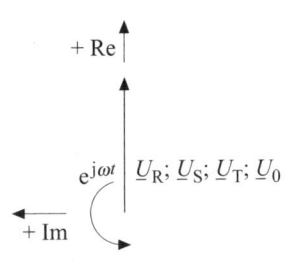

$$\leftarrow +\text{Im}$$

Bild 1.15 Zeigerdiagramm der Spannungen des RST-Systems und der Nullkomponente für fehlende Mit- und Gegenkomponente

Zwischen den drei Wechselstromsystemen der Leiter RST existiert keine Phasenverschiebung. Die Nullkomponente beschreibt also ein Wechselstromsystem. **Bild 1.15** zeigt das Zeigerdiagramm der Spannungen des RST-Systems und der Spannung der Nullkomponente.

1.5.4 Messung der Impedanzen der symmetrischen Komponenten (012-System)

Die Berechnung von Drehstromnetzen mittels der symmetrischen Komponenten nutzt die zyklische Symmetrie der Drehstrombetriebsmittel. Dadurch sind die drei Komponenten (Mit-, Gegen- und Nullkomponente) entkoppelt. Es kann für jedes Betriebsmittel ein Ersatzschaltbild in symmetrischen Komponenten erstellt werden. Diese können entweder durch Messung oder durch Berechnung und anschließende Transformation ermittelt werden. Dafür ist es lediglich notwendig, das entsprechende

Betriebsmittel ausgangsseitig kurzzuschließen oder eine Messung im Leerlauf durchzuführen und mit dem jeweiligen Spannungssystem zu speisen, also für eine Messung der:

- Mitkomponente mit einem positiv umlaufenden Spannungssystem mit der Phasenfolge R-S-T
- Gegenkomponente mit einem negativ umlaufenden (positiv gegenläufig) Spannungssystem mit der Phasenfolge R-T-S
- Nullkomponente mit einem Wechselspannungssystem (alle drei Leiter gleiche Spannung nach Betrag und Phasenlage)

Maßgeblich dafür, ob Leerlauf- oder Kurzschlussmessungen durchgeführt werden, ist die beabsichtigte Verwendung der durch die Messung ermittelten Parameter des Ersatzschaltbilds. Für die Beschreibung von Kurzschlüssen oder Belastungsvorgängen (z. B. Spannungsfallberechnung) ist demnach das mit einer Kurzschlussmessung ermittelte, für die Beschreibung von Leerlaufvorgängen (z. B. Blindleistungsaufnahme eines Transformators) für Leerlauf ermittelte Ersatzschaltbild maßgeblich. Die entsprechenden Impedanzen können dann aus den gemessenen Strömen und Spannungen berechnet werden. Die grundsätzliche Vorgehensweise ist im **Bild 1.16**

a) Messbeschaltung | Drehstrom-Zweitor (Eintor) | Messbeschaltung (entfällt bei Eintor)

b) Messbeschaltung | Drehstrom-Zweitor (Eintor) | Messbeschaltung (entfällt bei Eintor)

Mitimpedanz

$$\underline{Z}_1 = \frac{\underline{U}_1}{\underline{I}_1}$$

hier: $\underline{U}_1 = \underline{U}_R$; $\underline{I}_1 = \underline{I}_R$

Nullimpedanz

$$\underline{Z}_0 = \frac{\underline{U}_0}{\underline{I}_0}$$

hier: $\underline{U}_0 = \underline{U}_R$; $\underline{I}_0 = \underline{I}_R$

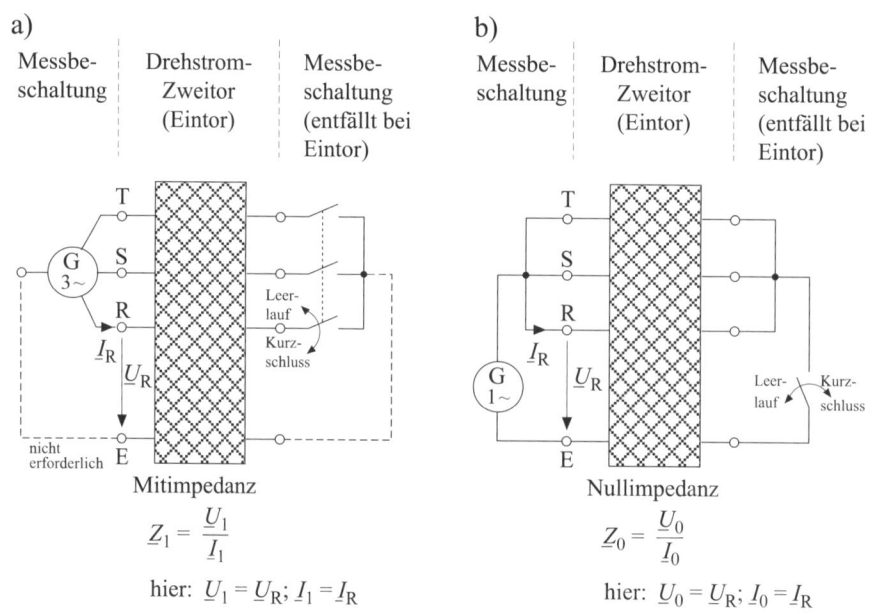

Bild 1.16 Messung der Impedanzen der symmetrischen Komponenten in allgemeiner Form
a) Mitkomponente (identisch mit der Gegenkomponente)
b) Nullkomponente

dargestellt. Generell ist darauf zu achten, dass die Außenleiter-Erd-Spannung und der Strom im selben Leiter gemessen werden.

Als Beispiel für die Messung der symmetrischen Komponenten von Betriebsmitteln wird das in **Bild 1.17a** (ähnlich Bild 1.12) dargestellte vereinfachte Ersatzschaltbild einer Freileitung mit induktiven Kopplungen, Längsinduktivität und -resistanz betrachtet.

Schaltet man zur Messung der Mitkomponente eine einstellbare Drehstromquelle mit der Spannung $\underline{U}_R = \underline{U}_1$ an und schließt das Leitungssegment ausgangsseitig kurz, so fließt der Strom $\underline{I}_R = \underline{I}_1$ im Leiter R. Die Spannung $\underline{U}_1$ berechnet sich nach Gl. (1.55a)

$$\underline{U}_1 = \underline{U}_R = \underline{I}_R \cdot (R + jX) + \underline{I}_S \cdot jX_M + \underline{I}_T \cdot jX_M \tag{1.55a}$$

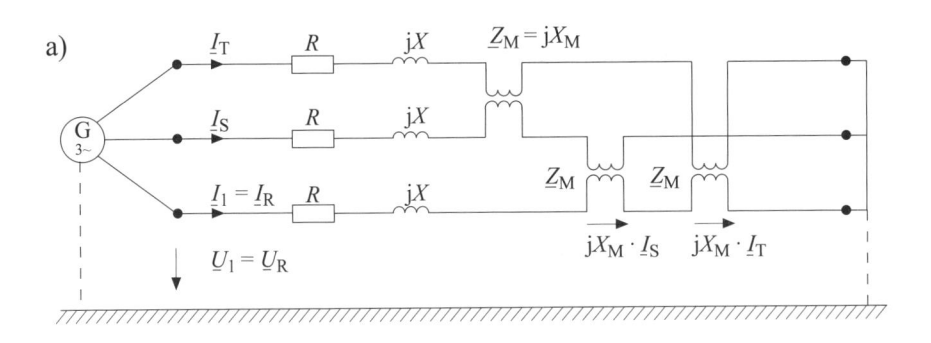

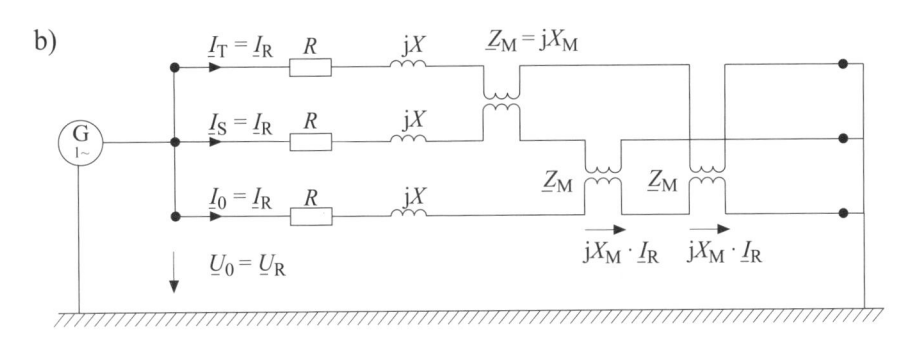

Bild 1.17 Vereinfachtes Ersatzschaltbild einer Freileitung in RST-Komponenten
a) Messung der Mitkomponente
b) Messung der Nulkomponente

Da es sich um ein symmetrisches Drehstromsystem (Mitkomponente) handelt, gelten Gln. (1.56)

$$\underline{I}_S = \underline{a}^2 \cdot \underline{I}_R \tag{1.56a}$$

$$\underline{I}_T = \underline{a} \cdot \underline{I}_R \tag{1.56b}$$

Damit erhält man Gl. (1.55b) und durch weiteres Umformen Gl. (1.55c)

$$\underline{U}_R = \underline{I}_R \cdot (R + jX) + \underline{a}^2 \underline{I}_R \cdot jX_M + \underline{a}\underline{I}_R \cdot jX_M \tag{1.55b}$$

$$\underline{U}_R = \underline{I}_R \cdot \left(R + jX + \underline{a}^2 jX_M + \underline{a}\, jX_M\right) \tag{1.55c}$$

Mit $1 + a + a^2 = 0$ erhält man schließlich Gl. (1.55d)

$$\underline{U}_R = \underline{I}_R \cdot (R + jX - jX_M) \tag{1.55d}$$

Da die Impedanz der Mitkomponente $\underline{Z}_1 = \underline{U}_1/\underline{I}_1$ und in diesem Fall $\underline{Z}_1 = \underline{Z}_R = \underline{U}_R/\underline{I}_R$ ist, ergibt sich die Impedanz der Mitkomponente nach Gl. (1.57a), die identisch ist mit der zweiten Zeile der Matrix nach Gl. (1.51).

$$\underline{Z}_1 = \underline{Z}_R = \frac{\underline{I}_R \cdot (R + jX - jX_M)}{\underline{I}_R} = R + jX - jX_M \tag{1.57a}$$

Da zur Messung der Gegenkomponente lediglich ein gegenläufig drehendes Drehstromsystem verwendet werden muss, ändern sich die Kopplungen der Leiter sowie die Längsimpedanzen nicht. Die Gegenimpedanz für nicht rotierende Betriebsmittel ist identisch mit der Mitimpedanz.

Zur Messung der Nullkomponente werden die drei Leiter miteinander verbunden und mittels einer einstellbaren Wechselstromquelle mit der Spannung $\underline{U}_R = \underline{U}_0$ eingespeist, wie in **Bild 1.17b** dargestellt. Für kurzgeschlossenen Ausgang fließt der Strom $\underline{I}_R = \underline{I}_1$ im Leiter R, der gleich ist mit den Strömen der Leiter S und T. Die Spannung $\underline{U}_0$ berechnet sich nach Gl. (1.58a)

$$\underline{U}_0 = \underline{U}_R = \underline{I}_R \cdot (R + jX) + \underline{I}_R \cdot jX_M + \underline{I}_R \cdot jX_M \tag{1.58a}$$

Durch Umformen erhält man Gl. (1.58b)

$$\underline{U}_R = \underline{I}_R \cdot (R + jX + 2jX_M) \tag{1.58b}$$

Da die Impedanz der Nullkomponente $\underline{Z}_0 = \underline{U}_0/\underline{I}_0$ und in diesem Fall $\underline{Z}_0 = \underline{Z}_R = \underline{U}_R/\underline{I}_R$ ist, ergibt sich die Impedanz der Nullkomponente nach Gl. (1.57b)

$$\underline{Z}_0 = \underline{Z}_R = \frac{\underline{I}_R \cdot (R + jX + 2jX_M)}{\underline{I}_R} = R + jX + 2jX_M \qquad (1.57b)$$

wie durch Berechnung nach Gl. (1.51) ebenfalls ermittelt wurde.

Die vollständige Ersatzschaltung eines Freileitungselements mit Spannungsquellen und Sternpunktreaktanz X_E ist in **Bild 1.18a** dargestellt. Für das Ersatzschaltbild in symmetrischen Komponenten erhält man **Bild 1.18b**.

Da die Synchronmaschine aus Gründen der Konstruktion im Normalbetrieb nur ein positiv umlaufendes, symmetrisches Spannungssystem erzeugen kann, ist die Ersatzspannungsquelle für einen Drehstromgenerator nur in der Mitkomponente vor-

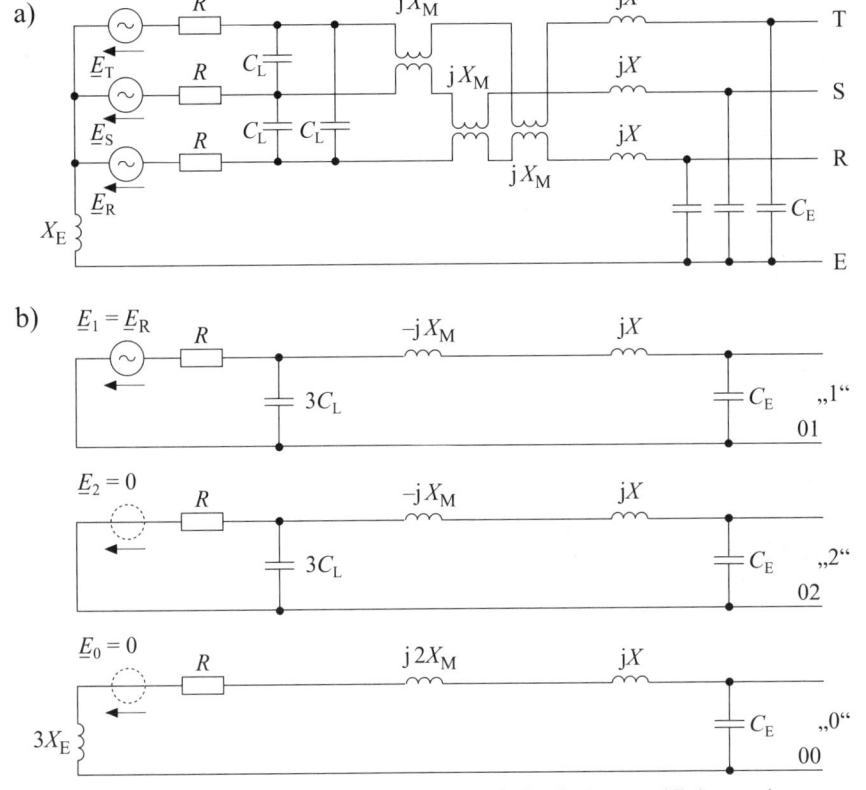

Bild 1.18 Ersatzschaltbilder einer Freileitung mit symmetrischer Speisung und Erdungsreaktanz
a) Netzersatzschaltbild in RST-Komponenten
b) Ersatzschaltbild in 012-Komponenten

handen. Hieran erkennt man einen weiteren wichtigen Vorteil der Netzberechnung mit symmetrischen Komponenten.

1.5.5 Symmetrische Komponenten und Oberschwingungen

Drehstromnetze werden im Allgemeinen zyklisch symmetrisch gebaut und betrieben. Dies muss daher auch für die oberschwingungshaltigen Ströme gelten [1.3]. Stellt man den Strom $i_R(t)$ durch eine Fourierreihe nach Gl. (1.59a) dar

$$i_R(t) = \sum_{v=1}^{\infty} \sqrt{2} I_v \cos(v\omega_1 t + \varphi_{Iv}) \tag{1.59a}$$

so erhält man ausgehend von der allgemeinen Beziehung nach Gln. (1.60)

$$i_S(t) = i_R(t - \frac{T}{3}) \tag{1.60a}$$

$$i_T(t) = i_R(t + \frac{T}{3}) \tag{1.60b}$$

die Ströme $i_S(t)$ und $i_T(t)$ nach Gln. (1.59b und c)

$$i_S(t) = \sum_{v=1}^{\infty} \sqrt{2} I_v \cos(v\omega_1 t - v\frac{2\pi}{3} + \varphi_{Iv}) \tag{1.59b}$$

$$i_T(t) = \sum_{h=1}^{\infty} \sqrt{2} I_v \sin(v\omega_1 t + v\frac{2\pi}{3} + \varphi_{Iv}) \tag{1.59c}$$

Damit wird der Phasenwinkel zwischen den Leitern R, S und T zu $\varphi = \pm v\, 2\pi/3$. Die Oberschwingungen bilden bei zyklischer Symmetrie der Drehstromgrößen mitläufige, gegenläufige und homopolare Komponenten gemäß ihrer Ordnung ($n = 0, 1, 2, 3, ...$) wie folgt:

$v = 3 \cdot n + 1$ Mitkomponente

$v = 3 \cdot n + 2$ Gegenkomponente

$v = 3 \cdot n$ Nullkomponente

In symmetrisch aufgebauten Drehstromnetzen fließen Oberschwingungsströme, deren Ordnung Vielfache von drei sind, als Ströme der Nullkomponente mit dem dreifachen Wert des entsprechenden Oberschwingungsstroms im Außenleiter über den Neutralleiter und Erde. Im Fall fehlender Sternpunkterdung bildet sich für die entsprechende Frequenz eine Oberschwingungskomponente der Spannung des Sternpunkts gegen Erde aus.

1.5.6 Leistungsbetrachtungen

Der Augenblickswert der Leistung $p(t)$ in einem Wechselstromkreis berechnet sich gemäß Gl. (1.61) zu

$$p(t) = u(t) \cdot i(t) \tag{1.61}$$

mit den Augenblickswerten des Stroms $i(t)$ und der Spannung $u(t)$. Im Allgemeinen weist dieses Produkt positive und negative Werte während einer Periode auf. Die mittlere Leistung nach Gl. (1.62) wird Wirkleistung genannt.

$$\overline{P} = \frac{1}{T} \int_0^T u(t) \cdot i(t) \mathrm{d}t \tag{1.62}$$

Geht man von sinusförmigem Strom und Spannung nach Gln. (1.63) aus,

$$u(t) = \hat{u} \cos(\omega t + \varphi_U) \tag{1.63a}$$

$$i(t) = \hat{i} \cos(\omega t + \varphi_I) \tag{1.63b}$$

so gelten für die Augenblickswerte der Leistung als Produkt der Augenblickswerte der Spannung und des Stroms Gl. (1.64a)

$$p(t) = \hat{u}\hat{i} \cos(\omega t + \varphi_U)\cos(\omega t + \varphi_I) \tag{1.64a}$$

und nach Umformung Gl. (1.64b)

$$p(t) = \frac{\hat{u}\hat{i}}{2}\cos\varphi + \frac{\hat{u}\hat{i}}{2}\cos(2\omega t + \varphi) \tag{1.64b}$$

mit $\varphi = \varphi_U - \varphi_I$. Die Leistung $p(t)$ schwingt mit der doppelten Frequenz um den Mittelwert $(\hat{u}\hat{i}/2)\cos\ldots$. Dieser Mittelwert ist die Wirkleistung P. Das Produkt $\hat{u}\hat{i}/2$ bezeichnet man als Scheinleistung S.

Eliminiert man in Gl. (1.64a) φ_U oder φ_I, so ergeben sich Gln. (1.65)

$$p(t) = \frac{\hat{u}\hat{i}}{2}\cos\varphi + \frac{\hat{u}\hat{i}}{2}\cos(2\omega t + 2\varphi_I) - \frac{\hat{u}\hat{i}}{2}\sin\varphi\sin(2\omega t + 2\varphi_I) \tag{1.65a}$$

$$p(t) = \frac{\hat{u}\,\hat{i}}{2}\cos\varphi + \frac{\hat{u}\,\hat{i}}{2}\cos(2\omega t + 2\varphi_\mathrm{U}) + \frac{\hat{u}\,\hat{i}}{2}\sin\varphi\sin(2\omega t + 2\varphi_\mathrm{U}) \qquad (1.65\mathrm{b})$$

Die Größe $(\hat{u}\,\hat{i}/2)\sin\ldots$ bezeichnet man als Blindleistung Q. Die Blindleistung Q schwingt mit der doppelten Frequenz um den Mittelwert null. Die Bildleistung wird positiv, wenn der Winkel φ zwischen 0° und +180° liegt, mithin die Spannung dem Strom voreilt, bzw. negativ, wenn der Winkel zwischen 0° und −180° liegt, mithin die Spannung dem Strom nacheilt.

Es gilt in jedem Fall Gl. (1.66a)

$$|Q| = \sqrt{S^2 - P^2} \qquad (1.66\mathrm{a})$$

da die Amplituden der Wirkleistung P, der Blindleistung Q und der Scheinleistung S nach Gln. (1.66b–d) definiert sind.

$$\overline{P} = P = \frac{\hat{u}\,\hat{i}}{2}\cos(\varphi_\mathrm{U} - \varphi_\mathrm{I}) \qquad (1.66\mathrm{b})$$

$$Q = \frac{\hat{u}\,\hat{i}}{2}\sin(\varphi_\mathrm{U} - \varphi_\mathrm{I}) \qquad (1.66\mathrm{c})$$

$$S = \frac{\hat{u}\,\hat{i}}{2} \qquad (1.66\mathrm{d})$$

Verwendet man, wie in der elektrischen Energietechnik üblich, anstelle der Scheitelwerte Effektivwerte, so ergeben sich Wirkleistung P, Blindleistung Q und Scheinleistung S nach Gln. (1.66e–g)

$$\overline{P} = P = U \cdot I \cos(\varphi_\mathrm{U} - \varphi_\mathrm{I}) \qquad (1.66\mathrm{e})$$

$$Q = U \cdot I \sin(\varphi_\mathrm{U} - \varphi_\mathrm{I}) \qquad (1.66\mathrm{f})$$

$$S = U \cdot I \qquad (1.66\mathrm{e})$$

Der Quotient aus Wirkleistung P und Scheinleistung S wird allgemein Leistungsfaktor genannt. Im Fall von sinusförmigen Strömen und Spannungen ist dieser gleich dem Grundschwingungsleistungsfaktor $\cos\varphi$.

Im Falle nicht sinusförmiger Ströme und Spannungen, beschrieben durch die Summen aus Grundschwingung und Oberschwingungen gemäß den Ergebnissen der Fourieranalyse, ist zu beachten, dass Ströme und Spannungen nur Wirkleistung umsetzen können, wenn sie gleichfrequent sind, da das Integral nach Gl. (1.67) für Ströme und Spannungen ungleicher Frequenz keinen Beitrag liefert.

$$\overline{P} = P = \frac{1}{T}\int_0^T u(t) \cdot i(t)\,\mathrm{d}t \qquad (1.67)$$

Man geht bei nicht sinusförmigen Strömen und Spannungen von dem Ansatz nach Gln. (1.68) aus. Zur Unterscheidung der Spannungs- und Stromoberschwingungen wird abweichend von der normgerechten Bezeichnung v die Bezeichnung k (Spannung) und l (Strom) gewählt.

$$u(t) = \sum_{k=1}^{N} \hat{u}_k \cos(k\omega_1 t + \varphi_{U,k}) \qquad (1.68a)$$

$$i(t) = \sum_{l=1}^{N} \hat{i}_l \cos(l\omega_1 t + \varphi_{I,l}) \qquad (1.68b)$$

Der Augenblickswert der Leistung berechnet sich nach Gl. (1.69)

$$p(t) = \sum_{k=l=1}^{N} \frac{\hat{u}_k \hat{i}_l}{2} \cos(\varphi_{U,k} - \varphi_{I,l}) +$$

$$+ \sum_{k=1}^{N}\sum_{l=1}^{N} \frac{\hat{u}_k \hat{i}_l}{2} \cos\bigl((k+l)\omega_1 t + \varphi_{U,k} + \varphi_{I,l}\bigr) +$$

$$+ \sum_{\substack{k=1 \\ k \neq l}}^{N}\sum_{l=1}^{N} \frac{\hat{u}_k \hat{i}_l}{2} \cos\bigl((k-l)\omega_1 t + \varphi_{U,k} - \varphi_{I,l}\bigr) + \qquad (1.69)$$

Dabei beschreibt der erste Summand die Wirkleistung, wobei der Anteil mit $k = l = 1$ die Grundschwingungswirkleistung und die Summanden mit $k = l > 1$ die Oberschwingungswirkleistungen darstellen. Der zweite Summand gibt die Blindleistung Q und der dritte Summand die Verzerrungsblindleistung Q_d an. Der zeitliche Verlauf dieser Leistungen schwingt nicht sinusförmig um den Mittelwert null. Der Verlauf der Leistungen lässt sich auch in komplexer Darstellung als Zeiger darstellen. Der zeitliche Verlauf ist dann die Projektion des rotierenden Zeigers auf die reelle Achse gemäß Abschnitt 1.5.1.

Zwischen den Leistungen gelten bei nicht sinusförmigen Strömen und nicht sinusförmigen Spannungen die Beziehungen nach Gl. (1.70).

$$S^2 = P^2 + Q^2 + Q_d^2 \tag{1.70}$$

die sich auch in einem Diagramm nach **Bild 1.19** darstellen lassen. Der Quotient aus Wirkleistung P und Scheinleistung S wird Leistungsfaktor λ genannt. Der Leistungsfaktor und der Verschiebungsfaktor der Grundschwingung $\cos \varphi_1$ sind über den Grundschwingungsgehalt g_I des Stroms miteinander verknüpft. Bei nicht sinusförmigen Strömen und/oder Spannungen gilt $\lambda < \cos \varphi_1$.

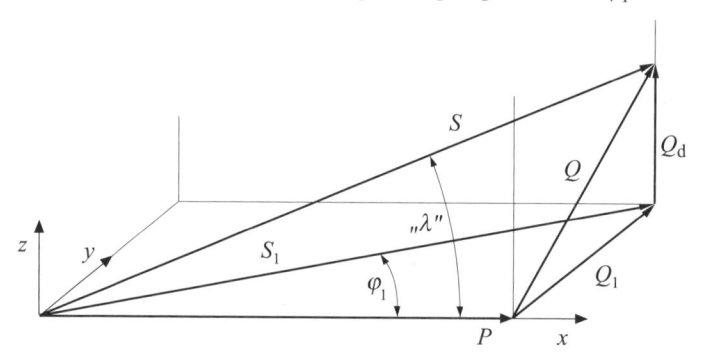

Bild 1.19 Darstellung der Größen Schein-, Wirk-, Blind- und Verzerrungsblindleistung in einem rechtwinkligen Koordinatensystem.

Bei sinusförmiger Spannung und nicht sinusförmigem Strom gelten zwischen den Leistungen die Beziehungen nach Gl. (1.71)

$$S^2 = P_1^2 + Q_1^2 + Q_d^2 \tag{1.71}$$

1.5.7 Statistik

Aufgrund der zeitlichen und örtlichen Veränderungen der Spannungsqualität bzw. der sie bestimmenden Größen, wie z. B. Oberschwingungsspannungen oder Schwankungen des Spannungseffektivwerts, ist es im Allgemeinen nicht sinnvoll, Momentanwerte für die Beurteilung der Spannungsqualität heranzuziehen. Die Messwerte müssen vielmehr mit statistischen Methoden ausgewertet und die so ermittelten

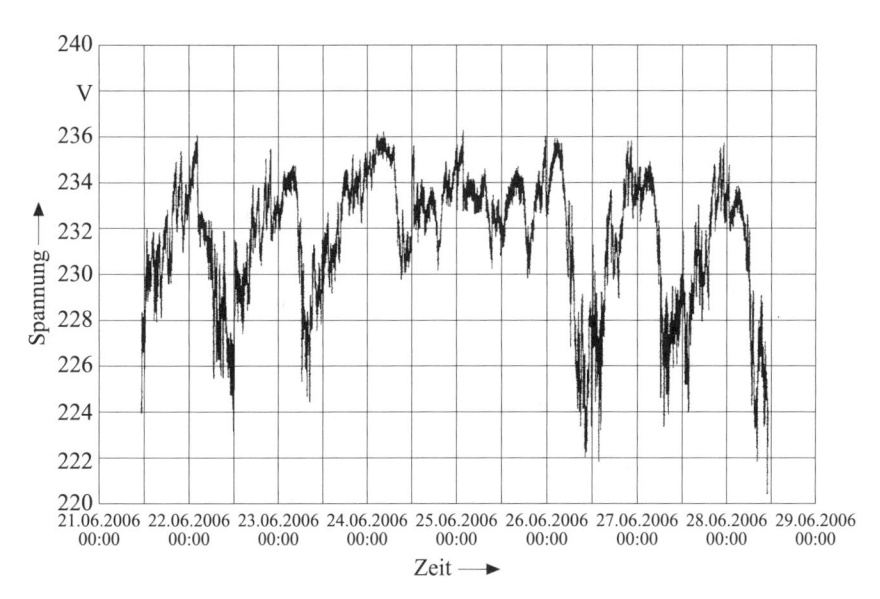

Bild 1.20 Messwerte des Effektivwerts der Spannung eines Leiters eines industriellen Niederspannungsnetzes während einer Woche; Werte als Minutenmittelwerte gemessen

Kennwerte dann als Qualitätskriterien z. B. mit den in Normen festgelegten Verträglichkeitspegeln bewertet werden. Messungen der Spannungsqualität, d. h. auch Messungen der Einzelgrößen zur Beschreibung der Spannungsqualität, wie z. B. Oberschwingungsspannungen oder Schwankungen des Effektivwerts der Spannung, werden über Zeitabschnitte von z. B. einer Woche durchgeführt, wobei jeder Wert sich u. U. wiederum als Mittelwert über ein definiertes Zeitfenster von z. B. 200 ms, 3 s oder 1 min ergibt. Die zugehörige grafische Darstellung heißt Zeitreihe; jeder gemessene oder aus Messwerten berechnete Wert wird zugeordnet zum Zeitpunkt seines Auftretens dargestellt, siehe **Bild 1.20**. Einzelheiten zur Messung von Netzrückwirkungen sind in Kapitel 8 erläutert.

Die weiteren Darstellungen und Kennwerte zur Beschreibung werden am Beispiel der Zeitreihe der Spannungseffektivwerte erläutert. Die Messwerte nach Bild 1.20 streuen im Bereich $U = 220{,}3$ V ... $236{,}2$ V. Interessiert z. B. nur der 10-min-Mittelwert des Verlaufs, wie er für die Bewertung langsamer Spannungsänderungen nach DIN EN 50160 (siehe Abschnitt 1.4) benötigt wird, so sind die Messwerte über diesen Zeitraum als arithmetischer Mittelwert $\overline{U}_A$ nach Gl. (1.72) zu berechnen.

$$\overline{U}_A = \frac{1}{N} \sum_{i=1}^{N} U_i \tag{1.72}$$

Wendet man die Methode der gleitenden Mittelwertbildung an, bei dessen Berechnung für jeden neuen Wert der erste alte Wert des zur Mittelwertbildung verwendeten Intervalls wegfällt, so bleibt die Anzahl der Werte nahezu gleich, d. h., sie verringert sich nur um die Anzahl der Messwerte eines Intervalls. Dagegen reduziert sich die Anzahl der darzustellenden Werte bei der Berechnung des springenden Mittelwerts, da das zur Berechnung verwendete Intervall jeweils weiterspringt. Die Anzahl der Werte ist dann gleich der Anzahl der Messwerte, dividiert durch die Anzahl der Messwerte pro Intervall. **Bild 1.21** zeigt die Ergebnisse für die Berechnung des gleitenden Mittelwerts und des springenden Mittelwerts für einen Ausschnitt aus der Zeitreihe der Messwerte aus Bild 1.21. Bei der Berechnung des springenden Mittelwerts ist der berechnete Wert abhängig vom Startzeitpunkt der Mittelwertberechnung, siehe **Bild 1.22**. Aus dieser Betrachtung ist ersichtlich, dass die Länge des Messintervalls und die Art der Messwertermittlung einen entscheidenden Einfluss auf das Ergebnis und damit auf die Bewertung der Messungen haben.

Weitere mögliche Messwertmittelungen stellen die Berechnung des quadratischen Mittelwerts $\overline{U}_Q$ nach Gl. (1.73) dar, welchen man zur Ermittlung des Effektivwerts benötigt.

$$\overline{U}_Q = \sqrt{\frac{1}{N} \sum_{i=1}^{N} (U_i)^2} \qquad (1.73)$$

Weiterhin verwendet man als Größe zur Beschreibung der Abweichung der Messwerte vom Mittelwert die Größe Standardabweichung s_U nach Gl. (1.74)

$$s_U = \sqrt{\frac{1}{N-1} \sum_{i=1}^{N} (U_i - \overline{U})^2} \qquad (1.74)$$

Die Standardabweichung σ der Normalverteilung kann durch eine endliche Anzahl von Messwerten nur näherungsweise bestimmt werden. Die empirische Standardabweichung s gilt als Schätzwert für σ. Stellt die Zeitreihe der Messwerte noch einen direkten zeitlichen Zusammenhang zwischen jedem einzelnen Messwert und dem Zeitpunkt seines Auftretens her, so glättet die Mittelwertbildung die Messwerte je nach Länge des verwendeten Berechnungsintervalls. Ist der Zusammenhang zwischen dem Zeitpunkt des Auftretens eines Messwerts und dem Messwert selbst von untergeordnetem Interesse, sondern will man vielmehr wissen, wie oft Werte in einem Wertebereich im gesamten Messzeitraum aufgetreten ist, so stellt man die Messwerte als absolute oder relative Häufigkeiten dar. Die absolute Häufigkeit gibt die Anzahl der Messwerte an, die innerhalb einer definierten Messwertklasse (z. B. Spannungsamplituden) liegen. Die relative Häufigkeit setzt die absolute Häufigkeit in Relation zur Gesamtzahl der Messwerte. Zur Berechnung der absoluten bzw. relativen Häufigkeiten sind die Messwerte in geeignete Klassen einzuteilen. Die zeit-

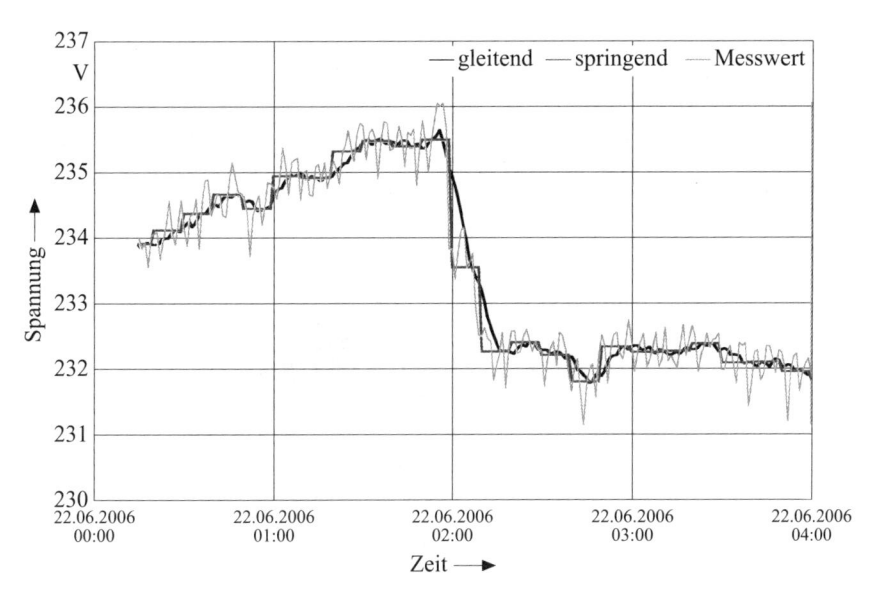

Bild 1.21 Darstellung der Messwerte, des gleitenden 10-min-Mittelwerts und des springenden 10-min-Mittelwerts; Messwerte aus Bild 1.20

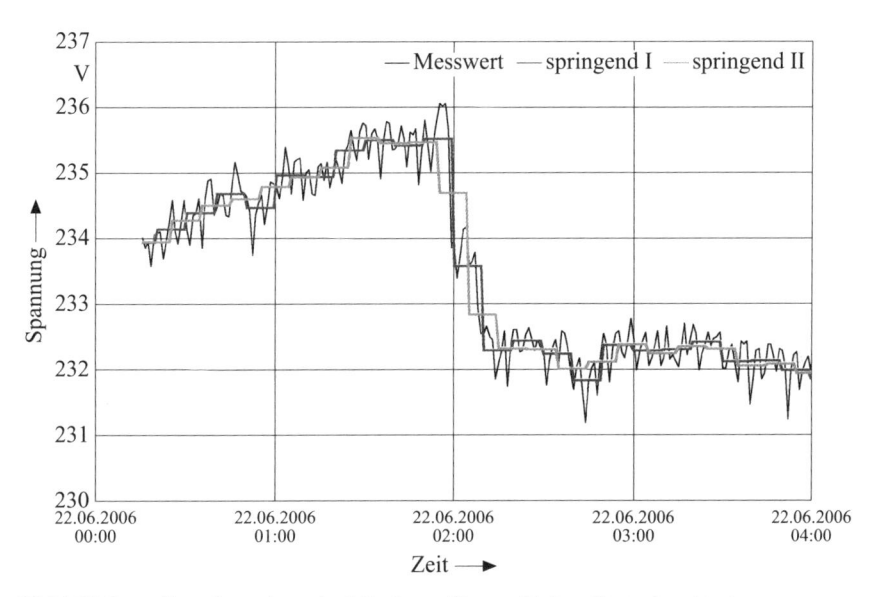

Bild 1.22 Darstellung des springenden Mittelwerts für verschiedene Startzeitpunkte der Mittelwertbildung

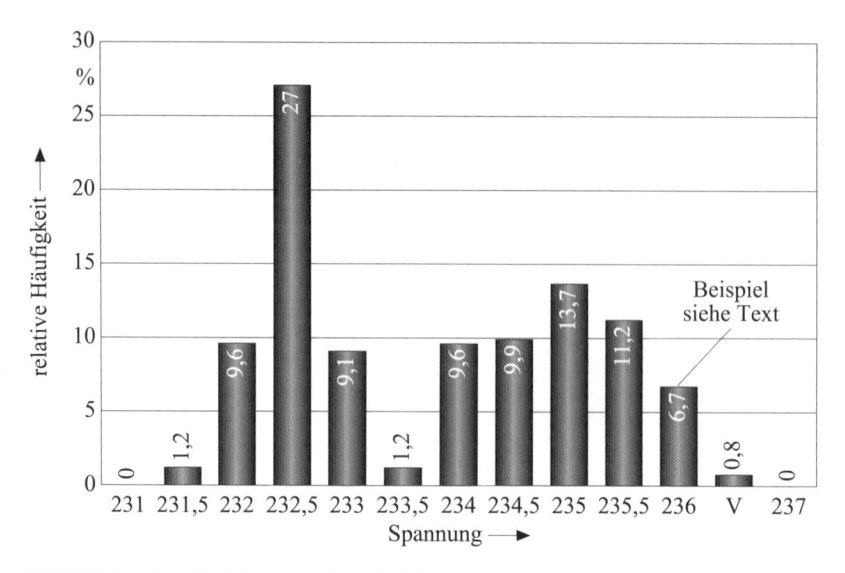

Bild 1.23 Relative Häufigkeitsverteilung der Messwerte (Spannungen) nach Bild 1.21
Beispiel: Die relative Häufigkeit der Messwerte in der Klasse 236 V bis 236,5 V beträgt $h = 6,7$ %.

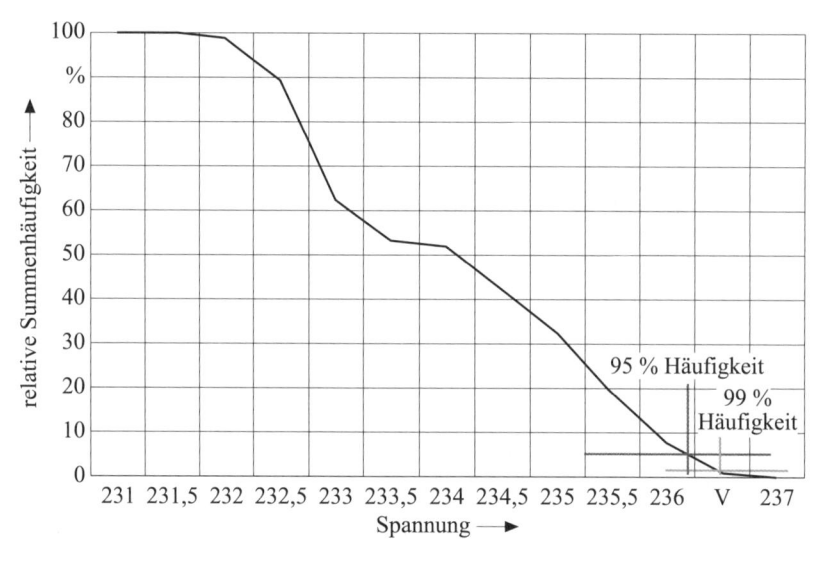

Bild 1.24 Relative Summenhäufigkeit der Messwerte nach Bild 1.21; 95-%- und die 99-%-Summenhäufigkeitswerte

liche Zuordnung der Messwerte ist nicht mehr möglich. **Bild 1.23** zeigt die relative Häufigkeitsverteilung der Messwerte nach Bild 1.21, eingeteilt in Klassen von 0,5 V in den Grenzen zwischen 231 V und 237 V.

Summiert man die relativen Häufigkeitswerte, angefangen von der kleinsten zur größten Messwertklasse hin auf, so erhält man eine Summenhäufigkeitsverteilung mit der Aussage, dass ein Prozentsatz, der Zahlenwert entspricht dem relativen Summenhäufigkeitswert, der Messwerte kleiner oder gleich der betrachteten Messwertklasse ist. Summiert man dagegen die relativen Häufigkeitswerte von der größten Messwertklasse zur kleinsten hin auf, so sagt die so ermittelte Summenhäufigkeitsverteilung aus, dass ein Prozentsatz der Messwerte größer oder gleich der betrachteten Messwertklasse ist. Diese letztgenannte Darstellung ist für die Beurteilung von Messwerten zur Spannungsqualität üblich. **Bild 1.24** zeigt die Summenhäufigkeitsverteilung der Messwerte nach Bild 1.21. Eingetragen sind die 95-%- und die 99-%-Summenhäufigkeitswerte. Der 95-%-Häufigkeitswert ist nach DIN EN 50160 als Größe für die Bewertung langsamer Spannungsänderungen und anderer Netzrückwirkungen maßgeblich, siehe Abschnitt 1.4.

Man entnimmt Bild 1.24 die Werte für die 95-%-Summenhäufigkeit C_{95} = 236,4 V und für die 99-%-Summenhäufigkeit C_{99} = 236,52 V. Das bedeutet, dass 5 % der Werte größer als 236,4 V bzw. 1 % der Werte größer 236,52 V sind. Im Umkehrschluss bedeutet dies, dass 95 % der Werte kleiner gleich 236,4 V bzw. 99 % der Werte kleiner gleich 236,52 V sind.

1.6 Berechnung der Impedanzen von Betriebsmitteln

Die Berechnung der Kennwerte von Betriebsmitteln der elektrischen Energieversorgungsnetze ist notwendig um z. B. das Verhalten des Versorgungssystems im Normalbetrieb (50-Hz-Lastflussrechnungen), im gestörten Betriebszustand (Kurzschlussstromberechnungen) und für höherfrequente Vorgänge (Oberschwingungen) zu untersuchen. Im diesem Zusammenhang interessieren die Betriebsmittel Generator, Transformator, Leitungen, Motoren und Kondensatoren. Nachbildungen der Verbraucher sind nur für besondere Anwendungen notwendig, siehe hierzu Abschnitt 2.3.3. Dabei wird eine Möglichkeit der Berechnung der Betriebsmittelkenndaten aus Typenschilddaten oder aus tabellierten Daten angestrebt. Zur Berechnung stehen verschiedene Einheitensysteme zur Auswahl.

Physikalische Größen

Zur Beschreibung der stationären Zustände der Betriebsmittel und des Netzes benötigt man vier Einheiten, nämlich die Spannung U, den Strom I, die Impedanz Z und die Leistung S mit den Einheiten Volt, Ampere, Ohm und Watt, die durch das Ohm'sche Gesetz und die Leistungsgleichung miteinander verknüpft sind.

Versteht man unter einer physikalischen Größe messbare Eigenschaften physikalischer Objekte, Vorgänge, Zustände, von denen sinnvoll Summen und Differenzen gebildet werden können, so gilt:

Größe = Zahlenwert · Einheit

Relative Größen

Demgegenüber ist die Einheit einer relativen Größe definitionsgemäß gleich 1,

also

relative Größe = Größe / Bezugsgröße

Da die zu Netzberechnungen benötigten vier Größen Spannung, Strom, Impedanz und Leistung miteinander verknüpft sind, benötigt man zur Festlegung eines relativen Einheitensystems zwei Bezugsgrößen. Meist werden die Spannung und die Leistung (z. B. 100 MVA) als Bezugsgrößen gewählt. Man erhält so das insbesondere im englischen Sprachraum weitverbreitete Per-unit-System auf 100-MVA-Basis.

Semirelative Größen

Im semirelativen Einheitensystem wird nur eine Größe als Bezugsgröße frei gewählt. Wählt man hierfür die Spannung U_B, so erhält man das %/MVA-System, das für Netzberechnungen hervorragend geeignet ist, da sich die Kennwerte der Betriebsmittel sehr leicht berechnen lassen. **Tabelle 1.4** gibt die Definitionen in den verschiedenen Einheiten. Die Umrechnung zwischen den Einheitensystemen erfolgt mittels der Angaben in **Tabelle 1.5**.

Die Berechnung der Impedanzen bzw. Reaktanzen für elektrische Betriebsmittel erfolgt aus den Daten des Leistungsschilds bzw. aus den geometrischen Abmessungen. Allgemein ist zu beachten, dass die Reaktanzen, Resistanzen bzw. Impedanzen, bezogen auf die Nennscheinleistungen und die Netznennspannung des Netzes, in dem sich das Betriebsmittel befindet, berechnet werden. Für den Fall, dass die Transformator-Bemessungsübersetzungsverhältnisse mit den Netznennspannungen nicht übereinstimmen, müssen Korrekturfaktoren berücksichtigt werden [1.5].

Tabelle 1.6 gibt einen Überblick zur Berechnung der Impedanzen elektrischer Betriebsmittel in Ohm, **Tabelle 1.7** für die Berechnung in %/MVA. Man erkennt aus dem Vergleich der beiden Tabellen den großen Vorteil des %/MVA-Systems, da die Impedanzen unmittelbar aus den Betriebsmittelkenndaten (Leistungsschilddaten) berechnet werden können und der Rechenaufwand im Vergleich zum Ohm-System geringer ist.

Zur Berechnung verwendet man Einheiten-, Zahlenwert- und Größengleichungen. Einheitengleichungen dienen dabei z. B. der Umrechnung von Einheiten zwischen verschiedenen Systemen wie in Gl. (1.76) zur Umrechnung von Impedanzen aus dem %/MVA-System in das Ohm-System dargestellt.

$$1\,\Omega = \frac{100}{U_B^2} \cdot \left(\frac{\%}{\text{MVA}}\right) \quad (1.76)$$

Zahlenwertgleichungen dienen dem raschen Berechnen von Größen, wobei die jeweiligen Ausgangsgrößen nur in den definierten Einheiten eingesetzt werden dürfen.

Ohm-System Physikalische Einheiten	%/MVA-System Semirelative Einheiten	p. u.-System Relative Einheiten
keine Bezugsgröße	eine Bezugsgröße	zwei Bezugsgrößen
Spannung U	$u = \dfrac{U}{U_B} = \dfrac{\{U\}}{\{U_B\}} \cdot 100\,\%$	$'u = \dfrac{U}{U_B} = \dfrac{\{U\}}{\{U_B\}} \cdot 1$
Strom I	$i = I \cdot U_B = \{I\} \cdot \{U_B\} \cdot \text{MVA}$	$'i = I \cdot \dfrac{U_B}{S_B} = \{I\} \cdot \dfrac{\{U_B\}}{\{S_B\}} \cdot 1$
Impedanz Z	$z = \dfrac{Z}{U_B^2} = \{Z\} \cdot \dfrac{100}{\{U_B^2\}} \cdot \dfrac{\%}{\text{MVA}}$	$'z = Z \cdot \dfrac{S_B}{U_B^2} = \{Z\} \cdot \dfrac{\{S_B\}}{\{U_B^2\}} \cdot 1$
Leistung S	$s = S = \{S\} \cdot 100\,\% \cdot \text{MVA}$	$'s = \dfrac{S}{S_B} = \dfrac{\{S\}}{\{S_B\}} \cdot 1$

Tabelle 1.4 Definitionen der Größen in physikalischen, relativen und semirelativen Einheiten

%/MVA-System → Ohm-System	Ohm-System → %/MVA-System
$\dfrac{U}{\text{kV}} = \dfrac{u}{\%} \cdot \dfrac{1}{100} \cdot \dfrac{U_B}{\text{kV}}$	$\dfrac{u}{\%} = \dfrac{U}{\text{kV}} \cdot 100 \cdot \dfrac{1}{\left(\dfrac{U_B}{\text{kV}}\right)}$
$\dfrac{I}{\text{kA}} = \dfrac{i}{\text{MVA}} \cdot \dfrac{1}{\left(\dfrac{U_B}{\text{kV}}\right)}$	$\dfrac{i}{\text{MVA}} = \dfrac{I}{\text{kA}} \cdot \dfrac{U_B}{\text{kV}}$
$\dfrac{Z}{\Omega} = \dfrac{z}{\dfrac{\%}{\text{MVA}}} \cdot \dfrac{1}{100} \cdot \left(\dfrac{U_B}{\text{kV}}\right)^2$	$\dfrac{z}{\dfrac{\%}{\text{MVA}}} = \dfrac{Z}{\Omega} \cdot \dfrac{100}{\left(\dfrac{U_B}{\text{kV}}\right)^2}$
$\dfrac{S}{\text{MVA}} = \dfrac{s}{\% \cdot \text{MVA}} \cdot \dfrac{1}{100}$	$\dfrac{s}{\% \cdot \text{MVA}} = \dfrac{S}{\text{MVA}} \cdot 100$

Tabelle 1.5 Umrechnung von Größen zwischen %/MVA-System und Ohm-System

Betriebsmittel	Impedanz im Mitsystem	Erläuterungen
Synchronmaschine (G 3~)	$X_G = \dfrac{x_d'' \cdot U_{r,G}^2}{100\,\% \cdot S_{r,G}}$	x_d'' gesättigte subtransiente Reaktanz in % $S_{r,G}$ Bemessungsscheinleistung $U_{r,G}$ Bemessungsspannung
	$R_{s,G} = 0{,}05 \cdot X_G;\ S_{r,G} \geq 100\,\text{MVA}$ $R_{s,G} = 0{,}07 \cdot X_G;\ S_{r,G} < 100\,\text{MVA}$	Berechnung von i_p bei Hochspannungsmotoren
	$R_{s,G} = 0{,}12 \cdot X_G$	Berechnung von i_p bei Niederspannungsmotoren
Transformator	$Z_T = \dfrac{u_{k,r} \cdot U_{r,T}^2}{100\,\% \cdot S_{r,T}}$ $X_T = \sqrt{Z_T^2 - R_T^2}$	$U_{r,T}$ Bemessungsspannung OS- oder US-Seite $S_{r,T}$ Bemessungsscheinleistung $u_{k,r}$ Kurzschlussspannung in %
	$R_T = \dfrac{u_{R,r} \cdot U_{r,T}^2}{100\,\% \cdot S_{r,T}}$	Es gilt bei HS-Transformatoren i. Allg.: $X_T \approx Z_T = \dfrac{u_{k,r} \cdot U_{r,T}^2}{100\,\% \cdot S_{r,T}}$
Asynchronmaschine (M)	$X_M = \dfrac{I_{r,M}}{I_{an}} \cdot \dfrac{U_{r,M}^2}{S_{r,M}}$	I_{an} Motor-Anzugsstrom $I_{r,M}$ Motor-Bemessungsstrom $U_{r,M}$ Bemessungsspannung $S_{r,M}$ Bemessungsscheinleistung $S_{r,M} = \dfrac{P_{r,M}}{\eta \cdot \cos\varphi}$
	$R_M = 0{,}1 \cdot X_M$ für $P_{r,Mp} \geq 1\,\text{MW}$ $R_M = 0{,}15 \cdot X_M$ für $P_{r,Mp} < 1\,\text{MW}$	$P_{r,Mp}$ Bemessungsleistung je Polpaar bei HS-Motoren
	$R_M = 0{,}42 \cdot X_M$	NS-Motoren inklusive Anschlusskabel
KS-Begrenzungsdrosselspule	$X_D = \dfrac{u_r \cdot U_{r,D}^2}{100\,\% \cdot S_{r,D}}$	$S_{r,D}$ Durchgangsscheinleistung $S_{r,D} = \sqrt{3} \cdot U_{r,D} \cdot I_{r,D}$ $U_{r,D}$ Bemessungsspannung $I_{r,D}$ Bemessungsstrom u_r Bemessungsspannungsfall

Tabelle 1.5 Berechnung der Impedanzen elektrischer Betriebsmittel in Ohm

Betriebsmittel	Impedanz im Mitsystem	Erläuterungen	
Netzeinspeisung	$Z_Q = \dfrac{1{,}1 \cdot U_{n,Q}^2}{S''_{k,Q}}$	$S''_{k,Q}$	Anfangskurzschlusswechselstromleistung am Netzanschlusspunkt Q
		$U_{n,Q}$	Netznominalspannung
	$X_Q = 0{,}995 \cdot Z_Q$ $R_Q = 0{,}1 \cdot X_Q$	Falls genaue Werte nicht bekannt	
Leitung	$X_L = X'_L \cdot l$ $R_L = R'_L \cdot l$	$X'_L ; R'_L$	Ω/km und Stromkreis
		l	Stromkreislänge
Kompensation, Last	$X_L = \dfrac{U_r^2}{Q_{r,L}}$ $X_C = \dfrac{U_r^2}{Q_{r,C}}$ $R = \dfrac{U_r^2}{P}$	$Q_{r,L} ; Q_{r,C}$	Bemessungsblindleistung (dreiphasig)
		P	Wirkleistung (dreiphasig)
		U_r	Bemessungsspannung
		Gilt für Parallelersatzschaltbild von Lasten	

Tabelle 1.5 Berechnung der Impedanzen elektrischer Betriebsmittel in Ohm

Betriebsmittel	Impedanz im Mitsystem	Erläuterungen	
Synchronmaschine	$x_G = \dfrac{x''_d}{S_{r,G}}$	x''_d	gesättigte subtransiente Reaktanz in %
		$S_{r,G}$	Bemessungsscheinleistung
	$r_{s,G} = 0{,}05 \cdot x_G ; S_{r,G} \geq 100\,\text{MVA}$ $r_{s,G} = 0{,}07 \cdot x_G ; S_{r,G} < 100\,\text{MVA}$	Berechnung von i_p bei Hochspannungsmotoren	
	$r_{s,G} = 0{,}12 \cdot x_G$	Berechnung von i_p bei Niederspannungsmotoren	
Transformator	$z_T = \dfrac{u_{k,r}}{S_{r,T}}$	$S_{r,T}$	Bemessungsscheinleistung
		$u_{k,r}$	Kurzschlussspannung in %
	$x_T = \sqrt{Z_T^2 - r_T^2}$		
	$r_T = \dfrac{u_{R,r}}{S_{r,T}}$	Es gilt bei HS-Transformatoren i. A.: $x_T \approx z_T = \dfrac{u_{k,r}}{S_{r,T}}$	

Tabelle 1.6 Berechnung der Impedanzen elektrischer Betriebsmittel in %/MVA

Betriebsmittel	Impedanz im Mitsystem	Erläuterungen	
Asynchron-maschine (M)	$x_M = \dfrac{I_{r,M}}{I_{an}} \cdot \dfrac{100\%}{S_{r,M}}$	I_{an} Motor-Anzugsstrom $I_{r,M}$ Motor-Bemessungsstrom $S_{r,M}$ Bemessungsscheinleistung $S_{r,M} = \dfrac{P_{r,M}}{\eta \cdot \cos\varphi}$	
	$r_M = 0{,}1 \cdot x_M$ für $P_{r,Mp} \geq 1$ MW $r_M = 0{,}15 \cdot x_M$ für $P_{r,Mp} < 1$ MW	$P_{r,Mp}$ Bemessungsleistung je Polpaar HS-Motoren	
	$r_M = 0{,}42 \cdot x_M$	NS-Motoren inklusive Anschlusskabel	
KS-Begrenzungs-	$x_D = \dfrac{u_r}{S_{r,D}}$	$S_{r,D}$ Durchgangsscheinleistung $S_{r,D} = \sqrt{3} \cdot U_{r,D} \cdot I_{r,D}$ $U_{r,D}$ Bemessungsspannung $I_{r,D}$ Bemessungsstrom u_r Bemessungsspannungsfall	
Netzeinspeisung Q	$z_Q = \dfrac{110\%}{S''_{k,Q}}$	$S''_{k,Q}$ Anfangskurzschlusswechselstromleistung am Netzanschlusspunkt Q $U_{n,Q}$ Netznominalspannung	
	$x_Q = 0{,}995 \cdot z_Q$ $r_Q = 0{,}1 \cdot x_Q$	Falls genaue Werte nicht bekannt	
Leitung	$x_L = \dfrac{X'_L \cdot l \cdot 100\%}{U_n^2}$ $r_L = \dfrac{R'_L \cdot l \cdot 100\%}{U_n^2}$	$X'_L; R'_L$ Ω/km und Stromkreis U_n Nominalspannung des Netzes, im dem sich die Leitung befindet l Stromkreislänge	
Kompensation, Last	$x_L = \dfrac{100\%}{Q_{r,L}}$ $x_C = \dfrac{100\%}{Q_{r,C}}$ $r = \dfrac{100\%}{P}$	$Q_{r,L}; Q_{r,C}$ Bemessungsblindleistung (dreiphasig) P Wirkleistung (dreiphasig) Gilt für Parallelersatzschaltbild von Lasten	

Tabelle 1.6 Berechnung der Impedanzen elektrischer Betriebsmittel in %/MVA

Gl. (1.77) gibt als Beispiel die Berechnung des Anfangskurzschlusswechselstroms mit einer Zahlenwertgleichung an.

$$I''_{k,3} = \frac{110}{\sqrt{3} \cdot z_1 \cdot U_n} \tag{1.77}$$

wobei durch Einsetzen der Kurzschlussimpedanz z_1 in %/MVA und der Nennspannung U_n in kV der Anfangskurzschlusswechselstrom $I''_{k,3}$ in kA berechnet wird.

Größengleichungen sind die universell zu verwendenden Gleichungen, bei denen die Größen als solche, d. h. mit Zahlenwert und Einheit wie in Gl. (1.78) für die Berechnung der komplexen Leistung angegeben, einzusetzen sind.

$$\underline{S} = \underline{U} \cdot \underline{I}^* \tag{1.78}$$

Als Ergebnis erhält man eine Größe, also einen Zahlenwert mit Einheit.

1.7 Rechenbeispiele

1.7.1 Grafische Ermittlung der symmetrischen Komponenten

Für die in **Bild 1.25** dargestellten Zeiger der Spannungen $\underline{U}_R$, $\underline{U}_S$ und $\underline{U}_T$ konstruiere man die zugehörigen Spannungen im System der symmetrischen Komponenten (012-System). Man ermittle die Beträge der Spannungen des RST-Systems im System der symmetrischen Komponenten.

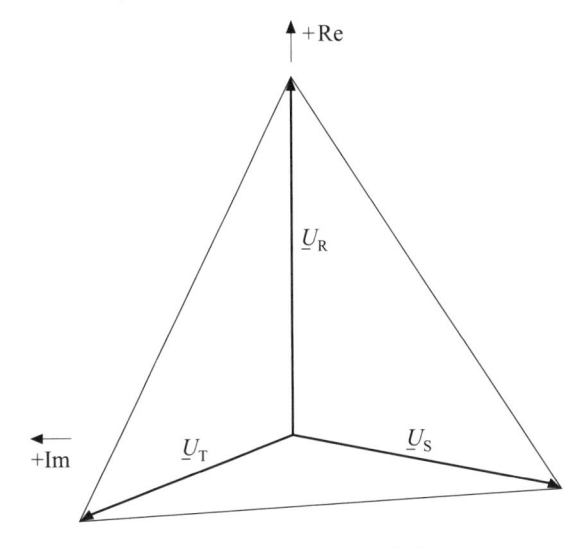

Bild 1.25 Spannungszeigerdiagramm im RST-System

Lösung:

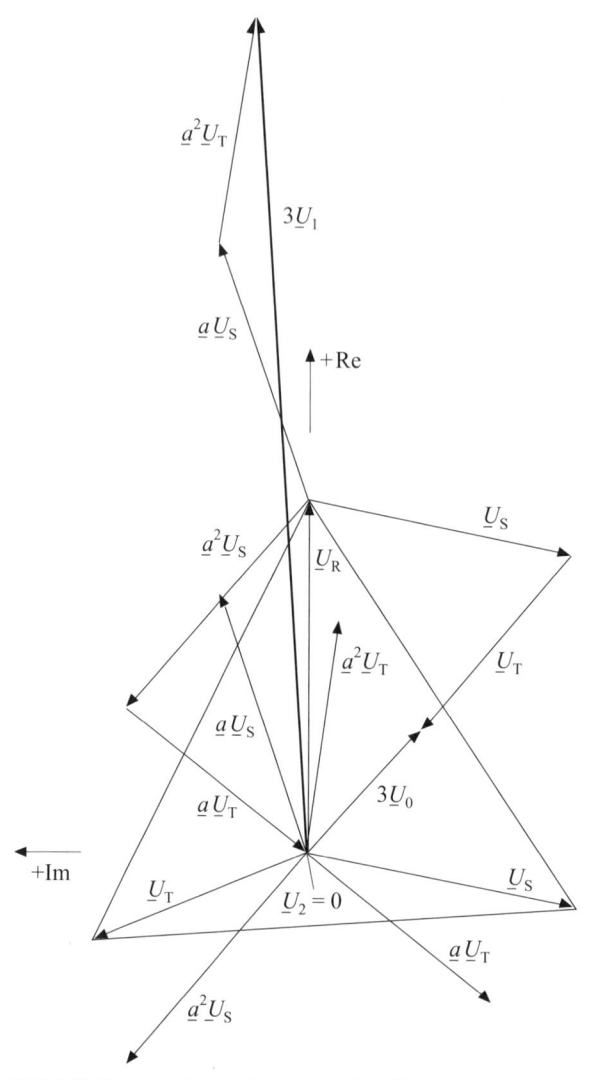

Bild 1.26 Konstruktion des Spannungszeigerdiagramms im 012-System

Es zeigt sich, dass die Spannung der Gegenkomponente $\underline{U}_2 = 0$ ist, die Spannungen der Mit- und Nullkomponente $\underline{U}_1 \neq 0$ und $\underline{U}_0 \neq 0$ sind. Dies ist darauf zurückzuführen, dass lediglich die drei Außenleiter-Erd-Spannungen $\underline{U}_R$; $\underline{U}_S$ und $\underline{U}_T$ unsymmetrisch sind. Die drei Außenleiter-Spannungen sind symmetrisch.

Sind die drei Außenleiter-Spannungen ebenfalls unsymmetrisch, so ist auch die Spannung der Gegenkomponente $\underline{U}_2 \neq 0$. Sind dagegen nur die drei Außenleiter-Spannungen unsymmetrisch, die Außenleiter-Erd-Spannungen aber symmetrisch, so sind die Spannungen der Mit- und der Gegenkomponente $\underline{U}_1 \neq 0$ und $\underline{U}_2 \neq 0$, die Spannung der Nullkomponente $\underline{U}_0 = 0$.

1.7.2 Rechnerische Ermittlung der symmetrischen Komponenten

Man berechne für die gegebenen Ströme des RST-Systems die zugehörigen Ströme in symmetrischen Komponenten:

$\underline{I}_R = 0$ kA; $\underline{I}_S = 1$ kA $+ j\,5$ kA; $\underline{I}_T = -1$ kA $+ j\,5$ kA

Lösung:

Die Umformung in Polarform liefert

$\underline{I}_R = 0$ kA $e^{j0°}$; $\underline{I}_S = 5{,}01$ kA $e^{j78{,}69°}$; $\underline{I}_T = 5{,}01$ kA $e^{j101{,}31°}$

Anwendung von Gl. (1.21) liefert für die Ströme

$$\underline{I}_0 = \frac{1}{3}(\underline{I}_R + \underline{I}_S + \underline{I}_T) = \frac{1}{3}(0\,e^{j0°} + 5{,}01\,e^{j78{,}69°} + 5{,}01\,e^{j101{,}31°})\text{ kA}$$

$$\underline{I}_1 = \frac{1}{3}(\underline{I}_R + \underline{a}\,\underline{I}_S + \underline{a}^2\,\underline{I}_T) = \frac{1}{3}(0\,e^{j0°} + 5{,}01\,e^{j78{,}69°} \cdot e^{j120°} + 5{,}01\,e^{j101{,}31°} \cdot e^{j240°})\text{ kA}$$

$$= \frac{1}{3}(0\,e^{j0°} + 5{,}01\,e^{j198{,}69°} + 5{,}01\,e^{j341{,}31°})\text{ kA}$$

$$\underline{I}_2 = \frac{1}{3}(\underline{I}_R + \underline{a}^2\,\underline{I}_S + \underline{a}\,\underline{I}_T) = \frac{1}{3}(0\,e^{j0°} + 5{,}01\,e^{j78{,}69°} \cdot e^{j240°} + 5{,}01\,e^{j101{,}31°} \cdot e^{j120°})\text{ kA}$$

$$= \frac{1}{3}(0\,e^{j0°} + 5{,}01\,e^{j318{,}69°} + 5{,}01\,e^{j221{,}31°})\text{ kA}$$

Nach Auflösung erhält man

$I_0 = j3,275$ kA

$I_1 = -j1,070$ kA

$I_2 = -j2,204$ kA

Unter Beachtung von Rundungsfehlern erkennt man, dass die Summe der Ströme der symmetrischen Komponenten in diesem Fall gleich null ist. Die Strombedingungen gelten für einen zweipoligen Kurzschluss mit Erdberührung.

1.7.3 Berechnung von Betriebsmitteln

Man berechne die Reaktanzen und Resistanzen der nachfolgend aufgeführten Betriebsmittel im %/MVA-System und im Ohm-System.

Synchronmaschine:

$S_{r,G} = 50$ MVA; $U_{r,G} = 10,5$ kV; $\cos \varphi_{r,G} = 0,8$; $x''_d = 14,5$ %

Zweiwicklungstransformator:

$S_{r,T} = 50$ MVA; $U_{r,T,OS}/U_{r,T,US} = 110$ kV/10,5 kV; $u_{k,r} = 10$ %;

$u_{R,r} = 0,5\%$ oder $P_{V,k} = 249$ kW

Netz am Netzanschlusspunkt Q:

$S''_{k,Q} = 2\,000$ MVA; $U_{n,Q} = 110$ kV

Drehstromkabel (N2XSY 18/30 kV 1×500 RM/35):

$R'_L = 0,0366$ Ω/km; $X'_L = 0,112$ Ω/km; $l = 10$ km; $U_n = 30$ kV

Kurzschlussstrombegrenzungsdrosselspule:

$u_{r,D} = 5$ %; $I_{r,D} = 500$ A; $U_n = 10$ kV

Die Berechnungen im %/MVA-System bzw. im Ohm-System können durch Anwendung der Umrechnungsgleichungen nach Tabelle 1.5 überprüft werden.

Lösung:

Synchronmaschine im %/MVA-System:

$x_G = x''_d / S_{r,G} = 14,5$ % / 50 MVA $= 0,29$ %/MVA

$r_G = 0,07\, x_G = 0,0203$ %/MVA, da $S_{r,G} < 100$ MVA und $U_{r,G} > 1$ kV

Synchronmaschine im Ohm-System:

$X_G = (x''_d\, U^2_{r,G}) / (S_{r,G}\, 100\,\%) = (14,5\,\% \,(10,5$ kV$)^2) / (50$ MVA $\,100\,\%) = 0,2304$ Ω

$R_G = 0,07$ $X_G = 0,0161$ Ω

Zweiwicklungstransformator im %/MVA-System:

$z_T = u_{k,r} / S_{r,T} = 10 \% / 50$ MVA $= 0,2$ %/MVA

$r_T = u_{R,r} / S_{r,T} = 0,5 \% / 50$ MVA $= 0,01$ %/MVA

$x_T = \sqrt{Z_T^2 - R_T^2} = 0,1997$ %/MVA

Zweiwicklungstransformator im Ohm-System:

$Z_T = (u_{k,r}\, U_{r,T,OS}^2) / (S_{r,T}\, 100\,\%) = (10\,\% \,(110\text{ kV})^2) / (50\text{ MVA}\, 100\,\%) = 24,2$ Ω
bezogen auf 110 kV

$R_T = (u_{R,r}\, U_{r,T,OS}^2) / (S_{r,T}\, 100\,\%) = (0,5\,\%\,(110\text{ kV})^2) / (50\text{ MVA}\,100\,\%) = 1,21$ Ω
bezogen auf 110 kV

$X_T = \sqrt{Z_T^2 - R_T^2} = 24,17$ Ω bezogen auf 110 kV

Netz am Netzanschlusspunkt Q im %/MVA-System:

$z_Q = 110\,\% / S_{k,Q''} = 110\,\% / 2000$ MVA $= 0,055$ %/MVA

$x_Q = 0,995\, z_Q = 0,0547$ %/MVA

$r_Q = 0,1\, z_Q = 0,0055$ %/MVA

Netz am Netzanschlusspunkt Q im Ohm-System:

$Z_Q = 1,1\, U_{n,Q}^2 / (S_{k,Q}''\, 100\,\%) = 1,1\,(110\text{ kV})^2 / (2\,000\text{ MVA}\,100\,\%) = 0,06655$ Ω

$X_Q = 0,995\, Z_Q = 0,06622$ Ω

$R_Q = 0,1\, z_Q = 0,0066$ Ω

Drehstromkabel (N2XSY 18/30 kV 1 × 500 rm/35) im %/MVA-System:

$r_L = (R_L'\, l\, 100\,\%) / U_n^2 = (0,0366\text{ Ω/km}\, 10\text{ km}\, 100\,\%) / (30\text{ kV})^2 = 0,041$ %/MVA

$x_L = (X_L'\, l\, 100\,\%) / U_n^2 = (0,112\text{ Ω/km}\, 10\text{ km}\, 100\,\%) / (30\text{ kV})^2 = 0,124$ %/MVA

Drehstromkabel (N2XSY 18/30 kV 1 × 500 rm/35) im Ohm-System:

$R_L = R_L'\, l = 0,0366$ Ω/km 10 km $= 0,366$ Ω

$X_L = X_L'\, l = 0,112$ Ω/km 10 km $= 1,12$ Ω

Kurzschlussstrombegrenzungsdrosselspule im %/MVA-System:

$x_D = u_{r,D} / (\sqrt{3}\, U_{r,D}\, I_{r,D}) = 5\,\% / (\sqrt{3}\, 10\text{ kV}\, 0,5\text{ kA}) = 0,577$ %/MVA

Kurzschlussstrombegrenzungsdrosselspule im Ohm-System:

$$X_D = (u_{r,D}\ U_{r,D2})/(\sqrt{3}\ U_{r,D}\ I_{r,D}\ 100\ \%) = (5\ \%\ (10\ kV)^2)/(\sqrt{3}\ 10\ kV\ 0{,}5\ kA\ 100\ \%)$$
$$= 0{,}577\ \Omega$$

Da die Bezugsspannung 10 kV beträgt, sind die Zahlenwerte der Impedanz der Spule im %/MVA-System und im Ohm-System gleich.

Literatur Kapitel 1

[1.1] Deutschland und die Welt. Frankfurter Allgemeine Zeitung vom 28.02.1997

[1.2] Schlabbach, J.: Elektroenergieversorgung – Betriebsmittel, Netze, Kennzahlen und Auswirkungen der elektrischen Energieversorgung. 2. Aufl., Berlin und Offenbach: VDE VERLAG, 2003

[1.3] Hosemann, G.; Boeck, W.: Grundlagen der Elektrischen Energietechnik. Berlin, Heidelberg, New York: Springer-Verlag, 1979

[1.4] Bosse, G.: Grundlagen der Elektrotechnik, Band I–IV. Mannheim: Bibliographisches Institut, 1973

[1.5] Oeding; Oswald: Elektrische Kraftwerke und Netze. 6. Aufl., Berlin, Heidelberg, New York: Springer-Verlag, 2004

2 Elektrische Netze und Betriebsmittel

2.1 Struktur und Aufbau elektrischer Netze

Grundsätzlich lassen sich alle Netzformen in drei verschiedene Strukturen einteilen [2.1]:

- Strahlennetz
- Ringnetz
- Maschennetz bzw. vermaschtes Netz

Kombinationen der genannten Netzformen sind möglich und verbreitet. Die drei Netzformen und deren Kombinationen finden sich in allen Spannungsebenen mit unterschiedlicher Häufigkeit. Unterscheidungskriterien wie Anzahl und Art der Einspeisungen aus übergeordneten Netzebenen, Schaltung der Leitungen sowie die Möglichkeiten der Bereitstellung von Reserven bei Ausfällen sind in Bezug auf die zu wählenden Netzstrukturen ebenfalls entscheidende Merkmale.

2.1.1 Strahlennetze

Die einfachste Netzform, das Strahlennetz, findet sich vor allem im Niederspannungsbereich, aber auch in Mittelspannungsnetzen. Die einzelnen Leitungen gehen strahlenförmig, wie in **Bild 2.1a** dargestellt, von der einspeisenden Netzstation aus. Weiterverzweigung ist möglich und üblich (**Bild 2.1b**). Diese Netzform findet sich bei geringer Lastdichte, aber auch für den Anschluss großer Punktlasten. Man spricht dann von einem Anschlussnetz. Den Vorteilen des einfachen Betriebs und niedriger Investitionskosten stehen Versorgungsunterbrechungen der nachgeschalteten Verbraucher bei Ausfall von Leitungen gegenüber. Die Verzweigungspunkte im Niederspannungsnetz sind dabei meist in Form von Abzweigmuffen oder Abzweigstellen ohne Schaltmöglichkeit ausgeführt. Einzige Schaltmöglichkeit für eine Leitung nebst Verzweigungen existiert in der einspeisenden Station in Form eines Trennschalters mit kombinierter Sicherung.

In Mittelspannungsnetzen werden Strahlennetze meist nur in Gegenden mit sehr geringer Lastdichte gebaut. Die Verzweigungspunkte können dabei sowohl als feste Verbindungen ohne Schaltmöglichkeit als auch mit Trennschaltern ausgeführt werden. Eine Abschaltmöglichkeit für jede Leitung nebst Verzweigungen existiert in der einspeisenden Station in Form von Trennschaltern, selten als Leistungsschalter. Bei Ausführung mit Trennschaltern muss der unterspannungsseitige Schalter des einspeisenden Transformators als Leistungsschalter ausgeführt sein.

→ NS-Verbraucher

● Einspeisung ins Niederspannungsnetz

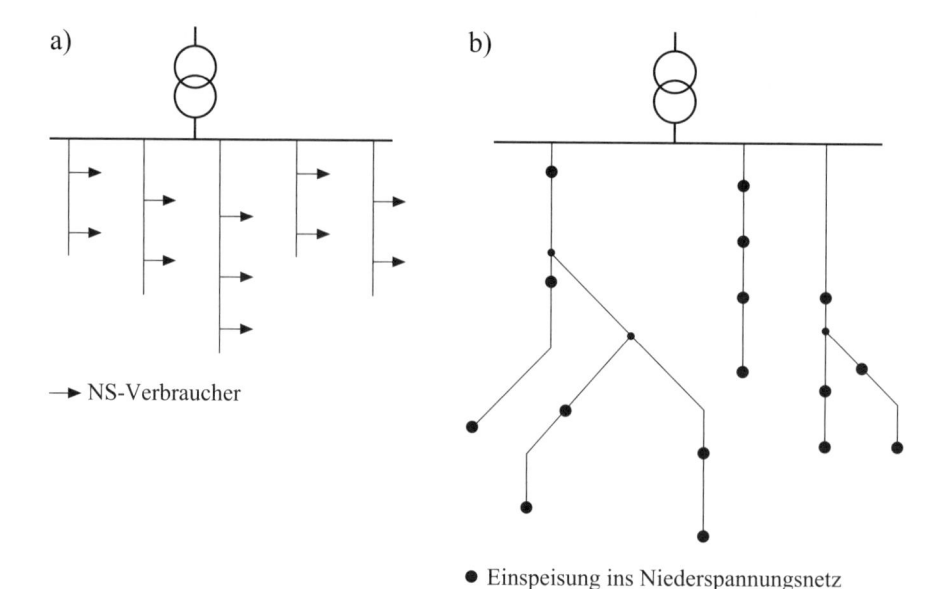

Bild 2.1 Darstellung von Strahlennetzen
a) Niederspannungsstrahlennetz
b) Mittelspannungsstrahlennetz mit Verzweigung

Charakteristisch für Strahlennetze ist die stark unterschiedliche Kurzschlussleistung, die am Einspeisepunkt aus dem übergeordneten Netz deutlich größer ist als an den Netzausläufern. Werden dezentrale Erzeugungsanlagen im Netz betrieben, so erhöht sich die Kurzschlussleistung am Anschlusspunkt der Erzeugungsanlage.

2.1.2 Ringnetze

Ringnetze findet man vornehmlich im Mittelspannungsbereich. Hier gibt es eine Vielzahl von Ausführungsformen, die sich hinsichtlich der Leitungsbelastbarkeit im Normalbetrieb unter Berücksichtigung von Ausfällen, der Reservehaltung, der Art der Einspeisung und der Versorgungszuverlässigkeit deutlich unterscheiden. Nähere Angaben finden sich in [2.1].

Ringnetz in einfacher Form

Die einfachste Art des Ringnetzes erhält man, indem man die Leitungsenden in einem Strahlennetz zur einspeisenden Station zurückführt, wie in **Bild 2.2** dargestellt. Üblicherweise werden Ringnetze mit offener Trennstelle (Lasttrennschalter) betrieben, wodurch ein einfacher Betrieb bei gleichzeitig zuschaltbarer Reserve erreicht wird.

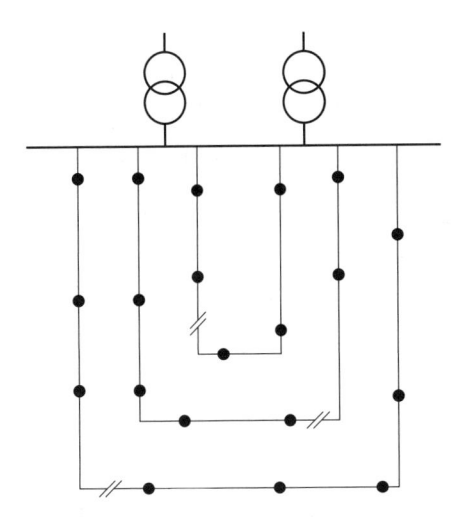

∥ Trennstelle

● Einspeisung ins Niederspannungsnetz

Bild 2.2 Ringnetz in einfacher Form
Ringnetz mit Gegenstation ohne Einspeisung

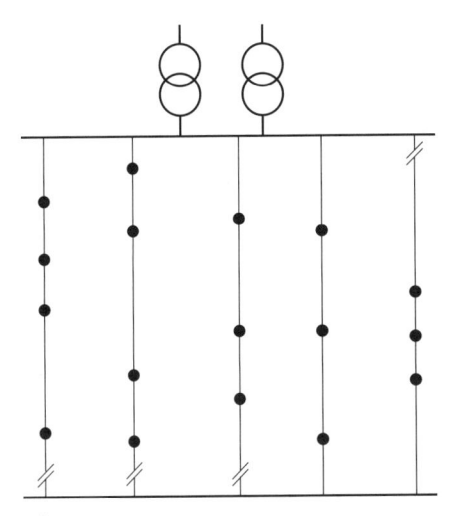

∥ Trennstelle

● Einspeisung ins Niederspannungsnetz

Bild 2.3 Ringnetz mit Gegenstation ohne Einspeisung

Führt man die Leitungen nicht wie in Bild 2.2 einzeln an die speisende Station zurück, sondern schaltet die Leitungen in einer Station ohne Einspeisung zusammen, wie in **Bild 2.3** dargestellt, also quasi auf der Gegenseite, so spricht man von einem Ringnetz mit Gegenstation. Auch hier werden Trennstellen in Form von Lasttrennschaltern in den Leitungen vorgesehen, die im Normalbetrieb geöffnet sind. Die Gegenstation sollte stets unter Spannung gehalten werden, um eine jederzeitige Übernahme von Versorgungsaufgaben zu ermöglichen.

Reserve bietet das Konzept meist nur für den Ausfall einer Leitung, bei nicht voll belasteten Leitungen auch u. U. für den Ausfall mehrerer Leitungen, da dann die Reservefunktion der Gegenstation ausgeschöpft ist. Das Konzept des Ringnetzes mit Gegenstation findet sich noch in der städtischen Versorgung als Relikt vergangener Netzstrukturen, wenn die Einspeisung in die Gegenstation noch nicht abgebaut wurde bzw. das Netz noch nicht umstrukturiert wurde oder als Übergangskonzept bei der Umstrukturierung in ein normales Ringnetz oder in ein Netz mit Einspeisung in der Gegenstation.

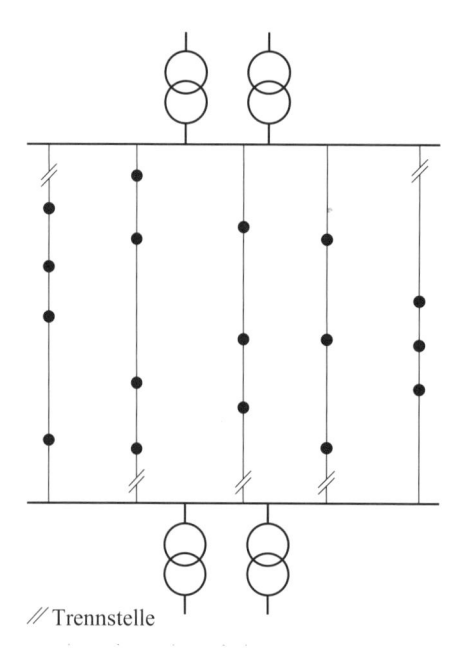

Ringnetz mit Einspeisung in der Gegenstation (Strangnetz oder Liniennetz)

Als Weiterentwicklung des Ringnetzes mit Gegenstation kann eine zusätzliche Einspeisung in der Gegenstation gewählt werden. Es ergibt sich dann das Netz nach

/// Trennstelle

Bild 2.4 Ringnetz mit Einspeisung in der Gegenstation (Strangnetz oder Liniennetz)

Bild 2.4 als Ringnetz mit Einspeisung in der Gegenstation, was oftmals auch als Strangnetz oder Liniennetz bezeichnet wird.

Jede Leitung bietet hier wieder Ausfallsicherheit für den Ausfall jedes Teilstücks einer Leitung, wenn die Belastungen der Leitungen geeignet gewählt werden. Ringnetze werden meist mit offener Trennstelle, also wie ein Strahlennetz, betrieben. Da Ringnetze meist in der städtischen Versorgung Verwendung finden, sind die Leitungslängen kurz, die Kurzschlussleistung im Netz variiert selbst bei Betrieb mit offener Trennstelle nicht so stark wie bei einem Strahlennetz.

2.1.3 Vermaschte Netze

Vermaschte Netze, zu unterscheiden von Maschennetzen, die im Niederspannungsbereich vorhanden sind, finden sich vornehmlich im Hochspannungs-, aber auch im Mittelspannungsbereich. Nach Maßgabe der zu versorgenden Lasten und der Kraftwerkseinspeisungen werden die Netze so geplant, gebaut und betrieben, dass die Versorgung ohne Überlastung und bei normgerechtem Spannungsprofil für Ausfälle von einem („n-minus-1-Prinzip") oder mehrerer („n-minus-k-Prinzip") Betriebsmittel gewährleistet ist. Wünschenswert sind dabei der unterbrechungsfreie Betrieb und die unterbrechungsfreie Versorgung der Verbraucher bei Ausfällen.

Planung und Betrieb erfordern einen hohen Aufwand, die Versorgungszuverlässigkeit ist hoch, unterbrechungsfreie Versorgung der Verbraucher für Ausfälle ist gemäß der Planungskriterien gesichert. Das Prinzipschaltbild eines vermaschten Hochspannungsnetzes zeigt **Bild 2.5**. Bei vermaschten Hochspannungsnetzen ist die Bandbreite, innerhalb der die Kurzschlussleistung variiert, abhängig von der Verteilung der Kraftwerkseinspeisungen, der räumlichen Ausdehnung des Netzes und der Anzahl der parallel geschalteten Betriebsmittel (Netzmaschen).

2.1.4 Maschennetze

Eine Besonderheit der vermaschten Netze stellen Maschennetze im Niederspannungsbereich dar. Die Versorgungszuverlässigkeit des Netzes ist sehr hoch, da Reserven durch die anderen Leitungen der Netzmaschen gegeben sind. Die Belastung des Maschennetzes stellt sich entsprechend der Leitungsimpedanzen und der Netzlasten ein. Je nach Art der Einspeisung der Maschennetze aus dem Mittelspannungsnetz spricht man von

- stationsweise gespeisten Netzen
- einsträngig gespeisten Netzen
- mehrsträngig gespeisten Netzen

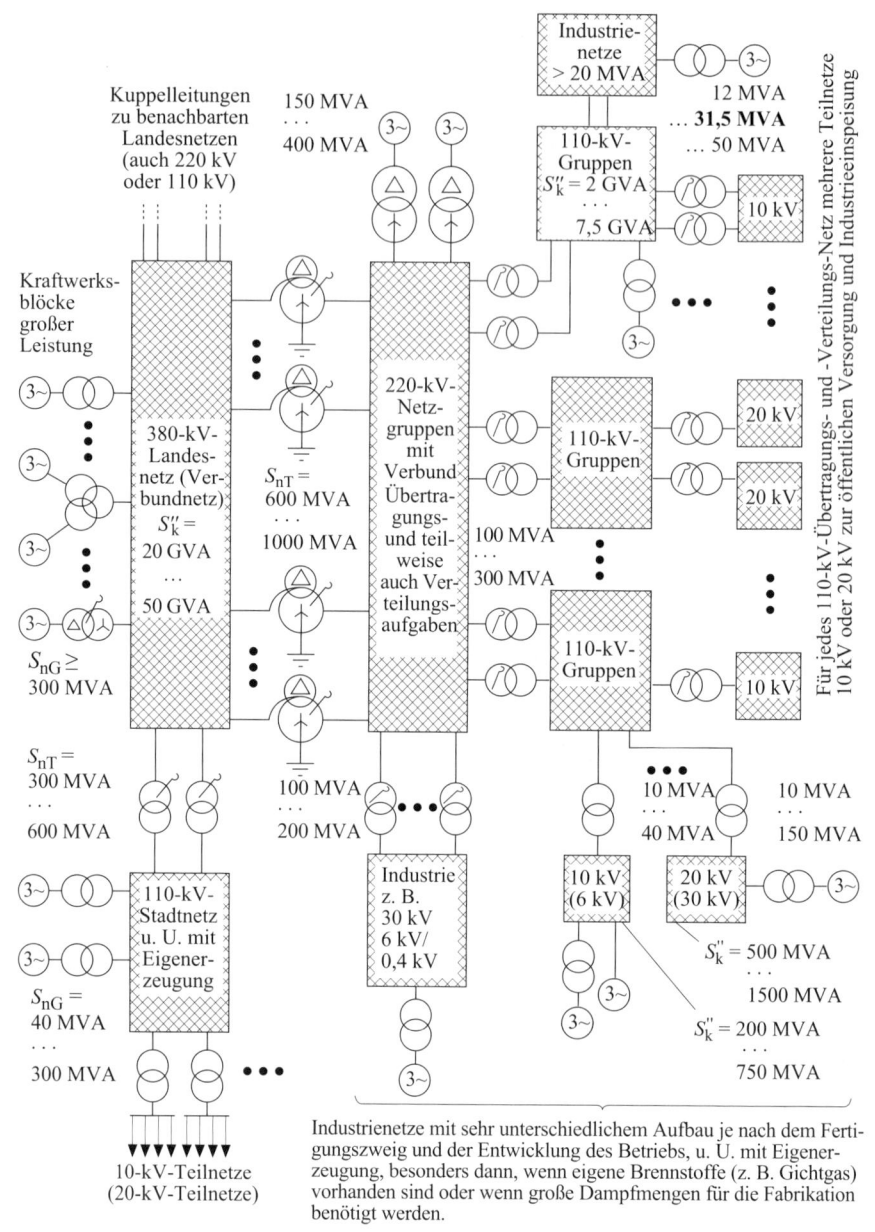

Bild 2.5 Prinzipschaltbild eines vermaschten Hochspannungsnetzes verschiedener Spannungsebenen mit verschiedenen Spannungsebenen nach [2.1]

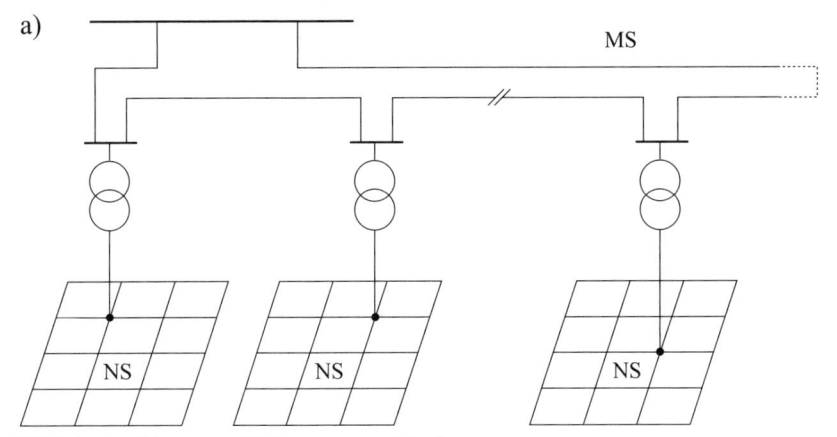

Bild 2.6a Ausführung von Niederspannungs-Maschennetzen
a) stationsweise gespeistes Netz

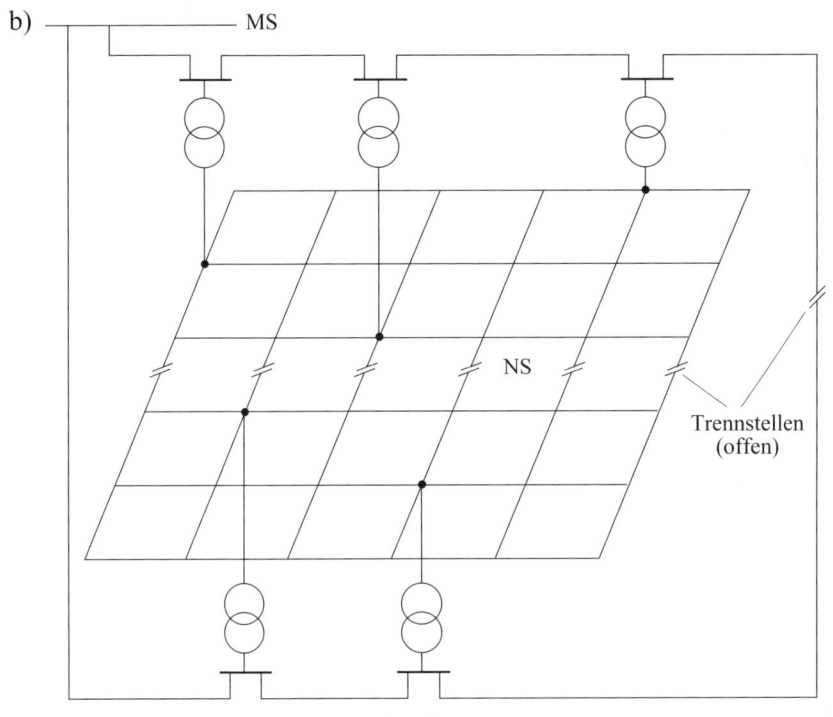

Bild 2.6b Ausführung von Niederspannungs-Maschennetzen
b) einsträngig gespeistes Maschennetz

c) ⊣MS

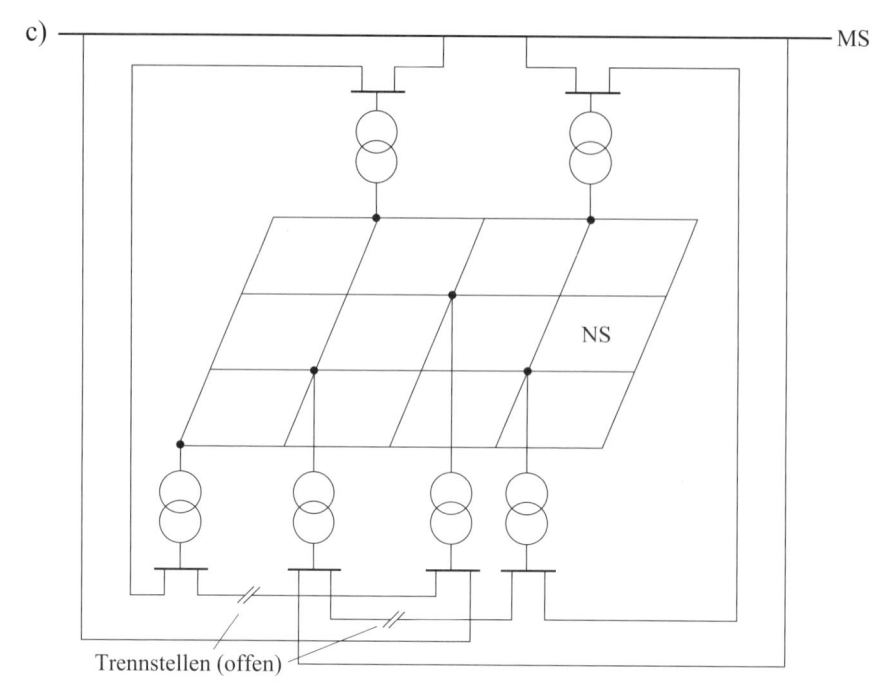

Trennstellen (offen)

Bild 2.6c Ausführung von Niederspannungs-Maschennetzen
c) mehrsträngig gespeistes Netz

Stationsweise gespeistes Netz

Das Beispiel eines Niederspannungsmaschennetzes mit Speisung aus einer Station einer Mittelspannungsleitung zeigt **Bild 2.6a**. Die Versorgung ist nicht gesichert gegen Ausfälle der einspeisenden Station und der versorgenden Mittelspannungsleitung. Diese Netzform ist betrieblich u. U. nachteilig, da auf der niedrigsten Spannungsebene eine höhere Versorgungszuverlässigkeit vorhanden ist als in der Einspeisung. Diese Art der Einspeisung ist daher nicht weit verbreitet.

Einsträngig gespeistes Netz

Bei dieser Netzform wird das Maschennetz über mehrere Stationen, die aber alle an derselben Mittelspannungsleitung angeschlossen sind, gespeist. Die grundsätzliche Anordnung ist in **Bild 2.6b** dargestellt. Die Versorgung ist gesichert gegen Ausfälle der einspeisenden Stationen und bedingt gegen Ausfälle der speisenden Mittelspannungsleitung.

Mehrsträngig gespeistes Netz

Schließt man die einspeisenden Stationen des Maschennetzes auf der Mittelspannungsebene an verschiedene Leitungen an, so spricht man von einem mehrsträngig gespeisten Netz wie in **Bild 2.6c** dargestellt. Das Versorgung ist sicher gegen Ausfälle von einspeisenden Stationen und bei entsprechender Auslegung auf der Mittelspannungsseite auch gegen Ausfälle speisender Mittelspannungsleitungen. Günstig ist es, wenn man benachbarte Stationen immer an unterschiedliche Mittelspannungsleitungen anschließt. Man spricht in diesem Fall auch von einem Maschennetz mit überlappenden Einspeisungen.

Maschennetze im Niederspannungsbereich weisen eine einheitliche Höhe der Kurzschlussleistung im gesamten Netzbezirk auf.

2.2 Netzbedingungen

2.2.1 Spannungsebenen und Impedanzen

Bei der Betrachtung von Netzrückwirkungen ist es erforderlich, die Impedanz des einspeisenden Netzes einzubeziehen, da z. B. ein nicht sinusförmiger Strom an der Impedanz der Einspeisung einen nicht sinusförmigen Spannungsfall hervorruft. Netzrückwirkungen treten dabei in allen Spannungsebenen der elektrischen Energieversorgung auf. Die Höhe des Störphänomens in den verschiedenen Netzebenen ist dabei abhängig vom Verhältnis der Teilimpedanzen der Netzebenen untereinander.

Der grundsätzliche Aufbau der elektrischen Energieversorgung ist in **Bild 2.7** im Hinblick auf die Behandlung von Netzrückwirkungen vereinfacht dargestellt. Als Störphänomen werden hier Oberschwingungen betrachtet.

Bei der Betrachtung von drei Netzebenen (380 kV und 110 kV als Hochspannungsnetz, 10 kV als Mittelspannungsnetz und 0,4 kV als Niederspannungsnetz) wird angenommen, dass Kraftwerke vorzugsweise in die 380-kV-Ebene einspeisen. Kraftwerkseinspeisungen in andere Netzebenen ändern an der grundsätzlichen Betrachtungsweise nichts.

Im 0,4-kV-Netz wird ein Oberschwingungserzeuger angenommen, der ein beliebiges Oberschwingungsspektrum $\underline{I}_{v,NS}$ in das Netz einspeist. Diese Ströme rufen an der Impedanz des einspeisenden Transformators und der vorgeschalteten Netzimpedanzen Spannungsfälle $\underline{U}_{v,NS}$ hervor.

Der 10/0,4-kV-Transformator ist über eine oder mehrere Leitungen an einen Netzknoten 10 kV angeschlossen. Hier können z. B. weitere Niederspannungsnetze über Leitungen und Transformatoren angeschlossen sein, der Anschluss industrieller Großverbraucher oder leistungsstarker Oberschwingungserzeuger ist hier ebenfalls

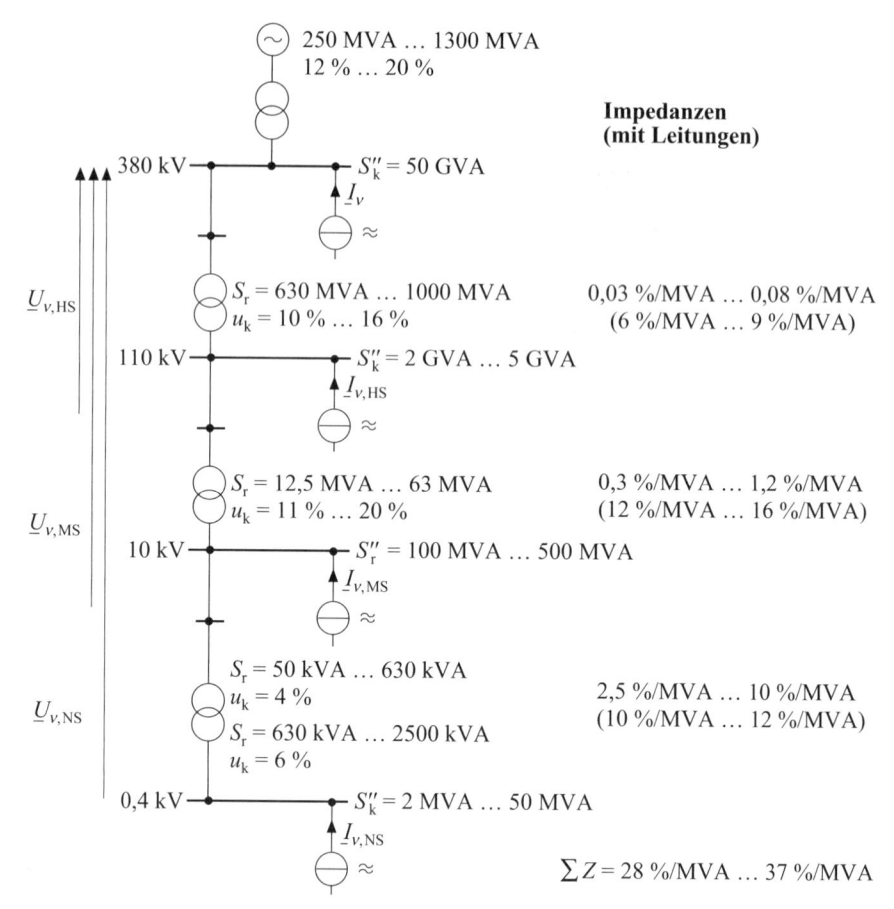

```
                    (~)  250 MVA ... 1300 MVA
                     |   12 % ... 20 %
                     ○
                     |                              Impedanzen
                     |                              (mit Leitungen)
        380 kV ──●───●──── S″_k = 50 GVA
                 |        ↑ I_v
                 |        ⊖ ≈
                 |
                 ○  S_r = 630 MVA ... 1000 MVA    0,03 %/MVA ... 0,08 %/MVA
                 ○  u_k = 10 % ... 16 %           (6 %/MVA ... 9 %/MVA)
        110 kV ──●──────── S″_k = 2 GVA ... 5 GVA
                 |        ↑ I_v,HS
                 |        ⊖ ≈
                 |
                 ○  S_r = 12,5 MVA ... 63 MVA     0,3 %/MVA ... 1,2 %/MVA
                 ○  u_k = 11 % ... 20 %           (12 %/MVA ... 16 %/MVA)
         10 kV ──●──────── S″_r = 100 MVA ... 500 MVA
                 |        ↑ I_v,MS
                 |        ⊖ ≈
                 |
                    S_r = 50 kVA ... 630 kVA
                 ○  u_k = 4 %                     2,5 %/MVA ... 10 %/MVA
                 ○  S_r = 630 kVA ... 2500 kVA    (10 %/MVA ... 12 %/MVA)
                    u_k = 6 %
        0,4 kV ──●──────── S″_k = 2 MVA ... 50 MVA
                          ↑ I_v,NS
                          ⊖ ≈                    ΣZ = 28 %/MVA ... 37 %/MVA
```

Bild 2.7 Grundsätzliche Struktur der elektrischen Energieversorgung im Hinblick auf die Behandlung von Netzrückwirkungen am Beispiel von Oberschwingungen

möglich. Es ist daher davon auszugehen, dass am 10-kV-Netzknoten Oberschwingungsströme $\underline{I}_{v,\mathrm{MS}}$ in das 10-kV-Netz eingespeist werden. Diese Ströme überlagern sich entsprechend ihrer Phasenlage mit den aus dem 0,4-kV-Netz eingespeisten Strömen und führen an der Impedanz des einspeisenden 110/10-kV-Transformators und der vorgeschalteten Impedanzen zu Spannungsfällen $\underline{U}_{v,\mathrm{MS}}$. Dies wiederholt sich auf der 110-kV-Ebene.

Die an den Netzimpedanzen entstehenden Oberschwingungsspannungen übertragen sich nach Maßgabe der Übersetzungsverhältnisse der Transformatoren in die untergeordneten Spannungsebenen des Netzes. Oberschwingungsströme überlagern sich also von der niederen zur hohen Spannungsebene, während die Spannungsfälle aus den höheren Netzebenen sich auch auf die untergeordneten Netzebenen auswirken, mithin addieren sich die Spannungsfälle von der hohen zur niederen Spannungsebene.

Betrachtet man typische Werte der Betriebsmittel wie in Bild 2.7 eingezeichnet, also die Bemessungswerte von Kurzschlussspannung und Scheinleistung der Transformatoren sowie die Impedanzen der Netzzuleitungen in den einzelnen Spannungsebenen, so stellt man fest, dass die Kurzschlussleistungen der einzelnen Spannungsebenen jeweils um etwa eine Größenordnung kleiner werden, als in **Tabelle 2.1** angegeben.

Bezeichnung	U_n	S_k''
Hochspannung	380 kV	50 GVA
Hochspannung	110 kV	(2 ... 5) GVA
Mittelspannung	10 kV	(0,1 ... 0,5) GVA
Niederspannung	0,4 kV	(0,02 ... 0,05) GVA

Tabelle 2.1 Angaben typischer Anfangskurzschlusswechselstromleistungen (Kurzschlussleistungen) in Netzen

Die Impedanzverhältnisse der drei Netzebenen liegen damit im Bereich:

$z_{HS} : z_{MS} : z_{NS} = (6 ... 9)$ %/MVA : $(12 ... 16)$ %/MVA : $(10 ... 12)$ %/MVA

Damit ist der Anteil der Impedanz des Hochspannungsnetzes an der Gesamtimpedanz etwa 20 %, der des Mittelspannungsnetzes gut 40 % und der des Niederspannungsnetzes etwa 33 %. Die erläuterten Relationen der Netzimpedanzen wurden früher in den „Grundsätzen für die Beurteilung von Netzrückwirkungen" als Netzebenenfaktoren bezeichnet und sind in [2.3] in die p_V-Faktoren eingearbeitet.

2.2.2 Empfohlene Spannungsebenen

Die Werte der zu verwendenden Netznennspannungen sind in DIN IEC 60038 (VDE 0175) empfohlen. **Tabelle 2.2** zeigt eine Auswahl, soweit die entsprechenden Spannungen in Deutschland Anwendung finden. Zusätzlich zu den Angaben der Netznennspannungen sind die Versorgungsaufgaben zugeordnet.

Es sei in diesem Zusammenhang angemerkt, dass das Vorhandensein verschiedener Spannungsebenen nicht nur in Deutschland z. T. durch die historische Entwicklung bedingt ist. Wirtschaftliche Untersuchungen kommen zu dem Ergebnis, dass die Ab-

Einteilung	Nennspannung	Einsatzbereich	Anmerkungen in Bezug auf DIN IEC 60038 (VDE 0175)
Niederspannung	400V/230 V	Haushaltsversorgung Industrielle Kleinverbraucher	nach Tabelle I
	500 V 690 V	Motorische Verbraucher in der Industrie	nicht aufgeführt
Mittelspannung	6 kV	Hochspannungsmotoren in der Industrie, Kraftwerkseigenbedarf	nach Tabelle III
	10 kV	Städtische Versorgung, Industrienetze	nach Tabelle III
	20 kV	Ländliche Versorgung, Industrienetze	nach Tabelle III
	30 kV	Elektrolyseanlagen, Öfen, Stromrichterantriebe	nicht aufgeführt
Hochspannung	110 kV	Städtische Transport- und Verteilernetze	nach Tabelle IV
	220 kV	Transportnetze mit überregionalen Aufgaben (im Rückgang begriffen)	nach Tabelle IV
	380 kV	Europaweites Verbundnetz	nach Tabelle V ist als höchste Spannung für Betriebsmittel U_{bmax} = 420 kV definiert

Tabelle 2.2 Empfohlene Spannungsstufen nach DIN IEC 60038 (VDE 0175), soweit sie in Deutschland Anwendung finden

stufungen der einzelnen Spannungsebenen im Mittelspannung- und Hochspannungsbereich in der Größenordnung zwischen 1:3 und 1:7 liegen sollten [2.4].

2.3 Berechnung von Netzen und Betriebsmitteln

2.3.1 Allgemeines

Berechnungen von Oberschwingungen und Zwischenharmonischen in elektrischen Netzen werden durchgeführt z. B. zur Analyse von Störungen, zur Planung und Auslegung von Kompensationsanlagen, zur Berechnung der Ausbreitung von Rundsteuersignalen etc. Für diese Zwecke geht man davon aus, dass sich das System im eingeschwungenen, stationären Zustand befindet. Rechenverfahren können dabei sowohl im Zeit- als auch im Frequenzbereich angewendet werden.

Für Analysen im Zeitbereich wird der Systemzustand durch die Knotenspannungen und Zweigströme bestimmt, deren Zusammenhang durch ein System von Differentialgleichungen beschrieben wird. Dieses kann mit den üblichen numerischen Verfahren gelöst werden. Als Ergebnis erhält man die berechneten Zeitverläufe der Ströme und Spannungen in zeitdiskreten Abständen. Das Verfahren ermöglicht die Berechnung sämtlicher Vorgänge im Netz einschließlich der Regler. Nichtlinearitäten der Betriebsmittel und Verbraucher können berücksichtigt werden. Zur Berechnung der Oberschwingungen im stationären Zustand müssen die Zeitverläufe bis zum Abklingen der Einschwingvorgänge berechnet werden. Die Oberschwingungsanteile können anschließend mit Hilfe der Fourieranalyse berechnet werden. Um den hohen Modellierungsaufwand, die langen Rechenzeiten und den Bedarf an Speicherplatz zu rechtfertigen, werden Verfahren im Zeitbereich vorzugsweise zur Berechnung transienter Vorgänge in räumlich kleinen Netzen mit geringer Stromrichterzahl eingesetzt.

Sollen in ausgedehnten Netzen die stationären Oberschwingungen berechnet werden, setzt man Rechenverfahren im Frequenzbereich ein. Das Differentialgleichungssystem (Zeitbereich) wird dazu in ein komplexes algebraisches Gleichungssystem (Frequenzbereich) überführt. Die Oberschwingungen können im Frequenzbereich durch komplexe Zeiger dargestellt werden, die sich durch Betrag und Phasenlage oder durch Real- und Imaginärteil beschreiben lassen. Hier ist auch eine Analogie gegeben zu den Betrachtungen zur Fourieranalyse in Abschnitt 1.5.2.

Im Folgenden wird das Verfahren der linearen harmonischen Analyse näher betrachtet, deren benötigte Daten aus den Typenschilddaten der Betriebsmittel, also in gleicher Weise wie für Lastfluss- und Kurzschlussberechnungen, entnommen werden können. Mit dem Verfahren der linearen harmonischen Analyse können Rückwirkungen nichtlinearer Verbraucher untereinander und nichtlineare Effekte, wie die Eisensättigung von Transformatoren, nicht nachgebildet werden. Die Oberschwingungsströme nichtlinearer Verbraucher werden als konstante eingeprägte Ströme betrachtet.

2.3.2 Modellierung von Betriebsmitteln

Das Übertragungsverhalten der Betriebsmittel und Lasten wird linear modelliert und durch die Knotenadmittanzmatrix beschrieben, die für jede zu betrachtende Frequenz getrennt berechnet werden muss. Dabei kann die Berechnung sowohl dreiphasig in Drehstromkomponenten oder einphasig in symmetrischen Komponenten durchgeführt werden. Im Allgemeinen ist es zur Berechnung von Oberschwingungen in elektrischen Energieversorgungsnetzen ausreichend, einphasig in symmetrischen Komponenten zu rechnen und Mit-, Gegen- oder Nullkomponente zu modellieren, je nach Ordnung bzw. Drehsinn der zu berechnenden Oberschwingungen und Zwischenharmonischen. Ausgehend von den eingeprägten Oberschwingungsströmen und zwischenharmonischen Strömen werden dann die Oberschwingungsspannungen und zwischenharmonischen Spannungen berechnet.

Die Modellierung der Betriebsmittel soll aus den vorliegenden Kenndaten erfolgen, die auch für andere Netzberechnungen erforderlich ist. Dabei soll die Berechnung im interessierenden Bereich bis zur 50. Oberschwingung möglich sein, wobei eine erhöhte Modellgenauigkeit im Frequenzbereich bis etwa 1 kHz angestrebt wird. Kabel, Freileitungen und Transformatoren werden durch π-Ersatzschaltungen nachgebildet. Im Gegensatz zur T-Ersatzschaltung entstehen dann keine neuen Knoten für die Berechnung.

Die Ersatzschaltbilder für Kabel und Freileitungen berücksichtigen Kapazitäts-, Induktivitäts- und Widerstandsbelag, die aus Leiterquerschnitt, -anordnung und -material sowie der Isolationsart bestimmt werden können. Die konventionelle π-Ersatzschaltung kann für Freileitungen bis zu einer Länge von 250 km, für Kabel bis zu einer Länge von $150/v$ km, mit der Oberschwingungsordnung v, verwendet werden. Die Genauigkeit der Modellierung nimmt dabei mit steigender Frequenz und Leitungslänge ab. Ist eine erhöhte Genauigkeit gefordert, so ist die Leitung in Abschnitte mit einzelnen π-Ersatzschaltungen zu unterteilen. Für Oberschwingungsuntersuchungen besser geeignet ist die π-Ersatzschaltung auf der Basis der Leitungsgleichungen, die das Übertragungsverhalten einer Leitung ohne zusätzlichen Modellierungsaufwand beschreiben. Die in Nieder- und Mittelspannungsnetzen üblichen Längen bis etwa 2 km werden im Frequenzbereich bis 1 kHz durch die konventionelle π-Ersatzschaltung beschrieben.

Transformatoren werden ebenfalls durch eine π-Ersatzschaltung mit idealem Übertrager modelliert. Die Parameter des Ersatzschaltbilds werden aus der Schaltgruppe, dem Übersetzungsverhältnis und den aus Kurzschluss- und Leerlaufmessung ermittelten Größen berechnet. Da die Eigenresonanzfrequenzen von Transformatoren oberhalb von 5 kHz und die Wicklungskapazitäten relativ klein gegenüber Leitungskapazitäten sind, werden die Wicklungskapazitäten nicht nachgebildet. Die Schaltgruppe und die Phasendrehung der Transformatoren sind hinsichtlich der Übertragung von Oberschwingungen über verschiedene Netzebenen zu berücksichtigen.

Generatoren, Motoren und Netzeinspeisungen stellen für Oberschwingungsuntersuchungen einen Verbraucher dar, deren 50-Hz-Quellenspannungen als kurzgeschlossen zu betrachten sind. Die Ersatzschaltungen basieren auf den subtransienten Kurzschlussdaten.

Zur korrekten Nachbildung möglicher Resonanzen überlagerter Netzebenen ist es notwendig, diese durch einen Parallelschwingkreis darzustellen (siehe Abschnitt 2.4), welche die Kurzschlussimpedanz der Netzeinspeisung, die Summe der verteilten Leitungs- und Kompensationskapazitäten sowie die aus der Wirklast resultierende Resistanz enthält. Vorverzerrungen der Spannung in überlagerten Netzebenen sind durch Ersatzstromquellen oder -spannungsquellen entsprechender Frequenz nachzubilden.

2.3.3 Besonderheiten der Nachbildung von Verbraucherlasten

Lineare Wirklasten stellen die dämpfenden Anteile des Netzes dar, die in erster Näherung durch einen rein Ohm'schen Widerstand entsprechend dem Wirkleistungsanteil an der Last nachgebildet werden. Induktive Lasten können durch eine parallele Induktivität gemäß dem Blindleistungsanteil der Last dargestellt werden. Der durch die induktive Grundschwingungsblindleistung überlagerte kapazitive Anteil kann meist nicht aus den Lastangaben ermittelt werden. Er lässt sich auf Basis der betrieblichen Kenntnisse über Lastfaktoren abschätzen. Ergänzende Überlegungen zur Nachbildung von Verbraucherlasten sind in Abschnitt 2.3.4 enthalten.

An das Netz angeschlossene Verbraucher sind bei der Betrachtung von Oberschwingungen in dreierlei Hinsicht von Bedeutung, und zwar durch:

- das Einprägen von Oberschwingungströmen in das Netz
- das Absaugen von Oberschwingungsströmen nach Maßgabe der frequenzabhängigen Impedanz
- die Veränderung der Resonanzfrequenzen und der Netzdämpfung

In Niederspannungsnetzen ist die Netzimpedanz für Oberschwingungsbetrachtungen durch die Parallelschaltung der Sammelschienenabgänge mit der Impedanz des einspeisenden Transformators zu berücksichtigen. Impedanzen übergeordneter Netze können, bezogen auf das Niederspannungsnetz, für genauere Berechnungen berücksichtigt werden. Wird hierbei neben den Induktivitäten und Resistanzen die Ladeleistung des Mittelspannungsnetzes berücksichtigt, so ist die Parallelresonanz des Mittelspannungsnetzes auch für die Impedanz des Niederspannungsnetzes von Bedeutung.

Da die Lasten im Niederspannungsnetz räumlich verteilt sind und aufgrund ihrer stochastischen Einschaltdauer und -häufigkeit schwierig zu erfassen und damit zu modellieren sind, kann man die Verbraucherlast durch passive RLC-Schaltungen nachbilden [2.5], um ihren Einfluss auf die Lage und Güte der Netzresonanz zu berücksichtigen. Die Werte der RLC-Schaltung nach **Bild 2.8** kann man durch Monte-Carlo-Simulation aufgrund von bekannten statistischen Weibull-Verteilungsfunktionen nach Gl. (2.1) berechnen.

$$P = 1 - e^{-\left(\frac{x-a}{b}\right)^c} \tag{2.1}$$

mit Parametern a, b und c nach **Tabelle 2.3**. Die RLC-Schaltung der Verbraucherimpedanz berücksichtigt die ohmsch-induktive Last der Verbraucher, die Kapazität der Verbraucher wie Leitungskapazitäten, Kapazitäten von Schaltnetzteilen, Kompensationseinrichtungen und die Leitungsinduktivitäten.

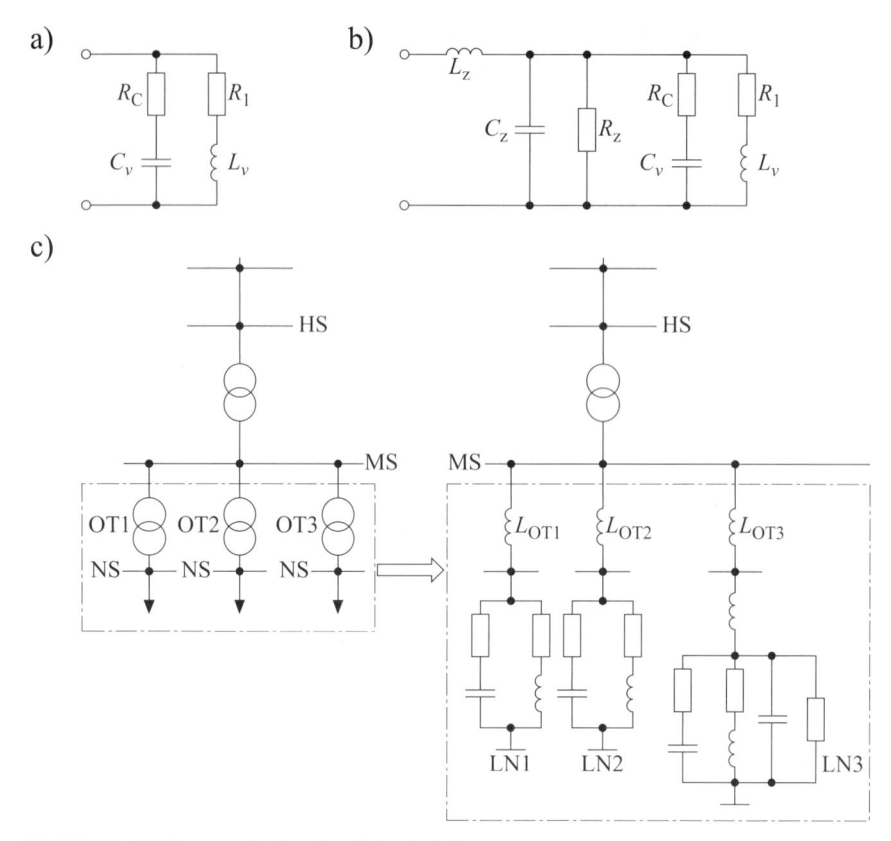

Bild 2.8 Nachbildung von Lasten einer Ortsnetzstation
a) vereinfachte Ersatzschaltung
b) Ersatzschaltung mit Zusatzimpedanz durch Kompensationsanlage
c) Nachbildung mehrerer Niederspannungsnetze

Das in Bild 2.8a dargestellte Ersatzschaltbild ist in den meisten Fällen ausreichend. Sind große Kompensationsanlagen vorhanden, so ist das erweiterte Ersatzschaltbild nach Bild 2.8b zu verwenden. Da die Kapazität der Kompensationsanlage mit der Leitungsinduktivität einen Schwingkreis bildet, muss auch die Leitungsinduktivität im erweiterten Ersatzschaltbild berücksichtigt werden.

Die statistischen Parameter der Weibull-Verteilung sind Tabelle 2.3 zu entnehmen. Die Berechnung der Ersatzelemente erfolgt in folgenden Schritten:

- Bestimmung des Ohm'schen Lastanteils R_1. Sind in einer Verbrauchergruppe Stark- und Schwachlastzeiten zu unterscheiden, kann die Ohm'sche Last aus der 50-Hz-Resistanz entsprechend der Wirkleistung ermittelt werden.

Ersatzelement	Verbrauchergruppe	a	b	c
R_1/Ω	Landgebiet	1,13	1,27	1,01
	Wohngebiet	0,20	1,28	1,38
	Stadtzentrum	0,34	0,36	0,71
	Gewerbegebiet	0,06	1,97	0,77
R_1/R_{50}	Landgebiet Wohngebiet Stadtzentrum	0,17	0,41	2,25
	Gewerbegebiet	0,02	0,59	0,85
(L_V/R_1) /µs	Landgebiet Wohngebiet Stadtzentrum Gewerbegebiet	130	275	0,77
$(R_1 C_V)$ /µs	Landgebiet Wohngebiet Stadtzentrum Gewerbegebiet	49	93	0,91
$(R_C C_V)$ /µs	Landgebiet Wohngebiet Stadtzentrum Gewerbegebiet	16	36	1,12
$(R_C C_Z)$ /µs	Landgebiet Wohngebiet Stadtzentrum Gewerbegebiet	99	332	1,70
(L_Z) /µH	Landgebiet Wohngebiet	55	164	0,92
	Stadtzentrum Gewerbegebiet	18	112	0,72
(C_Z) /µF	Landgebiet Wohngebiet	8	90	0,96
	Stadtzentrum Gewerbegebiet	20	308	1,03

Tabelle 2.3 Parameter der Weibull-Verteilungsfunktion

- Bestimmung der Verbraucherinduktivität L_V. Die Induktivität ist mit dem Lastwiderstand R_1 korreliert. Der Weibull-Parameter für die Zeitkonstante L_V/R_1 ist angegeben.

- Bestimmung der Verbraucherkapazität C_V. Die Kapazität ist mit dem Lastwiderstand R_1 korreliert. Der Weibull-Parameter für die Zeitkonstante $R_1 C_V$ ist angegeben.

- Bestimmung der Kompensationskapazität C_Z. Die Wahrscheinlichkeit für das Vorhandensein beträgt für ländliche Gebiete 80 %, Wohngebiete 7 %, Stadtzentren 40 % und für Gewerbegebiete 75 %. Unter Berücksichtigung der Wahrscheinlichkeit ergibt sich dann die Weibull-Verteilung mit den Parametern nach Tabelle 2.3.
- Bestimmung des Widerstands R_Z. Dieser ist mit der Kompensationskapazität C_Z korreliert. Der Weibull-Parameter für die Zeitkonstante $R_Z C_Z$ ist angegeben.
- Bestimmung der Induktivität L_Z. Die Wahrscheinlichkeit für das Vorhandensein ist identisch mit der für die Kompensationskapazität C_Z.

Die Berechnung des Ersatznetzes erfolgt mit Monte-Carlo-Simulation. Es sind mindestens 10 000 Zyklen zu berechnen. Die Verbrauchergruppen sind anteilig zu berücksichtigen. Die Ersatzelemente werden durch Mittelwertbildung der berechneten Impedanzwerte in jedem Monte-Carlo-Lauf berücksichtigt.

Für Mittelspannungsnetze sind generell die Kapazitäten der Betriebsmittel zu berücksichtigen, wobei Kabelkapazitäten einen dominierenden Einfluss haben. Die Kapazitäten der nachgeordneten Niederspannungsnetze sind nur dann von Relevanz, wenn die Resonanzfrequenz des Niederspannungsnetzes oberhalb der des betrachteten Mittelspannungsnetzes liegt.

2.4 Reihen- und Parallelschwingkreise in Energieversorgungsnetzen

Zur Analyse elektrischer Netzwerke, z. B. eines Netzes der elektrischen Energieversorgung, ist die Berechnung von Reihen- und Parallelschaltungen von Betriebsmitteln erforderlich. Sind in diesem Netzwerk Kapazitäten, Induktivitäten und Resistanzen vorhanden, so stellt die entsprechende Verschaltung einen Reihen- oder Parallelschwingkreis dar. Solche Anordnungen sind in Netzen der elektrischen Energieversorgung häufig anzutreffen und müssen im Hinblick auf ihr Verhalten bei höherfrequenten Anteilen in Strom und Spannung analysiert werden können.

Zunächst wird der Reihenschwingkreis nach **Bild 2.9** betrachtet [2.6].

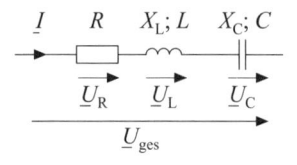

Bild 2.9 Ersatzschaltbild eines Reihenschwingkreises

Die Impedanz des Reihenschwingkreises berechnet sich nach Gl. (2.2) zu

$$\underline{Z} = R + j\omega L - j\frac{1}{\omega C} \quad (2.2)$$

Resonanz ist gegeben, wenn der Imaginärteil der Impedanz $\underline{Z}$ zu null wird. Dies ist bei der Resonanzkreisfrequenz ω_{res} bzw. der Resonanzfrequenz f_{res} nach Gln. (2.3) der Fall

$$\omega_{res} = \frac{1}{\sqrt{LC}} \quad (2.3a)$$

$$f_{res} = \frac{1}{2\pi \cdot \sqrt{LC}} \quad (2.3b)$$

Sind Kurzschlussleistung S_k und kapazitive Leistung Q_C, z. B. einer Kompensationsanlage, bekannt, so berechnet sich die Resonanzfrequenz f_{res} in einfacher Weise nach Gl. (2.4)

$$f_{res} = f_1 \cdot \sqrt{\frac{S_k}{Q_C}} \quad (2.4)$$

Bei Resonanzfrequenz ist die Impedanz des Reihenschwingkreises sehr klein und wird nur durch den Wert der Resistanz R begrenzt. Für Frequenzen f oberhalb der Resonanzfrequenz f_{res} wird die Impedanz des Reihenschwingkreises induktiv, für Frequenzen f unterhalb der Resonanzfrequenz f_{res} ist die Impedanz kapazitiv. Bei Anlegen einer Spannung an den Schwingkreis steigt mit Annäherung der Frequenz an die Resonanzfrequenz der Strom durch den Schwingkreis an. Der Verlauf des Betrags der Impedanz des Schwingkreises sowie der Verlauf des relativen Stroms sind in **Bild 2.10** dargestellt.

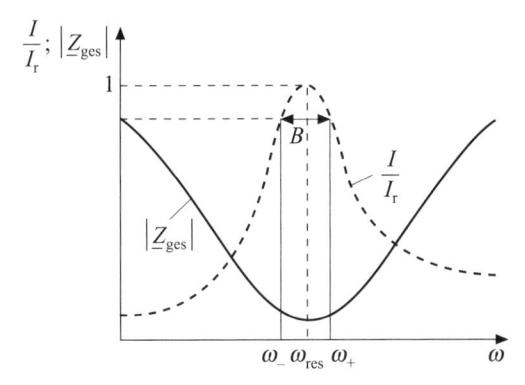

Bild 2.10 Qualitativer Verlauf von Impedanz und bezogenem Strom eines Reihenschwingkreises mit Angaben der Kreisfrequenzen

Ausgehend von Gl. (2.2)

$$\underline{Z} = R + j\omega L - j\frac{1}{\omega C} \qquad (2.2)$$

unter Einsetzen der Resonanzbedingung Gln. (2.3) ergibt sich Gl. (2.5)

$$\underline{Z} = R \cdot \left(1 + j\frac{2\pi f_{res} L}{R} \cdot \left(\frac{f}{f_{res}} - \frac{f_{res}}{f}\right)\right) \qquad (2.5)$$

Das Verhältnis nach Gl. (2.6) bezeichnet man als Dämpfung d oder Verlustfaktor des Reihenschwingkreises

$$d = \frac{R}{2\pi \cdot f_{res} \cdot L} = R\sqrt{\frac{C}{L}} \qquad (2.6)$$

Der Kehrwert der Dämpfung d wird als Güte Q bezeichnet. Den Ausdruck in der zweiten Klammer in Gl. (2.5) bezeichnet man als Verstimmung v des Schwingkreises.

$$v = \frac{f}{f_{res}} - \frac{f_{res}}{f} \qquad (2.7)$$

Eine weitere Größe zur Beschreibung eines Schwingkreises stellt die Bandbreite B dar. Sie ist durch zwei Frequenzen f_+ und f_- oberhalb und unterhalb der Resonanzfrequenz f_{res} definiert, bei denen der Betrag der Impedanz Z auf den $\sqrt{2}$-fachen Wert, bezogen auf den Impedanzwert bei Resonanzfrequenz, angestiegen ist, siehe auch Bild 2.10. Die Bandbreite wird nach Gl. (2.8) berechnet

$$B = f_+ - f_- = \frac{R}{2\pi L} \qquad (2.8)$$

Die Spannung an den einzelnen Komponenten des Schwingkreises steigt mit Annäherung an die Resonanzfrequenz an. Die Spannungen berechen sich dabei gemäß Gln. (2.9) zu

$$\underline{U}_L = \frac{j\omega L}{\underline{Z}} \cdot \underline{U}_{ges} \qquad (2.9a)$$

$$\underline{U}_C = \frac{1}{j\omega C \cdot \underline{Z}} \cdot \underline{U}_{ges} \qquad (2.9b)$$

Durch Umformen und Bezug auf die anliegende Gesamtspannung U_{ges} erhält man Gln. (2.10)

$$\frac{U_L}{U_{\text{ges}}} = \frac{f/f_{\text{res}}}{\sqrt{d^2 + \left(f/f_{\text{res}} - f_{\text{res}}/f\right)^2}} \qquad (2.10\text{a})$$

$$\frac{U_C}{U_{\text{ges}}} = \frac{f_{\text{res}}/f}{\sqrt{d^2 + \left(f/f_{\text{res}} - f_{\text{res}}/f\right)^2}} \qquad (2.10\text{b})$$

Der Betrag der Spannung U_L an der Induktivität bzw. U_C am Kondensator wird in Abhängigkeit von der Güte des Schwingkreises in der Nähe der Resonanzfrequenz u. U. wesentlich größer als der Betrag der Gesamtspannung U_{ges}.

Beim Parallelschwingkreis nach **Bild 2.11** stellen sich die Verhältnisse ähnlich dar.

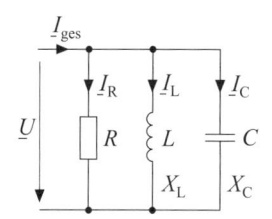

Bild 2.11 Ersatzschaltbild eines Parallelschwingkreises

Die Admittanz des Parallelschwingkreises berechnet sich nach Gl. (2.11) zu

$$\underline{Y} = \frac{1}{R} + \text{j}\omega C - \text{j}\frac{1}{\omega L} \qquad (2.11)$$

Bei der Resonanzkreisfrequenz ω_{res} bzw. der Resonanzfrequenz f_{res} nach Gln. (2.12)

$$\omega_{\text{res}} = \frac{1}{\sqrt{LC}} \qquad (2.12\text{a})$$

$$f_{\text{res}} = \frac{1}{2\pi \cdot \sqrt{LC}} \qquad (2.12\text{b})$$

$$f_{\text{res}} = f_1 \cdot \sqrt{\frac{S_k}{Q_C}} \qquad (2.12\text{c})$$

wird der Imaginärteil der Admittanz $\underline{Y}$ zu null. Die Impedanz des Parallelschwingkreises bei Resonanzfrequenz wird sehr groß und ist nur durch den Wert der Resistanz R begrenzt. Für Frequenzen f oberhalb der Resonanzfrequenz f_{res} wird die Impedanz des Parallelschwingkreises kapazitiv, für Frequenzen f unterhalb der Resonanzfrequenz f_{res} ist die Impedanz induktiv. Fließt durch den Schwingkreis ein Strom, so steigt mit Annäherung der Frequenz an die Resonanzfrequenz die Spannung am Schwingkreis an. Der Verlauf des Betrags der Admittanz des Parallelschwingkreises und der Verlauf der relativen Spannung sind in **Bild 2.12** dargestellt.

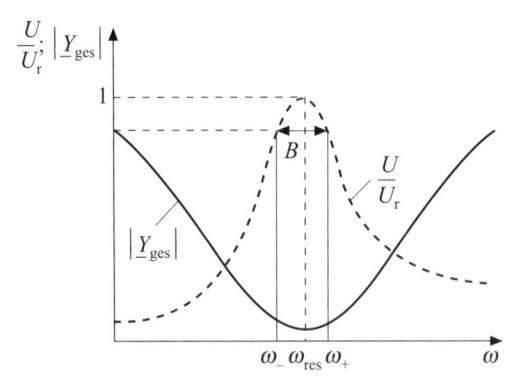

Bild 2.12 Qualitativer Verlauf von Admittanz und relativer Spannung eines Parallelschwingkreises mit Angaben der Kreisfrequenz

Dämpfung d und Güte Q des Parallelschwingkreises werden ähnlich wie beim Reihenschwingkreis definiert nach Gl. (2.6)

$$d = \frac{1}{R} \cdot \sqrt{\frac{L}{C}} \qquad (2.12d)$$

Die Bandbreite B des Parallelschwingkreises wird durch die zwei Frequenzen f_+ und f_- oberhalb und unterhalb der Resonanzfrequenz f_{res} definiert, bei denen der Betrag der Admittanz $\underline{Y}$ auf den $\sqrt{2}$-fachen Wert, bezogen auf den Wert der Admittanz bei Resonanzfrequenz, angestiegen ist, siehe auch Bild 2.12 ist, die Impedanz ist somit auf den $1/\sqrt{2}$-fachen Wert abgefallen. Die Bandbreite B wird nach Gl. (2.13) berechnet

$$B = f_+ - f_- = \frac{1}{R \cdot 2\pi C} \qquad (2.13)$$

Der Strom durch die einzelnen Komponenten des Parallelschwingkreises steigt mit Annäherung an die Resonanzfrequenz an. Die Ströme berechnen sich dabei gemäß Gln. (2.14) zu

$$\underline{I}_\mathrm{L} = \frac{1}{\mathrm{j}\omega L \cdot \underline{Y}} \cdot \underline{I}_\mathrm{ges} \qquad (2.14\mathrm{a})$$

$$\underline{I}_\mathrm{C} = \frac{\mathrm{j}\omega C}{\underline{Y}} \cdot \underline{I}_\mathrm{ges} \qquad (2.14\mathrm{b})$$

Durch Umformen und Bezug auf den Gesamtstrom $\underline{I}_\mathrm{ges}$ erhält man Gln. (2.15)

$$\frac{I_\mathrm{C}}{I_\mathrm{ges}} = \frac{f/f_\mathrm{res}}{\sqrt{d^2 + \left(f/f_\mathrm{res} - f_\mathrm{res}/f\right)^2}} \qquad (2.15\mathrm{a})$$

$$\frac{I_\mathrm{L}}{I_\mathrm{ges}} = \frac{f_\mathrm{res}/f}{\sqrt{d^2 + \left(f/f_\mathrm{res} - f_\mathrm{res}/f\right)^2}} \qquad (2.15\mathrm{b})$$

Der Betrag des Stroms I_L durch die Induktivität bzw. I_C durch den Kondensator wird in Abhängigkeit von der Güte des Schwingkreises in der Nähe der Resonanzfrequenz u. U. wesentlich größer als der Betrag des Gesamtstroms I_ges.

Resonanzen treten, bedingt durch die Parallel- und Reihenschaltungen von Induktivitäten und Kapazitäten der Betriebsmittel, in allen Spannungsebenen auf. Besondere Bedeutung haben Netzresonanzen in Mittel- und Niederspannungsnetzen. Hier werden vielfach Kondensatoranlagen zur Blindleistungskompensation eingesetzt [2.7]. Die entstehende Parallelresonanz mit hoher Impedanz in der Nähe der Resonanzfrequenz kann auch bei kleinen Strömen höherer Frequenzen zu hohen Spannungen (Oberschwingungen und Zwischenharmonische) führen.

Betrachtet man die Impedanzverhältnisse in Bezug auf Netzresonanzen z. B. in einem Niederspannungs-Strahlennetz, so stellt die Parallelschaltung aus der induktiven Kurzschlussleistung des einspeisenden Transformators und den Induktivitäten der Anschlussleitung mit der kapazitiven Leistung, bestimmt durch Leitungs- und Kompensationskapazitäten, eine Parallelresonanz an der Anschlussstelle einer Last oder Erzeugungsanlage dar. Aus Sicht des Netzanschlusses gibt es in einem Strahlennetz nur eine Parallelresonanzstelle. An unterschiedlichen Anschlussstellen des Strahlennetzes ist die Resonanzfrequenz der Parallelresonanz wegen der sich ändernden Kurzschlussleistung unterschiedlich.

In einem Ringnetz mit offener Trennstelle sind die Resonanzverhältnisse mit denen des Strahlennetzes insofern identisch, als sich ebenfalls eine einzige Parallelresonanzstelle ausbildet. Durch Verlegen der Trennstelle mittels Schalthandlungen im Netz kann sich die Resonanzfrequenz an der Anschlussstelle ändern.

In vermaschten Netzen, auch in Ringnetzen mit geschlossener Trennstelle, bilden sich dagegen mehrere Parallelresonanzen mit zwischenliegenden Reihenresonanzen aus, deren Resonanzfrequenz sich durch Schalthandlungen im Netz ändern kann.

Weitere Erläuterungen zu Netzresonanzen sind im Zusammenhang mit der Bewertung von Oberschwingungen in Abschnitt 5.3 enthalten.

2.5 Berechnung von Kurzschlussleistung und Kurzschlussströmen nach DIN EN 60909-0 (VDE 0102)

2.5.1 Allgemeines

Eine entscheidende Größe zur Bestimmung der Netzrückwirkungen von Anlagen ist die Impedanz am Netzanschlusspunkt, da die Störaussendungen, wie z. B. Oberschwingungsströme oder veränderliche Grundschwingungsströme, Spannungsfälle an eben dieser Netzimpedanz hervorrufen. Die Netzimpedanz wird im Allgemeinen durch die Kurzschlusswechselstromleistung S_k, kurz Kurzschlussleistung genannt, oder auch durch die Angabe des dreiphasigen Kurzschlusswechselstroms I_k, kurz Kurzschlussstrom genannt, angegeben.

Verfahren zur Kurzschlussstromberechnung sind in DIN EN 60909-0 (VDE 0102) beschrieben. Dort wird die Kurzschlussleistung als Anfangskurzschlusswechselstromleistung bzw. der Kurzschlussstrom als Anfangskurzschlusswechselstrom berechnet und als subtransiente Größe mit S_k'' bzw. I_k'' bezeichnet, um die Größen von anderen Kurzschlussstromparametern, insbesondere bei generatornahen Kurzschlüssen, zu unterscheiden, bei denen die Wechselstromkomponente des Kurzschlussstromverlaufs abklingt, siehe hierzu **Bild 2.14**. Abweichend von den Bezeichnungen in [2.3] werden in diesem Kapitel die Bezeichnungen für die Kurzschlussleistung bzw. den Kurzschlussstrom nach DIN EN 60909-0 (VDE 0102), also S_k'' bzw. I_k'', gewählt.

Die Berechnung der Kurzschlussströme wird im Rahmen der Planung und Projektierung von Netzen und Anlagen grundsätzlich durchgeführt. Netze der Elektroenergieversorgung sind so zu planen und zu projektieren, dass Anlagen und Betriebsmittel den zu erwartenden Kurzschlussströmen widerstehen können. Dabei sind sowohl die thermischen als auch die elektromagnetischen Wirkungen der Kurzschlussströme maßgeblich, wofür die maximalen Kurzschlussströme bekannt sein müssen. Schutzeinrichtungen müssen den Kurzschlussstrom eindeutig erkennen, hierfür ist die Kenntnis der kleinsten Kurzschlussströme erforderlich. Schalter und Sicherungen müssen Kurzschlussströme sicher und rasch abschalten, Schalter müssen einschaltfest sein.

Für Fragestellungen zur Berechnung und Bewertung von Netzrückwirkungen ist die Kenntnis der größten Netzimpedanz erforderlich, da dann die Spannungsfälle, wie bei der Betrachtung von Flicker und Oberschwingungen, am größten werden. Bei Letzteren ist allerdings zu beachten, dass Resonanzen zu Überhöhungen der Oberschwingungsspannungen führen können. Der Kurzschlussstrom, der sich bei Beachtung der größten Netzimpedanz ergibt, ist ähnlich dem minimalen Kurzschlussstrom. Es ist unbedingt zu beachten, dass die Berechnung des minimalen Kurzschlussstroms nach DIN EN 60909-0 (VDE 0102) mit anderen Randbedingungen durchgeführt wird als die Berechnung der größten Netzimpedanz zum Zweck der Bewertung von Netzrückwirkungen nach [2.3], siehe hierzu Abschnitt 2.6.

In Drehstromnetzen sind verschiedene Fehlerarten zu unterscheiden, die schematisch in **Bild 2.13** dargestellt sind.

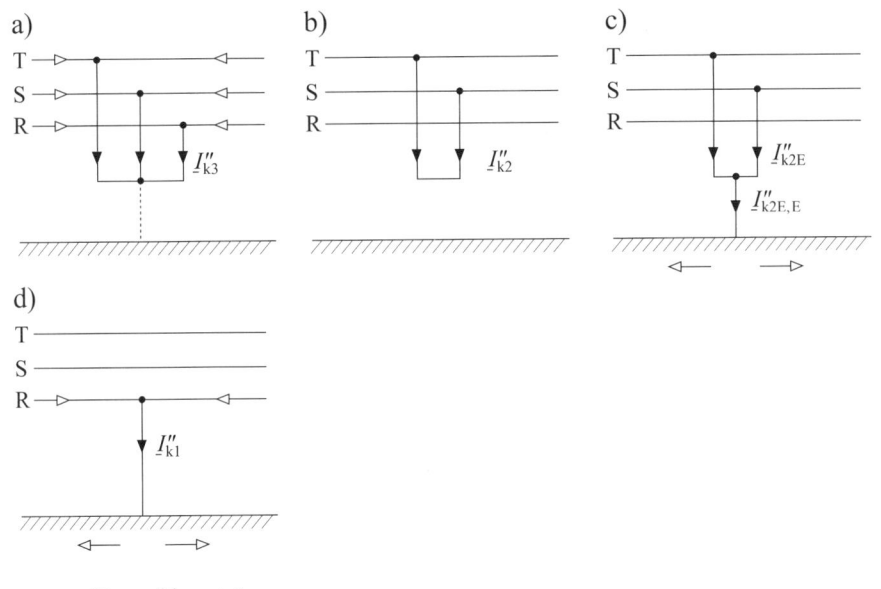

⟵ Kurzschlussströme

⟵ Teilkurzschlussströme in Netzzweigen oder über Erde

Bild 2.13 Fehlerarten und Anfangskurzschlusswechselströme
a) dreipoliger Kurzschluss
b) zweipoliger Kurzschluss ohne Erdberührung
c) zweipoliger Kurzschluss mit Erdberührung
d) einpoliger Erdkurzschluss

Bei einpoligen Fehlern mit Erdberührung bezeichnet man die Ströme über Erde je nach Art der Sternpunktbehandlung des betrachteten Netzes als Erdkurzschlussstrom I''_{k1} (niederohmige Sternpunkterdung), kapazitiver Erdschlussstrom $I_{C,E}$ (isolierter Sternpunkt) oder Erdschlussreststrom I_{Rest} (Erdschlusskompensation) [2.8].

Generell unterscheidet man zwischen generatorfernem (Stromverlauf ohne abklingende Wechselstromkomponente) und generatornahem Kurzschluss (Stromverlauf mit abklingender Wechselstromkomponente). Ein Kurzschluss gilt dann als genera-

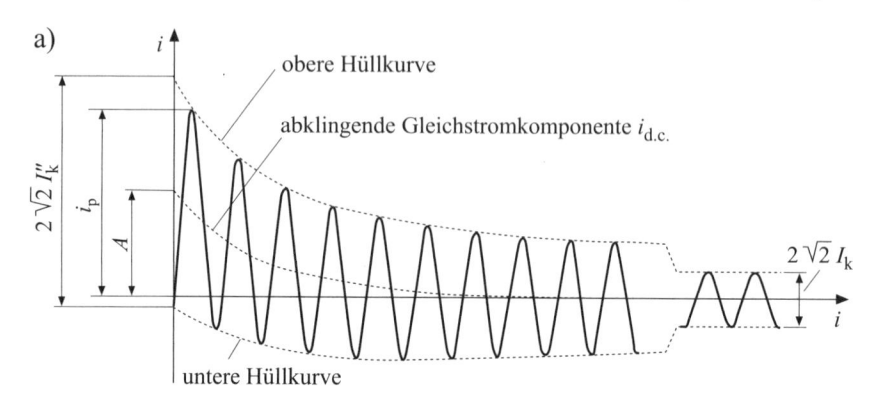

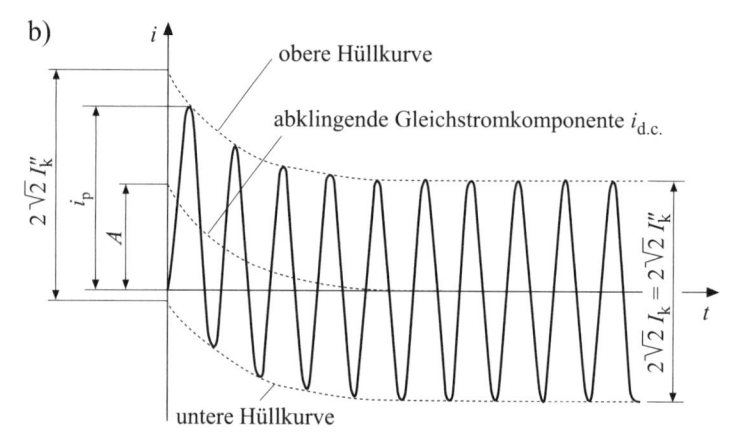

Bild 2.14 Zeitlicher Verlauf des Kurzschlussstroms und Parameter
a) generatornaher Kurzschluss
b) generatorferner Kurzschluss
I''_k Anfangskurzschlusswechselstrom
i_p Stoßkurzschlussstrom
I_k Dauerkurzschlussstrom
i_{DC} abklingende Gleichstromkomponente
A Anfangswert der Gleichstromkomponente i_{DC}

tornah, wenn der von einem Generator gelieferte Teilkurzschlussstrom bei dreipoligem Kurzschluss den doppelten Wert des Generatorbemessungsstroms überschreitet oder falls der Beitrag von Synchron- oder Asynchronmotoren größer als 5 % des Kurzschlussstroms ohne Motoren ist.

Bei der Berechnung der Kurzschlussströme nach DIN EN 60909-0 (VDE 0102) wird nicht der zeitliche Verlauf des Kurzschlussstroms, sondern es werden einzelne Parameter berechnet, die für die Auslegung der Betriebsmittel maßgeblich sind. Den prinzipiellen Verlauf generatornaher und generatorferner Kurzschlussströme sowie die zu berechnenden Parameter zeigt **Bild 2.14**.

Von den Verfahren zur Berechnung des Anfangskurzschlusswechselstroms gemäß DIN EN 60909-0 (VDE 0102) wird hier nur das Verfahren „Ersatzspannungsquelle an der Fehlerstelle" behandelt. Die den Kurzschlussstrom treibenden Spannungen der Generatoren, Motoren und Netzeinspeisungen werden durch eine Ersatzspannungsquelle an der Fehlerstelle mit dem Betrag $c \cdot U_n/\sqrt{3}$ nachgebildet, die an der Fehlerstelle den gleichen Kurzschlussstrom hervorruft wie die Überlagerung aller Teilkurzschlussströme. Dabei ist der Spannungsfaktor c wie in **Tabelle 2.4** angegeben zu wählen.

Nennspannung U_n	Spannungsfaktor c zur Berechnung des	
	größten Kurzschlussstroms c_{max}	kleinsten Kurzschlussstroms c_{min}
Niederspannung: 100 V bis inklusive 1 000 V a) Spannungstoleranz +6 % b) Spannungstoleranz +10 %	1,05 1,10	0,95 0,95
Mittelspannung: > 1 kV bis 35 kV	1,10	1,00
Hochspannung: > 35 kV	1,10	1,00

Tabelle 2.4 Spannungsfaktor c nach DIN EN 60909-0 (VDE 0102)
cU_n sollte die höchste Spannung für Betriebsmittel U_m nicht überschreiten;
für die Spannungstoleranzen in Niederspannungsnetzen ist DIN IEC 60038 (VDE 0175) zu beachten;
für Hochspannungsnetze soll $c_{max}U_n = U_m$ oder $c_{max}U_n = 0{,}9\,U_m$ angewendet werden, wenn die Nennspannung nicht genormt ist.

Bei der Berechnung der maximalen Kurzschlussströme und damit der kleinsten Impedanz am Anschlusspunkt ist zu beachten:

- Für den Spannungsfaktor c der Ersatzspannungsquelle an der Fehlerstelle ist der maximale Wert c_{max} nach Tabelle 2.4 einzusetzen. Nationale Normen können abweichende Werte festlegen.
- Für Ersatzschaltungen von Netzeinspeisungen ist die kleinste Netzersatzimpedanz $Z_{Q,min}$ einzusetzen, damit der Beitrag zum Kurzschlussstrom maximal wird.
- Der Einfluss von Motoren ist abzuschätzen und ggf. zu berücksichtigen.
- Die Resistanzen von Leitungen sind für eine Temperatur von 20 °C einzusetzen.
- Es sollen die Kraftwerks- und Netzeinspeisungen gewählt werden, die zu den größten Beiträgen der Kurzschlussströme führen.
- Es soll diejenige Netzschaltung (Betriebszustand) gewählt werden, von der anzunehmen ist, dass sie zu den größten Kurzschlussströmen führt.

Bei der Berechnung der minimalen Kurzschlussströme ist zu beachten:

- Für den Spannungsfaktor c der Ersatzspannungsquelle an der Fehlerstelle ist der minimale Wert c_{min} nach Tabelle 2.4 einzusetzen.
- Für Ersatzschaltungen von Netzeinspeisungen ist die größte Netzersatzimpedanz $Z_{Q,max}$ einzusetzen, damit der Beitrag zum Kurzschlussstrom minimal wird.
- Motoren können vernachlässigt werden.
- Die Resistanzen von Leitungen sind für die Temperatur am Ende der Kurzschlussdauer einzusetzen.
- Es sollen die Kraftwerks- und Netzeinspeisungen gewählt werden, die zu den kleinsten Beiträgen der Kurzschlussströme führen.
- Es soll diejenige Netzschaltung (Betriebszustand) gewählt werden, von der anzunehmen ist, dass sie zu den kleinsten Kurzschlussströmen führt.

Sind Resistanzen von Betriebmitteln $R_{L,\vartheta}$ nicht bei der geforderten Temperatur ϑ_k gegeben, so rechnet man diese mit Gl. (2.16), z. B. aus der Resistanz R_L bei 20 °C, um.

$$R_{L,\vartheta} = R_L \cdot \left(1 + \alpha_{20} \cdot (\vartheta_k - 20)\right) \tag{2.16}$$

Als Temperaturkoeffizient α_{20} ist einzusetzen für

Kupfer $\quad \alpha_{20} = 0{,}00392 \text{ K}^{-1}$

Aluminium $\quad \alpha_{20} = 0{,}00403 \text{ K}^{-1}$

2.5.2 Berechnung der Kurzschlussstromparameter

Die Anfangskurzschlusswechselströme für die verschiedenen Fehlerarten berechnen sich gemäß **Tabelle 2.5**. Für die Impedanzen von Generatoreinspeisungen, Kraftwerkseinspeisungen und Netztransformatoren sind Korrekturfaktoren K_G, K_{KW} und K_T nach **Tabelle 2.6** zu berücksichtigen [2.9 und 2.10].

Kurzschlussart	Gleichung	Anmerkungen
dreipolig	$I''_{k3} = \dfrac{cU_n}{\sqrt{3}\,|\underline{Z}_1|}$	
zweipolig ohne Erdberührung	$I''_{k2} = \dfrac{cU_n}{|2\underline{Z}_1|}$	
zweipolig mit Erdberührung allgemein	$I''_{k2E,E} = \left|\dfrac{-\sqrt{3}\,cU_n\,\underline{Z}_2}{\underline{Z}_1\underline{Z}_2 + \underline{Z}_1\underline{Z}_0 + \underline{Z}_2\underline{Z}_0}\right|$	Strom über Erde
	$I''_{k2E,S} = \left|\dfrac{-jcU_n(\underline{Z}_0 - \underline{a}\underline{Z}_2)}{\underline{Z}_1\underline{Z}_2 + \underline{Z}_1\underline{Z}_0 + \underline{Z}_2\underline{Z}_0}\right|$	Strom im Leiter S
	$I''_{k2E,T} = \left|\dfrac{jcU_n(\underline{Z}_0 - \underline{a}^2\underline{Z}_2)}{\underline{Z}_1\underline{Z}_2 + \underline{Z}_1\underline{Z}_0 + \underline{Z}_2\underline{Z}_0}\right|$	Strom im Leiter T
generatorfern ($Z_1 = Z_2$)	$I''_{k2E,E} = \dfrac{\sqrt{3}\,cU_n}{|\underline{Z}_1 + 2\underline{Z}_0|}$	Strom über Erde
	$I''_{k2E,S} = \dfrac{cU_n\left|\dfrac{\underline{Z}_0}{\underline{Z}_1} - \underline{a}\right|}{|\underline{Z}_1 + 2\underline{Z}_0|}$	Strom im Leiter S
	$I''_{k2E,T} = \dfrac{cU_n\left|\dfrac{\underline{Z}_0}{\underline{Z}_1} - \underline{a}^2\right|}{|\underline{Z}_1 + 2\underline{Z}_0|}$	Strom im Leiter T
einpolig allgemein	$I''_{k1} = \dfrac{\sqrt{3}\,cU_n}{|\underline{Z}_1 + \underline{Z}_2 + \underline{Z}_0|}$	
generatorfern ($Z_1 = Z_2$)	$I''_{k1} = \dfrac{\sqrt{3}\,cU_n}{|2\underline{Z}_1 + \underline{Z}_0|}$	

Tabelle 2.5 Berechnungsgleichungen zur Berechnung des Anfangskurzschlusswechselstroms

Betriebsmittel	Korrekturfaktor	Anmerkung
Generatoreinspeisung (Synchrongenerator)	$K_G = \dfrac{U_{n,Q}}{U_{r,G}(1+p_G)} \cdot \dfrac{c_{max}}{1+x_d'' \cdot \sin\varphi_{r,G}}$	Wird die Klemmenspannung des Generators konstant auf $U_{r,G}$ geregelt, so ist der Faktor $p_G = 0$ zu setzen. Anwendung für Mit-, Gegen- und Nullimpedanz
Kraftwerkseinspeisung ohne Stufenschalter	$K_{KW,o} = \dfrac{U_{n,Q}}{U_{r,G}(1+p_G)} \cdot \dfrac{U_{r,T,US}}{U_{r,T,OS}} \cdot (1 \pm p_T) \cdot \dfrac{c_{max}}{1+x_d'' \cdot \sin\varphi_{r,G}}$	Anwendung für Mit-, Gegen- und Nullimpedanz
Kraftwerkseinspeisung mit Stufenschalter	$K_{KW,s} = \dfrac{U_{n,Q}^2}{\left(U_{r,G}(1+p_G)\right)^2} \cdot \dfrac{U_{r,T,US}^2}{U_{r,T,OS}^2} \cdot \dfrac{c_{max}}{1+\left|x_d'' - x_T\right| \cdot \sin\varphi_{r,G}}$	Wird die Klemmenspannung des Generators konstant auf $U_{r,G}$ geregelt, so ist der Faktor $p_G = 0$ zu setzen. Anwendung für Mitimpedanz, für Gegen- und Nullimpedanz nur bei übererregtem Betrieb
Transformator	$K_T = \dfrac{U_{n,Q}}{U_{b,max}} \cdot \dfrac{c_{max}}{1+x_T \dfrac{I_{b,max,T}}{I_{r,T}} \sin\varphi_{b,T}}$ Näherungswert $K_T = 0{,}95 \cdot \dfrac{c_{max}}{1+0{,}6 x_T}$	Anwendung für induktiven Leistungsfluss über den Transformator und falls $U_{b,US} \geq 1{,}05\, U_n$. Anwendung für Mit-, Gegen- und Nullimpedanz

Tabelle 2.6 Impedanzkorrekturfaktoren für die Kurzschlussstromberechnung nach DIN EN 60909-0 (VDE 0102)

Es bedeuten:

- $U_{r,G}$ Bemessungsspannung des Generators
- $U_{n,Q}$ Netznennspannung
- $U_{r,T,OS}$ Bemessungsspannung des Transformators auf der Oberspannungsseite
- $U_{r,T,US}$ Bemessungsspannung des Transformators auf der Unterspannungsseite
- $U_{b,max}$ maximale Spannung vor Kurzschlusseintritt
- $I_{b,max,T}$ maximaler Betriebsstrom des Transformators vor Kurzschlusseintritt
- $I_{r,T}$ Bemessungsstrom des Transformators
- x_T Relativer Wert der Kurzschlussreaktanz des Transformators mit Stufenschalter in Mittelstellung; $x_T = u_{x,T}$
- x_d'' Relativer Wert der subtransienten Generatorreaktanz
- p_T Stellbereich des Transformatorstufenschalters; z. B.: $p_T = 15\,\%$
- p_G Regelbereich des Generatorspannungsreglers; z. B.: $p_G = 5\,\%$
- $\varphi_{b,T}$ Phasenwinkel des Stroms des Transformators vor Kurzschlusseintritt
- $\varphi_{r,G}$ Phasenwinkel zwischen $U_{r,G}$ und $I_{r,G}$ des Generators

Neben der Berechnung des Anfangskurzschlusswechselstroms werden für die Projektierung von Anlagen und die Auslegung von Betriebsmitteln noch der Stoßkurzschlussstrom i_p als höchster Momentanwert des Kurzschlussstromverlaufs, der symmetrische Ausschaltwechselstrom I_b, der anteilige Teilkurzschlussstrom eines Generators $I''_{k,G}$ und der Dauerkurzschlussstrom I_k berechnet. Auf die Berechnungsverfahren wird im Zusammenhang dieses Buchs nicht eingegangen. Näheres entnehme man [2.9 und 2.10].

Sind Angaben über den Kurzschlussstromanteil von Erzeugungsanlagen nicht bekannt und können diese z. B. wegen fehlender Daten auch nicht berechnet werden, so sind Vielfache des Generatorbemessungsstroms anzusetzen für:

- Synchrongeneratoren $\quad I''_{k,G} = 8 \cdot I_{r,G}$
- Asynchrongeneratoren $\quad I''_{k,G} = 6 \cdot I_{r,G}$
- Wechselrichter (A: Anlage) $\quad I''_{k,G} = I_{r,A}$

Die Kurzschlussleistung S''_k berechnet man aus dem Kurzschlussstrom I''_k nach Gl. (2.17).

$$S''_k = \sqrt{3} \cdot U_n \cdot I''_k \qquad (2.17)$$

2.5.3 Einfluss von Motoren

Synchronmotoren werden bei der Berechnung von Kurzschlussströmen wie Synchrongeneratoren behandelt. Asynchrongeneratoren werden wie Asynchronmotoren behandelt. Asynchronmotoren finden nur dann Berücksichtigung, wenn die Summe ihrer Bemessungsströme größer ein Prozent des Anfangskurzschlusswechselstroms ohne Motoren ist, der Beitrag der Motoren zum Anfangskurzschlusswechselstrom ohne Motoren ≥ 5 % ist, oder bei Speisung der Motoren auf die Kurzschlussstelle über Zweiwicklungstransformatoren Gl. (2.18) erfüllt ist. Asynchronmotoren liefern Beiträge zum Anfangskurzschlusswechselstrom, zum Stoßkurzschlussstrom, zum Ausschaltwechselstrom und bei unsymmetrischen Kurzschlüssen auch zum Dauerkurzschlussstrom.

$$\frac{\sum P_{r,M}}{\sum S_{r,T}} > \frac{0{,}8}{\left| c \cdot 100 \cdot \dfrac{\sum S_{r,T}}{\sqrt{3} \cdot U_{n,Q} \cdot I''_k} - 0{,}3 \right|} \qquad (2.18)$$

Asynchronmotoren in Eigenbedarfsnetzen von Kraftwerken und in Industrienetzen, z. B. Stahlindustrie, Chemieindustrie, Pumpwerke, werden immer berücksichtigt. Motoren, die aufgrund der Prozessführung nicht gleichzeitig betrieben werden können, z. B. durch Verriegelungen, dürfen bei der Berechnung vernachlässigt werden. Motoren in öffentlichen Niederspannungsnetzen finden ebenfalls keine Berücksichtigung. Stromrichtergespeiste Antriebe werden beim dreipoligen Kurzschluss nur berücksichtigt, wenn die Möglichkeit für einen vorübergehenden Wechselrichterbetrieb besteht. Sie liefern dann aber nur Beiträge zum Anfangskurzschlusswechselstrom und zum Stoßkurzschlussstrom.

2.6 Berechnung der größten Netzimpedanz zur Beurteilung von Netzrückwirkungen

Zielsetzung bei der Kurzschlussstromberechnung nach DIN EN 60909-0 (VDE 0102) ist die Berechnung von Größen zur Auslegung von Anlagen gegen die Auswirkungen der Kurzschlussströme, zur Bestimmung von Ansprechwerten zur Kurzschlusserkennung und zur Sicherstellung des Personenschutzes. Die Berechnung der Kurzschlussleistung nach „VDN-Technische Regeln" [2.3] hat zum Ziel, die maximale Größe der Netzimpedanz zur Bewertung von Netzrückwirkungen zu ermitteln. Dabei ist von „normalen" Betriebsbedingungen auszugehen, die die kleinste Kurzschlussleistung bedingen. Vorübergehend betriebsbedingte Sonderschaltzustände werden nicht berücksichtigt. In jedem Fall muss die Schaltfreiheit der Netze gewährleistet sein. Es stehen dabei andere Aspekte im Vordergrund, sodass die Berechnungsgrundlage im Vergleich zu DIN EN 60909-0 (VDE 0102) abweichend ist.

Tabelle 2.7 zeigt die zu beachtenden Unterschiede bei der Berechnung der maximalen Netzimpedanz nach „VDN-Technische Regeln" im Vergleich zur Berechnung des minimalen Kurzschlussstroms nach DIN EN 61000-0 (VDE 0102).

	DIN EN 60909-0 (VDE 0102)	VDN-Technische Regeln
treibende Spannung	Spannungsfaktor c nach Tabelle 2.4 und Nennspannung	verkettete Spannung am Verknüpfungspunkt VP
Impedanz von Leitungen	MS: Temperatur am Ende der Kurzschlussdauer NS: 80 °C	MS: keine Angaben NS-Kabel: 70 °C
Korrekturfaktoren	anzuwenden für Generatoren, Kraftwerke und Transformatoren nach Tabelle 2.6	keine Korrekturfaktoren
Netzschaltung	eindeutige Bedingungen zur Berechnung des minimalen Kurzschlussstroms	sinnvoller Betrieb, Netzimpedanz am Verknüpfungspunkt $Z_{k,VP}$ soll maximal sein
neue Erzeugungsanlage	wird mit berücksichtigt	wird nicht mitberücksichtigt
Frequenzabhängigkeit	keine Frequenzabhängigkeit der Impedanzen	Frequenzabhängigkeit der Impedanzen u. U. zu berücksichtigen (nicht in [2.3])
Kurzschlussart	Kurzschluss dreipolig, zweipolig mit und ohne Erdberührung, einpolig, siehe Tabelle 2.5	dreipoliger Kurzschluss
Kurzschlussgrößen	Anfangskurzschlusswechselstrom I_k'' Dauerkurzschlussstrom I_k bzw. Leistungen S_k'' und S_k	Kurzschlussleistung am Verknüpfungspunkt $S_{k,VP}$
Motoren	vernachlässigt für minimale Kurzschlussströme	sinnvoller Betrieb, Netzimpedanz am Verknüpfungspunkt $Z_{k,VP}$ soll maximal sein
passive Verbraucher	nicht zu berücksichtigen	berücksichtigen, siehe Abschnitt 2.3.3
Netzimpedanz	$Z_{k,VP,max} = \dfrac{c \cdot U_n^2}{S_{k,VP,min}''}$	$Z_{k,VP} = \dfrac{U_{VP}^2}{S_{k,VP}}$

Tabelle 2.7 Vergleich der Berechnungsgrundlagen für die Berechnung der minimalen Kurzschlussströme nach DIN EN 60909-0 (VDE 0102) und der maximalen Netzimpedanz nach „VDN-Technische Regeln"

2.7 Kenndaten typischer Betriebsmittel

Zur Untersuchung von Phänomenen der Netzrückwirkungen ist es oftmals erforderlich, überschlägige Berechnungen der Impedanzen von Betriebsmitteln durchzuführen. Da die Thematik der Netzrückwirkungen vor allem in Mittel- und Niederspannungsnetzen von Interesse ist, sind in den **Tabellen 2.8 bis 2.15** die Kenndaten typischer Betriebsmittel, wie Transformatoren, Freileitungen und Kabel aus den angesprochenen Spannungsebenen, aufgeführt. Maßgeblich sind jedoch in jedem Fall die Kenndaten der eingesetzten Betriebsmittel, die Typenschildern, Datenblättern oder Prüfprotokollen zu entnehmen sind. Weitere Anhaltswerte für Betriebsmitteldaten finden sich z. B. in [2.2 und 2.10].

Mastbild	Leiter	U_n kV	Resistanz Ω/km	Reaktanz Ω/km	Kapazität nF/km
	50 Al	10 ... 20	0,579	0,355	8 ... 9
	50 Cu	10 ... 20	0,365	0,355	8 ... 9
	50 Cu	10 ... 20	0,365	0,423	8 ... 9
	70 Cu	10 ... 30	0,217	0,417	8 ... 9
	70 Al	10 ... 20	0,439	0,345	8 ... 9
	95 Al	20 ... 30	0,378	0,368	8 ... 9
	150/25	110	0,192	0,398	9

Tabelle 2.8 Kenndaten von Freileitungen, Werte pro km
Darstellung der Mastanordnung ohne Erdseil
Resistanzbelag bei 20 °C

U_{rOS}/U_{rUS}	S_r MVA	u_{kr} %	u_{Rr} %
MS/N	0,05 ... 0,63	4	1 ... 2
	0,63 ... 2,5	6	1 ... 1,5
MS/M	2,5 ... 25	6 ... 9	0,7 ... 1
HS/MS	25 ... 63	10 ... 1	0,6 ... 0,8

Tabelle 2.9 Kennwerte für Transformatoren
NS: $U_n < 1$ kV
MS: $U_n = 1$ kV ... 66 kV
HS: $U_n > 66$ kV

Leiter	Resistanzbelag in Ω/km	
mm²	Al	Cu
50	0,641	0,387
70	0,443	0,268
95	0,320	0,193
120	0,253	0,153
150	0,206	0,124
185	0,164	0,0991
240	0,125	0,0754
300	0,1	0,0601

Tabelle 2.10 Kennwerte für Kabel: Resistanzbelag des Mitsystems bei 20 °C

Leiter	Reaktanzbelag in Ω/km					
mm²	A			B		C
	1 kV	6 kV	10 kV	10 kV	20 kV	20 kV
50	0,088	0,1	0,1	0,11	0,13	0,14
70	0,085	0,1	0,1	0,1	0,12	0,13
95	0,085	0,093	0,1	0,1	0,11	0,12
120	0,085	0,091	0,1	0,097	0,11	0,12
150	0,082	0,088	0,092	0,094	0,1	0,11
185	0,082	0,087	0,09	0,091	0,1	0,11
240	0,082	0,085	0,089	0,088	0,097	0,1
300	0,082	0,083	0,086	0,085	0,094	0,1

Tabelle 2.11 Kennwerte für papierisolierte Kabel: Reaktanzbelag des Mitsystems
A) Kabel mit Stahlbandbewehrung
B) Dreimantelkabel
C) einadrige Kabel (Dreiecksverlegung)

Leiter mm²	Reaktanzbelag in Ω/km					
	D			E		
	1 kV	6 kV	10 kV	1 kV	6 kV	10 kV
50	0,095	0,127	0,113	0,078	0,097	0,114
70	0,09	0,117	0,107	0,075	0,092	0,107
95	0,088	0,112	0,104	0,075	0,088	0,103
120	0,085	0,107	0,1	0,073	0,085	0,099
150	0,084	0,105	0,097	0,073	0,083	0,096
185	0,084	0,102	0,094	0,073	0,081	0,093
240	0,082	0,097	0,093	0,072	0,078	0,089
300	0,081	0,096	0,091	0,072	0,077	0,087

Tabelle 2.12 Kennwerte für Kabel: Reaktanzbelag des Mitsystems
Stahlbandbewehrung: Reaktanzwerte um 10 % zu erhöhen
D) PVC-isolierte Kabel mehradrig
E) PVC-isolierte Kabel einadrig (Dreiecksverlegung)

Leiter mm²	Reaktanzbelag in Ω/km			
	F		G	
	1 kV	10 kV	1 kV	10 kV
50	0,072	0,11	0,088	0,127
70	0,072	0,103	0,085	0,119
95	0,069	0,099	0,082	0,114
120	0,069	0,095	0,082	0,109
150	0,069	0,092	0,082	0,106
185	0,069	0,09	0,082	0,102
240	0,069	0,087	0,079	0,098
300		0,084		0,095

Tabelle 2.13 Kennwerte für Kabel: Reaktanzbelag des Mitsystems
Stahlbandbewehrung: Reaktanzwerte um 10 % erhöhen
F) VPE-isolierte Kabel mehradrig
G) VPE-isolierte Kabel einadrig (Dreiecksverlegung)

Leiter	Kapazitätsbelag in µF/km				
mm²	A			B	
	1 kV	6 kV	10 kV	10 kV	20 kV
50	0,68	0,38	0,33	0,45	0,29
70	0,76	0,42	0,37	0,52	0,33
95	0,84	0,49	0,42	0,59	0,37
120	0,92	9,53	0,46	0,62	0,4
150	0,95	0,6	0,51	0,69	0,43
185	1,0	0,65	0,55	0,78	0,47
240	1,03	0,74	0,61	0,89	0,53
300	1,1	0,82	0,71	0,96	0,58

Tabelle 2.14 Kennwerte für papierisolierte Kabel: Kapazitätsbelag des Mitsystems
A) Gürtelkabel
B) einadrige Kabel und Dreimantelkabel

Leiter	Kapazitätsbelag in µF/km				
mm²	C			D	
	1 kV	6 kV	10 kV	10 kV	20 kV
50	k. A.	0,32	0,43	0,24	0,17
70	k. A.	0,35	0,48	0,28	0,19
95	k. A.	0,38	0,53	0,31	0,21
120	k. A.	0,43	0,58	0,33	0,23
150	k. A.	0,45	0,63	0,36	0,25
185	k. A.	0,5	0,7	0,39	0,27
240	k. A.	0,55	0,83	0,44	0,3
300	k. A.	0,6	0,92	0,48	0,32

Tabelle 2.15 Kennwerte für Kabel: Kapazitätsbelag des Mitsystems (k. A. = keine Angaben)
C) PVC-isolierte Kabel
D) VPE-isolierte Kabel

Daten von Betriebsmitteln findet man auch in VDE 0102 Beiblatt 2 „Anwendungsleitfaden für die Berechnung von Kurzschlussströmen in Niederspannungsnetzen", Kapitel 8 und in VDE 0102 Beiblatt 4 „Daten elektrischer Betriebsmittel für die Berechnung von Kurzschlussströmen".

2.8 Beispiele

In Übereinstimmung mit [2.3] wird die Kurzschlussleistung als Maß für die Netzimpedanz in den nachfolgenden Beispielen mit S_k bezeichnet. Werden Kurzschlussparameter nach DIN EN 60909-0 (VDE 0102) berechnet, wird die Kurzschlussleistung mit S_k'' bezeichnet. Der Anfangskurzschlusswechselstrom wird immer mit I_k'' bezeichnet.

2.8.1 Berechnung von Schwingkreisen

In einem für den Anschluss eines Oberschwingungserzeugers vorgesehenen Anschlusspunkt eines 20-kV-Netzes beträgt die Kurzschlussleistung $S_{k,max}'' = 200$ MVA bzw. $S_{k,min}'' = 180$ MVA, insgesamt sind 40 km Kabel (N2XSEYBY; 185 mm^2) vorhanden. Die Netzlast schwankt zwischen $P_{max} = 22{,}5$ MW bei Starklast und $P_{min} = 9$ MW bei Schwachlast. Die spezifische Kabelkapazität beträgt $C' = 0{,}3$ µF/km. Es ergeben sich die nachstehenden Ergebnisse für die Parallelresonanzfrequenz, die Netzdämpfung und den Bereich der Resonanzüberhöhung.

Lastzustand	f_{res} in Hz	d in %	$f_+ - f_-$ in Hz
Starklast 200 MVA	576	1,3	443,5
Schwachlast 180 MVA	546	0,55	1 004,6

Man erkennt, dass die Änderung der Netzlast (Dämpfung) zwischen Stark- und Schwachlast einen wesentlich höheren Einfluss auf das Resonanzverhalten des Netzes am betrachteten Anschlusspunkt hat als die Änderung der Kurzschlussleistung (Resonanzfrequenz).

2.8.2 Resonanzen in Mittelspannungskabelnetzen

Die Abhängigkeit der Resonanzfrequenz (Parallelresonanz zwischen Induktivität der Einspeisung und Leitungskapazitäten) in Mittelspannungsnetzen wird in Abhängigkeit verschiedener Parameter erläutert.

Vergleicht man Kabel- und Freileitungsnetze einer bestimmten Spannungsebene ($U_n = 20$ kV) miteinander, so ergibt sich bei einer Kurzschlussleistung $S_k'' = 200$ MVA für das Freileitungsnetz mit 100 km Freileitung ($C' \approx 8$ nF/km ... 9 nF/km) eine Resonanzfrequenz (Parallelresonanz) von $f_{res} \approx 2$ kHz. In einem 20-kV-Kabelnetz mit 40 km VPE-Kabel ($C' \approx 0{,}2$ µF/km ... 0,9 µF/km) liegt die Resonanzfrequenz bei $f_{res} \approx 650$ Hz.

Der Ersatz von Masse-Kabeln (NKBA) durch VPE-Kabel (N2XSEYBY) gleichen Querschnitts führt zu einer Reduzierung der Kabelkapazitäten auf etwa 50 % und damit zu einer Erhöhung der Resonanzfrequenz auf etwa 140 %. Typische Werte für Kabelkapazitäten sind in Abschnitt 2.6 angegeben.

Mit zunehmender Kabellänge im Netz sinkt die Resonanzfrequenz. In Mittelspannungsnetzen liegen die Parallelresonanzen für Kabellängen im Bereich von wenigen Kilometern bereits in einem Frequenzbereich, in dem signifikante Oberschwingungsstöraussendungen in Netzen vorhanden sind. **Bild 2.15** zeigt als Beispiel die Abhängigkeit der Resonanzfrequenz von der Kabellänge (VPE-Kabel; 150 mm^2; $C' = 0{,}25$ µF/km) und der Kurzschlussleistung eines 10-kV-Netzes.

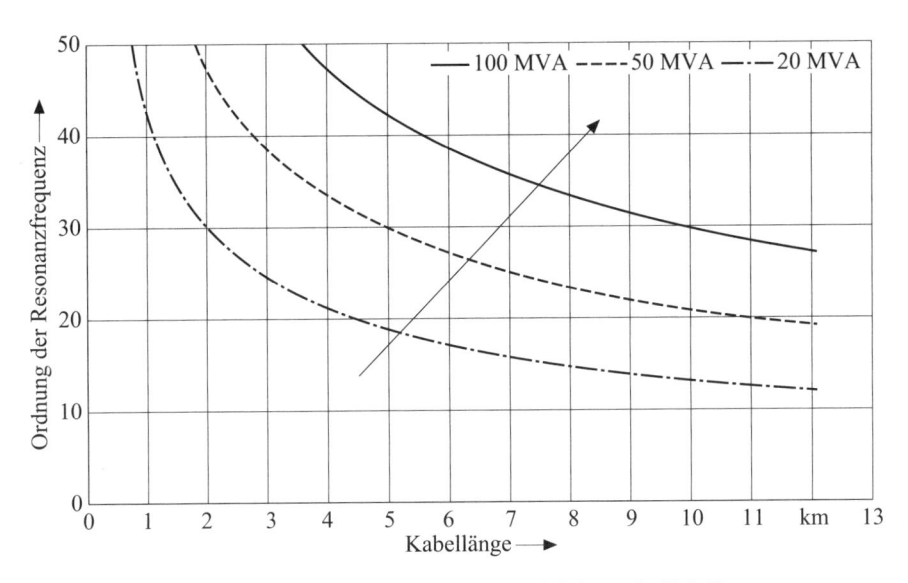

Bild 2.15 Parallelresonanzfrequenz im 10-kV-Netz in Abhängigkeit von der Kabellänge (VPE-Kabel; 150 mm^2; $C' = 0{,}25$ µF/km) und der Kurzschlussleistung

2.8.3 Berechnung des Kurzschlussstroms nach DIN EN 60909-0 (VDE 0102) und der Netzimpedanz nach VDN-Technische Regeln

Für den Netzanschluss einer Windenergieanlage, Nennleistung 2,5 MVA, nach **Bild 2.16** sind zu berechnen: Netzimpedanz und Anfangskurzschlusswechselstrom für Netzanschlusspunkt (Verknüpfungspunkt) in F1 bzw. in F2.

```
         F1                    F2
          |                     |
  ┌──┐    |                     |            ┌────┐
  │GS│────●────////─────────────●──(⋏)(△)────●────│▩▩▩▩│
  │3~│    |                     |            │▩▩▩▩│
  └──┘                                       └────┘
```

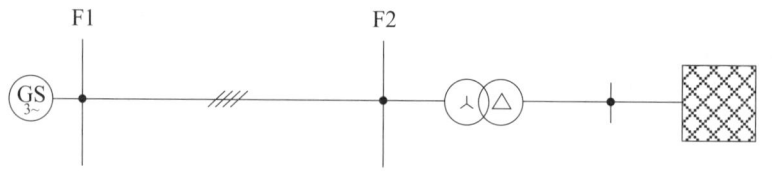

$S_{r,G} = 2{,}5$ MVA je Kabel: $S_{r,T} = 2{,}5$ MVA $U_{n,Q} = 20$ kV

$\cos\varphi = 0{,}85$ $X_L = 9{,}84$ mΩ $u_{k,T} = 6\%$ $S''_{k,Q} = 500$ MVA

$U_{r,G} = 0{,}66$ kV $R_L = 10{,}82$ mΩ $u_{R,T} = 0{,}8\%$

$x''_d = 18\%$ 20 kV/0,66 kV

Bild 2.16 Netzbild zum Anschluss einer Eigenerzeugungsanlage (Kabelresistanz bei 20 °C)

Kurzschlussstromberechnung nach DIN EN 60909-0 (VDE 0102)

Generator $\quad \underline{Z}_G = (0{,}864 + j7{,}2)\dfrac{\%}{\text{MVA}}$

Man berechnet für die Impedanzen der Betriebsmittel:

$$K_G = 0{,}913$$

$$\underline{Z}_{G,K} = (0{,}789 + j6{,}57)\dfrac{\%}{\text{MVA}}$$

Kabel (80 °C): $\quad \underline{Z}_L = (0{,}771 + j0{,}565)\dfrac{\%}{\text{MVA}}$

Transformator: $\quad \underline{Z}_T = (0{,}32 + j2{,}4)\dfrac{\%}{\text{MVA}}$

Korrekturfaktor gemäß Tabelle 2.6

$$K_T = 0{,}917$$

$$\underline{Z}_{T,K} = (0{,}293 + j2{,}201)\dfrac{\%}{\text{MVA}}$$

Netz: $\quad \underline{Z}_Q = (0{,}002 + j0{,}219)\dfrac{\%}{\text{MVA}}$

Damit ergibt sich für die Kurzschlussimpedanz an der Anschlussstelle F1 unter Berücksichtigung der Korrekturfaktoren

$$\underline{Z}_{k,F1} = (0{,}527 + j1{,}777)\dfrac{\%}{\text{MVA}}$$

Für die Kurzschlussstelle F2 berechnet sich die Kurzschlussimpededanz unter Berücksichtigung der Korrekturfaktoren zu

$$\underline{Z}_{k,F2} = (0,42 + j1,848)\frac{\%}{\text{MVA}}$$

Damit berechnen sich die minimalen Anfangskurzschlusswechselströme und die Kurzschlussleistungen an den beiden möglichen Netzanschlusspunkten F1 und F2 zu

$I''_{k3,min,F1} = 44,84\,\text{kA}$

$I''_{k3,min,F2} = 43,74\,\text{kA}$

$S''_{k,min,F1} = 51,26\,\text{kA}$

$S''_{k,min,F2} = 50,00\,\text{kA}$

Berechnung der maximalen Netzimpedanz nach VDN-Technische Regeln

Die Impedanzen der zu berücksichtigenden Betriebsmittel berechnen sich zu:

Kabel (70 °C): $\underline{Z}_L = (0,746 + j0,565)\frac{\%}{\text{MVA}}$ $\underline{Z}_L = (3,25 + j139,85)\,\text{m}\Omega$

Transformator: $\underline{Z}_T = (0,32 + j2,4)\frac{\%}{\text{MVA}}$ $\underline{Z}_T = (1,39 + j10,45)\,\text{m}\Omega$

Netz: $\underline{Z}_Q = (0,002 + j0,219)\frac{\%}{\text{MVA}}$ $\underline{Z}_Q = (0,008 + j0,095)\,\text{m}\Omega$

Korrekturfaktoren nach Tabelle 2.6 werden nicht berücksichtigt, der anzuschließende Generator wird nicht mit berücksichtigt.

Damit ergibt sich für die Netzimpedanz am Verknüpfungspunkt (Anschlussstelle F1)

$\underline{Z}_{k,F1} = (1,068 + j3,184)\frac{\%}{\text{MVA}}$ $\underline{Z}_{k,F1} = (4,65 + j13,87)\,\text{m}\Omega$

Für den Verknüpfungspunkt F2 berechnet sich die Netzimpedanz zu

$\underline{Z}_{k,F2} = (0,322 + j2,619)\frac{\%}{\text{MVA}}$ $\underline{Z}_{k,F2} = (1,40 + j11,41)\,\text{m}\Omega$

Damit ergeben sich die Kurzschlussleistungen als Maß für die Netzimpedanz zu

$S_{k,min,F1} = 29,77\,\text{MVA}$

$S_{k,min,F2} = 37,91\,\text{MVA}$

2.8.4 Berechnung der frequenzabhängigen Impedanz in einem Mittelspannungsnetz

In dem in **Bild 2.17** dargestellten 110/30-kV-Netz soll am Knoten B2 ein 12-pulsiger Umrichter zur Speisung eines Induktionsofens angeschlossen werden. Zur Abschätzung der zu erwartenden Spannungsoberschwingungen wurden Berechnungen der frequenzabhängigen Impedanzen durchgeführt. Folgende Betriebszustände des 30-kV-Netzes sind möglich:

- vermaschtes Netz
- 30-kV-Kabel zwischen B2 und B3 in B2 abgeschaltet
- 30-kV-Kabel zwischen B2 und B3 in B3 abgeschaltet
- 110/30-kV-Transformator T103 in B2 abgeschaltet
- 110/30-kV-Transformator T124 in B3 abgeschaltet

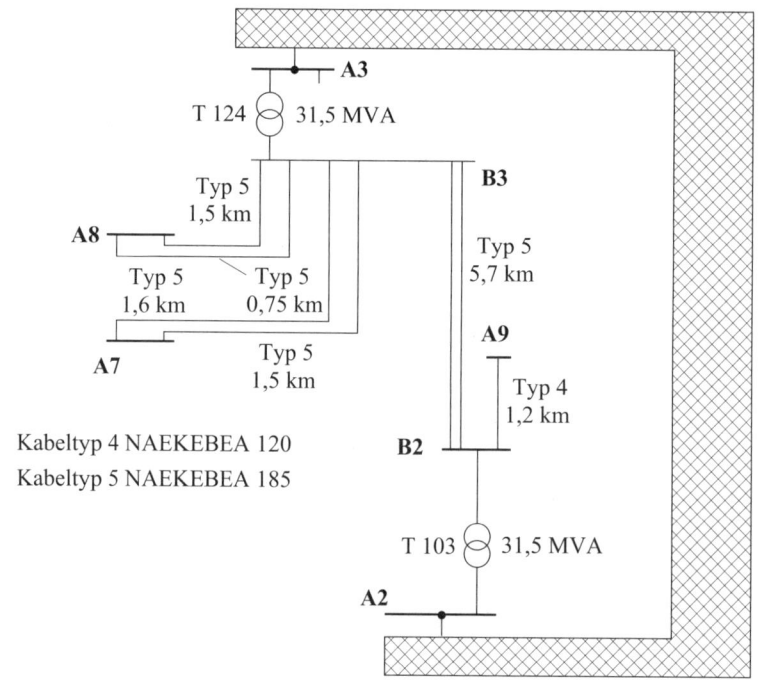

Bild 2.17 Netzersatzschaltbild eines 110/30-kV-Netzes

Als signifikantes Ergebnis im Hinblick auf Oberschwingungsuntersuchungen wird die frequenzabhängige Impedanz des Knotens B2 für verschiedene Schaltzustände in **Bild 2.18** dargestellt.

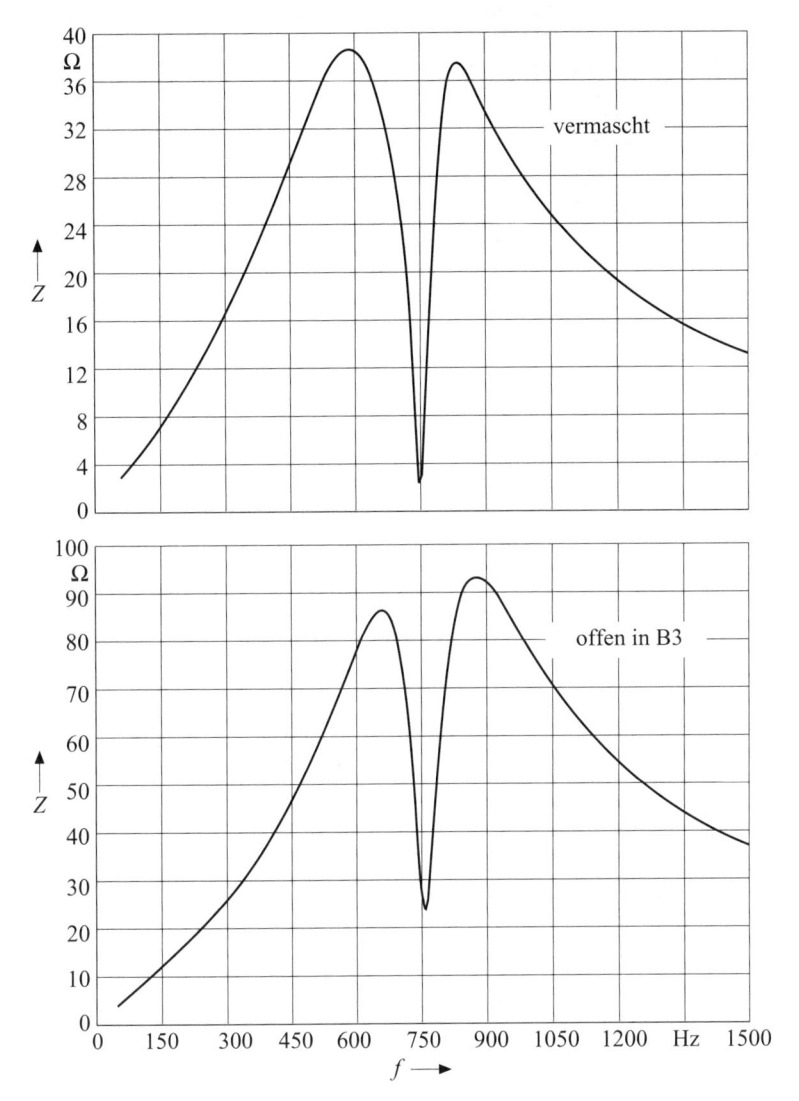

Bild 2.18 Impedanzverlauf des 30-kV-Netzknotens B2 nach Bild 2.17
a) vermaschtes 30-kV-Netz
b) 30-kV-Kabel in B3 abgeschaltet

Es ergibt sich eine Reihenresonanzstelle bei $f_{\text{res,R}} \approx 750$ Hz sowie Parallelresonanzstellen bei $f_{\text{res,P1}} \approx 650$ Hz und $f_{\text{res,P2}} \approx 850$ Hz. Diese Resonanzen entstehen durch die Parallelschaltung der Kapazität des 30-kV-Kabels B2–B3 mit den Induktivitäten der 110/30-kV-Transformatoren, wobei diese wiederum in Reihe mit der Parallelschaltung der Kapazitäten des 110-kV-Netzes und der Induktivität des einspeisenden 110-kV-Netzes zu sehen sind.

Für den zweiten dargestellten Betriebszustand (30-kV-Kabel B2–B3 in B3 abgeschaltet) bleiben die Reihenresonanzstellen des 30-kV-Netzknotens B2 in etwa erhalten.

Allerdings wird die Impedanz bei Parallelresonanz erheblich größer, was zu einem starken Anstieg der Spannungsoberschwingungen für diesen Betriebszustand führen wird.

2.8.5 Frequenzabhängige Impedanz eines 220-kV-Netzes

Die frequenzabhängige Impedanz eines 220-kV-Netzknotens wurde berechnet [2.11]. Bei dem Netz handelt es sich um ein Freileitungsnetz, es ist mit 132-kV-(Kabelnetz) und 380-kV-Netzebenen verbunden, außerdem sind Kraftwerkseinspeisungen in allen Netzebenen in unmittelbarer Nähe vorhanden. **Bild 2.19** zeigt den berechneten Impedanzverlauf bis zur 40-ten Oberschwingungsordnung.

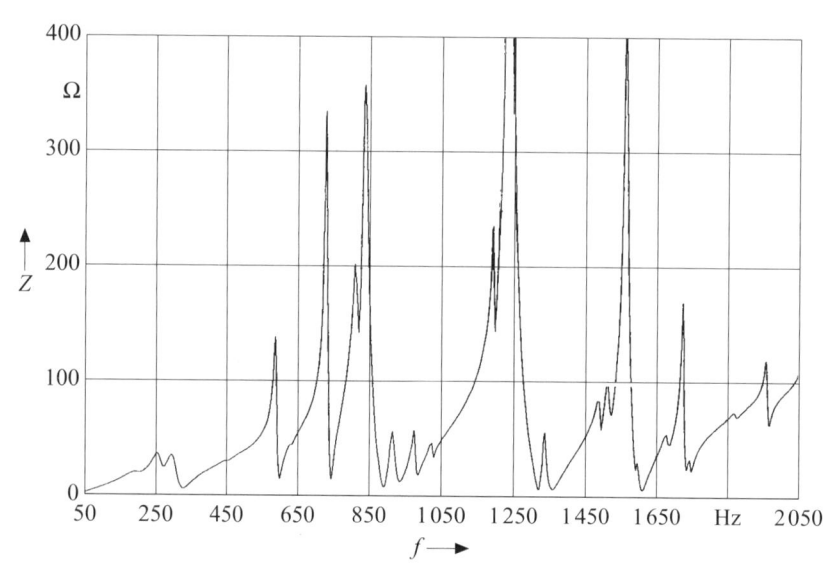

Bild 2.19 Frequenzabhängige Impedanz eines 220-kV-Netzknotens

Literatur Kapitel 2

[2.1] Schlabbach, J.; Metz, D.: Netzsystemtechnik – Planung und Projektierung von Netzen und Anlagen der Elektroenergieversorgung. Berlin und Offenbach: VDE VERLAG, 2005

[2.2] Oeding; Oswald: Elektrische Kraftwerke und Netze. 6. Aufl., Berlin, Heidelberg, New York: Springer-Verlag, 2004

[2.3] VDN: Technische Regeln zur Beurteilung von Netzrückwirkungen. Frankfurt am Main: VDEW, 2007

[2.4] FGH: Elektrische Hochleistungsübertragung und -verteilung in Verdichtungsräumen. Mannheim: FGH, 1977

[2.5] Mombauer, W.; Weck, K.-H.: Load modelling for harmonic load-flow calculations. ETEP Vol. 3 (1993) No. 6

[2.6] Bosse, G.: Grundlagen der Elektrotechnik, I-IV. Mannheim: Bibliographisches Institut, 1973

[2.7] Just, W.; Hofmann, W.: Blindstromkompensation in der Betriebspraxis. 4. Aufl., Berlin und Offenbach: VDE VERLAG, 2003

[2.8] Schlabbach, J.: Sternpunktbehandlung in elektrischen Netzen. (Anlagentechnik für Elektrische Verteilungsnetze Bd. 15)., Frankfurt am Main und Offenbach: VDE VERLAG, VWEW-Energieverlag, 2002

[2.9] Schlabbach, J.: Kurzschlussströme (Anlagentechnik für Elektrische Verteilungsnetze Bd. 18). Frankfurt am Main Offenbach: VDE VERLAG VWEW-Energieverlag, 2003

[2.10] Schlabbach, J.: Elektroenergieversorgung – Betriebsmittel, Netze, Kennzahlen und Auswirkungen der elektrischen Energieversorgung. 2. Auflage. Berlin und Offenbach: VDE VERLAG, 2003

[2.11] ABB: Referenz zum Netzberechnungsprogramm NEPLAN. Mannheim: 2006

3 Anlagen zur Nutzung erneuerbarer Energiequellen

3.1 Grundlagen

Der Anschluss von Erzeugungsanlagen an das Netz muss so erfolgen, dass negative Auswirkungen auf den Netzbetrieb und andere Betriebsmittel vermieden werden. Dabei ist u. a. zu beachten, dass

- ausreichende Belastbarkeit der Betriebsmittel vorhanden sein muss, um die in der Anlage erzeugte Leistung in das Netz und zu den Verbrauchern übertragen zu können
- die Kurzschlussströme im Netz durch den Betrieb der Anlage nicht unzulässig erhöht werden
- die Spannungsanhebungen am Anschlusspunkt und im Netz unterhalb zulässiger Grenzwerte bleiben
- Spannungsänderungen durch Zu- und Abschalten der Erzeugungsanlage innerhalb zulässiger Grenzen bleiben
- Störaussendungen unterhalb der zulässigen Aussendungsgrenzwerte bleiben

Bedingt durch den verstärkten Ausbau der erneuerbaren Energieerzeugungsanlagen Wasserkraft, Windenergie, Solarenergie und Biomasse ist den einzelnen Aspekten des Netzanschlusses vermehrt Aufmerksamkeit zu widmen. Die bisherigen Normen, Vorschriften und Richtlinien betrachten dabei meist die Auswirkungen von Einzelanlagen auf das Netz. Kommt es jedoch zum Anschluss einer Vielzahl von Einzelanlagen in einem Netzbezirk, was z. B. beim Anschluss von Photovoltaikanlagen und Brennstoffzellenanlagen im Niederspannungsnetz oder beim Anschluss von Windparks an das Hochspannungsnetz der Fall ist, so können die Einzelanlagen jede für sich sehr wohl die Anforderungen erfüllen, durch das einheitliche Erzeugungsverhalten aller im Netzbezirk angeschlossenen Anlagen sind jedoch Probleme im Netzbetrieb durch die Überlagerung von Störaussendungen nicht auszuschließen. Der Ausbau der Kraft-Wärme-Kopplungs-Anlagen und der Anschluss von Photovoltaikanlagen in Niederspannungsnetzen erfordern neue Überlegungen hinsichtlich des Netzschutzes, des Netzbetriebs und des Kurzschlussstromniveaus in diesen Spannungsebenen. Für Hochspannungsnetze ist der Anschluss von leistungsstarken Windparks entweder direkt mit Drehstromanschluss oder bei „off-shore"-Anlagen mittels HGÜ von großer Bedeutung.

Zur elektrischen Energieerzeugung aus Wasserkraft kommen für Kleinwasserkraftanlagen bis zu einer Bemessungsleistung von etwa 500 kW Asynchrongeneratoren, für größere Anlagen Synchrongeneratoren zum Einsatz. Der Anschluss von Wasserkraftwerken unterscheidet sich daher nicht grundsätzlich vom Anschluss anderer Kraftwerke vergleichbarer Leistung. Zu beachten ist, dass Kleinwasserkraftwerke an Nieder- und Mittelspannungsnetze oder am Ende von Netzausläufern angeschlossen werden können, die durch eine niedrige Kurzschlussleistung gekennzeichnet sind.

Windenergieanlagen sind entweder mit Asynchrongeneratoren, auch mit Umrichter im Rotorkreis, sogenannten Stromrichterkaskaden, oder mit Synchrongeneratoren mit selbst- oder netzgeführtem Gleichstromzwischenkreisumrichter ausgerüstet. Blindleistung wird sowohl für die Magnetisierungsblindleistung bei Asynchrongeneratoren als auch für die Kommutierungsblindleistung netzgeführter Umrichter benötigt. Leistungselektronische Komponenten verursachen Oberschwingungen und Zwischenharmonische, deren Auswirkungen auf das Netz zu beachten sind. Bei Anlagen ohne Umrichter sind Spannungsschwankungen und als deren Folge Flicker zu beachten.

Bei Photovoltaikanlagen ist zu unterscheiden zwischen Anlagen mit wenigen Kilowatt Leistung, die örtlich verteilt auf Hausdächern installiert sind und über den Hausanschluss in das Niederspannungsnetz einspeisen, und Großanlagen im Leistungsbereich bis einige MW, die über eigene Transformatoren an das Mittelspannungsnetz anzuschließen sind. Die auf Gleichspannungsebene erzeugte elektrische Energie wird durch einen Wechselrichter in die gewünschte Netzfrequenz umgewandelt. Die Aussendung von Oberschwingungsströmen und Zwischenharmonischen ist hier zu beachten.

Bei Brennstoffzellenanlagen wird die elektrische Energie auf Gleichspannungsebene erzeugt, es ergeben sich die gleichen technischen Bedingungen wie für Photovoltaikanlagen.

Die Nutzung von Biomasse zur Erzeugung elektrischer Energie erfolgt entweder mittels konventioneller Dampfturbinen, Schraubenexpansionsmaschinen oder durch Gasmotoren, wobei überwiegend Synchrongeneratoren, zum Teil auch Asynchrongeneratoren, eingesetzt werden.

Tabelle 3.1 zeigt eine Übersicht über die durchzuführenden Untersuchungen beim Anschluss von Erzeugungsanlagen kleiner Leistung an elektrische Netze (typischerweise Niederspannungs- und Mittelspannungsnetze). Eine Betrachtung mittels standardisierter Empfehlungen und Richtlinien kann naturgemäß nur ein Leitfaden sein, ersetzt aber nicht die sorgfältige ingenieurmäßige Betrachtung und Berechnung der zu erwartenden Auswirkungen.

Im Zusammenhang dieses Buchs werden die notwendigen Überlegungen in Bezug auf Netzrückwirkungen beim Anschluss von Erzeugungsanlagen der erneuerbaren Energiequellen mit Schwerpunkt Windkraft und Photovoltaik an Nieder- und Mittelspannungsnetze erläutert. Überlegungen zum Anschluss an Hochspannungsnetze sind ausführlich in [3.1] enthalten.

Erzeugungsanlage		zu untersuchende Fragestellungen				
Art	Generator Elektronik	Kurz-schluss	Lastfluss	Ober-schwin-gungen; Zwischen-harmo-nische	Un-symmetrie	Spannungs-änderun-gen; Flicker
allgemein	synchron	Ja	Ja	–	–	–
	asynchron	Ja		–	–	–
Wasserkraft-anlage	synchron	Ja	nur bei großen Leistungen	–	–	–
	asynchron	Ja		–	–	–
Windenergie-anlage	synchron	Ja	bei An-schluss MS- und HS-Netze	–	–	Ja
	asynchron	Ja		–	–	Ja
	Umrichter			Ja	–	u. U.
Blockheiz-kraftwerk	synchron	Ja	–	–	Ja	–
	asynchron	Ja	–	–	Ja	–
Photovoltaik	Umrichter	u. U.	u. U.	Ja	Ja	Ja
Brennstoff-zelle	Umrichter	u. U.	u. U.	Ja	Ja	u. U.

Tabelle 3.1 Empfohlene Untersuchungen für den Anschluss von Erzeugungsanlagen kleiner Leistung

3.2 Grundlagen der Leitungselektronik

3.2.1 Allgemeines

Leistungselektronische Elemente finden sich heute in zahlreichen Verbrauchsgeräten, Betriebsmitteln und Erzeugungsanlagen. Dabei wird der Leistungsbereich von einigen Watt für DC/DC-Wandler bis zu einigen 10 MW für Antriebsumrichter abgedeckt. Nach der Funktionsweise unterscheidet man zwischen:

- Gleichrichtern, bei denen aus einer Wechselspannung eine Gleichspannung erzeugt wird
- Wechselrichter, mit denen aus einer Gleichspannung eine Wechselspannung erzeugt wird

- Gleichspannungswandler, die Gleichspannung in eine Gleichspannung anderer Höhe umsetzen
- Frequenzumrichtern oder allgemein Umrichtern, die Wechsel- oder Drehspannungssysteme in solche anderer Frequenz und/oder Phasenzahl umwandeln

Hinsichtlich des Steuerverfahrens der Stromrichterventile unterscheidet man zwischen

- fremdgeführten Stromrichtern, auch als netzgeführt bezeichnet, die für die Kommutierung, also die Weiterschaltung der Stromführung von einem Ventil auf das nächste, eine Gegenspannung benötigen
- selbstgeführten Stromrichtern, die für die Kommutierung keine Gegenspannung benötigen

Weitere Unterschiede bestehen im Blindleistungsbedarf und in der Erzeugung von Oberschwingungsströmen und Zwischenharmonischen.

Bei Stromrichtern, insbesondere bei Umrichtern und DC/DC-Wandlern ist hinsichtlich des Aufbaus zwischen Stromrichtern mit und ohne Zwischenkreis zu unterscheiden, wobei der Zwischenkreis als Strom- oder Spannungszwischenkreis ausgeführt werden kann:

- bei Stromrichtern mit Zwischenkreis hat das Verhalten der Last, z. B. die Motorfrequenz bei Ansteuerung eines Motors mit einem Frequenzumrichter, generell einen stärkeren Einfluss auf die Störaussendungen als ohne Zwischenkreis
- bei Stromrichtern mit Zwischenkreis können Netzseite und Lastseite hinsichtlich der Netzrückwirkungen bei geeigneter Auslegung teilweise entkoppelt werden

Anordnungen mit Spannungszwischenkreis, bei dem ein Kondensator zur Spannungsglättung im Zwischenkreis eingesetzt wird, findet man sowohl in fremdgeführten als auch in selbstgeführten Stromrichtern. Bei fremdgeführten Stromrichtern können die Oberschwingungsströme als eingeprägte Ströme angesehen werden, die Netzrückwirkungen sind relativ leicht abzuschätzen, Ströme verschiedener Stromrichter überlagern sich am Anschlusspunkt.

Im Gegensatz hierzu sind bei selbstgeführten Stromrichtern mit Spannungszwischenkreis die Störaussendungen als Oberschwingungsspannungsquellen anzusehen. Zur Abschätzung der Netzrückwirkungen ist das Gesamtnetz einzubeziehen. Durch Oberschwingungsspannungsquellen können Netzresonanzen verschoben werden, da die Netzimpedanz abhängig von der Zahl der Oberschwingungserzeuger ist.

Stromrichter mit Stromzwischenkreis, hier wird eine Induktivität zur Glättung des Stroms eingesetzt, wirken immer als Oberschwingungsstromquellen bzw. auch als Stromquellen bei zwischenharmonischen Frequenzen. **Bild 3.1** verdeutlicht die Unterschiede zwischen Oberschwingungsstrom- und Oberschwingungsspannungsquellen.

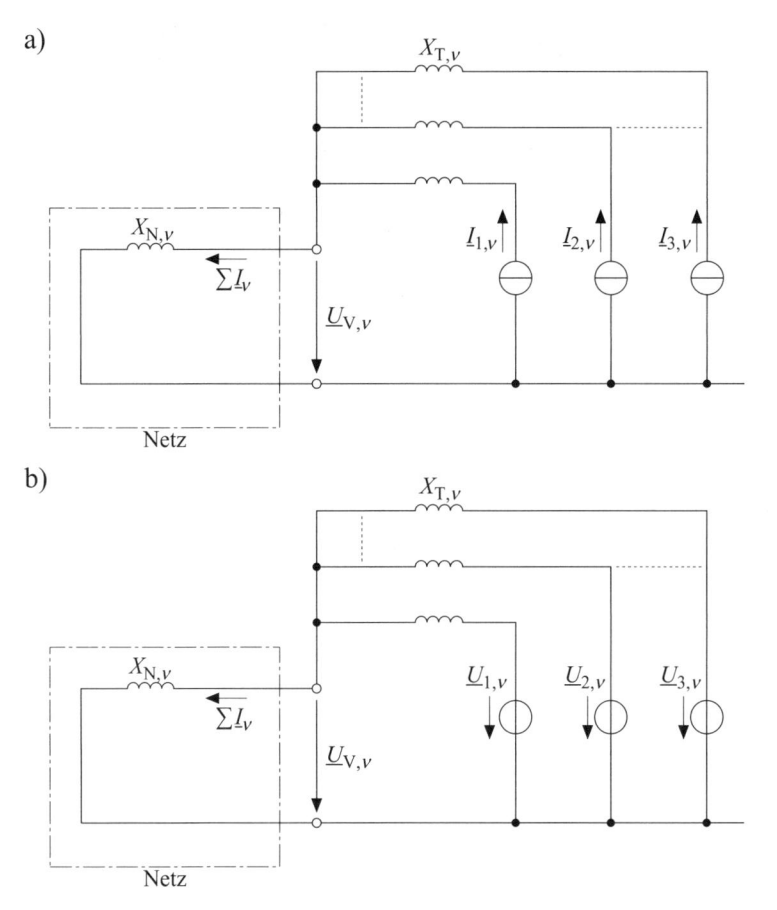

Bild 3.1 Überlagerung von Strömen und Spannungen bei Stromrichtern am Anschlusspunkt
a) Oberschwingungsstromquelle
b) Oberschwingungsspannungsquelle

3.2.2 Fremdgeführte (netzgeführte) Stromrichter

3.2.2.1 Allgemeines

Wie bereits erwähnt, benötigen fremdgeführte Stromrichter für die Kommutierung eine Gegenspannung. Außerdem wird für die Kommutierung Blindleistung benötigt, die entweder aus dem Netz entnommen oder durch Kompensationseinrichtungen bereitgestellt werden muss. Die Blindleistung setzt sich zusammen aus der

Grundschwingungsblindleistung für die Steuerung (Steuerblindleistung genannt) und der Kommutierungsblindleistung sowie aus der Verzerrungsleistung, welche die erzeugten Oberschwingungsströme mit den entsprechenden Oberschwingungsspannungen umsetzen. Die bei fremdgeführten Stromrichtern generierten Oberschwingungsströme sind durch den Aufbau und die Aussteuerung des Stromrichters festgelegt und daher kaum zu beeinflussen. Zwischenharmonische treten im quasistationären Betrieb nicht auf. Allerdings kann es bei Umrichtern, die auf der Netzseite als fremdgeführte, auf der Lastseite als selbstgeführte Stromrichter ausgeführt sind, zur Übertragung von zwischenharmonischen Strömen oder Spannungen der Lastseite über den Zwischenkreis auf die Netzseite kommen.

3.2.2.2 Drehstrombrückenschaltung

Große Verbreitung in der industriellen Anwendung haben Drehstrombrückenschaltungen gefunden, die als ungesteuerte und gesteuerte Schaltungen mit Pulszahl sechs, zwölf oder höher aufgebaut sein können. Der grundsätzliche Aufbau einer sechspulsigen gesteuerten Drehstrombrückenschaltung mit Thyristoren ist in **Bild 3.2** dargestellt.

Bei Anliegen einer positiven Anoden-Katoden-Spannung am Ventil kann dieses durch einen Zündimpuls in den leitfähigen Zustand gebracht werden. Dadurch kommt es zu einem Stromfluss von der Drehstromseite auf die Lastseite der Schaltung. Durch Synchronisation der Zündimpulse wird sichergestellt, dass jeweils ein Thyristor der positiven und der negativen Brückenhälfte leitend wird. Die Reihenfolge der Zündimpulse bestimmt sich dabei durch die Phasenfolge der Eingangsspannung.

Wird ein Thyristor gezündet, so kommt es zu einer Kommutierung des Stroms vom stromführenden Thyristor auf den neu gezündeten Thyristor innerhalb der Brückenhälfte. Die Anoden-Katoden-Spannung am stromabgebenden Thyristor wird aufgrund des Zeitverlaufs der Außenleiterspannung des Drehstromsystems negativ, wodurch der Strom in diesem Thyristor erlischt. Diese Kommutierung verläuft in endlicher Zeit, der Überlappungszeit, während der beide am Kommutierungsvorgang beteiligten Thyristoren stromführend sind. Der zugehörige Winkel wird als Überlappungswinkel $ü$ bezeichnet. Die Kommutierungszeit ist von den real vorhandenen Reaktanzen (Stromrichtertransformator) der Drehstromseite abhängig. Die Kommutierung führt also zu periodischen kurzzeitigen Einbrüchen in der Netzspannung. Die Tiefe dieser Kommutierungseinbrüche hängt vom Steuerwinkel α und der Größe der Kommutierungsdrosselspule ab und erreicht bei $\alpha = 90°$ ein Maximum. In einem induktiven Netz nimmt die Tiefe der Kommutierungseinbrüche mit dem Spannungsteilerverhältnis $X_{k,VP}/(X_{k,VP} + X_{Kom})$ aus Netzreaktanz am Verknüpfungspunkt $X_{k,VP}$ und Kommutierungsreaktanz X_{Kom} ab.

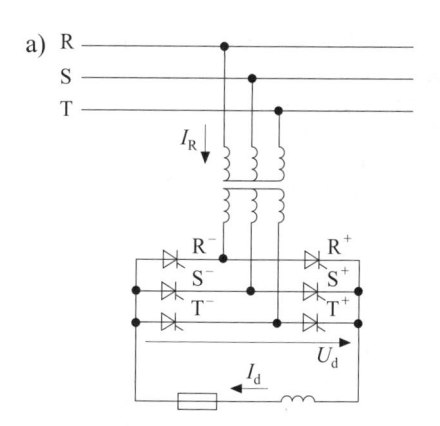

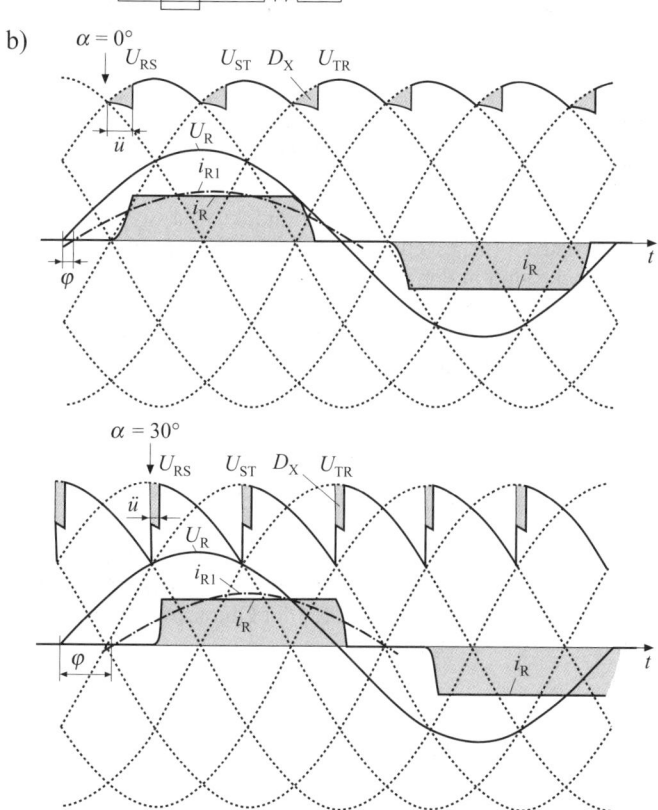

Bild 3.2 Drehstrombrückenschaltung mit Thyristoren
a) Schaltbild
b) Verlauf von Strömen und Spannungen

Durch die mit der Netzfrequenz synchron verlaufende, sukzessive Durchschaltung des Drehstromsystems der speisenden Seite auf die Lastseite entsteht eine Gleichspannung, deren Mittelwert durch Veränderung der Zündzeitpunkte der Thyristoren variiert werden kann. Werden die Thyristoren zum frühestmöglichen Zeitpunkt, dem natürlichen Kommutierungszeitpunkt, gezündet, so wird der Mittelwert der Gleichspannung maximal und erreicht den Wert der sogenannten ideellen Gleichspannung gemäß Gl. (3.1)

$$U_{d,i} = \frac{3 \cdot \sqrt{2}}{\pi} \cdot U_n \tag{3.1}$$

mit U_n dem Effektivwert der Außenleiterspannung der Drehstromseite. Verzögert man den Zeitpunkt der Zündung der Thyristoren in Bezug auf den frühestmöglichen Zeitpunkt, so reduziert sich der Mittelwert der Gleichspannung nach Gl. (3.2)

$$U_{d,\alpha} = \frac{3 \cdot \sqrt{2}}{\pi} \cdot U_n \cdot \cos\alpha \tag{3.2}$$

mit dem Steuerwinkel α, bezogen auf den Steuerwinkel $\alpha = 0°$ beim natürlichen Kommutierungs- oder Zündzeitpunkt.

Nimmt man an, dass die Last im Gleichstromkreis rein induktiv ist, so fließt in den Thyristorzweigen ein Gleichstrom für jeweils ein Drittel der Periodendauer (120°); die einzelnen Stromflussblöcke sind in den anderen Zweigen um ein Drittel der Periodendauer (120°) versetzt. Diese Stromblöcke fließen auch in den netzseitigen Zuleitungen der Drehstrombrücke. Die Fourieranalyse des Stromverlaufs der Drehstromseite liefert Oberschwingungen der Ordnungen ν, die der Gl. (3.3) gehorchen:

$$\nu = n \cdot p \pm 1 \tag{3.3}$$

mit $n = 1, 2, 3, \dots$ und der Pulszahl p, die angibt, wie viele Kommutierungen während einer Netzperiode auftreten. Die Pulszahl kann auch aus der Welligkeit der Gleichspannung ermittelt werden. In der in Bild 3.2 dargestellten Drehstrombrückenschaltung beträgt die Pulszahl $p = 6$. Es werden demnach Oberschwingungen der Ordnungen $\nu = 5, 7, 11, 13, \dots$ erzeugt. Die Beträge der Oberschwingungsströme gehorchen dabei annähernd der Gl. (3.4):

$$I_\nu \approx \frac{1}{\nu} \cdot I_1 \tag{3.4}$$

mit I_1 dem Effektivwert der Grundschwingung nach Gl. (3.5)

$$I_1 = \frac{\sqrt{6}}{\pi} \cdot I_d \tag{3.5}$$

wobei I_d der Effektivwert des Gleichstroms der Lastseite ist.

Die Kommutierungsreaktanzen, Reaktanzen des speisenden Netzes bzw. des Transformators, begrenzen den Stromanstieg der netzseitigen Leiterströme, dadurch verringern sich die in Gl. (3.4) angegebenen Oberschwingungsströme um den Faktor r_v. Die Reduktion ist abhängig von der Kommutierungsdauer bzw. vom Überlappungswinkel $ü$. Die Reduktionsfaktoren r_v sind in **Bild 3.3** in Abhängigkeit vom Überlappungswinkel angegeben.

Die Welligkeit des Gleichstroms führt zu einer weiteren Reduzierung der Oberschwingungen für Ordnungen $v > 5$ bei der sechspulsigen Drehstrombrückenschaltung. Die Reduktion der Oberschwingungen ist abhängig vom Steuerwinkel α. Die

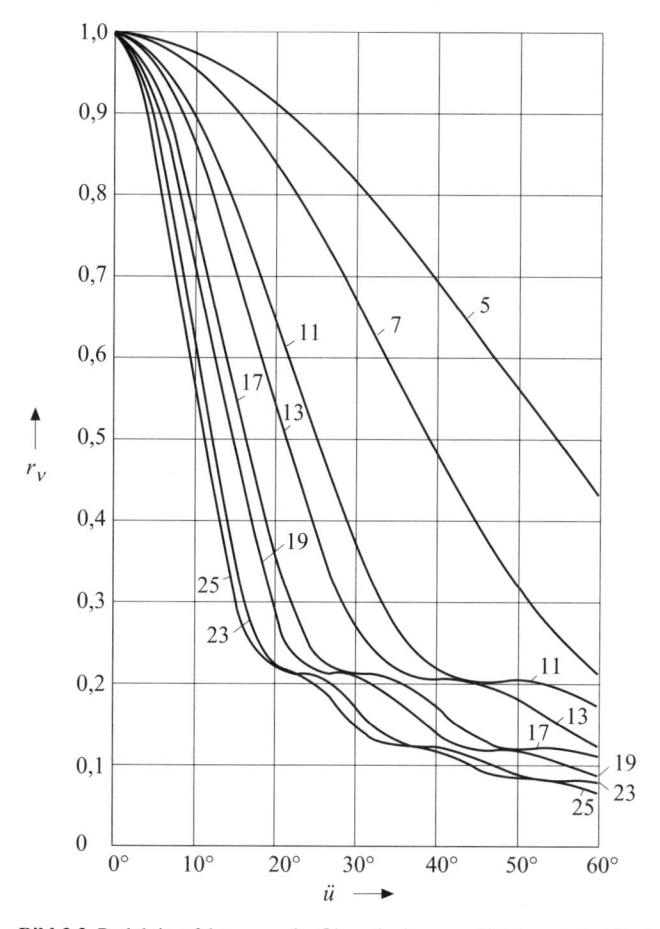

Bild 3.3 Reduktionsfaktoren r_v der Oberschwingungseffektivwerte bei Drehstrombrücken in Abhängigkeit vom Überlappungswinkel $ü$ bei idealem Gleichstrom (Gleichstromwelligkeit null)

fünfte Oberschwingung bildet insofern eine Ausnahme, als die Welligkeit des Gleichstroms zu einer deutlichen Erhöhung der Oberschwingung im Vergleich zu Gl. (3.5) führt. Auch ist der Steuerwinkel nur von geringem Einfluss auf die Höhe der fünften Oberschwingung.

Schaltet man zwei sechspulsige Drehstrombrückenschaltungen an ein speisendes Netz über zwei Transformatoren mit unterschiedlichen Schaltgruppen, z. B. Yy0 und Yd5, wie in **Bild 3.4** dargestellt, so erzeugt jede Drehstrombrückenschaltung Stromoberschwingungen gemäß Gl. (3.4) unter Berücksichtigung des Reduktionsfaktors r_ν.

Durch die unterschiedlichen Schaltgruppen der Transformatoren werden Oberschwingungen der Ordnungen $\nu = 5, 7, 17, 19$ usw. mit einer Phasenverschiebung von 180° über die beiden Transformatoren auf die Netzanschlussseite übertragen. Die Stromoberschwingungen auf der Netzseite eines Transformators der Schaltgruppe Yy0 lassen sich gemäß Gl. (3.5a) z. B. für den Leiter R berechnen

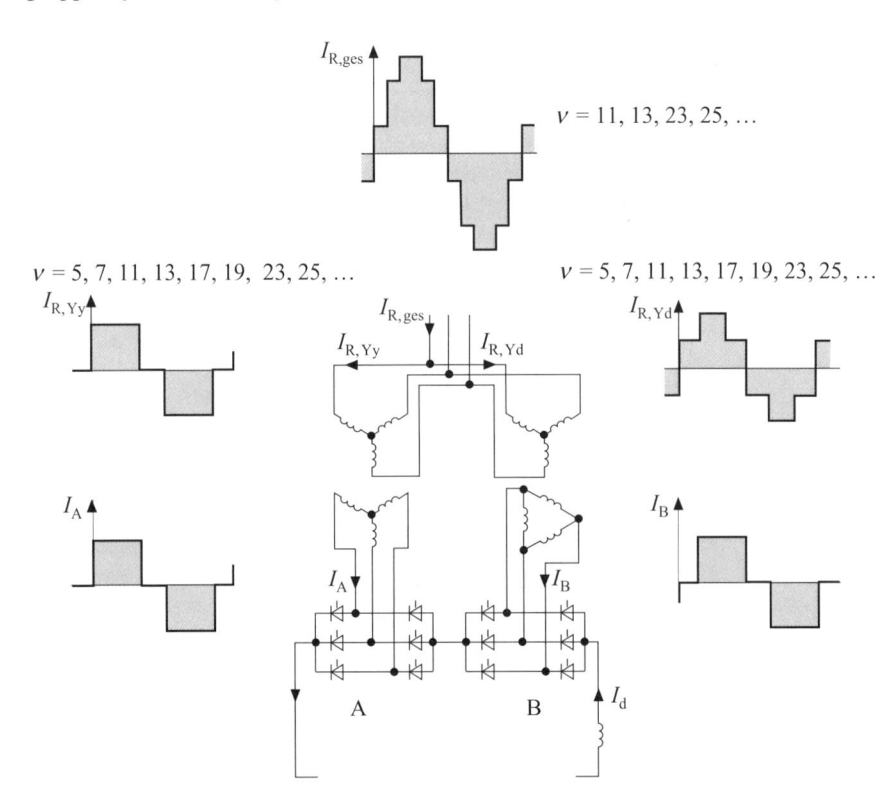

Bild 3.4 Schaltbild einer zwölfpulsigen Drehstrombrückenschaltung mit idealisierten Stromverläufen

$$I_{R,Yy} = \frac{2 \cdot \sqrt{3}}{\pi} \cdot I_d \cdot (\sin \omega t - \frac{1}{5}\sin 5\omega t - \frac{1}{7}\sin 7\omega t +$$

$$\frac{1}{11}\sin 11\omega t + \frac{1}{13}\sin 13\omega t - ...) \qquad (3.5a)$$

Für einen Transformator der Schaltgruppe Yd5 stellt sich der Strom gemäß Gl. (3.5b) für den Leiter R dar.

$$I_{R,Yd} = \frac{2 \cdot \sqrt{3}}{\pi} \cdot I_d \cdot (\sin \omega t + \frac{1}{5}\sin 5\omega t + \frac{1}{7}\sin 7\omega t +$$

$$\frac{1}{11}\sin 11\omega t + \frac{1}{13}\sin 13\omega t + ...) \qquad (3.5b)$$

Damit berechnet sich der Gesamtstrom im Leiter R auf der Netzanschlussseite des Wechselrichters unter Vernachlässigung des Übersetzungsverhältnisses nach Gln. (3.6)

$$I_{R,ges} = I_{R,Yy} + I_{R,Yd} \qquad (3.6a)$$

$$I_{R,ges} = \frac{4 \cdot \sqrt{3}}{\pi} \cdot I_d \cdot (\sin \omega t + \frac{1}{11}\sin 11\omega t + \frac{1}{13}\sin 13\omega t + ...) \qquad (3.6b)$$

Die Gesamtschaltung weist nur noch Oberschwingungen der Ordnungen $v = 11, 13, 23, 25, ...$ auf, wirkt also wie eine Drehstrombrückenschaltung mit der Pulszahl $p = 12$ am Netz. Die Auslöschung der Oberschwingungsanteile setzt voraus, dass:

- die Übersetzungsverhältnisse und die Kurzschlussspannungen der Transformatoren bzw. die Kommutierungsreaktanzen gleich sind
- alle Betriebsmittel symmetrisch aufgebaut sind
- beide Drehstrombrücken mit gleichem Steuerwinkel betrieben werden
- die Gleichstromzwischenkreise gleiche Welligkeit haben
- die Zündimpulse synchronisiert sind
- der Grundschwingungsstrom beider Drehstrombrücken gleich ist

Da diese idealen Verhältnisse bei realen Wechselrichtern nicht vollständig eingehalten werden können, treten auch nicht charakteristische Oberschwingungen auf, deren Ordnungszahlen z. B. beim zwölfpulsigen Umrichter $v = 5, 7, 17, 19, ...$ betragen. Die Höhe dieser Oberschwingungsanteile bleibt normalerweise im Bereich weniger Prozentwerte, bezogen auf die Grundschwingung. Zwölf- und höherpulsige Stromrichterschaltungen können auch durch andere Maßnahmen erreicht werden, auf die in diesem Zusammenhang nicht näher eingegangen wird. Ausführliche Darstellungen finden sich u. a. in [3.2, 3.3, 3.4].

3.2.3 Selbstgeführte Stromrichter

3.2.3.1 Allgemeines

Selbstgeführte Stromrichterschaltungen haben einen wesentlich geringeren Einfluss auf die Spannungsqualität als fremdgeführte Stromrichter. Weite Verbreitung hat der Spannungs-Umrichter (U-Umrichter) gefunden. Das Grundprinzip ist in **Bild 3.5** dargestellt. Durch die selbstgeführten Ventile und die parallel liegenden Freilaufdioden kann die auf der Gleichstromseite am Kondensator anliegende Spannung U_{DC} in positiver und negativer Richtung auf die Drehstromseite aufgeschaltet werden. Da die Ventile auch vor dem natürlichen Stromnulldurchgang löschen können, kann durch entsprechende Steuerverfahren eine höhere Pulsigkeit als bei fremdgeführten Stromrichtern erreicht werden. In der Regel ist ein Vier-Quadrantenbetrieb möglich, der Stromrichter kann Blindleistung aufnehmen und abgeben und als Wechsel- und Gleichrichter arbeiten.

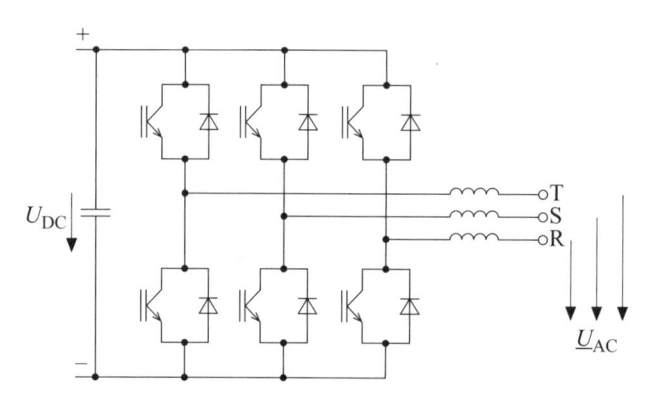

Bild 3.5 Grundsätzlicher Aufbau eines dreiphasigen Spannungsumrichters

Die Verringerung der Störaussendung und damit der Netzrückwirkungen bei selbstgeführten Stromrichtern ist mittels der Schaltfrequenz und durch das Steuerverfahren möglich, wodurch festgelegt ist, wann jedes Ventil ein- und ausgeschaltet wird. Vielfältige Verfahren zur Steuerung oder Regelung sind möglich, wobei entweder Strom oder Spannung auf der Gleichstrom- oder Wechselstromseite gesteuert oder geregelt werden können. Kombinationen der verschiedenen Verfahren, z. B. in Abhängigkeit von der Teillast des Stromrichters, werden ebenfalls eingesetzt. Als Steuer- und Regelgröße dienen je nach Anwendung u. a. Spannungs- oder Stromdrehzeiger, die Phasenlage des AC-Stroms, optimierte Pulsmuster, bei Motoren das Drehmoment (direct torque control – DTC) oder der magnetische Fluss, wobei das DTC-Verfahren heute auch für netzseitige Stromrichter eingesetzt wird.

3.2.3.2 Umrichter

Wird im Gegensatz zur Drehstrombrückenschaltung mit Gleichstrom- oder Gleichspannungskreis auf der Lastseite Leistungselektronik zur Umwandlung des netzseitigen 50-Hz-Drehstromsystems in ein Drehstromsystem variabler Frequenz, Spannung und evtl. Phasenzahl eingesetzt, so spricht man allgemein von Umrichtern. Das Prinzip und die Entstehung von Netzrückwirkungen sollen am Beispiel des Direktumrichters nach **Bild 3.6** erläutert werden.

Der netzseitige Anschluss des Umrichters erfolgt mittels der schon erwähnten sechs- oder höherpulsigen Drehstrombrückenschaltung, die das in Abschnitt 3.2.2.2 erläuterte Oberschwingungsspektrum nach Gl. (3.7) hervorruft:

$$v = n \cdot p \pm 1 \tag{3.7}$$

mit $n = 0, 1, 2, 3, \ldots$ Zusätzlich treten aber Ströme mit Frequenzen f_j auf, die mit der Frequenz f_L der Ausgangsspannung auf der Lastseite nach Gl. (3.8) verknüpft sind:

$$f_j = 2 \cdot m \cdot q \cdot f_L \tag{3.8}$$

mit $m = 0, 1, 2, 3, \ldots$ und q der Leiterzahl des Drehstrom- oder Wechselstromsystems der Last bzw. der Wicklungszahl des angeschlossenen Motors.

Da die Frequenz des lastseitigen Systems variabel ist, sind die Stromanteile mit diesen Frequenzen u. U. keine ganzzahligen Vielfachen der Netzfrequenz f_N, es entstehen also Zwischenharmonische. Die Effektivwerte der Zwischenharmonischen sind i. Allg. kleiner als 5 %, bezogen auf den Grundschwingungsstrom, und nehmen mit steigender Frequenz ab.

Insgesamt ergibt sich damit für den Direktumrichter ein Frequenzspektrum wie in Gl. (3.9) angegeben:

$$f = (n \cdot p \pm 1) \cdot f_N \pm 2 \cdot m \cdot q \cdot f_L \tag{3.9}$$

mit $n, m = 0, 1, 2, 3, \ldots$.

Frequenzanteile mit negativem Vorzeichen in Gl. (3.9) bedeuten, dass das zugehörige Drehfeld ein gegenläufiges Drehmoment bildet, die zugehörigen Ströme und Spannungen also ein Gegensystem darstellen.

Für den Umrichter nach Bild 3.6 wird nachstehend das Frequenzspektrum bestimmt für:

Netzumrichter: Pulszahl $p = 6$; $f_N = 50$ Hz
Lastumrichter: Wicklungszahl der Maschine $q = 3$; $f_L = 7{,}14$ Hz

Durch den Netzumrichter werden Frequenzen (Oberschwingungen) wie folgt erzeugt $f_i = (n \cdot p \pm 1) \cdot f_N$, also neben der Grundschwingung 50 Hz die Frequenzen

250 Hz, 350 Hz, 550 Hz usw. Die im Netzstrom auftretenden und vom lastseitigen Umrichter hervorgerufenen Frequenzen betragen $f_j = \pm 2 \cdot m \cdot q \cdot f_L$. Damit ergeben sich die in **Tabelle 3.2** angegebenen Frequenzen.

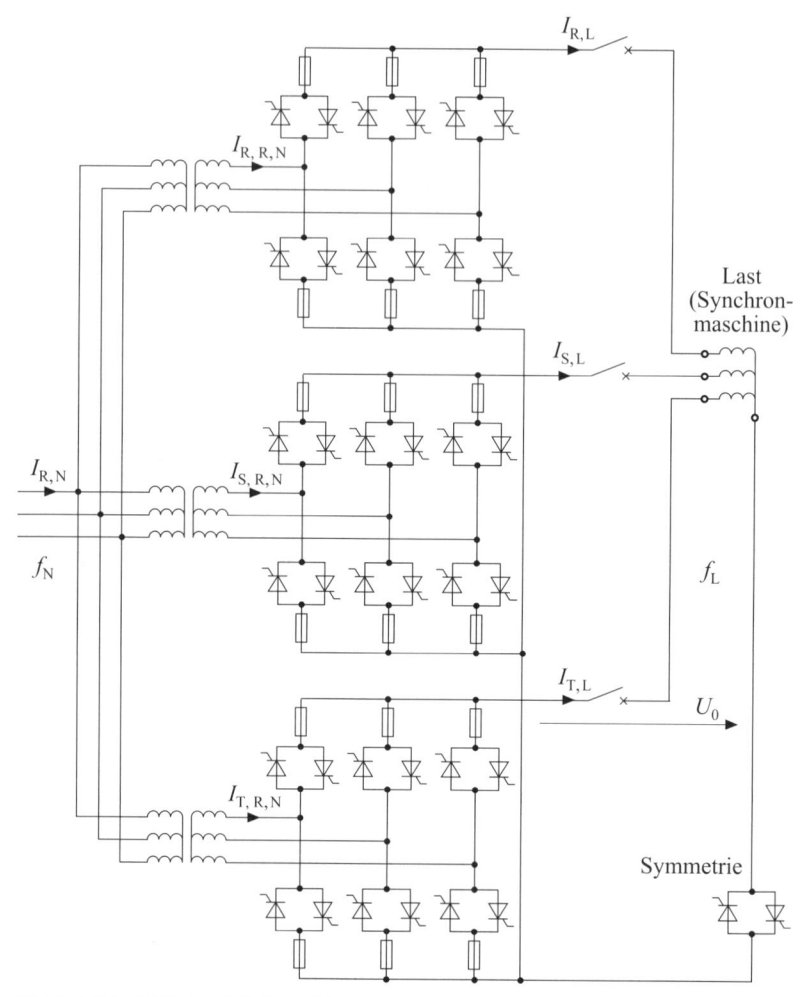

Bild 3.6 Schaltbild eines Direktumrichters

Ist als lastseitiger Stromrichter ein Pulsumrichter mit Taktfrequenzen im 100-Hz- bis kHz-Bereich installiert, so werden durch den lastseitigen Umrichter nur hochfrequente Ströme hervorgerufen, die sich im Allgemeinen nicht auf die Netzseite des Umrichters übertragen. Solche Umrichter wirken dann je nach drehstromseitiger Pulszahl wie sechs- oder höherpulsige Drehstrombrückenschaltungen am Netz.

Frequenzanteile, hervorgerufen durch:		
Netzstromrichter	± Laststromrichter	= Summe
50	0,0 42,84 85,68 128,52	50,0 7,16 / 92,84 −35,68 / 135,68 −78,52 / 178,52
250	0,0 42,84 85,68 128,52	250,0 207,16 / 292,84 164,32 / 335,68 121,48 / 378,52
350	0,0 42,84 85,68 128,52	350,0 307,16 / 392,84 264,32 / 435,68 221,48 / 578,52
...	...	...

Tabelle 3.2 Beispiel für Frequenzanteile im Strom eines Direktumrichters. Angaben in Hz.
Pulszahl Netzstromrichter $p = 6$; $f_N = 50$ Hz;
Wicklungszahl der Maschine (Lastumrichter) $q = 3$; $f_L = 7,14$ Hz

Weitere Besonderheiten der Stromrichterschaltungen im Hinblick auf die Erzeugung von Oberschwingungen und Zwischenharmonischen sind in [3.4] ausführlich enthalten.

3.2.3.3 Pulsweitenmodulation

Das Verfahren der Pulsweitenmodulation wird bei selbstgeführten Wechselrichtern und Umrichtern eingesetzt. Dabei wird die Gleichspannung mittels eines Pulsmusters so ein- und ausgeschaltet, dass auf der Ausgangsseite ein stufiger Spannungsverlauf entsteht, der bei entsprechender Glättung und Taktung als annähernd sinusförmig angesehen werden kann. **Bild 3.7** zeigt die Leistungsstufe eines einphasigen Wechselrichters, wie er z. B. in Photovoltaikanlagen Anwendung findet, als Brückenschaltung aus vier Leistungshalbleitern S1 bis S4, Ventile genannt, mit antiparallel geschalteten Dioden D1 bis D4. Als Halbleiterschalter werden hauptsächlich Insulated Gate Bipolar Transistoren (IGBT) eingesetzt. Der eingangsseitige Kondensator C_{ZWK} dient zur Zwischenspeicherung von Energie und zur Glättung der Eingangsspannung an der Brücke. Die Induktivität L auf der Wechselrichterausgangsseite bildet zusammen mit einem weiteren Kondensator C einen Sinusfilter, der zur Bedämpfung hochfrequenter Oberschwingungen der Brückenspannung eingesetzt wird. Die Induktivität stellt darüber hinaus neben dem Kondensator C_{ZWK} ein weiteres energiespeicherndes Bauteil im Wechselrichter dar. Zur Reduzierung von Funkstörungen und zur Reduzierung der leitungsgebundenen Störaussendung

(Netzrückwirkungen) wird sowohl auf der Gleichstrom- als auch auf der Wechselstromseite des Wechselrichters ein EMV-Filter eingesetzt.

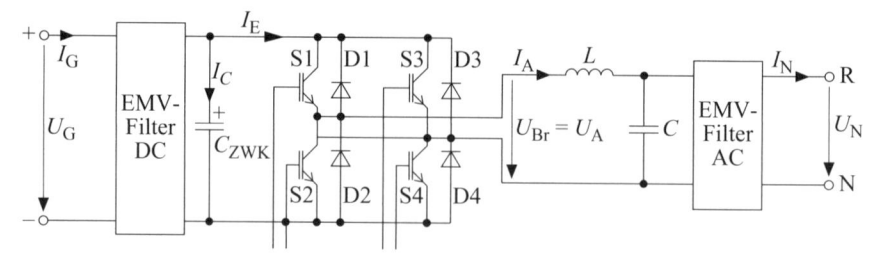

Bild 3.7 Brückenschaltung eines transformatorlosen PV-Wechselrichters mit Ansteuerung der Leistungshalbleiter über Pulsweiten-Modulation

Die Leistungsschalter S1 bis S4 sollen so angesteuert werden, dass sich auf der Ausgangsseite ein möglichst sinusförmiger 50-Hz-Wechselstrom I_N einstellt. Der eingangsseitige Strom I_G pulsiert hingegen unter Vernachlässigung der schaltfrequenten Anteile mit 100 Hz (zweipulsige Schaltung), sodass sich am Kondensator C_{ZWK} eine Gleichspannung ergibt, die ebenfalls mit 100 Hz pulsiert. Die Größe des auftretenden Spannungsrippels am Kondensator ist dabei umgekehrt proportional zur Kapazität C_{ZWK}. Für eine vollständige Unterdrückung des Rippels wäre eine unendlich große Kapazität erforderlich.

Grundsätzlich wird zwischen unipolarer und bipolarer Ansteuerung der Wechselrichter-Brücke unterschieden. Beim bipolaren Schalten kann die Wechselrichterbrückenspannung U_{Br}, auch mit U_A bezeichnet, wie in **Bild 3.8** dargestellt, entweder die positive oder die negative Eingangsspannung U_G annehmen. Durch Variation der Breite des Pulsmusters lässt sich bei entsprechend hoher Schaltfrequenz eine nahezu sinusförmige Brückenspannung erzeugen. Das Verhältnis von Pulsdauer T_E zur Periodendauer T_S der Taktfrequenz wird als Aussteuergrad oder Tastverhältnis m bezeichnet.

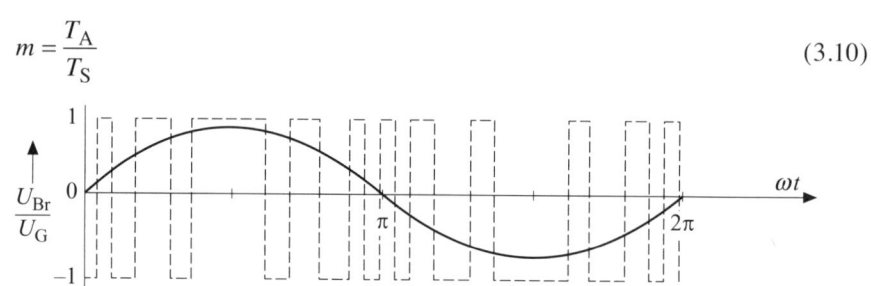

$$m = \frac{T_A}{T_S} \tag{3.10}$$

Bild 3.8 Verlauf der normierten Wechselbrückenspannung U_{Br}/U_G und resultierende Sinusgrundschwingung beim bipolaren Schalten

Beim bipolaren Schalten, das auch als Vollansteuerung bezeichnet wird, werden beide Leistungshalbleiter einer Brückendiagonalen, also z. B. S1 und S4, gleichzeitig mittels der Pulsweiten-Modulation geschaltet, die Leistungshalbleiter der anderen Brückendiagonale, S2 und S3, werden mit dem komplementären Pulsmuster angesteuert. Bei Vollansteuerung stellen sich im Idealfall zwei Zustände ein: wenn die Ventile S1 und S4 offen sind, sind die Ventile S2 und S3 geschlossen bzw. umgekehrt.

Für den bipolaren Betrieb liegt am Wechselrichterausgang in Abhängigkeit vom Aussteuerungsgrad m die mittlere Brückenspannung an

$$\overline{U}_{Br} = (2 \cdot m - 1) \cdot U_G \quad \text{mit } m = 0 \ldots 1 \tag{3.11}$$

Beim unipolaren Schalten, auch als Halbansteuerung bezeichnet, kann die Brückenspannung den Wert null annehmen. In **Bild 3.9** ist diese Art der Ansteuerung dargestellt.

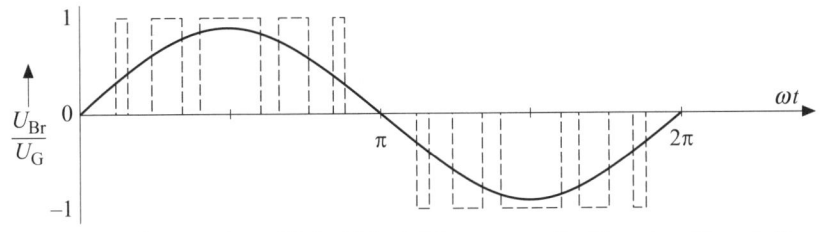

Bild 3.9 Verlauf der normierten Wechselrichterbrückenspannung U_{Br}/U_G und resultierende Sinusgrundschwingung beim unipolaren Schalten

Je Halbperiode der Netzspannung wird ein Leistungshalbleiter einer Brückendiagonale, z. B. S4, geschlossen, während der andere, S1, mit einem entsprechendem Pulsweiten-Modulations-Signal gepulst wird, also zwischen ein- und ausgeschaltetem Zustand wechselt. Die Leistungshalbleiter der anderen Brückendiagonalen, S2 und S3, werden für diesen Zeitraum nicht angesteuert, bleiben also offen. In der zweiten Halbperiode der Netzspannung ist es genau umgekehrt, S1 und S4 werden nicht angesteuert, während ein Leistungshalbleiter, S2, gepulst wird. Je nach Netzhalbschwingung ergibt sich eine Ansteuerung, die in **Tabelle 3.3** zusammengefasst ist.

	positive Halbschwingung	negative Halbschwingung
Leistungshalbleiter 1 (S1)	PWM	offen
Leistungshalbleiter 2 (S2)	offen	geschlossen
Leistungshalbleiter 3 (S3)	offen	PWM
Leistungshalbleiter 4 (S4)	geschlossen	offen

Tabelle 3.3 Beispielhafte Ansteuerung der Leistungshalbleiter S1 bis S4 für positive und negative Halbschwingung

Bei Halbansteuerung ist die Brückenspannung proportional zum Aussteuergrad

$$\overline{U}_{Br} = m \cdot U_G \quad \text{mit } m = -1 \ldots 1 \tag{3.12}$$

Aus Bild 3.8 und Bild 3.9 ist zu folgern, dass eine Erhöhung der Schaltfrequenz eine größere Annäherung der Ausgangsspannung an die Sinusform bedingt. Die Schaltfrequenz ist abhängig vom Typ des eingesetzten Halbleiters, der Höhe der Verluste beim Schalten und von der verwendeten Kühlung.

Die Höhe der Oberschwingungsströme und zwischenharmonischen Ströme von PWM-Wechselrichtern ist abhängig von der Belastung des Wechselrichters, wobei im Teillastbereich die Absolutwerte der Oberschwingungsströme und zwischenharmonischen Ströme meist konstant oder zumindest nur geringfügig zunehmen, die relativen Werte aber bei Teillast deutlich größer sind als im Volllastbetrieb. Dies ist darin begründet, dass der Wechselrichter im Volllastbereich mit maximalem Aussteuergrad arbeitet und bei den üblichen Modulationsverfahren und einer nahezu konstanten Eingangs- bzw. Zwischenkreisspannung mit Teilaussteuerung betrieben werden muss, was die „Stufigkeit" der Ausgangsspannung zwangsläufig erhöht. Beispiele für die Störaussendung von PV-Wechselrichtern sind in Abschnitt 3.4 aufgeführt.

Verbesserungsmaßnahmen sind durch veränderliche Taktfrequenzen, Pulsmuster und Trägerverfahren möglich. Es ist allerdings zu beachten, dass eine Erhöhung der Taktfrequenz zur Reduzierung der Höhe der Oberschwingungsströme und zwischenharmonischen Ströme im Teilllastbetrieb die Schaltverluste erhöht. Durch variable Pulsmuster können gezielt einzelne Frequenzen eliminiert werden, meist geht dies aber zu Lasten einer Erhöhung der Ströme anderer Frequenzen. Eine weitere Verbesserungsmöglichkeit besteht darin, die Gleichspannung variabel zu halten. Dadurch kann auch im Teillastbereich mit maximalem Aussteuergrad gefahren werden. Nachteilig ist hier, z. B. bei der Anwendung in Photovoltaik-Wechselrichtern, die Begrenzung des Regelbereichs und eine Erhöhung der Verluste des vorgeschalteten Hochsetz- oder Tiefsetzstellers. Details entnimmt man z. B. [3.5].

Als Beispiel für die Reduzierung von Oberschwingungen wird das Sinus-Unterschwingungsverfahren nach **Bild 3.10** erläutert. Dabei werden die Ventile mittels eines Pulsmusters angesteuert, welches aus dem Vergleich einer Dreiecksfunktion mit einer Sinusfunktion erzeugt wird. Phasenlage und Frequenzverhältnis von Dreiecks- und Sinusfunktion können so gewählt werden, dass bestimmte Oberschwingungen eliminiert werden. Die Ansteuerung der Ventile der oberen und unteren Drehstrombrückenhälfte richtet sich nach der Differenz von Trägersignal und Sollwert. Neben der Grundfrequenz entsteht ein großer Anteil von hochfrequenten Schwingungen im Bereich der Schaltfrequenz der Ventile.

Wie erwähnt, kann das Oberschwingungsspektrum durch geeignete Maßnahmen beeinflusst werden. In jedem Fall ist das Oberschwingungsspektrum in weiten Bereichen unabhängig vom Laststrom, also auch bereits im Leerlauf oder bei nahezu Leerlauf vorhanden. Zu beachten ist dies hinsichtlich der Normung für Störaussendungen, wenn die Oberschwingungsströme in Abhängigkeit von der relativen Leistung vorgegeben sind.

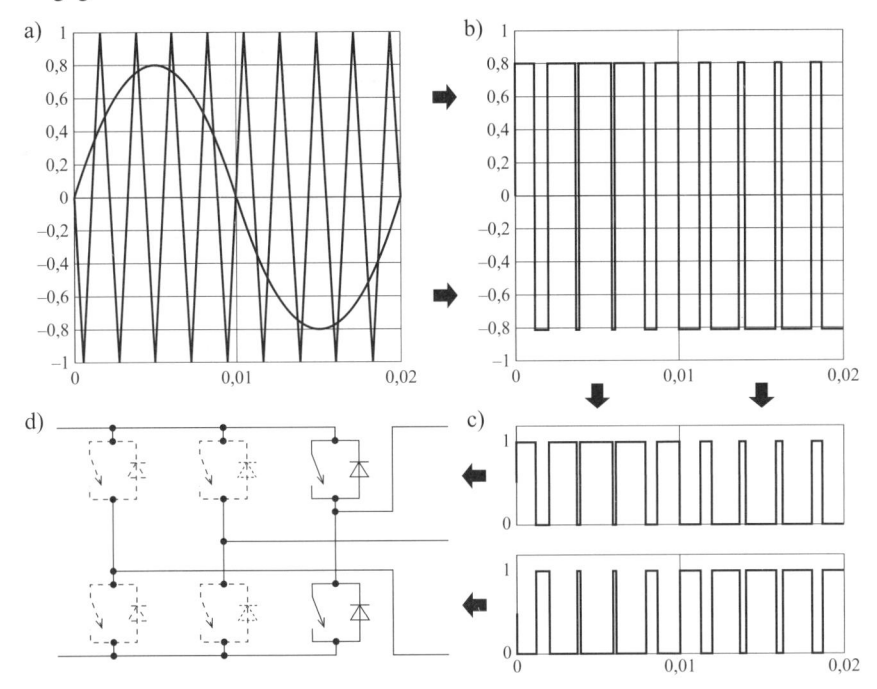

Bild 3.10 Signale beim Sinus-Unterschwingungsverfahren
a) Trägerfrequenz und Sollgröße
b) Differenzsignal
c) Pulsmuster für obere und untere Drehstrombrückenhälfte
d) Schaltbild

3.2.4 Gleichspannungswandler

Gleichspannungswandler dienen zur Anpassung unterschiedlicher Spannungen zwischen zwei Gleichspannungskreisen, z. B. zwischen der Erzeugungsseite in einer Photovoltaikanlage und dem Wechselrichter als Last. Durch Gleichspannungswandler lassen sich auch Kennlinien unterschiedlicher Charakteristik von Erzeugerseite und Verbraucherseite anpassen. Dies ist bei Photovoltaikanlagen von großer Bedeutung, da die Spannung des Photovoltaik-Generators (Erzeugerseite) in Abhängigkeit von den Einstrahlungsbedingungen stark schwankt, die Spannung an der

Lastseite in DC-Anlagen bzw. die Eingangsspannung des Photovoltaik-Wechselrichters dagegen möglichst konstant sein soll.

3.2.4.1 Tiefsetzsteller

Soll die Ausgangsspannung einer Anordnung immer niedriger sein als die Eingangsspannung, so setzt man einen Tiefsetzsteller ein. Den grundsätzlichen Aufbau zeigt **Bild 3.11**.

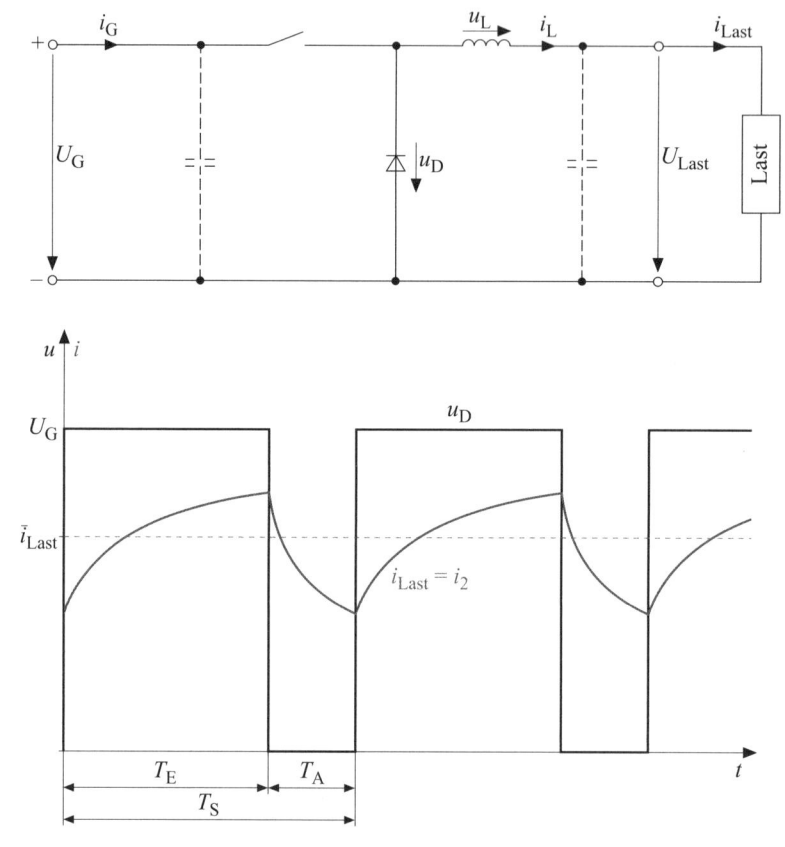

Bild 3.11 Tiefsetzsteller
a) Schaltbild
b) Strom- und Spannungsverlauf

Bei geschlossenem Schalter S, der als leistungselektronisches Bauteil (Feldeffekttransistor, bipolarer Transistor, Thyristor) ausgeführt ist, wird während der Einschaltdauer T_E ein Magnetfeld in der Spule aufgebaut, die Spannung an der Induktivität berechnet sich nach Gl. (3.13) zu

$$u_L = L \cdot \frac{di_L}{dt} \qquad (3.13)$$

Nach Öffnen des Schalters wird der Stromfluss durch den Verbraucher durch die im Magnetfeld gespeicherte Energie für die Zeitdauer T_A aufrecht gehalten. Die Diode bewirkt eine Entkopplung von Eingangs- und Ausgangskreis. Die Spannung am Ausgang der Schaltung, auf der Lastseite, beträgt

$$u_{Last} = U_G - u_L \qquad \text{für } 0 \leq t \leq T_E \text{ mit } u_L > 0 \qquad (3.14a)$$

$$u_{Last} \approx -u_L \qquad \text{für } T_E \leq t \leq (T_E + T_A) \text{ mit } u_L < 0 \qquad (3.14b)$$

Durch periodisches Schalten mit der Periodendauer T_S kann der Mittelwert der Spannung u_D in Abhängigkeit vom Tastverhältnis nach Gl. (3.15a) eingestellt werden

$$\overline{u}_D = U_G \cdot m \qquad (3.15a)$$

mit dem Tastverhältnis m

$$m = \frac{T_E}{T_S} \qquad (3.16)$$

Zur Spannungsstabilisierung und Zwischenspeicherung von Energie werden eingangs- und ausgangsseitig Kondensatoren (strichlierte Darstellung in Bild 3.11) eingesetzt. Der Mittelwert der Ausgangsspannung wird dann gleich dem Mittelwert der Diodenspannung u_D. Da das Tastverhältnis m definitionsgemäß < 1 bleibt, ist der Mittelwert der Ausgangsspannung immer kleiner als die Eingangsspannung U_G.

$$\overline{u}_D = \overline{u}_{Last} = U \cdot m \qquad (3.15b)$$

In der Last am Ausgang fließt der Strom nach Gl. (3.17)

$$\overline{i}_{Last} = \overline{i}_G \cdot \frac{1}{m} \qquad (3.17)$$

der wegen des Tastverhältnisses immer größer als der Eingangsstrom i_G ist. In Abhängigkeit von der Auslegung der Induktivität L und der Periodendauer T_S bzw. der Schaltfrequenz kann es zum Lücken des Ausgangsstroms kommen. Durch geeignete Auslegung der Induktivität und einer ausreichend hohen Schaltfrequenz ($f =$

30 kHz ... 250 kHz) kann dies vermieden werden. Die zulässige Welligkeit der Ausgangsspannung bestimmt die Auslegung der ausgangsseitigen Kapazität.

3.2.4.2 Hochsetzsteller

Beim Hochsetzsteller sind die Verhältnisse ähnlich wie beim Tiefsetzsteller, das prinzipielle Schaltbild ist in **Bild 3.12** dargestellt. Zur Erzielung einer höheren Ausgangsspannung müssen Schalter, Diode und Induktivität aber anders angeordnet werden.

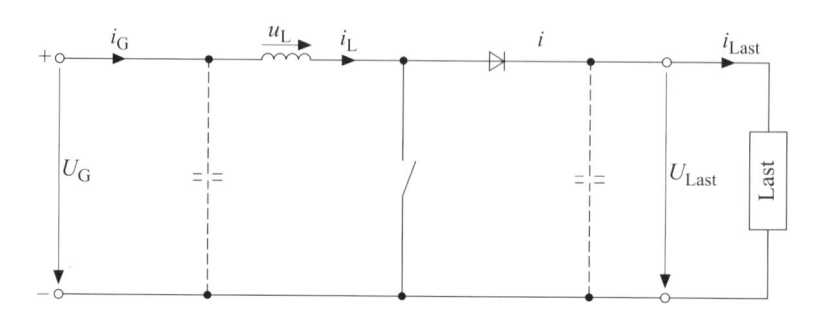

Bild 3.12 Schaltbild eines Hochsetzstellers

Bei geschlossenem Schalter wird nach Gl. (3.18) während der Einschaltdauer T_E ein Magnetfeld in der Spule aufgebaut, die Spannung an der Induktivität beträgt

$$u_L = U_G \qquad \text{für } 0 \leq t \leq T_E \text{ mit } u_L > 0 \qquad (3.18)$$

Die Spannung an der Last wird durch den ausgangsseitigen Kondensator stabilisiert. Die Diode verhindert die Entladung des Kondensators während der Einschaltdauer T_E des Schalters. Nach dem Öffnen des Schalters liegt an der Last die Spannung

$$u_{Last} = U_G - u_L \qquad \text{für } T_E \leq t \leq (T_E + T_A) \text{ mit } u_L < 0 \qquad (3.19)$$

an, die höher ist als die Spannung auf der Eingangsseite der Schaltung. Der Mittelwert der Spannung an der Last beträgt

$$\bar{u}_{Last} = U_G \cdot \frac{1}{m} \qquad (3.20)$$

Durch periodisches Schalten mit der Periodendauer T_S kann der Mittelwert der Spannung u_{Last} in Abhängigkeit vom Tastverhältnis m eingestellt werden. Da das

Tastverhältnis m definitionsgemäß kleiner eins bleibt, ist der Mittelwert der Ausgangsspannung immer größer als die Eingangsspannung U_G.

In der Last am Ausgang fließt der Strom

$$\overline{i}_{Last} = \overline{i}_G \cdot m \qquad (3.21)$$

der wegen des Tastverhältnisses immer kleiner als der Eingangsstrom i_G ist.

3.3 Photovoltaikanlagen

3.3.1 Grundlagen

Photovoltaische Energie wird in Solarzellen auf Gleichspannungsebene erzeugt. Die Gesamtanordnung vieler Zellen in Parallel- und Reihenschaltungen zur Erhöhung des erzeugten Stroms bzw. der Spannung wird Solargenerator genannt. Die Höhe der Spannung und des Stroms und damit die erzeugte Leistung des Solargenerators ist dabei von der Höhe der solaren Strahlung, der Temperatur der Solarzellen, dem Spektrum der solaren Strahlung und dem Anteil von diffuser zu direkter Strahlung abhängig. Für erste Überlegungen ist das vereinfachte Diodenersatzschaltbild mit Stromquelle nach **Bild 3.13a** ausreichend.

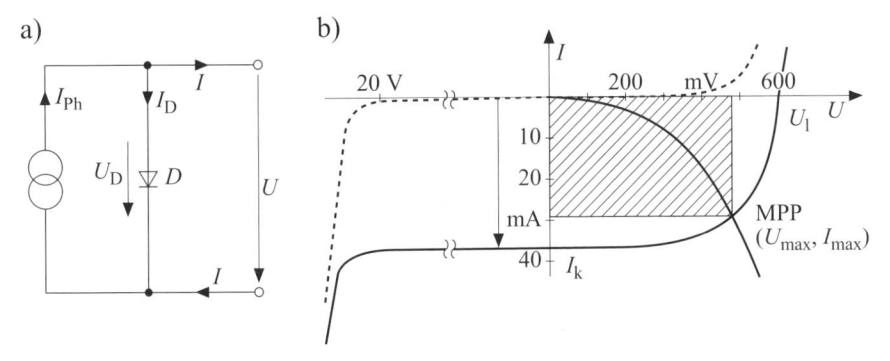

Bild 3.13 Vereinfachtes Ersatzschaltbild einer Solarzelle
a) Ein-Dioden-Ersatzschaltung
b) Strom-Spannungs-Kennlinie

Die Kennlinie der Solarzelle kann als Diodenkennlinie gemäß **Bild 3.13b** dargestellt werden.

Bei Bestrahlung überlagert sich der Photostrom der Dunkelkurve (strichliert dargestellt in Bild 3.13b) der Diode, die Kennlinie verschiebt sich in den gezeichneten Quadranten hinein. Der Strom an den Klemmen berechnet sich nach Gl. (3.22a).

$$I = I_S \cdot \left(e^{-\frac{eU}{kT}} - 1 \right) - I_{Ph} \tag{3.22a}$$

mit der Elementarladung $e = 1{,}6 \cdot 10^{-19}$ As, der Boltzmann-Konstante $k = 1{,}38 \cdot 10^{-23}$ J/K, dem Sättigungsstrom I_S und der Temperatur in K, andere Größen nach Bild 3.13. Der Photostrom I_{Ph} ist proportional zur Bestrahlungsleistung.

Bei Kurzschluss der Photozelle fließt an den Klemmen der Kurzschlussstrom $I_k = I_{Ph}$, der proportional der Strahlungsleistung $G_{G,g}$ gemäß Gl. (3.22b) auf die Fläche der Zelle ist.

$$I_k = I_{Ph} \sim G_{G,g} \tag{3.22b}$$

Bei Leerlauf der Zelle beträgt die Leerlaufspannung U_0 gemäß Gl. (3.23a)

$$U_0 = \frac{E_g}{e} - \frac{kT}{e} \ln\left(\frac{I_k}{I_{SO}}\right) \tag{3.23a}$$

Wegen der linearen Abhängigkeit des Kurzschlussstroms von der Bestrahlungsstärke $G_{G,g}$ ist die Leerlaufspannung nach Gl (3.23b) logarithmisch mit der Bestrahlungsstärke verknüpft.

$$U_0 \sim \ln(G_{G,g}) \tag{3.23b}$$

Es bedeuten E_g Bandabstand ($E_{g,Si} = 1{,}107$ eV), e Elementarladung, T Temperatur in K, k Boltzmann-Konstante und I_{SO} eine Materialkenngröße, die mit dem Sperrstrom I_S der Diode verknüpft ist. Der Photostrom bzw. der Kurzschlussstrom sind proportional der Bestrahlungsleistung, die Leerlaufspannung der Solarzelle ist dagegen nur wenig von der Bestrahlungsstärke, stärker vom verwendeten Halbleitermaterial und der Temperatur abhängig. Betrachtet man nur den Teil der Kennlinie im 4. Quadranten, hier erzeugt die Solarzelle Energie, so erhält man die Kennlinien nach **Bild 3.14a**.

Betrachtet man die Temperaturabhängigkeit der Kennlinie einer Solarzelle, so stellt man einen starken Rückgang der Leerlaufspannung mit steigender Temperatur fest, siehe **Bild 3.14b**. Dies ist in einem starken Anstieg der Sättigungsströme der Zelle gemäß Gl. (3.24) und der Tatsache begründet, dass Sättigungsstrom und Leerlaufspannung nahezu umgekehrt proportional sind:

$$I_S = c_S \cdot T^3 \cdot e^{-\frac{E_g}{kT}} \tag{3.24}$$

mit einem material- und herstellungsspezifischen Parameter c_S ($c_S \approx 170$ A/K^3 ... 370 A/K^3), dem Bandabstand E_g, der Temperatur T und der Boltzmann-Konstante k. Die Temperaturspannung der Diode ist proportional der Temperatur nach Gl. (3.25)

$$U_T = \frac{kT}{e} \tag{3.25}$$

mit der Elementarladung $e = 1{,}60218 \cdot 10^{-19}$ As. Dadurch steigt der Sättigungsstrom bei steigender Temperatur, was sich durch ein Absinken des Bandabstands E_g erklären lässt. Elektronen mit geringerer Energie können in das Leitungsband gelangen und damit zur Erhöhung des Photostroms nach Gl. (3.26) beitragen. Durch den Anstieg des Sättigungsstroms sinkt auch die Leerlaufspannung der Zelle.

$$I_{Ph} = (c_1 + c_2 \cdot T) \cdot G_{G,g} \tag{3.26}$$

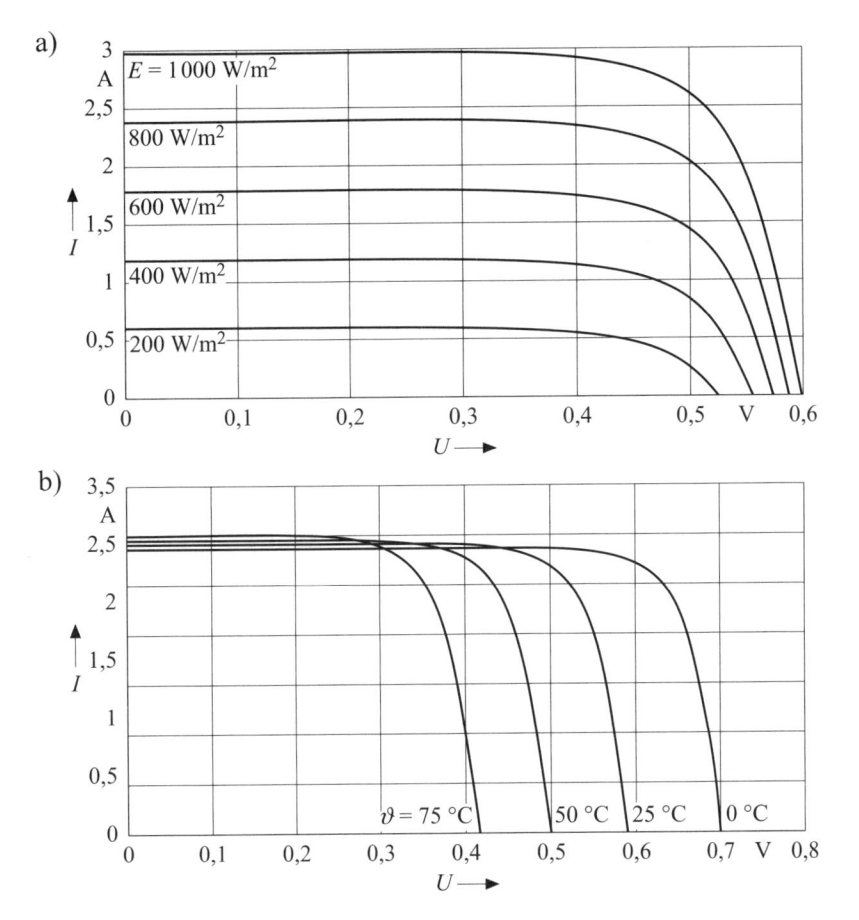

Bild 3.14 Strom-Spannungs-Kennlinien einer Solarzelle
a) Einfluss der Bestrahlungsstärke ($T = 25\ °C$)
b) Einfluss der Temperatur ($G_{G,g} = 1\,000\ W/m^2$)

wobei c_1 und c_2 materialspezifische Parameter sind, die in der Größenordnung von $c_1 \approx 2{,}2 \cdot 10^{-3}$ m^2/V ... $3{,}1 \cdot 10^{-3}$ m^2/V und $c_2 \approx 0{,}18 \cdot 10^{-6}$ m^2/VK ... $2{,}3 \cdot 10^{-6}$ m^2/VK liegen.

Die Temperaturabhängigkeit der Parameter liegt bei kristallinen Siliziummodulen für die Leerlaufspannung zwischen $\alpha_{U0} \approx -0{,}3$ %/K ... $-0{,}55$ %/K; für den Kurzschlussstrom $\alpha_{Ik} \approx +0{,}02$ %/K ... $+0{,}08$ %/K, bei amorphem Silizium für die Leerlaufspannung $\alpha_{U0} \approx -0{,}19$ %/K ... $-0{,}5$ %/K und den Kurzschlussstrom $\alpha_{Ik} \approx +0{,}01$ %/K ... $+0{,}1$ %/K.

Betrachtet man die Leistung der Solarzelle, so ist diese sowohl bei Kurzschluss (Klemmenspannung $U = 0$) als auch bei Leerlauf (Klemmenstrom $I = 0$) gleich null und erreicht bei einer bestimmten Spannung ihr Maximum. Diesen Punkt bezeichnet man als Maximum-Power-Point MPP, der wegen der Strahlungs- und Temperaturabhängigkeit von Strom und Spannung von eben diesen Größen abhängt. Die Spannung nennt man MPP-Spannung U_{MPP}. **Bild 3.15** zeigt die Leistungskennlinie einer Solarzelle sowie den Bereich, in dem der MPP in Abhängigkeit von Bestrahlungsstärke und Zellentemperatur schwankt, wobei die Temperaturabhängigkeit der Leistung im MPP-Punkt je nach Material zwischen $-0{,}1$ %/K und $-0{,}5$ %/K liegt.

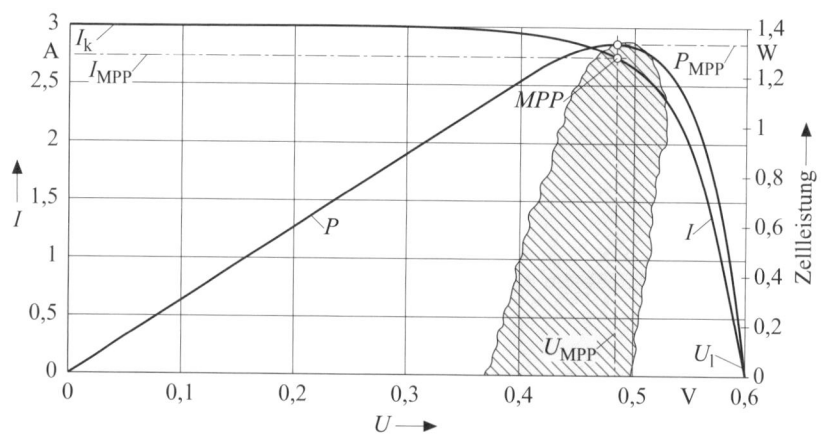

Bild 3.15 Leistungskennlinie einer Solarzelle mit statistischem Schwankungsbereich des MPP Angaben U_{MPP} für Standardstrahlungsbedingungen

Zur Erzielung eines möglichst hohen Energieertrags ist es daher notwendig, den Betriebspunkt des Solargenerators so zu regeln, dass er möglichst immer mit der Spannung U_{MPP} betrieben wird. Diese Funktion übernimmt ein sogenannter MPP-Tracker, der z. B. in den bei Einspeisung in ein Wechselspannungsnetz notwendigen Wechselrichter funktionsmäßig integriert ist.

3.3.2 Wechselrichter in PV-Anlagen

In Photovoltaikanlagen kommen sowohl netzgeführte als auch selbstgeführte Wechselrichter zum Einsatz. Netzgeführte Wechselrichter werden vorwiegend bei kleinen Einspeiseleistungen verwendet, weil die Einhaltung der Grenzwerte für Oberschwingungsströme bei größeren Leistungen schwierig wird. Selbstgeführte Wechselrichter hingegen können prinzipiell die Höhe der Oberschwingungsströme regeln, sodass diese auch bei höheren Leistungen beherrschbar bleiben. Beide Prinzipien des Wechselrichters können sowohl mit als auch ohne Transformator ausgeführt sein. Der Vorteil eines transformatorlosen Wechselrichters liegt in seinem höheren Wirkungsgrad, da auf den verlustbehafteten Transformator verzichtet wird. Ferner lassen sich leicht Schaltungen finden, die einen weiten Eingangsspannungsbereich zur Anpassung an den notwendigen Bereich der MPP-Spannung zulassen. Dem stehen höhere Anforderungen an die Isolationsüberwachung der Gleichstromverkabelung und an den Personenschutz gegenüber. Darüber hinaus ist aufgrund der fehlenden Dämpfung des Transformators zusätzlicher Filteraufwand nötig, um Anforderungen an die elektromagnetische Verträglichkeit zu erfüllen.

Weite Verbreitung in PV-Anlagen haben heute die selbstgeführten Wechselrichter. **Bild 3.16** zeigt das Schaltbild eines Wechselrichters mit Niederspannungstransformator, **Bild 3.17** das eines transformatorlosen Wechselrichters [3.6].

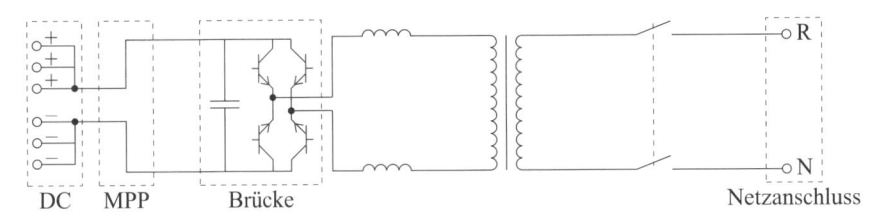

Bild 3.16 Schaltbild eines PV-Wechselrichters mit Niederspannungstransformator ($P_{AC,max}$ = 3 kW)

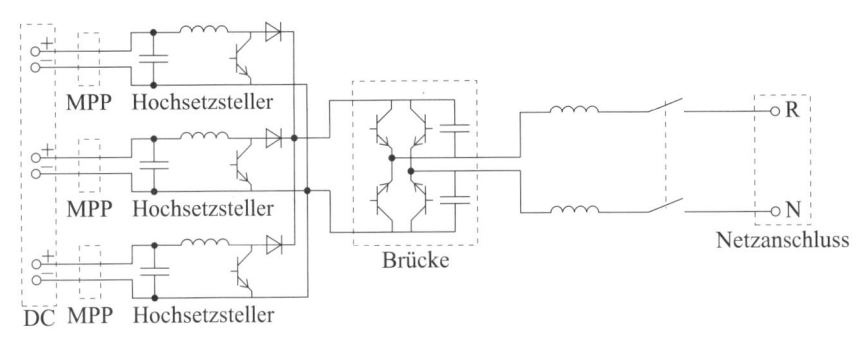

Bild 3.17 Schaltbild eines PV-Wechselrichters ohne Transformator ($P_{AC,max}$ = 5 kW, Multistring)

Beiden Wechselrichtern gemeinsam ist die Brückenschaltung aus Leistungshalbleitern, die MPP-Regelung mit zugehöriger Leistungselektronik auf der DC-Seite und der Anordnung aus Glättungsspule und Kondensator sowie Netzschalter auf der AC-Seite. Der transformatorlose Wechselrichter besteht zusätzlich aus einem Hochsetzsteller, bestehend aus einem Transistor, einer Drosselspule und einer Diode, der die DC-Eingangsspannung in eine höhere Gleichspannung umwandelt. Bei dem in Bild 3.17 dargestellten transformatorlosen Wechselrichter handelt es sich außerdem um einen sogenannten Multistring-Wechselrichter, an den mehrere PV-Generatoren mit unterschiedlicher MPP-Spannung angeschlossen werden können.

3.3.3 Funktioneller Aufbau von PV-Wechselrichtern

Der Aufbau eines PV-Wechselrichters kann hinsichtlich seiner Funktionen in drei Ebenen aufgeteilt werden (**Bild 3.18**):

- Leistungsebene
- Signalebene mit Messwerterfassung und -umwandlung
- Rechnerebene mit Realisierung der Steuer- und Regelfunktionen

Bild 3.18 zeigt eine Anordnung am Beispiel eines Wechselrichters mit Transformator. Auf der AC-Leistungsebene sind diejenigen Komponenten aufgeführt, die unmittelbar oder mittelbar mit der Eingangsseite (PV-Generator) bzw. Ausgangsseite (Netzanschluss) des Wechselrichters verbunden sind. Die Signalebene beinhaltet die

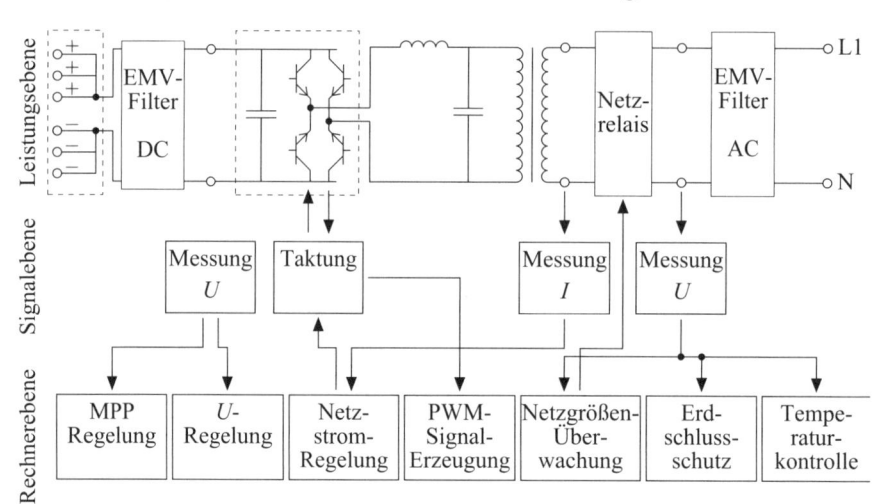

Bild 3.18 Funktionsmodell eines Wechselrichters, Verknüpfungen der Funktionsebenen nicht vollständig

gesamte Messwerterfassung und -wandlung der Signale, die auf der letzten Ebene, der Rechner- oder Prozessorebene, verarbeitet werden.

Für die Regelung sind folgende im Bild 3.18 dargestellten Größen der Signalebene von Bedeutung:
- Erfassung der Zwischenkreisspannung U_{ZWK} für die Spannungsregelung bzw. MPP-Regelung
- Erfassung des Netzstroms $I(t)$ für die Netzstromregelung
- Erfassung der Netzspannung $U(t)$ für die Netzstromregelung
- Erfassung des Netzstroms $I(t)$ für die MPP-Regelung

Die Aufgaben der Rechnerebene verteilt man möglichst auf zwei Rechner, Betriebsführungs- und Stromregelungsrechner. Neben der klaren Aufgabentrennung gewinnt man Redundanz bei der Bearbeitung bestimmter Aufgaben und erhöht damit die Betriebssicherheit. Prinzipiell führt der Betriebsrechner folgende Aufgaben aus:
- Parameter- und Betriebsdatenverwaltung
- Kommunikation mit Bedienern, zum Beispiel über PC, Modem oder serielle Schnittstelle
- MPP-Regelung
- Regelung der Zwischenkreisspannung
- Schutzaufgaben wie Überwachung von Netzrelais, Temperatur und Erdschlussschutz
- Zwischenkreisspannungsregelung
- Durchführung von Testroutinen

Die Aufgaben des Stromregelungsrechners sind:
- Regelung des Netzstroms und Erzeugung der Ansteuersignale für die Brücke
- Redundanz und Ausführung von Schutzaufgaben, z. B. Sperren der Leistungshalbleiter
- Datenerfassung und -verwaltung sowie Kontrollaufgaben

Die drei Regelungsaufgaben eines PV-Wechselrichters, MPP-Regelung, d. h. Anpassung der Wechselrichtereingangsspannung an die MPP-Spannung des Solargenerators, Regelung der Zwischenkreisspannung mit dem Ziel, die vom MPP-Regler ermittelte Spannung einzustellen und die Netzstromregelung für einen möglichst sinusförmigen Wechselstrom, realisiert man als Kaskadenregelung, bei der weitere Systemgrößen erfasst und in unterlagerten Regelkreisen einbezogen werden. Die Vorteile dieser Struktur liegen in der schnellen Ausregelung von Regelabweichungen und in der Erhöhung der Freiheitsgrade. Nachteilig sind die komplexe Realisierung und Implementierung sowie ein erhöhter Aufwand bei der Reglerauslegung zu sehen. Da der Strom die wichtigste Regelgröße darstellt, soll der Stromregler der am schnellsten arbeitende Regler sein, die Abtastfrequenz liegt heute im Bereich mehrerer 10 kHz, ein Regler mit einer Abtastfrequenz von 32 kHz liefert alle 31,25 µs einen neuen Sollwert. Spannungsregler und MPP-Regler arbeiten typischerweise im Millisekundenbereich.

3.3.4 Netzüberwachung

Beim Betrieb von Photovoltaikanlagen und auch bei Betrieb anderer dezentraler Energieerzeugungsanlagen am öffentlichen Netz bestehen nach möglicher Inselnetzbildung, also der Abschaltung vom Netz und gleichzeitigem Weiterbetrieb der Erzeugungsanlage, die Gefahr der Personengefährdung bei Wartungsarbeiten und bei Wiederzuschaltung die Gefahr von hohen Ausgleichsströmen mit nachfolgender Gefährdung von Anlagenteilen. Eine aktive Überwachungseinrichtung ENS nach E DIN VDE 0126 (VDE 0126):1999-04, „Einrichtung zur Netzüberwachung mit zugeordnet allpoligen Schaltern in Reihe" erfüllt als selbsttätig wirkende Freischaltstelle diese Überwachungsfunktion. Dazu wird ein Kondensator oder eine Induktivität periodisch auf der Netzseite der PV-Anlage zugeschaltet und somit eine „Störung" der Netzspannung und des Netzstroms erzeugt. Die Netzimpedanz berechnet sich dann aus dem Quotienten der Differenzen von Spannung und Stromwerten jeweils mit und ohne „Störsignal". Nachteilig ist bei diesem Verfahren, dass sich die „Störsignale" mehrerer Überwachungseinrichtungen in einem Netz überlagern und es u. U. zur Auslöschung oder Verstärkung der Signale mit der Folge von Unter- oder Überfunktion kommen kann [3.7]. Im europäischen Ausland werden andere, zumeist passive Methoden der Netzüberwachung eingesetzt.

Mit DIN V VDE V 0126-1-1 (VDE 0126-1-1):2006-02 wurde ein Vorschlag für eine Änderung der Überwachungseinrichtung vorgestellt, der die Grundlage für eine Europäische Norm bilden soll [3.8]. Die funktionale Sicherheit wird dabei definiert als Sicherheit bei Auftreten eines Fehlers. Die Schnittstelle nach neuer Norm erhält den Namen BISI „**Bi**direktionale **Si**cherheitsschnittstelle". Der Anwendungsbereich wurde auf alle dezentralen Energieerzeugungsanlagen ausgedehnt. Die bisherige Leistungsgrenze von $P_r \leq 4{,}6$ kVA wurde aufgehoben. **Bild 3.19** zeigt die Blockschaltbilder der Netzüberwachung nach bisheriger und nach neuer Norm.

Mit der Neudefinition der Funktionalität der Netzüberwachung sind auch Änderungen in den Grenzwerten erfolgt:

- Impedanzänderung zur Inselnetzerkennung jetzt 1 Ω
- dreiphasige Spannungsüberwachung zulässig
- Schwingkreisverfahren nach IEEE 929 zulässig
- Frequenzgrenzen zwischen 47,5 Hz bis 50,2 Hz und damit verbesserte Kompatibilität mit DIN EN 50160

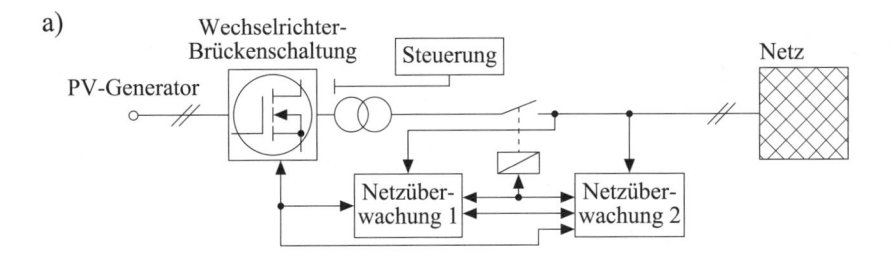

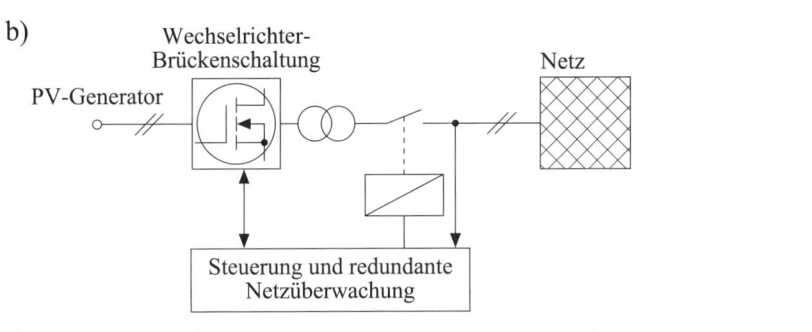

Bild 3.19 Blockschaltbilder der Netzüberwachung am Beispiel einer PV-Anlage
a) ENS nach E DIN VDE 0126 (VDE 0126):1999-04
b) BISI nach DIN V VDE V 0126-1-1 (VDE 0126-1-1):2006-02

- Abschaltung innerhalb 0,2 s für Spannungsabweichung zwischen 80 % und 15 % und damit verbesserte Kompatibilität mit DIN EN 50160

Das „Störsignal" zur aktiven Impedanzmessung führt zu einer Verzerrung des Stroms, deren relative Größe von der Ausgangsleistung der PV-Anlage abhängig ist, da Höhe und Dauer des „Störsignals" nur von der Auslegung der Überwachungseinrichtung und von der Netzimpedanz abhängig und somit quasi konstant sind. Beispiele für den Einfluss des „Störsignals" auf die gemessene Störaussendung sind in Abschnitt 3.5 erläutert.

3.4 Windenergieanlagen

3.4.1 Grundlagen

Die durch Windenergieanlagen umzuwandelnde Energie resultiert aus der kinetischen Energie der Luftströmung, Wind genannt, die abhängig von der Windgeschwindigkeit, der Luftdichte und der durchströmten Fläche ist. Die Leistungsdichte der Luftströmung ist dabei proportional der dritten Potenz der Strömungsgeschwindigkeit [3.9]. Die Bandbreite der Windgeschwindigkeit und damit der Leistungsdichte des Windes ist sehr groß. Windenergieanlagen können naturgemäß nicht die gesamte in der Luftströmung enthaltene kinetische Energie in Rotationsenergie des Rotors umwandeln, da die Luftmasse nach dem Durchgang durch die Rotorebene abströmen muss, was bei vollständiger Umwandlung bedeuten würde, dass die kinetische Energie hinter der Rotorebene und damit die Strömungsgeschwindigkeit der abströmenden Luft gleich null sein würden. Als Maß der möglichen Umwandlung dient dabei der Leistungsbeiwert der Anlage, der aussagt, wie viel von der in der Windströmung enthaltenen Energie durch die Windenergieanlage aerodynamisch genutzt werden kann. Bei idealer Betrachtung beträgt der theoretische Grenzwert des Leistungsbeiwerts $c_{P,max}$ = 59,3 % (Leistungsbeiwert nach Betz). Durch Drallverluste, Reibungsverluste, Randeinflüsse des Rotors und nicht optimale Anströmung des Rotorprofils kommt es zu einer Reduzierung des Leistungsbeiwerts. Da die einzelnen Verlustarten in unterschiedlicher Weise von der Windgeschwindigkeit v und der Umfangsgeschwindigkeit u des Rotors abhängen, ändert sich der Leistungsbeiwert c_P mit dem Verhältnis von Umfangsgeschwindigkeit zu Windgeschwindigkeit, der Schnelllaufzahl λ_S, und wird je nach Ausführung der Anlage bei einer bestimmten Schnelllaufzahl maximal. **Bild 3.20** zeigt die Abhängigkeit des Leistungsbeiwerts von der Schnelllaufzahl für eine Windenergieanlage mit drei Rotorblättern.

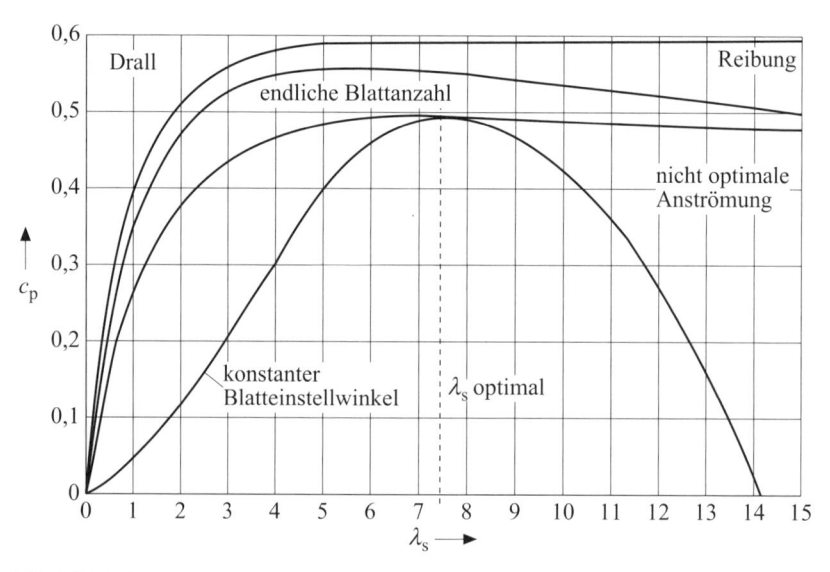

Bild 3.20 Abhängigkeit des Leistungsbeiwerts c_P und der aufsummierten aerodynamischen Verluste von der Schnelllaufzahl λ_S, nach [3.9]

Aus Bild 3.20 ist zu schließen, dass die Rotordrehzahl der Windenergieanlage und damit die Umfangsgeschwindigkeit der veränderlichen Windgeschwindigkeit angepasst werden müssen, soll die Anlage mit optimalem Leistungsbeiwert betrieben werden. Stellt man die Leistung einer Windenergieanlage in Abhängigkeit der Rotordrehzahl dar, so ergibt sich das in **Bild 3.21** dargestellte Leistungs-Drehzahl-Kennlinienfeld mit der Windgeschwindigkeit v als Parameter.

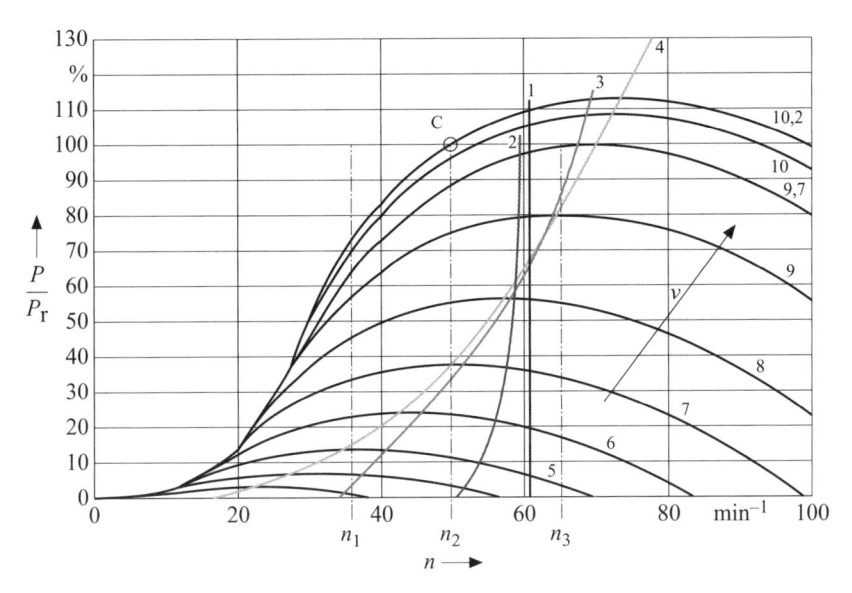

Bild 3.21 Leistungs-Drehzahl-Kennlinienfeld (P-n-Kennlinienfeld) mit Generatorkennlinien
1 Synchrongenerator
2 Asynchrongenerator
3 Gleichstromgenerator
4 Generator über Leistungselektronik am Netz; Kurve der maximalen Leistung

Aus Bild 3.20 sind folgende Besonderheiten beim Betrieb von Windenergieanlagen zu entnehmen, die auch auf die elektrische Ausrüstung Einfluss haben [3.10]:

- die Leistung der Anlage ist abhängig von der Windgeschwindigkeit

- Leistungsoptimierung bei unterschiedlichen Windgeschwindigkeiten erfordert variable Drehzahl

- bei Windgeschwindigkeiten größer als Auslegungsgeschwindigkeit (im Bild etwa 9,7 m/s) kann die Anlage nicht mehr im Leistungsmaximum betrieben werden

Zur Erzielung eines möglichst hohen Energieertrags ist es erforderlich, die Anlagen in einem weiten Bereich der Windgeschwindigkeit mit variabler Rotordrehzahl und damit im Leistungsoptimum zu betreiben. Bei Windenergieanlagen kommen als mechanisch-elektrische Energiewandler dafür ausschließlich Generatoren zum Einsatz.

3.4.2 Elektrische Ausrüstung von Windenergieanlagen

3.4.2.1 Allgemeines

Die drei grundsätzlichen Möglichkeiten für mechanisch-elektrische Energiewandlung, Gleichstromgenerator, Synchrongenerator und Asynchrongenerator, haben gemeinsam, dass die Leistungs-Drehzahl-Kennlinie (P-n-Kennlinie) nicht mit derjenigen des mechanischen Teils der Windenergieanlage (Windturbine) übereinstimmt. In Bild 3.21 sind die Kennlinien der verschiedenen Generatoren zusätzlich mit eingezeichnet. Am ehesten scheint hier der Einsatz von Gleichstromgeneratoren möglich, da die Leistung eine starke Abhängigkeit von der Drehzahl aufweist. Asynchrongeneratoren haben eine deutlich geringere Abhängigkeit, wobei mit steigender Abweichung von der Leerlaufdrehzahl durch den steigenden Schlupf gleichzeitig die elektrischen Verluste ansteigen, wohingegen bei der Synchronmaschine keine Abhängigkeit der Leistung von der Drehzahl bei Synchronbetrieb gegeben ist. Werden Windenergieanlagen an Drehstromnetze angeschlossen, so ist der Einsatz von Gleichstromgeneratoren ohne zwischengeschaltete Leistungselektronik nicht möglich. Asynchron- und insbesondere Synchrongeneratoren können im gewünschten Drehzahlbereich nur durch Leistungselektronik an einem Drehstromnetz konstanter Frequenz betrieben werden.

3.4.2.2 Asynchrongenerator mit direkter Netzankopplung

Windenergieanlagen kleiner Leistung (bis etwa 500 kW) werden mit Asynchrongeneratoren ausgerüstet. Zwei Asynchrongeneratoren unterschiedlicher Leistung werden je nach Windverhältnissen über einen Riementrieb oder eine andere mechanische Umschalteinrichtung mit der Windturbine verbunden, sodass bei niedrigen Windgeschwindigkeiten bis etwa 7 m/s der Asynchrongenerator kleiner Leistung und für größere Windgeschwindigkeiten derjenige größerer Leistung in Betrieb ist. Damit wird die Anlage für zwei Windgeschwindigkeiten bzw. Drehzahlen im Leistungsoptimum betrieben. Heute verwendet man statt der mechanischen Umschaltung nur noch polumschaltbare Asynchrongeneratoren. **Bild 3.22** zeigt die prinzipielle Anordnung, das sogenannte Dänische Prinzip. Nachteilig bei dem Konzept sind der Blindleistungsbedarf des Asynchrongenerators, die mangelnde Regelbarkeit der Blindleistung, hohe mechanische Kräfte durch die Leistungsbegrenzungen, insbesondere bei böigem Wind, und die erwähnte nicht optimale Betriebsweise in Bezug auf das Leistungsmaximum.

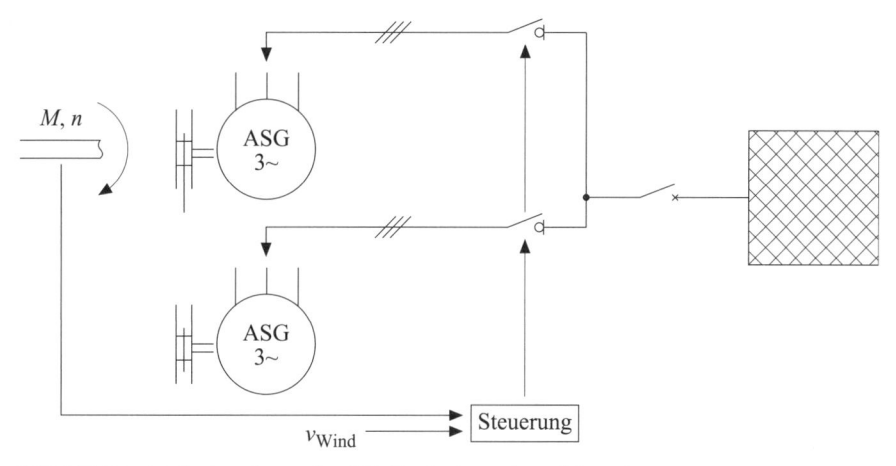

Bild 3.22 Prinzipielle Anordnung einer Windkraftanlage mit zwei Asynchrongeneratoren (Dänisches Prinzip)

3.4.2.3 Asynchrongenerator mit direkter Netzankopplung und dynamischer Schlupfregelung

Durch eine dynamische Schlupfregelung mittels einer Drehstromwicklung und schaltbarer Widerstände im Läuferkreis ist die Ankopplung des Asynchrongenerators an das Netz nicht mehr drehzahlstarr. Durch Zu- und Abschalten der Widerstände im

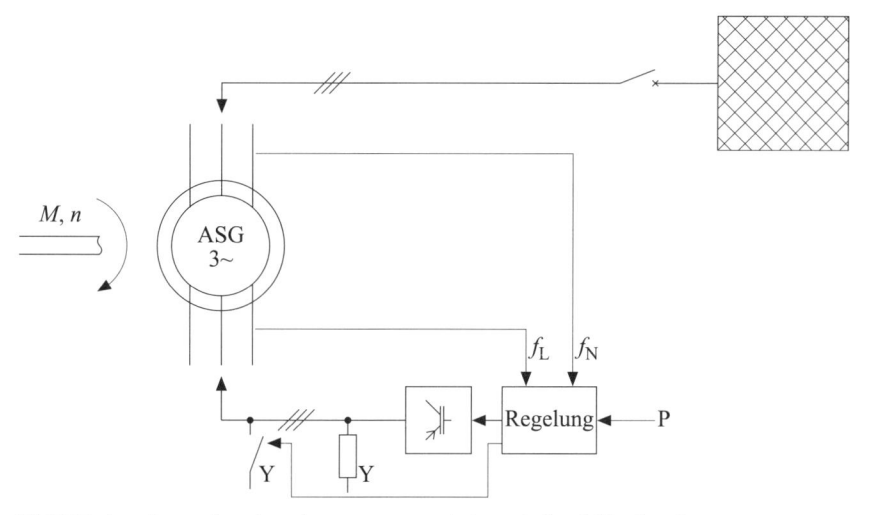

Bild 3.23 Anordnung eines Asynchrongenerators mit dynamischer Schlupfregelung

Läuferkreis kann der Schlupf der Maschine beeinflusst werden und damit die Anpassung an die optimale Drehzahl in einem begrenzten Bereich vorgenommen werden. Schaltet man die Läuferkreiswiderstände mittels Leistungselektronik, so kann durch Veränderung des Taktverhältnisses (Verhältnis von Einschaltzeit zu Ausschaltzeit) jeder Wert zwischen null und Maximum für den Läuferwiderstand eingestellt werden. **Bild 3.23** zeigt die Anordnung mit getakteten Läuferwiderständen. Nachteilig sind hier nach wie vor der Blindleistungsbedarf und eine Erhöhung der Verluste durch die Erhöhung des Schlupfs.

3.4.2.4 Doppelt gespeister Asynchrongenerator mit Umrichter im Läuferkreis

Eine Verbesserung der Generatordynamik ohne Verlusterhöhung ist mittels Leistungselektronik möglich. Beim Prinzip des doppelt gespeisten Asynchrongenerators wird die Schlupfleistung nicht in Widerständen umgesetzt, sondern über einen Umrichter, evtl. mit Gleichstromzwischenkreis, ins Netz eingespeist, wie in **Bild 3.24** dargestellt. Stromrichtertechnisch spricht man von einer übersynchronen Stromrichterkaskade. Durch entsprechende Regelverfahren kann auch ein untersynchroner Betrieb erreicht werden. Dafür wird Leistung aus dem Ständerkreis (Netz) in den Läuferkreis eingespeist. Der Asynchrongenerator wird dadurch in einem relativ weiten Bereich hinsichtlich der Drehzahl und der Blindleistungsaufnahme und -abgabe regelbar. Vorteilhaft wirkt sich hierbei die Tatsache aus, dass der Umrichter für den Läuferkreis nicht für die gesamte Leistung des Asynchrongenerators ausgelegt werden muss, sondern lediglich für den gewünschten Regelbereich der Läuferleistung.

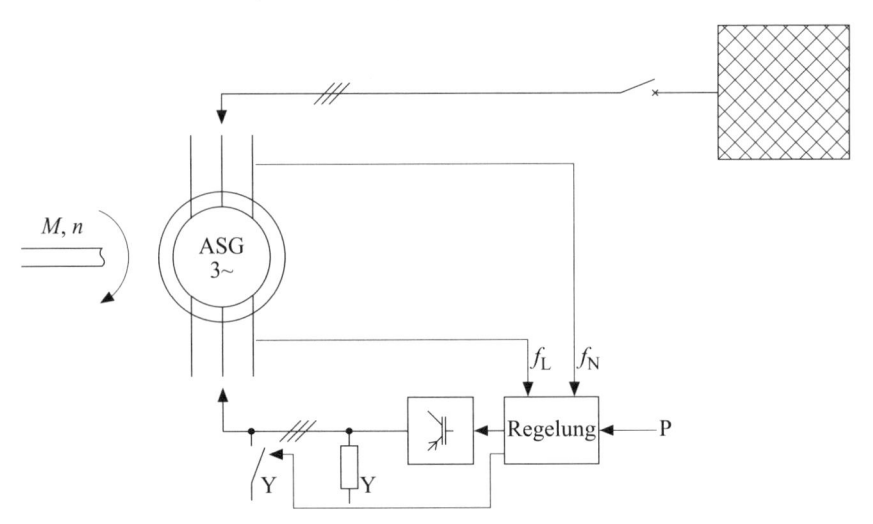

Bild 3.24 Anordnung eines doppelt gespeisten Asynchrongenerators

3.4.2.5 Synchrongenerator mit Umrichter (Gleichspannungszwischenkreis)

Die höchste Regelbarkeit erzielt man durch Einsatz eines drehzahlvariablen Synchrongenerators, der über Leistungselektronik, u. U. mit Gleichspannungszwischenkreis, an das Netz angeschlossen wird. Dadurch entsteht eine vollständige Entkopplung der Antriebsseite und der Netzseite, Drehzahl und Spannung des Generators können frei eingestellt werden. Vorteilhaft sind der große Regelbereich, die hohe Dynamik des Generators, als Nachteil ist zu erwähnen, dass die Leistungselektronik für die Bemessungsleistung des Synchrongenerators ausgelegt werden muss. Hinzu kommt bei großen Anlagen eine deutlich stärkere Zunahme des Gewichts als bei Asynchrongeneratoren. **Bild 3.25** zeigt die beschriebene Anordnung.

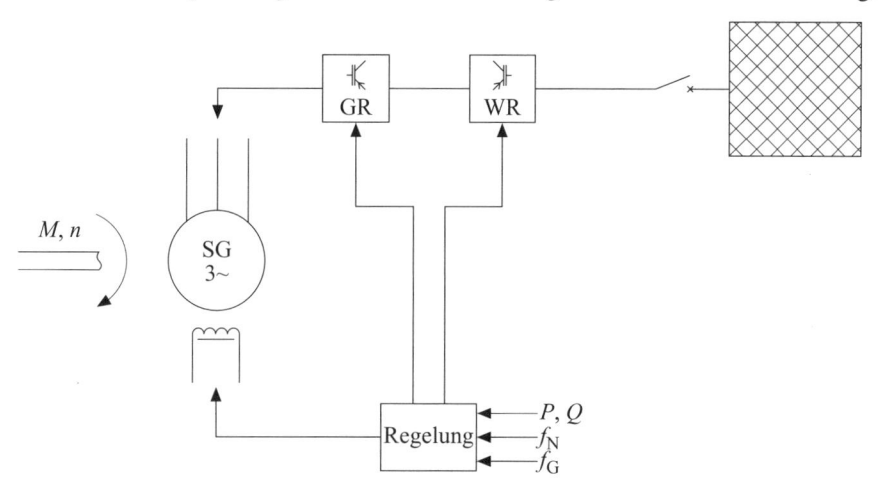

Bild 3.25 Anordnung eines Synchrongenerators mit Gleichspannungszwischenkreis

3.5 Beispiele

3.5.1 Störaussendungen von PV-Anlagen

Im Zeitraum Mai bis Juli 2004 wurden Messungen von Oberschwingungsströmen und -spannungen, der Leistungen sowie der Grundschwingungs-Leistungsfaktor am Anschlusspunkt einer PV-Anlage durchgeführt (installierte Leistung $P_{r,PV}$ = 3 kW, Anschluss als Drehstromanschluss mit drei Wechselrichtern $P_{r,AC}$ = 850 W [3.11 und 3.12]). Zusätzlich wurden Umgebungstemperatur, Globalstrahlung sowie weitere meteorologische Daten erfasst.

Bild 3.26 zeigt den Verlauf der solaren Strahlungsdichte und die erzeugte Leistung eines Leiters für einen Zeitraum von drei Tagen. Die erzeugte Leistung folgt der so-

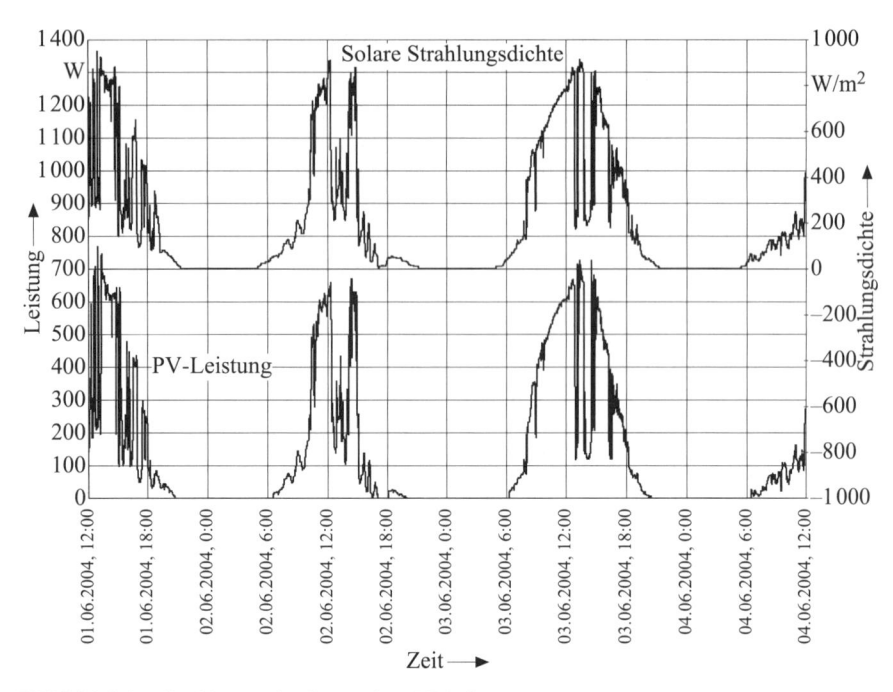

Bild 3.26 Solare Strahlung und Leistung einer PV-Anlage

laren Strahlungsdichte, die Wechselrichter-Nennleistung der PV-Anlage mit $P_{r,AC}$ = 2,55 kW wird auch bei günstigsten Strahlungsbedingungen nicht erreicht. Die maximale Leistung der Anlage betrug im Gesamtmesszeitraum $P_{AC,max}$ = 2,28 kW, mithin 89 % der Bemessungsleistung des Wechselrichters.

Der Verlauf der Leistung und des THD_I ist für den Zeitraum eines Tages in **Bild 3.27** dargestellt. Der THD_I weist einen nahezu reziproken Verlauf im Vergleich zur PV-Leistung auf.

Trägt man den THD_I in Abhängigkeit von der Leistung auf, so ergibt sich **Bild 3.28**. Ausgewertet wurden hier die Messungen über einen Zeitraum von einer Woche (28. KW in 2004) für alle drei Leiter der PV-Anlage. Auffällig ist hier die hohe Streuung des THD_I im Leistungsbereich bis etwa 15 % der PV-Leistung, welche durch die ENS-Netzüberwachung verursacht wird. Die Netzüberwachung (Impedanzsprungmessung) prägt zwecks Erkennung des Ausfalls des speisenden Netzes einen Stromimpuls ein, siehe hierzu Abschnitt 3.5.3. Da es sich in Bezug auf die Grundschwingung der Netzspannung um ein subsynchrones Signal handelt, andererseits die Messung der Oberschwingungen aber als Mittelwert über mehrere Perioden der Netzspannung durchgeführt wurde, wird das ENS-Signal nicht in jeder Messung mit

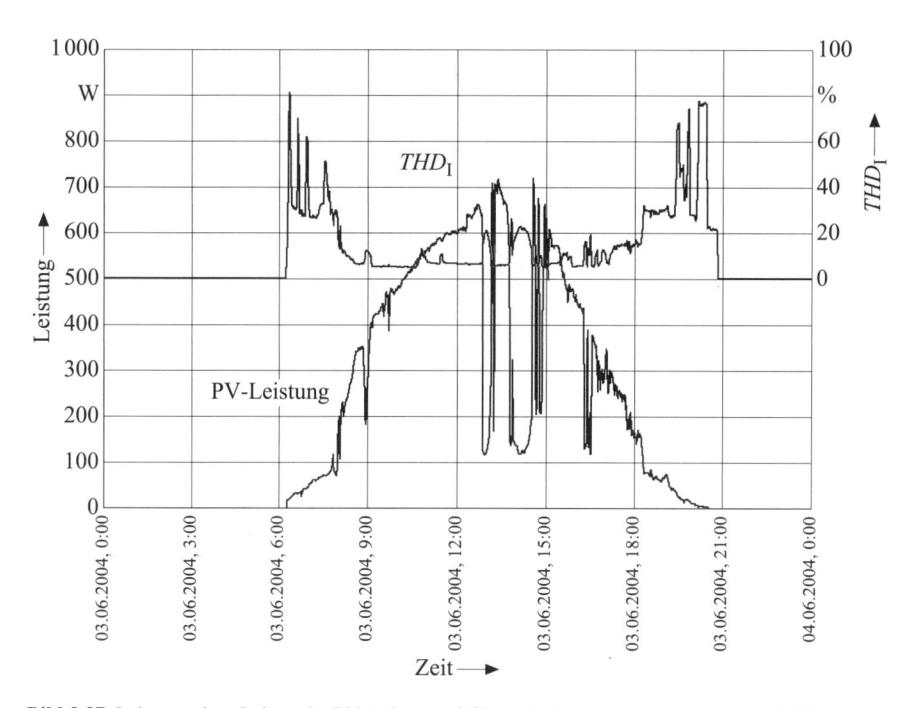

Bild 3.27 Leistung eines Leiters der PV-Anlage und Oberschwingungsgesamtverzerrung THD_I

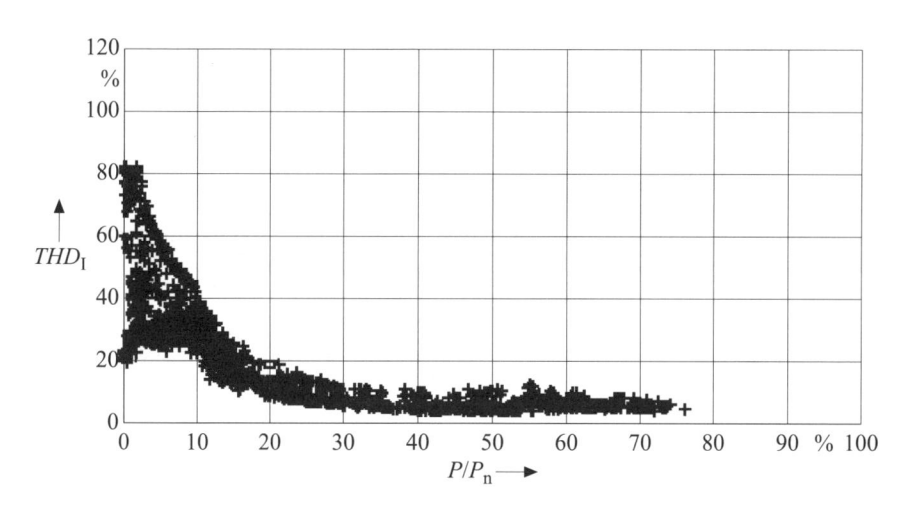

Bild 3.28 THD_I in Abhängigkeit der relativen Leistung P/P_n des PV-Wechselrichters

erfasst. Da es sich um ein Signal mit konstantem Strom handelt, wirkt sich der „Messfehler" bei kleinen Leistungen der PV-Anlage stärker aus als bei hohen Leistungen und führt zu der im Bild dargestellten Streuung.

Wertet man die einzelnen Stromoberschwingungen des PV-Wechselrichters über den Messzeitraum aus, so zeigt sich, dass der THD_I vornehmlich durch die Oberschwingungen der Ordnungen 5, 11 und 15 bestimmt wird. **Bild 3.29** zeigt die 95-%-Häufigkeitswerte der Stromoberschwingungen, ausgewertet über den gesamten Messzeitraum. Mit steigender Leistung des Wechselrichters steigt auch die Störaussendung an [3.13 und 3.14].

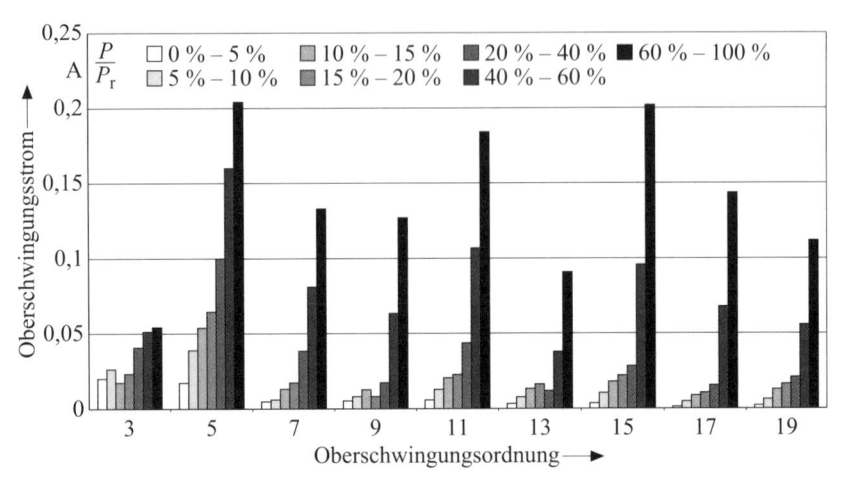

Bild 3.29 Oberschwingungs-Störaussendungen des PV-Wechselrichters (95-%-Quantile)

3.5.2 Einfluss der in der Netzspannung vorhandenen Oberschwingungen auf die Störaussendung

Wertet man die Oberschwingungsstöraussendung von PV-Wechselrichtern in Abhängigkeit von der im Netz vorhandenen Oberschwingungsspannung für bestimmte Leistungsbereiche des Wechselrichters aus, so zeigt sich eine Abhängigkeit der Höhe der Oberschwingungsströme von der Höhe der Oberschwingungsspannung gleicher Frequenz [3.15 und 3.16]. **Bild 3.30** zeigt den Zusammenhang der Störaussendung ausgewählter Oberschwingungsströme eines 5-kW-Wechselrichters ohne Transformator in Abhängigkeit von der Höhe der zugehörigen Oberschwingungsspannung (vorverzerrte Netzspannung) am Anschlusspunkt bei einer Leistung des Wechselrichters im Bereich von $P_{AC} = 2{,}35$ kW ... 2,45 kW (etwa 47 % der Nennleistung). Es zeigt sich, dass die Oberschwingungsströme mit steigender vorhandener Oberschwingungsspannung der Netzspannung zunehmen, mit Ausnahme bei der dritten Ordnung, für die ein degressives Verhalten zu verzeichnen ist. Dieses Verhalten wurde auch bei anderen untersuchten PV-Wechselrichtern ohne Transformator festgestellt, bei Wechselrichtern mit Transformator dagegen nahm auch die dritte Oberschwingung mit steigender Oberschwingungsspannung zu.

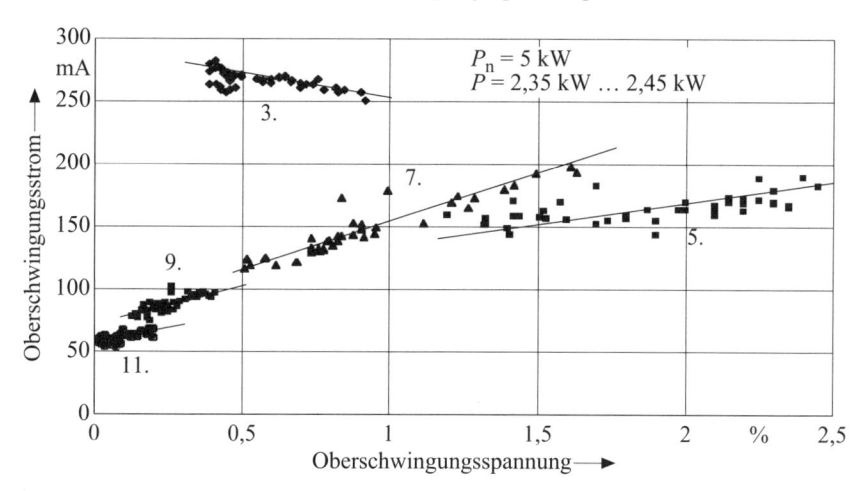

Bild 3.30 Oberschwingungsstöraussendung eines PV-Wechselrichters ohne Transformator bei verschiedenen Oberschwingungsspannungen (vorverzerrte Netzspannung), Messungen in einem 0,4-kV-Netz, AC-Leistung 2,35 kW ... 2,45 kW

Tabelle 3.4 zeigt den Gradienten der Oberschwingungsstöraussendung in Abhängigkeit von der Höhe der Oberschwingungsspannungen. Zu Vergleichszwecken sind die entsprechenden Werte eines 3-kW-Wechselrichters mit Transformator in der Tabelle ebenfalls aufgeführt. Der Leistungsbereich zur Auswertung der Messungen betrug für beide Wechselrichter etwa 47 % der AC-Bemessungsleistung.

OS-Ordnung ν	Wechselrichter 3 kW mit Transformator	Wechselrichter 5 kW ohne Transformator
3	53,0	−20,2
5	18,7	35,0
7	74,2	79,3
9	66,6	62,3
11	42,0	42,7

Tabelle 3.4 Gradient der Störaussendung in Abhängigkeit von der Oberschwingungsspannung (Zahlenangaben in mA / % der Oberschwingungs-Spannung)

Die Ergebnisse der Tabelle 3.4 zeigen deutlich die starke Abhängigkeit der Oberschwingungsstöraussendung von den im Netz vorhandenen Oberschwingungsspannungen. Der Gradient ist dabei für Oberschwingungsordnungen $v \geq 7$ bei beiden Wechselrichterkonzepten nahezu gleich. Wegen der relativ geringen Anzahl der Messwerte für andere Beträge der Oberschwingungsspannungen konnten die Zusammenhänge nicht abgeleitet werden.

Um das Verhalten des Wechselrichters in einem größeren Oberschwingungsspannungsbereich zu untersuchen, wurden Labormessungen für unterschiedliche Leistungsbereiche der Wechselrichter mit einer hinsichtlich des Oberschwingungsanteils einstellbaren AC-Spannungsquelle durchgeführt.

Nachfolgend werden die Ergebnisse für eine AC-Leistung von etwa 50 % angegeben, um Vergleiche mit den Ergebnissen der Netzmessungen zu ermöglichen. Um möglichst realistische Verhältnisse hinsichtlich der Oberschwingungsspannungen einzustellen, wurde die Höhe der jeweiligen Oberschwingungsspannungen in zehn gleichen Stufen bis zu den in DIN EN 50160 angegebenen Pegelwerten erhöht. **Bild 3.31** zeigt den Gradienten der Oberschwingungsströme ungeradzahliger Ordnung in Abhängigkeit von der Oberschwingungsspannung. Die Abszisse kennzeichnet die jeweiligen Spannungsstufen, die z. B. für die fünfte Oberschwingung von $u_5 = 0{,}6$ % ... 6 % in Stufen von jeweils 0,6 % eingestellt wurden.

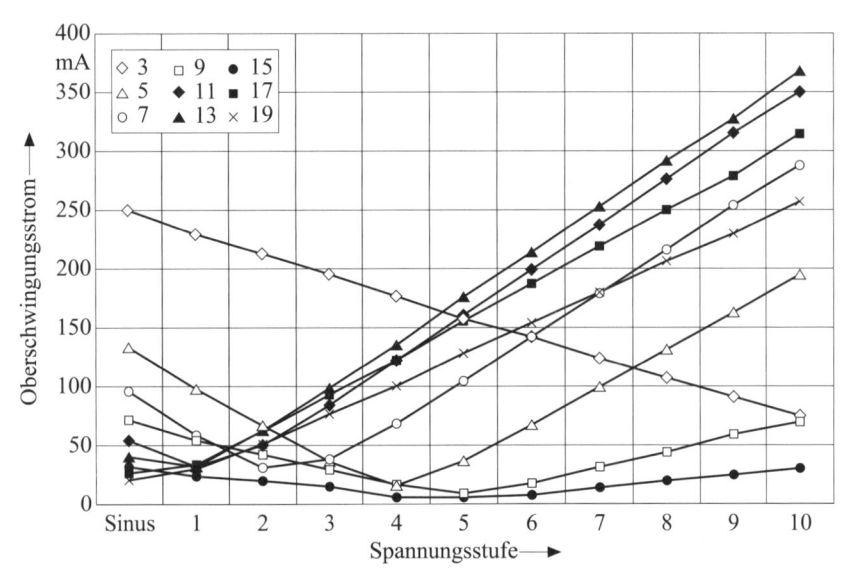

Bild 3.31 Gradient der ungeradzahligen Oberschwingungsströme eines PV-Wechselrichters ($P_{r,AC} = 5$ kW) in Abhängigkeit von der Oberschwingungsspannung

Der Gradient des Oberschwingungsstroms dritter Ordnung liegt bei einem ähnlichen Wert, wie er bei den Netzmessungen ermittelt wurde. Alle anderen Oberschwingungen zeigen ein ausgeprägtes Minimum bei unterschiedlichen Werten der zugehörigen Oberschwingungsspannung.

3.5.3 Einfluss der Netzüberwachung auf die Störaussendung

Bild 3.32 zeigt das „Störsignal" (ENS-Signal) eines PV-Wechselrichters bei 50 % Ausgangsleistung.

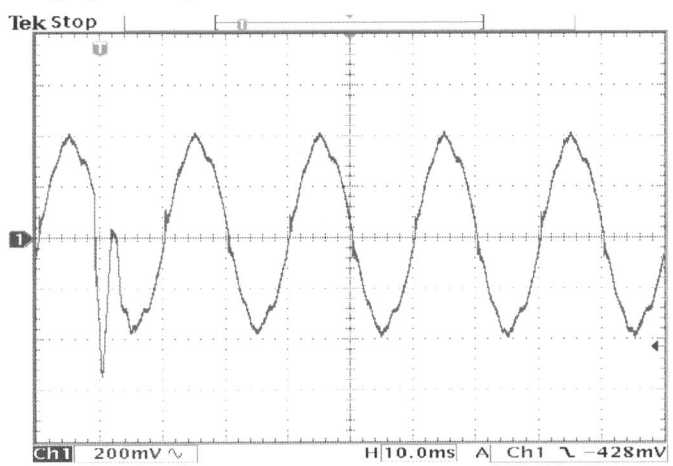

Bild 3.32 „Störsignal" (ENS-Signal) eines PV-Wechselrichters $P_{r,AC}$ = 850 W bei 50 % Ausgangsleistung, Stromimpuls 4 A, Dauer etwa 3 ms, Wiederholrate 1 s

Bild 3.33 zeigt den Einfluss des „Störsignals" der Netzüberwachung eines PV-Wechselrichters mit einer Leistung von $P_{r,AC}$ = 1,6 kW bei unterschiedlichen Ausgangsleistungen. Bei einer Periodendauer von 20 ms und einer Wiederholfrequenz von 1 mHz (Pausenzeit 1,6 s) ist das Signal selbst bei hohen Ausgangsleistungen noch gut zu erkennen.

Zur Messung der Auswirkung des „Störsignals" (ENS-Signal) auf die Störaussendung wurde die Oberschwingungs-Störaussendung einer PV-Anlage ($P_{r,AC}$ = 5 kW) über den Zeitraum einer Woche gemessen. Neben den individuellen Oberschwingungen wurde der THD_I bis zur Ordnung $v = 40$ in Abhängigkeit von der Ausgangsleistung ausgewertet. **Bild 3.34** zeigt die Abhängigkeit des THD_I von der Ausgangsleistung des Wechselrichters jeweils mit und ohne ENS-Signal [3.17].

a) U und I bei $P_{AC} = 53$ W (3 % P_N) b) U und I bei $P_{AC} = 320$ W (20 % P_N)

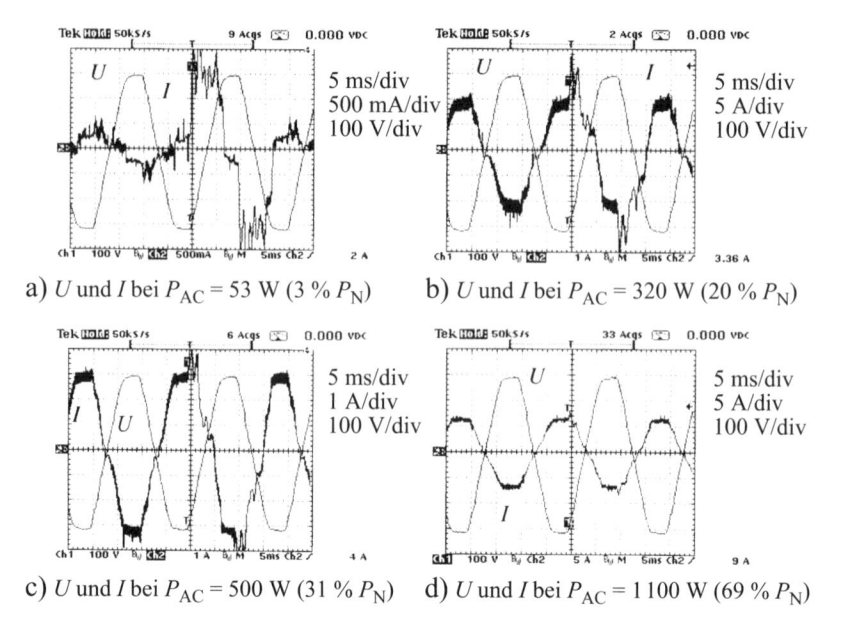

c) U und I bei $P_{AC} = 500$ W (31 % P_N) d) U und I bei $P_{AC} = 1\,100$ W (69 % P_N)

Bild 3.33 Oszillogramme des Ausgangsstroms mit „Störsignal" und der Spannung am Anschlusspunkt eines PV-Wechselrichters $P_{r,AC} = 1{,}6$ kW bei unterschiedlichen Ausgangsleistungen [3.5]

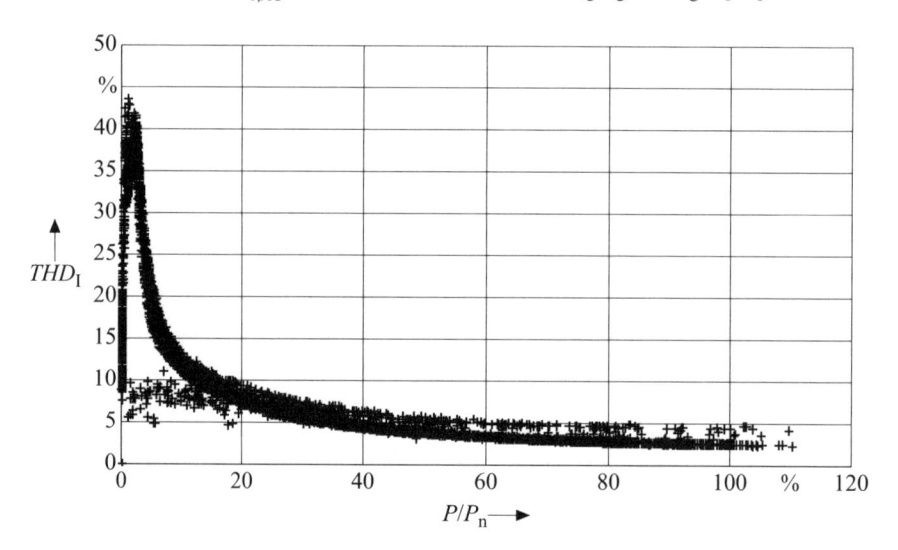

Bild 3.34a THD_I in Abhängigkeit der Ausgangsleistung eines 5-kW-Wechselrichters einer PV-Anlage, Messwerte einer Woche.
a) mit ENS-Signal

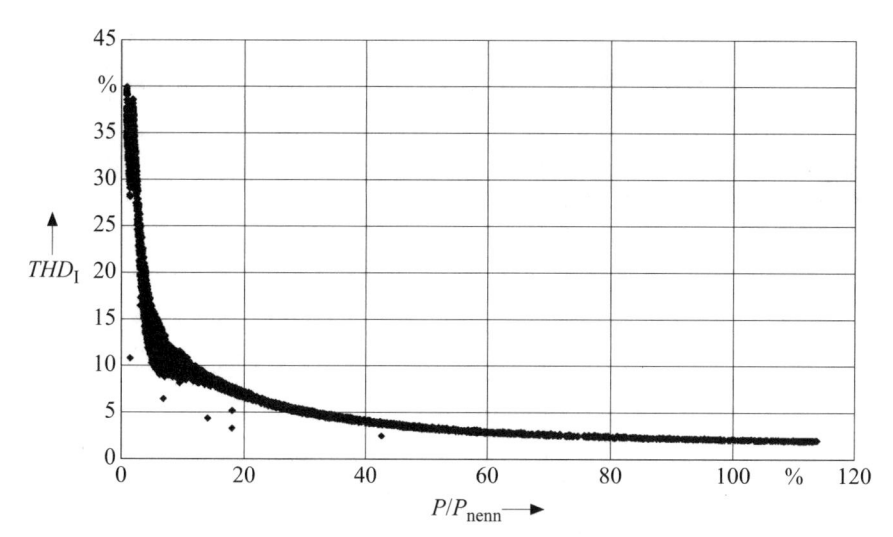

Bild 3.34b THD_I in Abhängigkeit der Ausgangsleistung eines 5-kW-Wechselrichters einer PV-Anlage, Messwerte einer Woche.
b) ohne ENS-Signal

3.5.2 Störaussendungen von Windenergieanlagen

Die Daten für die nachstehend erläuterten Beispiele für Störaussendungen von Windenergieanlagen wurden freundlicherweise von Windtest Grevenbroich GmbH zur Verfügung gestellt. Im Einzelnen handelt es sich um folgende Anlagen:

- Nennleistung 1,5 MW, Leistungsregelung pitch, Vollumrichter, Bemessungsspannung 690 V
  Netzkopplung an 20 kV, Kurzschlussleistung etwa 80 MVA
  Messung von Windgeschwindigkeit sowie Flicker und Leistung auf der Niederspannungsseite
- Nennleistung 1,5 MW, Leistungsregelung stall, direkte Netzkopplung, Bemessungsspannung 690 V
  Netzkopplung an 20 kV, Kurzschlussleistung etwa 117 MVA
  Messung von Windgeschwindigkeit sowie Flicker und Leistung auf der Niederspannungsseite
- Nennleistung 2 MW, stallgeregelte Anlage, Bemessungsspannung 690 V, Bemessungsstrom 116 A
  Netzkopplung 10 kV, Kurzschlussleistung etwa 58 MVA
  Messung der Stromoberschwingungen und Zwischenharmonischen auf der Mittelspannungsseite

Flickermessungen

Die Flickerwerte der Anlagen 1 und 2 wurden nicht am Anschlusspunkt der Anlagen als Spannungsflickerwerte (P_{st}) gemessen, sondern gemäß IEC 61400-21 aus gemessenen Strömen berechnet. Sie stellen anlagenspezifische Flickerbeiwerte (Flickerkoeffizient) $c(\Psi_k)$ dar, aus denen bei Aufstellung dieses Anlagentyps an anderen Standorten die zu erwartenden Flickerwerte P_{st} berechnet werden können (**Bilder 3.35 bis 3.38**).

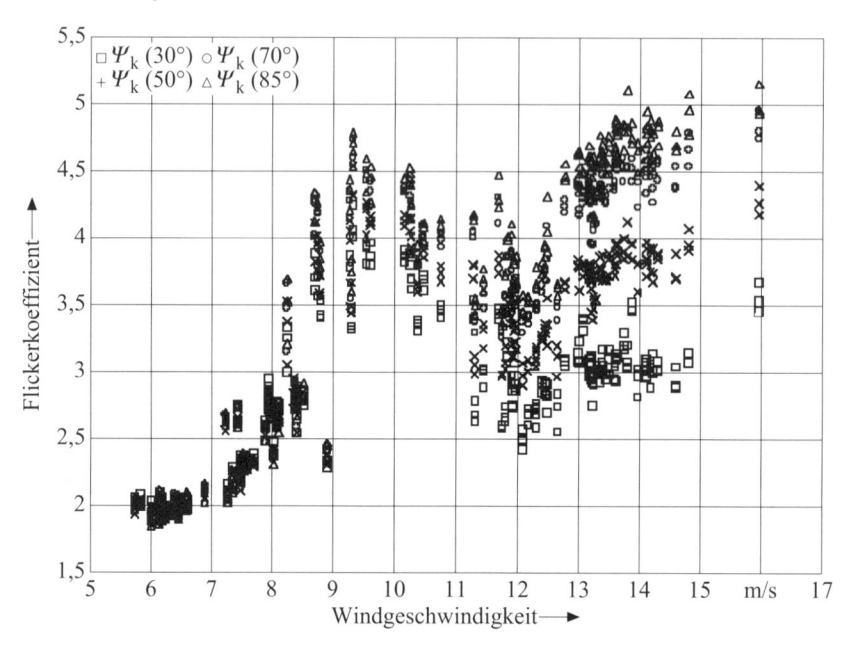

Bild 3.35 Flicker-Koeffizient $c(\Psi_k)$ der Anlage 1 (Vollumrichter, pitch) als Funktion der Windgeschwindigkeit für Netzimpedanzwinkel Ψ_k = 30° (Quadrat), 50° (Kreuz), 70° (Kreis) and 85° (Dreieck)

Oberschwingungen und Zwischenharmonische

Oberschwingungen und Zwischenharmonische wurden für Anlage 3 (ASM doppeltgespeist, 2 MW), Messung auf 10 kV, mit einer Kurzschlussleistung von etwa 58 MVA durchgeführt.

Die Ergebnisse in **Bild 3.39** stellen die 99-%-Perzentile von Zwischenharmonischen dar, gemessen im Abstand von 6,25 Hz. Die Oberschwingungen sind in den Darstellungen weggelassen.

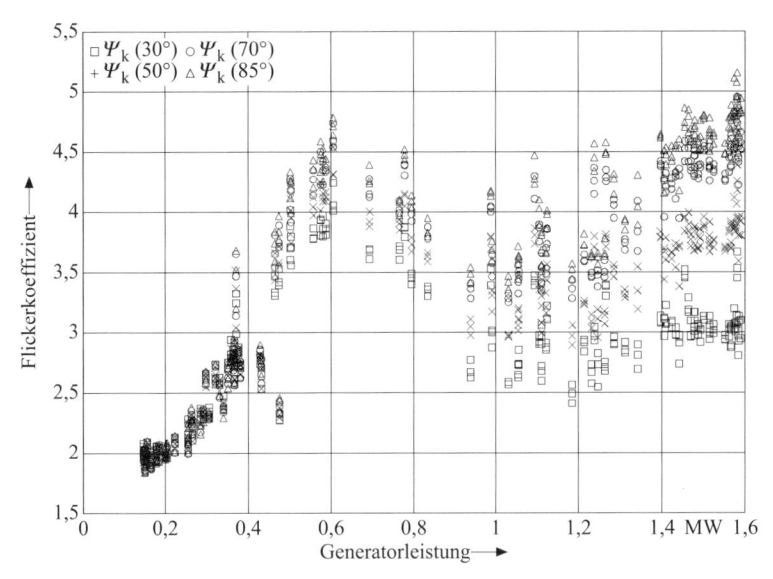

Bild 3.36 Flicker-Koeffizient $c(\Psi_k)$ der Anlage 1 (Vollumrichter, pitch) als Funktion der Generatorleistung für Netzimpedanzwinkel Ψ_k = 30° (Quadrat), 50° (Kreuz), 70° (Kreis) and 85° (Dreieck)

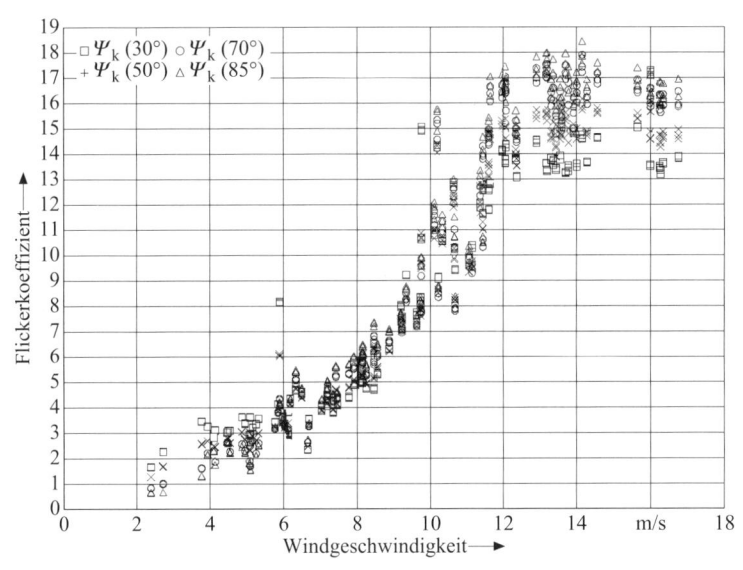

Bild 3.37 Flicker-Koeffizient $c(\Psi_k)$ der Anlage 2 (ASM Direktkopplung, stall) als Funktion der Windgeschwindigkeit für Netzimpedanzwinkel Ψ_k = 30° (Quadrat), 50° (Kreuz), 70° (Kreis) and 85° (Dreieck)

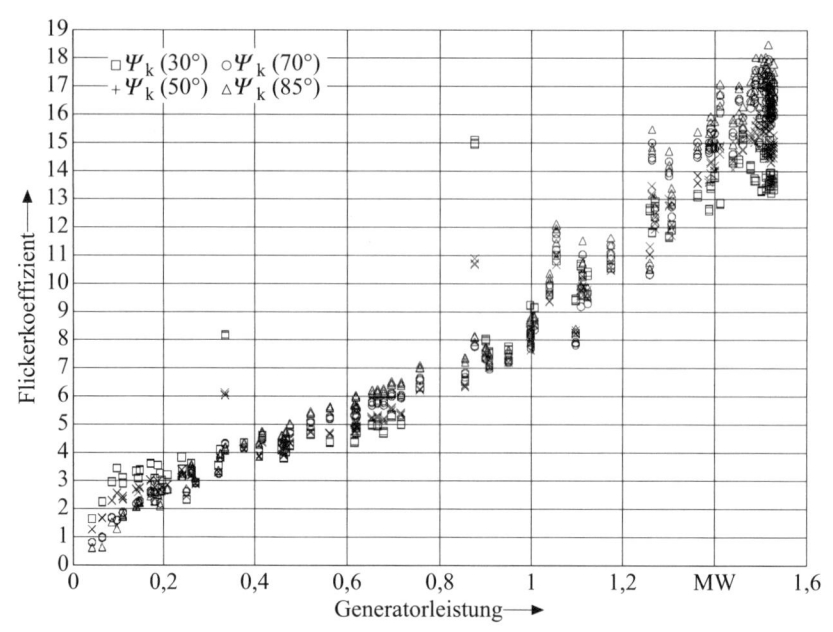

Bild 3.38 Flicker-Koeffizient $c(\Psi_k)$ der Anlage 2 (ASM Direktkopplung, stall) als Funktion der Generatorleistung für Netzimpedanzwinkel Ψ_k = 30° (Quadrat), 50° (Kreuz), 70° (Kreis) and 85° (Dreieck)

Bei der zwischenharmonischen Frequenz 181,25 Hz wurde ein Rundsteuersignal gemessen, wie in **Bild 3.39** zu erkennen ist. Bei jeweils knapp 100 Hz, 300 Hz und 400 Hz sowie zwischen 600 Hz und 750 Hz finden sich Signaturen der frequenzvariablen Zwischenharmonischen. Die Taktfrequenz des Umrichters liegt bei etwa 2,5 kHz, wie aus Bild 3.39 ebenfalls zu ersehen ist. Hier ist offensichtlich noch das untere Seitenband miterfasst worden.

Bild 3.40 zeigt die Messwerte der Stromoberschwingungen der Anlage. Die Ordinate im logarithmischen Maßstab ist in der Skalierung auf 10 A begrenzt, der gemessene Grundschwingungsstrom beträgt 113 A.

Zu beachten ist, dass die hohen Anteile der fünften und siebten Oberschwingung nicht ausschließlich von der Windenergieanlage herrühren, sondern durch die vorhandenen Oberschwingungsspannungen des Netzes verursacht werden.

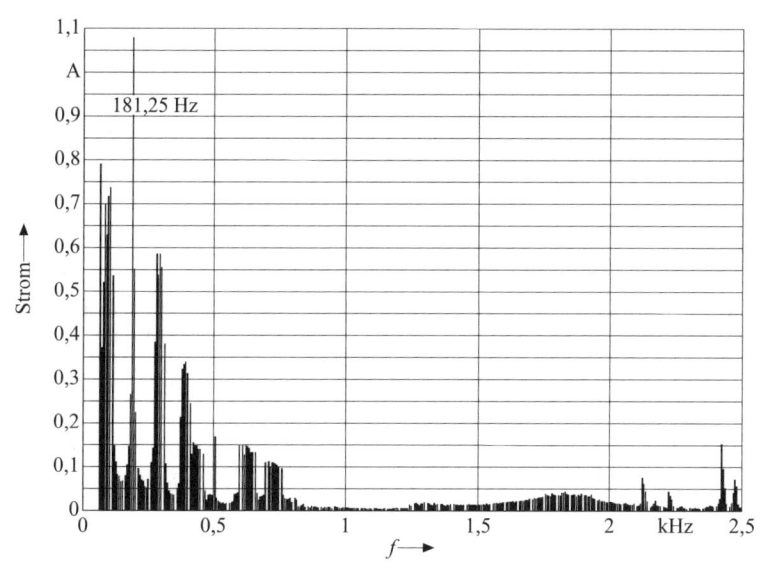

Bild 3.39 99-%-Perzentile der Zwischenharmonischen der WEA 3 (doppelt-gespeister Asynchrongenerator, 2 MW, Grundschwingungsstrom 113 A) im Bereich bis 2,5 kHz

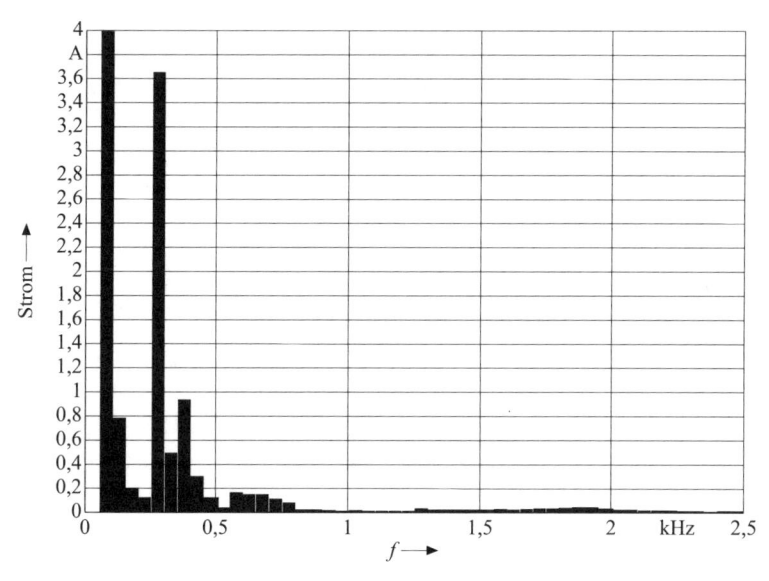

Bild 3.40 99-%-Perzentile der Stromoberschwingungen der Anlage 3 (doppelt-gespeister Asynchrongenerator, 2 MW, Grundschwingungsstrom 113 A) im Bereich bis 2,5 kHz

Literatur Kapitel 3

[3.1] VDEW-Seminar: EEG-Erzeugungsanlagen am Hochspannungsnetz. Frankfurt am Main: VWEW-Energieverlag, 2005

[3.2] Büchner, P.: Stromrichternetzrückwirkungen und ihre Beherrschung. Leipzig: VEB Deutscher Verlag, 1982

[3.3] Jötten, R.: Leistungselektronik – Stromrichter und Schaltungstechnik. Wiesbaden: Vieweg-Verlag, 1977

[3.4] Kloss, A.: Oberschwingungen – Beeinflussungsprobleme der Leistungselektronik. Berlin und Offenbach: VDE VERLAG, 1989

[3.5] Schulz, D.: Netzrückwirkungen – Theorie, Simulation, Messung und Bewertung. VDE-Schriftenreihe Band 115. Berlin und Offenbach: VDE VERLAG, 2004

[3.6] SMA: Sunny Family 2006/2007. Firmenkatalog der Fa. SMA Technologie AG, Niestetal

[3.7] Kleemann, M.; Meliß, M.: Regenerative Energiequellen. 2. Aufl., Berlin, Heidelberg, New York: Springer-Verlag, 1993

[3.8] Heier, S.: Windkraftanlagen. 4. Aufl., Stuttgart, Leipzig, Wiesbaden: Teubner-Verlag, 2005

[3.9] Chicco, G.; Schlabbach, J.; Spertino, F.: Characterisation of the harmonic emission of grid-connected PV-systems. Proc. of IEEE-Conference St. Petersburg PowerTech 2005. St. Petersburg, Russland (Juni 2005), Beitrag 66

[3.10] Drees, S.; Kohn, A.; Schlabbach, J.; Strathmann, D.; Vogel, E.: Oberschwingungs-Störaussendung von Photovoltaikanlagen. Elektrizitätswirtschaft (ew), Bd. 104 (2005) H. 2

[3.11] Schlabbach, J.; Groß, A.: Harmonic current emission of PV-converters under defined voltage conditions. Proc. of IEEE-Conference Melecon 2006, Malaga, Spanien (Mai 2006), Beitrag 31

[3.12] Batrinu, F.; Chicco, G.; Schlabbach, J.; Spertino, F.: Impacts of grid-connected photovoltaic plant operation on the harmonic distortion. Proc. of IEEE-Conference Melecon 2006, Malaga, Spanien (Mai 2006), Beitrag 96

[3.13] Frank, O.; Müller, B.; Schlabbach, J.: Verfahren zur Demontagedetektion von Photovoltaikmodulen. Schriften aus Lehre und Forschung Nr. 22, Fachhochschule Bielefeld, ISBN 3-923216-67-X, Dezember 2006.

[3.14] Schlabbach, J.: Einfluss der Oberschwingungsspannungen auf die Störaussendung von Photovoltaikanlagen. Elektrizitätswirtschaft ew, Bd. 105 (2006) H. 15–16

4 Anschluss von Anlagen an das öffentliche Stromversorgungsnetz

4.1 Allgemeines zu Regeln, Richtlinien und Anschlussbedingungen

Die rechtlichen Grundlagen für Normen, Richtlinien und Regeln im Bereich der elektromagnetischen Verträglichkeit und damit für die Spannungsqualität sind auf EU-Ebene durch die Richtlinie 89/336/EWG des Rates vom 03. Mai 1989 (Angleichung der Rechtsvorschriften der Mitgliedstaaten über die elektromagnetische Verträglichkeit) sowie weiterer Richtlinien zum Thema geschaffen worden.

Auf nationaler Ebene legt das Gesetz über die elektromagnetische Verträglichkeit von Geräten (EMVG) vom 18. September 1998 die Rechtsgrundlage für die Behandlung der elektromagnetischen Verträglichkeit und die Anwendung der nationalen Normen [4.1]. Das EMVG wurde als Umsetzung der EU-Richtlinie 2004/108/EG (EMV-Richtlinie) vom 15. Dezember 2004 geändert und trat als Neufassung am 10. Juli 2007 in Kraft. In EMVG § 3 Abs. (2) heißt es:

„Das Einhalten der Schutzanforderungen wird vermutet für Geräte, die übereinstimmen ... mit den auf das jeweilige Gerät anwendbaren harmonisierten europäischen Normen, ... diese Normen werden in DIN-VDE-Normen umgesetzt und ihre Fundstellen ..."

Im Gesetz über die Energie- und Gasversorgung (Energiewirtschaftsgesetz EnWG) vom 07. Juli 2005, zuletzt geändert am 09. Dezember 2006, wird in § 49 Abs. (1) und Abs. (2) eine ähnliche Formulierung gewählt [4.2].

(1) „Energieanlagen sind so zu errichten und zu betreiben, dass die technische Sicherheit gewährleistet ist. Dabei sind vorbehaltlich sonstiger Rechtsvorschriften die allgemein anerkannten Regeln der Technik zu beachten.

(2) Die Einhaltung der allgemein anerkannten Regeln der Technik wird vermutet, wenn bei Anlagen zur Erzeugung, Fortleitung und Abgabe von ... Elektrizität die technischen Regeln des Verbands der Elektrotechnik Elektronik Informationstechnik e. V. ... eingehalten worden sind."

Anlagen zur Erzeugung von Strom aus erneuerbaren Energien können nach EnWG § 49 Abs. (4) davon abweichend behandelt werden, siehe hierzu Abschnitt 4.6.10.

„Das Bundesministerium für Wirtschaft und Arbeit kann, soweit Anlagen zur Erzeugung von Strom aus erneuerbaren Energien im Sinne des Erneuerbare-Energien-Gesetzes betroffen sind, im Einvernehmen mit dem Bundesministerium für Umwelt,

Naturschutz und Reaktorsicherheit, Rechtsverordnungen mit Zustimmung des Bundesrats über Anforderungen an die technische Sicherheit von Energieanlagen erlassen."

Die detaillierte Ausgestaltung der Anschlussbedingungen ergibt sich für Betreiber von Elektrizitätsversorgungsnetzen aus EnWG § 15 Abs. (1):

"Betreiber von Elektrizitätsversorgungsnetzen sind verpflichtet ... für den Netzanschluss von Erzeugungsanlagen, Elektrizitätsverteilernetzen, Anlagen direkt angeschlossener Kunden ... technische Mindestanforderungen an deren Auslegung und deren Betrieb festzulegen und im Internet zu veröffentlichen."

Weiter heißt es in EnWG § 15 Abs. (3)

"Die technischen Mindestanforderungen ... müssen die Interoperabilität der Netze sicherstellen sowie sachlich gerechtfertigt und nicht diskriminierend sein. Die Interoperabilität umfasst insbesondere die technischen Anschlussbedingungen ..."

Neben den erwähnten Gesetzen existiert eine Vielzahl von Erlassen und Verordnungen, von denen hier nur zwei erwähnt werden sollen.

- Verordnung über Allgemeine Bedingungen für die Elektrizitätsversorgung von Tarifkunden (AVBEltV) Stand 09. Dezember 2004 [4.3]
- Verordnung über Allgemeine Bedingungen für den Netzanschluss und dessen Nutzung für die Elektrizitätsversorgung in Niederspannung (NAV), Stand 01. November 2006 [4.4]

In AVBEltV § 3 Abs. (2) heißt es:

"Vor der Errichtung einer Eigenanlage hat der Kunde dem Elektrizitätsversorgungsunternehmen Mitteilung zu machen. Der Kunde hat durch geeignete Maßnahmen sicherzustellen, dass von seiner Eigenanlage keine schädlichen Rückwirkungen in das öffentliche Elektrizitätsversorgungsnetz möglich sind."

Die NAV gilt anstelle der AVBEltV für alle Anschlussverhältnisse, die nach dem 12. Juli 2005 geschlossen wurden.

NAV § 13 Abs. (2) legt fest:

"Unzulässige Rückwirkungen der Anlage sind auszuschließen. Um dies zu gewährleisten, darf die Anlage nur nach den Vorschriften dieser Verordnung, nach anderen anzuwendenden Rechtsvorschriften und behördlichen Bestimmungen sowie nach den allgemein anerkannten Regeln der Technik errichtet, erweitert, geändert und instand gehalten werden."

In Bezug auf die allgemein anerkannten Regeln der Technik wird auf § 49 Abs. (2) Nr. 1 des Energiewirtschaftsgesetzes verwiesen."

Aussagen bezüglich Netzrückwirkungen werden in NAV § 19 getroffen.

„(1) Anlage und Verbrauchsgeräte sind ... so zu betreiben, dass Störungen ... ausgeschlossen sind.

(2) Erweiterungen und Änderungen .. sind dem Netzbetreiber mitzuteilen, soweit ... mit Netzrückwirkungen zu rechnen ist. Nähere Einzelheiten über den Inhalt der Mitteilung kann der Netzbetreiber regeln.

(3) ... Der Anschlussnehmer ... hat durch geeignete Maßnahmen sicherzustellen, dass von seiner Eigenanlage keine schädlichen Rückwirkungen in das Elektrizitätsversorgungsnetz möglich sind. ..."

Das Recht und die Notwendigkeit zur Festlegung von technischen Anschlussbedingungen sind in NAV § 20 festgelegt.

„Der Netzbetreiber ist berechtigt, in Form von technischen Anschlussbedingungen weitere technische Anforderungen an den Netzanschluss und andere Anlagenteile sowie an den Betrieb der Anlage einschließlich der Eigenanlage festzulegen, ... Diese Anforderungen müssen den allgemein anerkannten Regeln der Technik entsprechen. ..."

Aufbauend auf den rechtlichen Randbedingungen und Forderungen werden die Festlegungen hinsichtlich der elektromagnetischen Verträglichkeit und der Spannungsqualität seitens der Versorgungsnetzbetreiber definiert in:

- Transmission Code, Verband der Netzbetreiber [4.5]

- Technische Richtlinie – Bau und Betrieb von Übergabestationen zur Versorgung von Kunden aus dem Mittelspannungsnetz [4.6]

- Technische Anschlussbedingungen für den Anschluss an das Niederspannungsnetz [4.7]

Andere Richtlinien, technische Regeln und Empfehlungen sind nur dann im Sinne des NAV § 20 bindend, wenn auf sie in den Technischen Anschlussbedingungen im Sinne ihrer Anwendbarkeit verwiesen wird und sie somit Bestandteil der Technischen Anschlussbedingungen sind. Dies können sein:

- VDEW-Richtlinie: Eigenerzeugungsanlagen am Mittelspannungsnetz [4.8]

- VDEW-Richtlinie: Eigenerzeugungsanlagen am Niederspannungsnetz [4.9]

- FGW: Richtlinien der Fördergesellschaft Windenergie e.V. (FGW-Richtlinien) [4.10]

- VDN: D-A-CH-CZ Technische Regeln zur Beurteilung von Netzrückwirkungen [4.11]

Die in den genannten Dokumenten enthaltenen Aussagen zu Netzrückwirkungen und zur Spannungsqualität werden nachfolgend vorgestellt und bewertet.

4.2 Transmission Code – Verband der Netzbetreiber

Im Transmission Code, herausgegeben vom Verband der Netzbetreiber, Stand August 2003, sind lediglich allgemeine Aussagen über Netzrückwirkungen und den Netzanschluss von Erzeugungsanlagen enthalten. In Abschnitt 2.2, Absatz 9 wird dazu verwiesen auf die Technischen Regeln des VDN: D-A-CH-CZ Technische Regeln zur Beurteilung von Netzrückwirkungen [4.11].

4.3 Technische Anschlussbedingungen TAB

Die technischen Anschlussbedingungen der Netzbetreiber orientieren sich alle an den vom Verband der Elektrizitätswerke VDEW herausgegebenen Richtlinien für den Anschluss an das Niederspannungsnetz [4.7] bzw. zur Versorgung von Kunden aus dem Mittelspannungsnetz [4.6].

4.3.1 Bau und Betrieb von Übergabestationen zur Versorgung von Kunden aus dem Mittelspannungsnetz

Aussagen zur Spannungsqualität sind in Kapitel 9 enthalten. Dort wird unter Punkt 9.1 „Rückwirkungen auf das EVU-Netz" (heute: Netz des VNB) die allgemeine Forderung aus dem EnWG und der NAV wiederholt:

„... *Einrichtungen des Kunden sind so zu planen, zu bauen und zu betreiben, dass Rückwirkungen auf das Netz des EVU und die Anlagen anderer Kunden auf ein zulässiges Maß begrenzt werden.*

... Richtwerte für zulässige Netzrückwirkungen sind in der VDE-Druckschrift (gemeint ist die VDEW-Druckschrift) „Grundsätze für die Beurteilung von Netzrückwirkungen" festgelegt. Daraus sind im Folgenden wesentliche Zusammenhänge aufgeführt."

Aufgelistet werden dann einige Anforderungen an

- Spannungsänderungen

    einzelne Änderung: $\Delta u \leq 2\ \%\ U_n$

    häufige Änderungen: $\Delta u \leq 2\ \%\ U_n$ bei 18 min^{-1} (Flickerrelevanz)

- Oberschwingungen

  Allgemeine Aussagen wie: Zulässige Oberschwingungsströme, abhängig von der Leistung

  Empfehlung: OS-Erzeuger nur dann, wenn technisch erforderlich, also möglichst nicht bei Erwärmungsanlagen

- Zwischenharmonische

  Hinweis auf Erzeugung durch Zwischenkreis- und Direktumrichter, Begrenzung auf 0,1 % U_n, wenn deren Frequenz gleich der Rundsteuerfrequenz ist

- Spannungsunsymmetrien

  Empfehlung: $P_{uns} \leq 0{,}7\ \%\ S_{k,VP}$ am Verknüpfungspunkt

  Ansonsten wird auf die in Normen angegebenen Werte verwiesen.

4.3.2 Technische Anschlussbedingungen für den Anschluss an das Niederspannungsnetz

Aussagen zu Netzrückwirkungen und zur Spannungsqualität finden sich in den Kapiteln 5 und 10 nur insoweit, als auf Normen verwiesen wird. Insbesondere sind DIN IEC 60038 (VDE 0175) und DIN EN 50160 explizit erwähnt. Weiterhin finden sich in Kapitel 10 Hinweise auf die im EMVG enthaltenen Regelungen. Ansonsten wird auf die VDEW-Richtlinien zur Bewertung von Netzrückwirkungen und Normen, wie z. B. DIN EN 61000-3 (VDE 0838), verwiesen.

4.4 Richtlinien der Fördergesellschaft Windenergie e. V. (FGW-Richtlinien)

Die FGW-Richtlinien sind von einer Interessengemeinschaft (zur Förderung der Windenergie) herausgegebene Handlungsanleitungen mit sieben Teilen, die laufend aktualisiert werden:

1. Bestimmung der Schallemissionswerte (Stand Februar 2008)
2. Bestimmung von Leistungskurve und standardisierter Energieerträge (Stand März 2004)
3. Bestimmung der elektrischen Eigenschaften (Stand März 2006)
4. Bestimmung der Netzanschlussgrößen (Stand November 2006)
5. Bestimmung des Referenzenergieertrags (Stand Juli 2005)
6. 60-%-Referenzertrag-Nachweis (Stand September 2007)
7. Instandhaltung von Windparks (Stand Juni 2006)

Die FGW-Richtlinien haben nur dann bindenden Charakter, wenn Sie in Normen, Verordnungen oder technischen Anschlussbedingungen als verbindlich erwähnt werden. Im Zusammenhang mit Netzrückwirkungen ist Teil 3 „Bestimmung der elektrischen Eigenschaften" von Interesse.

Aussagen zu Netzrückwirkungen, insbesondere zu Messung und Bewertung, finden sich in Teil 3.4 „Messung und Auswertungen" sowie Anforderungen an die Messgenauigkeit und die Auswertung von Flicker, Oberschwingungen und Zwischenharmonischen. Einige Abweichungen von DIN EN 61000-4-7 (VDE 0847-4-7) sind vorhanden. So bezieht sich die Genauigkeit der OS-Messungen in Abschnitt 3.4 der FGW-Richtlinie Teil 3 auf den Bemessungsstrom, DIN EN 61000-4-7 (VDE 0847-4-7) bezieht die Genauigkeit auf den Nennstrom des Messgeräts. In DIN EN 61000-4-7 (VDE 0847-4-7) wird eine Mittelung der Oberschwingungsmessungen über zehn Netzperioden gefordert. Die FGW-Richtlinie Teil 3 erlaubt die Mittelung der Oberschwingungsmessungen über vier bis 16 Netzperioden

Teil 3.5 „Dokumentation der Messergebnisse" macht ebenfalls einige Aussagen zu Netzrückwirkungen, insbesondere werden Empfehlungen für die Auswertung und Darstellung der Messergebnisse für Flicker, Oberschwingungen und Zwischenharmonische gegeben. Hinsichtlich der Grenzwerte für die Oberschwingungsstöraussendung wird auf die VDEW-Richtlinie „Eigenerzeugungsanlagen am Mittelspannungsnetz" verwiesen. Letztendlich wird im Anhang C der FGW-Richtlinie Teil 3 empfohlen, für die Bewertung von Netzrückwirkungen die Netzimpedanz unter Berücksichtigung der Netzresonanzen zu berücksichtigen.

4.5 VDEW-Richtlinien

Die beiden VDEW-Richtlinien über Erzeugungsanlagen sind zur Zeit in Überarbeitung. Die erwähnten Aussagen sind daher u. U. nicht aktuell.

4.5.1 Eigenerzeugungsanlagen am Mittelspannungsnetz

In der Richtlinie sowie in den Ergänzungen der Richtlinie durch die Versorgungsnetzbetreiber (VNB) finden sich detaillierte Angaben über die zulässige Blindleistung bzw. den Leistungsfaktor (gemeint ist hier der Grundschwingungsleistungsfaktor), die Notwendigkeit für geregelte Kompensation bei stark schwankender Leistung, Hinweise auf mögliche unzulässige Beeinflussung von TFR-Systemen sowie Hinweise auf mögliche Maßnahmen zur Begrenzung von Oberschwingungen bei Vorhandensein einer Kompensationsanlage. Detailliert wird die Vorgehensweise bei der Bestimmung der Spannungsanhebung, der Erhöhung des Kurzschlussstroms, schaltbedingter Spannungsänderungen, Flicker, Oberschwingungen und Zwischenharmonischen geschildert. Anwendungsbeispiele ergänzen die Darstellung. Die in der

Richtlinie erläuterte Vorgehensweise zielt auf die Einhaltung der in DIN EN 50160 genannten Werte ab, basiert jedoch z. B. bei der Bewertung von Oberschwingungen und Zwischenharmonischen auf Überschlagsrechnungen, deren Gültigkeit nicht in jedem Fall, insbesondere nicht bei Netzresonanzen, gegeben ist.

4.5.2 Eigenerzeugungsanlagen am Niederspannungsnetz

Die Richtlinie wird ergänzt durch ein Merkblatt zur VDEW-Richtlinie vom März 2004 und ergänzende Hinweise zur VDEW-Richtlinie vom September 2005. Detailliert wird die Vorgehensweise bei der Bestimmung der Spannungsanhebung, der Erhöhung des Kurzschlussstroms, schaltbedingter Spannungsänderungen, Flicker, Oberschwingungen und Zwischenharmonischen geschildert. Anwendungsbeispiele ergänzen die Darstellung. Die in der Richtlinie erläuterte Vorgehensweise zielt auf die Einhaltung der in DIN EN 50160 genannten Werte ab, basiert jedoch z. B. bei der Bewertung von Oberschwingungen und Zwischenharmonischen auf Überschlagsrechnungen, deren Gültigkeit nicht in jedem Fall, insbesondere nicht bei Netzresonanzen, gegeben ist.

Beide Richtlinien verweisen für die Bewertung von Netzrückwirkungen auf die vom VDEW herausgegebenen „Grundsätze für die Beurteilung von Netzrückwirkungen", wobei sinngemäß heute die vom VDN herausgegebenen „Technische Regeln zur Beurteilung von Netzrückwirkungen" [4.11] anzuwenden sind.

4.6 VDN-Technische Regeln zur Beurteilung von Netzrückwirkungen

Die Technischen Regeln stellen eine 4-Länder-Vereinbarung (Deutschland, Österreich, Schweiz, Tschechische Republik) dar. Sie ist derzeit in der zweiten, erweiterten Auflage verfügbar. Das Konzept der Koordination der Störaussendung in der „VDN-Technische Regeln" [4.11] basiert im Wesentlichen auf den existierenden Verträglichkeitspegeln und den Werten der DIN EN 50160, die an allen Übergabestellen zu Anlagen von Netzbenutzern eingehalten werden müssen. Zusätzlich sind die Normen der Reihe DIN EN 61000-3 zu berücksichtigen, siehe hierzu Abschnitte 5.5.2 und 5.5.3 dieses Buchs.

Das Einhalten der gültigen Normen reicht im Allgemeinen jedoch nicht aus, einen Anschluss in allen Fällen als zulässig zu beurteilen. Die Zustimmung durch den Netzbetreiber hängt zusätzlich auch von einer Beurteilung der im Netz bereits vorhandenen Störgrößen und der gegebenen Lastbedingungen im Netz ab.

Die „VDN-Technische Regeln" geben derzeit nur Kriterien für den Anschluss von Anlagen an das öffentliche Nieder- und Mittelspannungsnetz vor. Für das Hochspannungsnetz werden keine Angaben gemacht. Die Festlegung von Anschlusskriterien an das Hochspannungsnetz erfordern eine differenziertere Beurteilung der Netzverhältnisse, insbesondere möglicher Resonanzen. Für die Störkoordination ist dann die Einführung von Planungspegeln erforderlich. Die „VDN-Technische Regeln" geht derzeit ausschließlich von den Verträglichkeitspegeln aus.

Alle Arten von Netzrückwirkungen sind am Verknüpfungspunkt zu beurteilen.

Die „VDN-Technische Regeln" sind in zehn Kapiteln unterteilt:

1. Netzrückwirkungen, Elektromagnetische Verträglichkeit und Spannungsqualität

2. Begriffe und Definitionen

3. Kurzschlussleistung

4. Spannungsänderungen und Flicker

5. Spannungsunsymmetrie

6. Oberschwingungen

7. Kommutierungseinbrüche

8. Zwischenharmonische Spannungen

9. Tonfrequenzrundsteuerungen (TRA) – Beeinflussungen

10. Erzeugungsanlagen

Im Folgenden werden die einzelnen Kapitel kurz beschrieben und ergänzende Informationen bzw. Herleitungen gegeben.

4.6.1 VDN-Technische Regeln – Kapitel 1: Netzrückwirkungen, Elektromagnetische Verträglichkeit und Spannungsqualität

In diesem Abschnitt der „VDN-Technische Regeln" wird das Konzept der elektromagnetischen Verträglichkeit erläutert. An dieser Stelle wird auf Abschnitt 1.1 dieses Buchs verwiesen.

4.6.2 VDN-Technische Regeln – Kapitel 2: Begriffe und Definitionen

In diesem Kapitel werden wichtige Begriffe zusammengestellt, die teilweise dem Internationalen Elektrotechnischen Wörterbuch (IEV) [4.12] bzw. den gültigen Normen entnommen sind.

Hervorzuheben sind:

- Anlagenstrom I_A

Der über die Anschlussleistung S_A und die Nennspannung U_n der Anlage des Netzbenutzers ermittelte Strom I_A ist:

$$I_A = \frac{S_A}{\sqrt{3}\,U_n} \tag{4.1}$$

- Anschlussimpedanz Z_A

Die Anschlussimpedanz Z_A der Anlage des Netzbenutzers errechnet sich aus der Nennspannung U_n und der Vertragsleistung S_{Ver}

$$Z_A = \frac{U_n^2}{S_{Ver}} \tag{4.2}$$

- Anschlussleistung der Anlage des Netzbenutzers S_A

Die Scheinleistung, auf die die Anlage des jeweiligen Netzbenutzers ausgelegt ist.

- Gesamtoberschwingungsgehalt THD

Verhältnis des Effektivwerts der Summe aller Oberschwingungsanteile (U_ν bzw. I_ν) bis zu einer festgelegten Ordnung (empfohlene Schreibweise: H) zum Effektivwert des Grundschwingungsanteils (U_1 bzw. I_1).

Der THD kann sowohl für die Spannung THD_U als auch für den Strom THD_I angegeben werden:

$$THD_U = \frac{\sqrt{\sum_{\nu=2}^{H} U_\nu^2}}{U_1} \quad \text{bzw.} \quad THD_I = \frac{\sqrt{\sum_{\nu=2}^{H} I_\nu^2}}{I_1} \tag{4.3}$$

Weitere Hinweise siehe Abschnitt 5.2.1

- Laständerung (Scheinleistungsänderung) ΔS_A

Für die Beurteilung von Netzrückwirkungen maßgebliche Scheinleistungsänderung von Geräten und Anlagen (Wirk- und Blindleistungsänderung).

- Leistungsfaktor λ

Verhältnis des Betrags der Wirkleistung P zur Scheinleistung S bei periodischen Bedingungen unter Berücksichtigung von Oberschwingungen, weitere Hinweise siehe Abschnitt 5.2.1.

- Leistungsverhältnis

Verhältnis von Kurzschlussleistung am Verknüpfungspunkt $S_{k,VP}$ zur Anschlussleistung der Anlage des Netzbenutzers S_A.

- Oberschwingungslast der Anlage des Netzbenutzers S_{OS}

Höchste zu erwartende, bewertete Summenleistung aller jener Geräte und Anlagen in einer Anlage des Netzbenutzers, die als Oberschwingungserzeuger zu betrachten sind.

- Oberschwingungslastanteil der Anlage des Netzbenutzers S_{OS}/S_A

Verhältnis von Oberschwingungslast der Anlage des Netzbenutzers zur Anschlussleistung der Anlage des Netzbenutzers.

- Verknüpfungspunkt VP (in den „VDN-Technische Regeln" mit V bezeichnet)

Punkt in einem öffentlichen Netz, der elektrisch einer bestimmten Anlage eines Netzbenutzers am nächsten liegt und an den andere Netzbenutzer angeschlossen sind oder werden können

- Verschiebungsfaktor cos φ

Quotient aus Wirkleistung und Scheinleistung, bezogen auf die Grundschwingung von Spannung und Strom. Weitere Hinweise siehe Kapitel 1.

- Übergabestelle

Anschlusspunkt der Anlage des Netzbenutzers an das öffentliche Netz.

4.6.3 VDN-Technische Regeln – Kapitel 3: Kurzschlussleistung

Beurteilungsgrundlage ist die Kurzschlussleistung $S_{k,VP}$ am Verknüpfungspunkt.

Bei der Ermittlung der Kurzschlussleistung ist von jenen normalen Betriebsbedingungen auszugehen, die die kleinste Kurzschlussleistung ergeben. Vorübergehende betriebsbedingte Sonderschaltzustände werden nicht berücksichtigt. Ziel dieser Überlegungen ist es, in jedem Falle die Schaltfreiheit der Netze zu gewährleisten. Die Impedanzen sind für 20 °C zu ermitteln; in Niederspannungsnetzen sollte die Kabelimpedanz bei 70 °C ermittelt werden.

Für die Kurzschlussleistung am Verknüpfungspunkt in Drehstromnetzen gilt die Beziehung:

$$S_{k,VP} = \frac{U_{VP}^2}{Z_{k,VP}} \quad (4.4)$$

$S_{k,VP}$ Kurzschlussleistung am Verknüpfungspunkt
U_{VP} verkettete Spannung am Verknüpfungspunkt
$Z_{k,VP}$ Kurzschlussimpedanz des Netzes am Verknüpfungspunkt

Die Netzimpedanz am Verknüpfungspunkt VP setzt sich aus der Impedanz des übergeordneten Netzes sowie den Impedanzen von Transformatoren und Leitungen zusammen.

Die Impedanzen der Betriebsmittel werden aus den Bemessungsdaten bzw. bei Leitungen und Kabeln aus den Widerstands- und Induktivitätsbelägen ermittelt. In einem System mit mehreren Spannungsebenen müssen alle ermittelten Impedanzen auf die Spannung am Verknüpfungspunkt umgerechnet werden. Die Umrechnung erfolgt durch Division der Teilimpedanzkomponenten durch das Quadrat der Übersetzungsverhältnisse aller Transformatoren, die zwischen betrachteter Teilimpedanz und Verknüpfungspunkt angeordnet sind. In der Praxis kann man mit dem Quadrat der Verhältnisse der Nennspannungen rechnen.

$$Z_{VP} = Z_B \left(\frac{U_{n,VP}}{U_{n,B}} \right)^2 \tag{4.5}$$

Z_B ist die Impedanz des Betriebsmittels, das in der Spannungsebene mit der Spannung U_B angeschlossen ist. Eingehende Betrachtungen zum Berechnen der Kurzschlussleistung als Maß für die Netzimpedanz zur Bewertung von Netzrückwirkungen und der Kurzschlussleistung bzw. des Kurzschlussstroms als Grundlage für die Anlagenprojektierung und -auslegung findet man in Abschnitt 2.5 dieses Buchs sowie in [4.13].

4.6.4 VDN-Technische Regeln – Kapitel 4: Spannungsänderungen und Flicker

In der Regel erzeugen Geräte mit Nennströmen bis zu 75 A nur lokale Störungen. Anlagen mit größeren Anschlussleistungen (> 75 A je Leiter) können benachbarte Anlagen und möglicherweise ein gesamtes Niederspannungsnetz maßgeblich beeinflussen. Deshalb ist in diesen Fällen generell eine individuelle Beurteilung nach Maßgabe der Technischen Regeln erforderlich.

Bedingungen zur Flickerbewertung:

- Die Werte der DIN EN 50160 sind an allen NS/MS-Übergabestellen zu den Anlagen der Netzbenutzer einzuhalten: $P_{lt,95\%} = 1,0$ (Beobachtungsdauer: eine Woche). Die Summationsgesetze und die Gesetze der Flickerverteilung in Netzen sind zu berücksichtigen.

- Die Verträglichkeitspegel nach DIN EN 61000-2-2 (VDE 0839-2-2) bzw. DIN EN 61000-2-12 (VDE 0839-2-12) sind im gesamten Netz einzuhalten: $P_{st} = 1,0$ und $P_{lt} = 0,8$.

- Mit steigender Netzkurzschlussleistung sollte der P_{st}- und P_{lt}-Wert in öffentlichen Netzen sinken, da in den meisten Fällen entsprechend dem Flickerausbreitungsprinzip mehr Anlagen davon betroffen sind.
- Grundsätzlich sollten die zulässigen Störaussendungen für alle Geräte und Anlagen gleich sein.

Die folgenden Überlegungen gelten für Anlagen mit einer Anschlussleistung größer als 50 kVA (etwa 75 A je Leiter in dreiphasigen Systemen).

Geht man davon aus, das die Gesamt-Flickerstärke, die von allen Anlagen im Mittelspannungsnetz erzeugt wird, gleich dem Verträglichkeitspegel $P_{st,VT,MS} = 1{,}0$ ist, dann beträgt der vom Mittelspannungsnetz nach Gl. (4.6) in das Niederspannungsnetz übertragene Flickerpegel (Flicker-Abwärtstransfer):

$$P_{st,MS-NS} = P_{st,VT,MS} T_{Pst,MS-NS} = 1{,}0 \cdot 0{,}8 = 0{,}8 \qquad (4.6)$$

$T_{Pst,MS-NS}$ wird als Transferkoeffizient bezeichnet, Richtwert = 0,8

Die zulässige Gesamtflickeremission im NS-Netz $P_{st,NS, ges}$ ist kleiner als der Verträglichkeitspegel, da der Flickertransfer von der überlagerten Spannungsebene berücksichtigt werden muss.

Mithilfe des kubischen Überlagerungsgesetzes kann die zulässige Gesamtflickeremission einer Anlage im Niederspannungsnetz berechnet werden.

$$P_{st,NS,ges} = \left(P_{st,VT,NS}^3 - P_{st,MS-NS}^3\right)^{\frac{1}{3}} = \left(1^3 - 0{,}8^3\right)^{\frac{1}{3}} = 0{,}8 \qquad (4.7)$$

Der Verteilungsschlüssel zum Aufteilen der gesamten zulässigen Störaussendung im Niederspannungsnetz ist das Verhältnis der Anschlussleistung der Kundenanlage S_A zur Bemessungsleistung des Transformators $S_{r,T}$. Unter Berücksichtigung des Gleichzeitigkeitsfaktors g erhält man:

$$P_{st,i,NS} = P_{st,NS,ges} \cdot \left(\frac{S_A}{S_{r,T}}\right)^{\frac{1}{3}} \cdot \left(\frac{1}{g}\right)^{\frac{1}{3}} \qquad (4.8)$$

In der „VDN-Technische Regeln" werden zwei Extremfälle unterschieden:

Extremfall A: Es wird nur eine Anlage mit $S_A = S_{r,T}$ im Niederspannungsnetz angeschlossen, der Gleichzeitigkeitsfaktor ist dann $g = 1$. Der vom Mittelspannungsnetz eingekoppelte Flickerpegel wird mit null angesetzt. Einsetzen in Gl. (4.8) liefert $P_{st,i,NS} = 1{,}0$.

Extremfall B: Es wird eine kleine Anlage mit $S_A = 50$ kVA im Niederspannungsnetz, das von einem leistungsstarken Transformator mit $S_{rT} = 1{,}2$ MVA gespeist wird, angeschlossen. Der vom Mittelspannungsnetz eingekoppelte Flickerpegel wird ebenfalls mit null angesetzt. Für den Gleichzeitigkeitsfaktor wird ein Wert von 0,2 zugrunde gelegt.

$$P_{st,i,NS} = 1 \cdot \left(\frac{0{,}05\,\text{MVA}}{1{,}2\,\text{MVA}}\right)^{\frac{1}{3}} \cdot \left(\frac{1}{0{,}2}\right)^{\frac{1}{3}} = 0{,}6$$

Der Mittelwert aus den Extremfällen A und B ergibt:

$$P_{st,i,NS} = \frac{1 + 0{,}6}{2} = 0{,}8$$

Da viele Faktoren im Zusammenhang mit der Festlegung des zulässigen Flickeremissionspegels praktisch nur schwer zu erheben sind, wurde im Sinne einer Vereinfachung des Beurteilungsverfahrens für jede Anlage größer $S_A > 50$ kVA generell ein Kurzzeit-Flickeremissions-Grenzwert von 0,8 festgelegt. Der Langzeit-Flickeremissions-Grenzwert errechnet sich aus dem Kurzzeit-Flickeremissions-Grenzwert durch Multiplikation mit dem Faktor 0,65, dem Verhältnis Langzeit- zu Kurzzeit-Flickeremissions-Grenzwert gemäß DIN EN 61000-3-3 (VDE 0838-3) zu $P_{lt,i} = 0{,}5$.

Zusätzlich ist die Höhe der maximalen Spannungsänderung begrenzt. Damit ergibt sich folgendes Beurteilungsschema:

r/min^{-1}	$d_{max,i}$	$P_{st,i}$	$P_{lt,i}$
$\geq 0{,}1$	NS: 3 %	0,8	0,5
	MS: 2 %		
$0{,}01 \leq r \leq 0{,}1$	NS: 3 %	–	–
	MS: 2 %		
$< 0{,}01$	NS: 6 %	–	–
	MS: 3 %		

Tabelle 4.1 Beurteilungsschema für eine Kundenanlage am Verknüpfungspunkt

Bei der Anwendung der vorstehenden Tabelle ist Folgendes zu beachten:

- Die Wiederholrate r ist bei der Beurteilung der Spannungsänderung zu berücksichtigen.

- Die maximale Spannungsänderung $d_{max,i}$ durch den Betrieb einer Anlage errechnet sich aus jener Belastungsänderung, die den größten Spannungssprung bzw. den größten Flickerpegel bewirkt.

- Es ist jener Außenleiter auszuwählen, in dem die größten Spannungsänderungen auftreten. Nicht flickerwirksame transiente Spannungänderungen sind für die Ermittlung von $d_{max,i}$ nicht zu berücksichtigen.

- Die Störemission einer Einzelanlage ist die Spannungsänderung d_i bzw. die Flickerstärke $P_{st,i}$, die allein durch die Laständerung dieser Anlage (bei sonst störfreiem Netz) am Verknüpfungspunkt verursacht wird.

- Der Flickerpegel P_{st} im Netz bzw. der resultierende Spannungsänderungsverlauf $d(t)$ ist das Ergebnis der Summenwirkung aller Anlagen im Netz und ist dementsprechend stets höher.

- Auf Spannungsänderungen, die nur einige Male am Tag auftreten (z. B. Zuschalten großer Lasten in der Anlage des Netzbenutzers), sind die Kurzzeitflickergrenzwerte nicht anzuwenden.

4.6.5 VDN-Technische Regeln – Kapitel 5: Spannungsunsymmetrie

In diesem Kapitel werden Entstehung, Berechnung, Bewertung und Auswirkungen von Unsymmetrien behandelt. Als Kenngröße von Unsymmetrien dient der Unsymmetriegrad k_U der Spannung. Der Verträglichkeitspegel für den Unsymmetriegrad im stationären Betrieb beträgt $k_U = 2$ %. Für einzelne Verbraucheranlagen ist der resultierende Unsymmetriegrad (gemittelt über 10 min) mit $k_{U,i} = 0{,}7$ % angegeben. Für weitere Angaben zur Behandlung von Unsymmetrien wird auf Kapitel 7 dieses Buchs verwiesen.

4.6.6 VDN-Technische Regeln – Kapitel 6: Oberschwingungen

Die Oberschwingungs-Störaussendung ist für alle Anlagen begrenzt. Für die Ermittlung der zulässigen Störaussendung einer Kundenanlage ist ein Konzept angegeben, das auf folgende Überlegungen beruht:

- Die Oberschwingungspegel nach DIN EN 50160 sind an der Übergabestelle einzuhalten, siehe hierzu auch Abschnitt 1.4 dieses Buchs.

- Alle Kunden dürfen, unabhängig von ihrem Anschlussort und der Netztopologie dieselbe relative Oberschwingungsleistung $S_{v,i}/S_{A,i}$ erzeugen d. h.

$$\frac{S_{v,i}}{S_{A,i}} = \text{const.} \tag{4.9}$$

$S_{A,i}$ ist die Anlagenleistung der i-ten Kundenanlage. Untersuchungen haben gezeigt, dass durch diese Festlegung die Aufnahmefähigkeit des Netzes für Oberschwingungen besser ausgenutzt werden kann.

Eine Kundenanlage erzeugt an der Netzimpedanz Z_v die Oberschwingungsleistung:

$$S_{v,i} = 3 \cdot I_{v,i}^2 \cdot Z_v = \frac{3U_{v,i,Y}^2}{Z_v} = \frac{3U_{v,i,Y}^2}{vZ_{k,VP}} \frac{U_n^2}{U_n^2} = u_{v,i}^2 \frac{S_{k,VP}}{v} \tag{4.10}$$

$U_{v,i,Y}$ ist jene Oberschwingungs-Sternspannung, welche der von der i-ten Kundenanlage eingespeiste Oberschwingungsstrom an der Netzimpedanz am Anschlusspunkt erzeugt.

- Die von allen Kundenanlagen an der Transformatorsammelschiene erzeugte Oberschwingungsspannung $u_{v,SS}$ darf einen maximalen Wert $u_{v,\max}$ ($u_{v,\max} < u_{v,VT}$) nicht überschreiten. Damit wird sichergestellt, dass beim Einhalten der Pegel an der Transformatorsammelschiene der Verträglichkeitspegel im gesamten Netz nicht überschritten wird. Aufgrund von Erfahrungen wurden die Beziehungen nach Gln. (4.11) und (4.12) empirisch gefunden.

$$u_{v,\max,NS} = u_{v,VT,NS} \cdot \frac{15+v}{60} \quad \text{für NS-Netze} \tag{4.11}$$

$$u_{v,\max MS} = u_{v,VT,MS} \cdot \frac{25+v}{60} \quad \text{für MS-Netze} \tag{4.12}$$

Beispiel:

- $v = 5$ und Verträglichkeitspegel $u_{5,VT,NS} = 6\,\%$ für NS-Netze ergibt $u_{5,\max,NS} = 2\,\%$ bzw.
- $v = 5$ und Verträglichkeitspegel $u_{5,VT,MS} = 6\,\%$ für MS-Netze ergibt $u_{5,\max,MS} = 3\,\%$
- Die von den einzelnen Kundenanlagen hervorgerufenen Oberschwingungsspannungen addieren sich geometrisch nach folgendem exponentiellen Summationsgesetz:

$$u_{\nu,\text{ges}} = \alpha \sqrt{\sum_i u_{\nu,i}^{\alpha}} \qquad (4.13)$$

mit $\alpha = 1{,}4$ für $\nu = 5$ und 7 bzw. $\alpha = 2$ für $\nu = 11$.

- Die zulässige Oberschwingungsspannung einer Kundenanlage erhöht sich entsprechend dem Gleichzeitigkeitsfaktor g ($g \leq 1$), da nicht alle Anlagen gleichzeitig in Betrieb sind.
- Jeder Kunde darf nur einen individuellen Anteil $u_{\nu,i,\text{SS}}$ der gesamten zulässigen Oberschwingungsspannung $u_{\nu,\text{max}}$ an der Sammelschiene der Ortsnetzstation für sich in Anspruch nehmen.

Der Verteilungsschlüssel ist das Verhältnis der Anlagenleistung der Kundenanlage $S_{\text{A},i}$ zur Transformatorleistung $S_{\text{r,T}}$. Unter Berücksichtigung des Gleichzeitigkeitsfaktors g erhält man:

$$u_{\nu,i,\text{SS}} = \left(\frac{S_{\text{A},i}}{S_{\text{r,T}}}\right)^{\frac{1}{\alpha}} \left(\frac{1}{g}\right)^{\frac{1}{\alpha}} u_{\nu,\text{max}} \qquad (4.14)$$

Mit $S_{\text{r,T}} = u_{\text{k,T}} S_{\text{k,SS}}$

$$u_{\nu,i,\text{SS}} = \left(\frac{1}{u_{\text{k,T}}} \frac{1}{g} \frac{S_{\text{A},i}}{S_{\text{k,SS}}}\right)^{\frac{1}{\alpha}} u_{n,\text{max}} \qquad (4.15)$$

Mit diesen Forderungen kann die zulässige Störaussendung einer einzelnen Kundenanlage an ihrem Verknüpfungspunkt bestimmt werden. Berechnet werden die zulässigen relativen Oberschwingungsströme je Kundenanlage, die in ihrer Gesamtheit am Transformator eine Oberschwingungsspannung erzeugen, die einen bestimmten vorgegebenen Wert nicht überschreitet.

Berechnung der Faktoren p_ν

Der von einer Kundenanlage in das Netz eingeführte Oberschwingungsstrom $I_{\nu,i}$ ruft an der frequenzabhängigen Netzimpedanz $Z_{\nu,\text{VP}}$ am Verknüpfungspunkt einen Spannungsfall $U_{\nu,i,\text{VP}}$ nach Gl. (4.16) hervor.

$$U_{\nu,i,\text{VP}} = I_{\nu,i} Z_{\nu,\text{VP}} \qquad (4.16)$$

Für die relative Oberschwingungsspannung gilt unter der Voraussetzung einer induktiven Netzimpedanz (Resonanzen werden nicht berücksichtigt) Gl. (4.17)

$$u_{\nu,i,\text{VP}} = \frac{I_{\nu,i} Z_{\nu,\text{VP}}}{U_n} = \frac{I_{\nu,i}}{I_{\text{A},i}} \nu \frac{Z_{\text{VP}} I_{\text{A},i} U_n}{U_n^2} = \frac{I_{\nu,i}}{I_{\text{A},i}} \nu \frac{S_{\text{A},i}}{S_{\text{k,VP}}} \qquad (4.17)$$

Für die zulässigen Oberschwingungsströme erhält man nach Umstellen von Gl. (4.17):

$$\frac{I_{v,i}}{I_{A,i}} = \frac{u_{v,i,VP}}{v} \frac{S_{k,VP}}{S_{A,i}} \quad (4.18)$$

Aus Gl. (4.10) erhält man Gl. (4.19) und Gl. (4.20)

$$u_{v,i,VP} = \sqrt{vS_{v,i}} \sqrt{\frac{1}{S_{k,VP}}} \quad (4.19)$$

$$u_{v,i,SS} = \sqrt{vS_{v,i}} \sqrt{\frac{1}{S_{k,SS}}} \quad (4.20)$$

und damit Gl. (4.21)

$$\frac{u_{v,i,VP}}{u_{v,i,SS}} = \sqrt{\frac{S_{k,SS}}{S_{k,VP}}} \quad (4.21)$$

G. (4.21) zeigt, dass mit zunehmender Entfernung von der Sammelschiene wegen sinkender Kurzschlussleistung höhere Oberschwingungsspannungen zulässig sind.

$$u_{v,i,SS} = u_{v,i,VP} \sqrt{\frac{S_{k,VP}}{S_{k,SS}}} \quad (4.22)$$

Gleichsetzen von Gl. (4.22) mit Gl. (4.15) liefert

$$u_{v,i,SS} = u_{v,i,VP} \sqrt{\frac{S_{k,VP}}{S_{k,SS}}} = \left(\frac{1}{u_{k,T}} \frac{1}{g} \frac{S_{A,i}}{S_{k,SS}} \right)^{\frac{1}{\alpha}} u_{v,max} \quad (4.23)$$

nach Auflösen nach $u_{v,i,VP}$ erhält man Gl. (4.24).

$$u_{v,i,VP} = \left(\frac{1}{u_{k,T}} \frac{1}{g} \frac{S_{A,i}}{S_{k,SS}} \right)^{\frac{1}{\alpha}} u_{v,max} \sqrt{\frac{S_{k,SS}}{S_{k,VP}}} \quad (4.24)$$

Nach Einsetzen in Gl. (4.18) erhält man die zulässige Störaussendung nach Gl. (4.25) bzw. Gl. (4.26)

$$\frac{I_{v,i}}{I_{A,i}} = \frac{u_{v,i,\mathrm{VP}}}{v} \frac{S_{k,\mathrm{VP}}}{S_{A,i}}$$

$$= \frac{1}{v}\left(\frac{1}{u_{k,\mathrm{T}}}\frac{1}{g}\frac{S_{A,i}}{S_{k,\mathrm{SS}}}\right)^{\frac{1}{\alpha}} u_{v,\max}\sqrt{\frac{S_{k,\mathrm{SS}}}{S_{k,\mathrm{VP}}}} \frac{S_{k,\mathrm{VP}}}{S_{A,i}} \qquad (4.25)$$

$$= \left(\frac{u_{v,\max}^2}{v^2}\frac{S_{k,\mathrm{SS}}}{S_{A,i}}\right)^{\frac{1}{2}} \left(\frac{1}{u_{k,\mathrm{T}}}\frac{1}{g}\frac{S_{A,i}}{S_{k,\mathrm{SS}}}\right)^{\frac{1}{\alpha}} \sqrt{\frac{S_{k,\mathrm{VP}}}{S_{A,i}}}$$

$$\frac{I_{v,i}}{I_{A,i}} = \frac{p_v}{1000} \sqrt{\frac{S_{k,\mathrm{VP}}}{S_{A,i}}} \qquad (4.26)$$

mit

$$\frac{p_v}{1000} = \left(\frac{u_{v,\max}^2}{v^2}\frac{S_{k,\mathrm{SS}}}{S_{A,i}}\right)^{\frac{1}{2}} \left(\frac{1}{u_{k,\mathrm{T}}}\frac{1}{g}\frac{S_{A,i}}{S_{k,\mathrm{SS}}}\right)^{\frac{1}{\alpha}} \qquad (4.27)$$

Mit Gl. (4.27) können die p_v-Faktoren individuell ermittelt werden.

Setzt man einen mittleren Summationsexponenten von $\alpha = 2$ und den Gleichzeitigkeitsfaktor $g = 1$ an, dann ergibt sich Gl. (4.28).

$$p_v = 1000 \frac{u_{v,\max}}{v\sqrt{u_{k,\mathrm{T}}}} \qquad (4.28)$$

Geht man weiter von einer mittleren Kurzschlussspannung eines Transformators von 5 % im Niederspannungsnetz bzw. 13 % im Mittelspannungsnetz aus, dann erhält man mit Gln. (4.11) und (4.12) eine Zahlenwertgleichung für die Ermittlung von Richtwerten für p_v, wie in Gln. (4.29) und (4.30) angegeben. $u_{v,\mathrm{VT}}$ ist der Verträglichkeitspegel nach DIN EN 61000-2-2 (VDE 0839-2-2).

$$p_v = \frac{1000}{60\sqrt{0{,}05}} \frac{15+v}{v} u_{v,\mathrm{VT,NS}} \qquad \text{für NS-Netze} \qquad (4.29)$$

$$= 75 \frac{15+v}{v} u_{v,\mathrm{VT,NS}}$$

$$p_\nu = \frac{1000}{60\sqrt{0{,}13}} \frac{25+\nu}{\nu} u_{\nu,\text{VT,MS}} \qquad \text{für MS-Netze} \qquad (4.30)$$

$$= 46 \frac{25+\nu}{\nu} u_{\nu,\text{VT,MS}}$$

Für $\nu = 5$ ergibt sich z. B. ein Wert von $p_5 = 17{,}8$ (NS) bzw. $p_5 = 16{,}6$ (MS). Dieser Wert und alle anderen Werte werden gerundet angegeben; z. B. $p_5 = 15$. Damit sind die Werte der p_ν-Faktoren unabhängig von der Spannungsebene. Dies ist möglich, da der Summationsexponent α in einem weiten Bereich streut. Die in der **Tabelle 4.3** angegebenen Werte für p_ν stellen Richtwerte dar, mit Gl. (4.26) ergeben sich dann die Werte für die zulässige Oberschwingungsstöraussendung. Tabelliert sind die Werte für die stromrichtertypischen Oberschwingungen. In speziellen Fällen kann es notwendig sein, individuelle p_ν-Werte nach Gl. (4.27) zu berechnen. Die praktische Erfahrung hat jedoch gezeigt, dass die Verwendung der Richtwerte in den meisten Fällen ausreichend ist.

ν	3	5	7	11	13	17	19	> 19
p_ν	6 (18)*	15	10	5	4	2	1,5	1

Tabelle 4.2 p_ν-Faktoren
* Der Klammerwert gilt für den Neutralleiter

Setzt man Gl. (4.26) in Gl. (4.17) ein, dann erhält man für die Oberschwingungsspannung der i-ten Kundenanlage:

$$u_{\nu,i,\text{VP}} = \nu \frac{p_\nu}{1000} \sqrt{\frac{S_{\text{A},i}}{S_{\text{k,VP}}}} \qquad (4.31)$$

und nach Multiplikation von Gl. (4.31) mit Gl. (4.26)

$$\frac{S_{\nu,i}}{S_{\text{A},i}} = \nu \left(\frac{p_\nu}{1000}\right)^2 \qquad (4.32)$$

Für $\nu = 5$ ergibt sich $S_{\nu,i}/S_\text{A} = 0{,}0011$, d. h. jede Kundenanlage darf etwa $1/1000$ der Anlagenleistung als Oberschwingungsleistung für die fünfte Oberschwingung ins Netz emittieren.

Berechnung der zulässigen Störaussendung

Die zulässigen relativen Oberschwingungsströme, die von einer Anlage emittiert werden dürfen, ergeben sich damit nach Gl. (4.33)

$$i_v = \frac{I_v}{I_A} = \frac{p_v}{1000} \cdot \sqrt{\frac{S_{k,VP}}{S_A}} \qquad (4.33)$$

Dabei bedeuten $S_{k,VP}$ die Kurzschlussleistung am Verknüpfungspunkt als Maß für die Netzimpedanz und S_A die Anschlussleistung der Anlage, berechnet aus der Nennspannung bzw. der Bemessungsspannung und dem Anlagenstrom, siehe hierzu auch Abschnitt 5.5.3.

Da jede Anlage individuell beurteilt wird, kann der Index i in Gl. (4.26) für die weiteren Betrachtungen entfallen. Zu beachten ist, dass S_A die Leistung der Gesamtanlage darstellt.

Zusätzlich zu den einzelnen Oberschwingungsströmen ist die Gesamtheit aller Oberschwingungsströme begrenzt. Der Gesamtoberschwingungsgehalt der Anlage des Netzbenutzers wird als THD_{IA} bezeichnet:

$$THD_{IA} = \frac{\sqrt{\sum_{v=2}^{50} I_v^2}}{I_A} \qquad (4.34)$$

Der THD_{IA} bezieht sich auf den Anlagenstrom.

Den maximalen Wert für den THD_{IA} erhält man aus den p_v-Faktoren nach Gl.(4.33) zu

$$THD_{IA} = \frac{1}{1000} \sqrt{\sum_{v=2}^{50} p_v^2} \sqrt{\frac{S_{k,VP}}{S_A}} \approx \frac{20}{1000} \sqrt{\frac{S_{k,VP}}{S_A}} \qquad (4.35)$$

Daraus ergibt sich die Forderung:

$$THD_{IA} \leq \frac{20}{1000} \sqrt{\frac{S_{k,VP}}{S_A}} \qquad (4.36)$$

Die VDN-Technische Regeln gehen bei der Anschlussbeurteilung von der gesamten Kundenanlage und nicht von den einzelnen Oberschwingungserzeugern innerhalb der Anlage aus. Die einzelnen Oberschwingungserzeuger werden dabei zu einer resultierenden Oberschwingungslast S_{OS} so zusammengefasst, sodass diese das zu erwartende Oberschwingungsverhalten der gesamten Anlage wiedergibt. Die Oberschwingungslast S_{OS} setzt sich aus Einzellasten mit unterschiedlichen Stromanteilen I_5/I_n zusammen. Es ist deswegen erforderlich, einen repräsentativen Wert für den relativen Oberschwingungsstrom I_5/I_{OS} der Oberschwingungslast S_{OS} zu finden.

Aufgrund von praktischen Erfahrungen, die u. a. auch auf den UNIPEDE NORM-COMP 88 „Report on EMC-Coordination in Electricity Supply Systems" zurückgehen, wurden für die Niederspannung $I_5/I_{OS} = 0{,}17$ und für die Mittelspannung $I_5/I_{OS} = 0{,}25$ als Richtwerte für die weiteren Betrachtungen zugrunde gelegt.

Diese beiden Erfahrungswerte sollen sicherstellen, dass im gesamten Netz die Grenzwerte für die fünfte Oberschwingung eingehalten werden. Unter der Voraussetzung, dass die Grenzkurve für die Oberschwingungslast die gleiche Steigung wie die Stromgrenzkurve nach Gl. (4.26) aufweisen soll, erhält man:

$$\frac{S_{OS}}{S_A} = b \cdot \sqrt{\frac{S_{kV}}{S_A}} \qquad (4.37)$$

Der Faktor b wird beispielsweise für NS-Netze wie folgt bestimmt:

$$\frac{I_{5,i}}{I_{A,i}} = \frac{p_5}{1000} \sqrt{\frac{S_{k,VP}}{S_{A,i}}} = 0{,}015 \sqrt{\frac{S_{k,VP}}{S_{A,i}}} \qquad (4.38)$$

$$\frac{I_{5,i}}{I_{A,i}} = \frac{I_5}{I_{OS}} \cdot \frac{S_{OS}}{S_A} \qquad (4.39)$$

Gleichsetzen von Gl. (4.38) und Gl. (4.39) und Auflösen liefert $b = 0{,}0882$ für NS-Netze. In gleicher Weise findet man $b = 0{,}06$ für MS-Netze.

Eine Kundenanlage, die nur aus einer oberschwingungserzeugenden Anlage besteht ($S_{OS} = S_A$) erfordert beispielsweise im Niederspannungsnetz ein Leistungsverhältnis von mindestens 128, im Mittelspannungsnetz von 278. Mit dem Ziel, die Beurteilung so einfach wie möglich zu machen, wurden die Zahlenwerte für $S_{OS} = S_A$ auf 150 (NS) und 300 (MS) gerundet.

Damit ergeben sich endgültig die b-Faktoren 0,082 (NS) und 0,058 (MS) und die in **Bild 4.1** dargestellten Beurteilungskurven.

Für die Beurteilung werden ausschließlich 50-Hz-Leistungen verwendet. Es wird kein Unterschied zwischen kW und kVA gemacht. Es werden keine einzelnen Geräte oder Anlagenteile, sondern die gesamte Anlage des Netzbenutzers beurteilt. Die Oberschwingungslast einer Anlage eines Netzbenutzers umfasst neben den neu anzuschließenden Oberschwingungserzeugern auch die bereits vorhandenen. Die Einteilung erfolgt, entsprechend dem Oberschwingungsgehalt des Stroms, in zwei Gruppen. Betriebsmittel mit einem $THD_I < 10\ \%$ werden bei der Bestimmung der Oberschwingungslast nicht berücksichtigt.

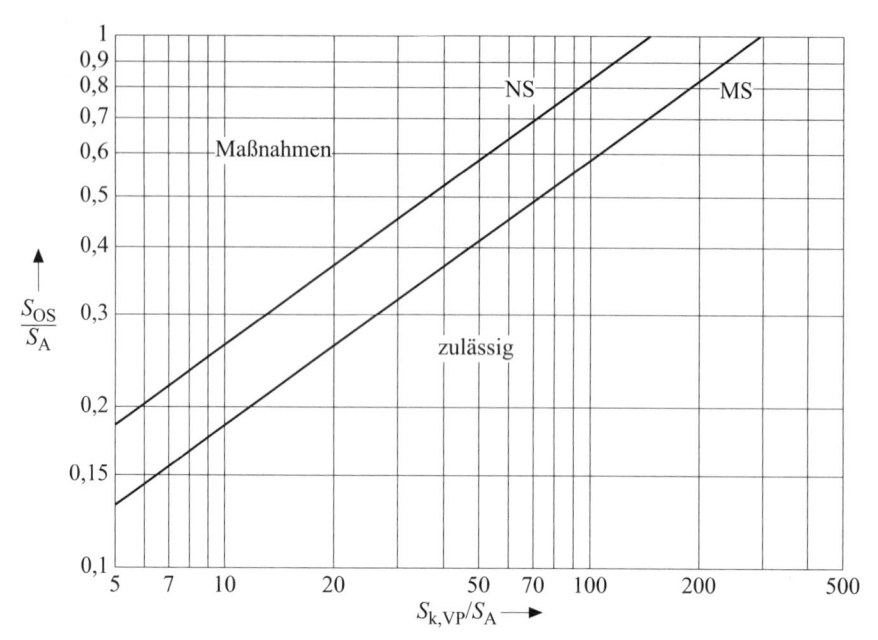

Bild 4.1 Bewertung des Oberschwingungslastanteils

Gruppe 1:

Zu dieser Gruppe gehören Betriebsmittel mit geringer Oberschwingungsemission ($10\ \% \leq THD_I \leq 25\ \%$), wie z. B. Stromrichter mit einer Pulszahl $p \geq 12$, Leuchtstofflampen und andere Gasentladungslampen mit induktivem Vorschaltgerät.

Gruppe 2:

Zu dieser Gruppe gehören Betriebsmittel mit mittlerer und hoher Oberschwingungsemission ($THD_I > 25\ \%$), wie z. B. sechspulsige Stromrichter, Drehstromsteller, Inverterschweißgeräte, elektronisch geregelte Wechselstrommotoren, Dimmer, TV-Geräte, Computer einschließlich Peripheriegeräte, Kompaktleuchtstofflampen mit elektronischem Vorschaltgerät und Geräte der Unterhaltungselektronik.

Die Leistungen der Oberschwingungserzeuger innerhalb einer Gruppe werden zu $S_{OS,G1}$ bzw. $S_{OS,G2}$ aufsummiert. Bei der Summenbildung wird zwischen kW und kVA nicht unterschieden.

Der wirksame Oberschwingungslastanteil beträgt:

$$S_{OS} = 0{,}5 \cdot S_{OS,G1} + S_{OS,G2} \qquad (4.40)$$

Für die Beurteilung der Zulässigkeit ist der Oberschwingungslastanteil S_{OS}/S_A maßgebend.

Die Beurteilung umfasst drei Schritte:
- Berechnung des Leistungsverhältnisses $S_{k,VP}/S_A$
- Bestimmung des Oberschwingungslastanteils S_{OS}/S_A
- Bewertung des Oberschwingungslastanteils anhand der Grenzkurve

Die Emissionsgrenzwerte für die einzelnen Oberschwingungsströme sind einzuhalten.

4.6.7 VDN-Technische Regeln – Kapitel 7: Kommutierungseinbrüche

Die Entstehung von Kommutierungseinbrüchen der Netzspannung ist in Abschnitt 3.2.2.2 dieses Buchs erläutert. Eine Anschlussbeurteilung hinsichtlich Kommutierungseinbrüchen ist nur für gesteuerte netzgeführte Stromrichter notwendig.

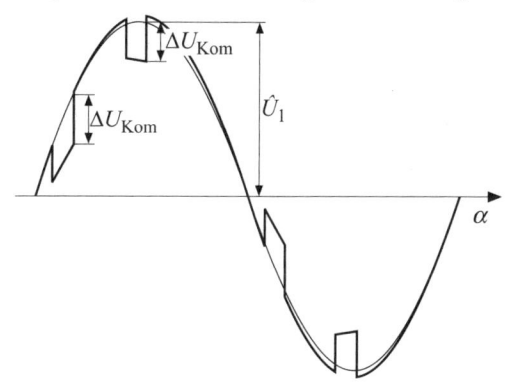

Bild 4.2 Kommutierungseinbrüche in der Außenleiter-Erd-Spannung (Außenleiter-Neutralleiter-Spannung) beim sechspulsigen Stromrichter

Als Kenngröße wird die Tiefe des Kommutierungseinbruchs festgelegt. Die relative Tiefe d_{Kom} ist als höchste Abweichung ΔU_{Kom} der Netzspannung vom Augenblickswert der Grundschwingung, bezogen auf den Scheitelwert $\hat{u}_1$ der Grundschwingung, festgelegt (**Bild 4.2**).

$$d_{Kom} = \frac{\Delta U_{Kom}}{\hat{u}_1} \qquad (4.41)$$

und soll am Verknüpfungspunkt im ungünstigsten Betriebszustand im Niederspannungsnetz $d_{Kom,NS} = 0{,}10$, im Mittelspannungsnetz $d_{Kom,MS} = 0{,}05$ nicht überschreiten. Im Allgemeinen genügt es, jeden Stromrichter für sich zu betrachten, da die Wahrscheinlichkeit einer Überlagerung von Kommutierungseinbrüchen gering ist.

Werden hingegen mehrere Stromrichter synchron betrieben, ist darauf zu achten, dass die Summenwirkung unter dem jeweiligen Emissionsgrenzwert bleibt.

4.6.8 VDN-Technische Regeln – Kapitel 8: Zwischenharmonische Spannungen

In das Netz eingeführte zwischenharmonische Ströme, z. B. durch Frequenzumrichterantriebe oder Betriebsmittel mit Schwingungspaketsteuerungen, erzeugen Spannungsfälle entsprechender Frequenz an der Netzimpedanz. Zwischenharmonische Spannungen können vornehmlich Flicker (siehe Kapitel 6 dieses Buchs) verursachen oder die Funktion von Rundsteueranlagen beeinträchtigen. Bei der Bewertung von Zwischenharmonischen wird zwischen Frequenzumrichtern (Spannungsumrichtern) und pulsbreitenmodulierten Gleichrichtern unterschieden. Zur Vorgehensweise wird auf Abschnitt 5.6 dieses Buchs verwiesen.

4.6.9 VDN-Technische Regeln – Kapitel 9: Tonfrequenzrundsteuerungen (TRA) – Beeinflussungen

In diesem Kapitel werden einige grundlegende Gesichtspunkte zum Betrieb von TRA-Anlagen behandelt, die jedoch auch in anderen technischen Regeln der Netzbetreiber behandelt sind, siehe hierzu Abschnitt 5.6 dieses Buchs.

4.6.10 VDN-Technische Regeln – Kapitel 10: Erzeugungsanlagen

Zur Anwendung des Kapitels 10 wird erwähnt, dass in Deutschland bis auf Weiteres die VDEW-Richtlinien für den Anschluss und Parallelbetrieb von Eigenerzeugungsanlagen am Niederspannungs- bzw. Mittelspannungsnetz gelten [4.8 und 4.9]. Eine Angleichung wird für die Zukunft in Aussicht genommen. Die nachfolgenden Darstellungen werden im Hinblick auf ihre Anwendung in Österreich, Schweiz und der Tschechischen Republik erläutert.

Unter Abschnitt 10.1 wird allgemein erwähnt,

„… müssen von Erzeugungsanlagen, ausgenommen Kleinstanlagen, niedrigere Emissionsgrenzwerte als von den üblichen Anlagen von Netzbenutzern (Verbrauchern) eingehalten werden."

Ursächlich für diese Einschränkung ist, dass die elektrische Energie möglichst ohne Störpegel erzeugt werden soll. Daher sind die von Erzeugungsanlagen ausgehenden Störaussendungen so weit wie möglich zu vermeiden. Falls dies nicht möglich ist, sind diese zu minimieren. Weiterhin ist zu beachten, dass bestimmte Typen von Erzeugungsanlagen, wie PV-Anlagen und Windkraftanlagen, in einem räumlich begrenzten Gebiet ein hinsichtlich der Erzeugung nahezu identisches und damit auch hinsichtlich der Störaussendung ähnliches Verhalten aufweisen, wie im Abschnitt 3.5 am Beispiel von PV-Anlagen erläutert wurde.

Für die einzelnen relevanten Netzrückwirkungen werden in den jeweiligen Abschnitten die in **Tabelle 4.3** angegeben Werte genannt. Zum Vergleich sind in Tabelle 4.3 zusätzlich die Werte für die Verbrauchsanlagen zum Vergleich angegeben.

Merkmal	Erzeugungsanlagen		Verbrauchsanlagen		Anmerkung
	Grenzwert	Abschnitt	Grenzwert	Abschnitt	
Spannungsanhebung	$\Delta u_{zul,NS} \leq 3\,\%$ $\Delta u_{zul,MS} \leq 2\,\%$ Gesamtnetz: $\Sigma \Delta u_{zul} \leq 5\,\%$	10.2.1	–	–	nur für Erzeugungsanlagen relevant
Schaltbedingungen Spannungsänderung	$d_{zul,NS} \leq 3\,\%$ $d_{zul,NS} \leq 2\,\%$ $d_{zul,NS} \leq 6\,\%^*$ $d_{zul,NS} \leq 3\,\%^*$	10.2.2	$d_{zul,NS} \leq 3\,\%$ $d_{zul,NS} \leq 2\,\%$ $d_{zul,NS} \leq 6\,\%^*$ $d_{zul,NS} \leq 3\,\%^*$	4.4.1	* für seltene Anlaufvorgänge; Wiederholrate $r < 0{,}01\,\mathrm{min}^{-1}$
Flicker	$P_{lt,zul} = 0{,}46^*$	10.2.3	$P_{lt,zul} = 0{,}5^{**}$	4.4.1	* Summe aller Erzeugungsanlagen ** Einzelanlage
Oberschwingungen	50 % der für Verbrauchsanlagen ermittelten Emissionsgrenzwerte	10.2.4	Emissionsgrenzwerte, basierend auf Verträglichkeitspegeln und p_V-Faktoren	6.2	siehe hierzu Abschnitte 4.6.6 und 5.5.5
Kommutierungseinbrüche	$d_{Kom,NS} = 0{,}05$ $d_{Kom,MS} = 0{,}025$	10.2.5	$d_{Kom,NS} = 0{,}1$ $d_{Kom,MS} = 0{,}05$	7.2	Einzelanlage
Unsymmetrie	$S_{ein} \leq 4{,}6\,\mathrm{kVA}^*$	10.2.6	$k_U \leq 2\,\%^{**}$ $k_U \leq 0{,}7\,\%^*$	5.4	* Unsymmetrie der Einzelanlage im Betrieb ** insgesamt im Netz
Zwischenharmonische	keine speziellen Angaben	–	Auswirkung auf Rundsteuerung: $u_\mu \leq 0{,}2\,\%^*$ $u_\mu \leq 0{,}1\,\%^{**}$ Auswirkung Flicker: $u_\mu \leq 0{,}15\,\%^{***}$	8	* insgesamt im Netz ** Einzelanlage *** Zwischenharmonische Frequenz in der Nähe von 40 Hz bzw. 60 Hz

Tabelle 4.3 Emissionsgrenzwerte für Erzeugungsanlagen im Vergleich zu Verbrauchsanlagen nach „VDN-Technische Regeln", soweit diese in Österreich, Schweiz und der Tschechischen Republik Anwendung finden

Literatur Kapitel 4

[4.1] Gesetz über die elektromagnetische Verträglichkeit von Geräten (EMVG), 20. Juli 2007

[4.2] Gesetz über die Energie- und Gasversorgung (Energiewirtschaftsgesetz EnWG), 07. Juli 2005, zuletzt geändert am 09. Dezember 2006

[4.3] Verordnung über Allgemeine Bedingungen für die Elektrizitätsversorgung von Tarifkunden (AVBEltV), 09. Dezember 2004

[4.4] Verordnung über Allgemeine Bedingungen für den Netzanschluss und dessen Nutzung für die Elektrizitätsversorgung in Niederspannung (NAV), 01. November 2006

[4.5] Transmission Code, Verband der Netzbetreiber

[4.6] Technische Richtlinie – Bau und Betrieb von Übergabestationen zur Versorgung von Kunden aus dem Mittelspannungsnetz, VDEW, 2002

[4.7] Technische Anschlussbedingungen für den Anschluss an das Niederspannungsnetz, TAB 2000, VDEW, 2007

[4.8] Eigenerzeugungsanlagen am Mittelspannungsnetz. VDEW, 1998

[4.9] Eigenerzeugungsanlagen am Niederspannungsnetz. VDEW, 2001

[4.10] Technische Richtlinien für Windenergieanlagen. Fördergesellschaft Windenergie e. V.

[4.11] VDN (D-A-CH-CZ): Technische Regeln zur Beurteilung von Netzrückwirkungen. 2. Aufl. 2007

[4.12] DKE (Hrsg.): IEV – Internationales Elektrotechnisches Wörterbuch. Ausgabe 2005. Berlin: VDE VERLAG

[4.13] Schlabbach, J.: Kurzschlussstromberechnung. Frankfurt am Main: VWEW-Energieverlag, 2003

5 Oberschwingungen und Zwischenharmonische

5.1 Entstehung und Ursachen

5.1.1 Allgemeines

Oberschwingungen entstehen durch Betriebsmittel mit nicht linearer Kennlinie, wie z. B. Transformatoren und Leuchtstofflampen, und heute vornehmlich durch leistungselektronische Betriebsmittel wie Gleichrichter, Triacs, Thyristoren etc. Hinzuweisen ist hier besonders auf den Einsatz von Gleichrichtern mit kapazitiver Glättung, die in Fernsehgeräten, PCs und Kompaktleuchtstofflampen insbesondere im Haushalts- und Bürobereich verbreitet sind. Legt man z. B. eine Untersuchung der VDEW zugrunde und rechnet diese Werte mit dem heutigen Einsatz von Geräten in den Haushalten hoch, so beträgt der Anteil der elektronischen Lasten an der Haushaltslast heute etwa 33 %; wobei etwa 10 % auf Einrichtungen der Beleuchtung, mehr als 21 % auf Einrichtungen der Konsumelektronik und etwa 2 % auf geregelte Antriebe (Waschmaschinen) entfallen. Unter weiterer Zugrundelegung eines Anteils von etwa 27 % der Haushaltslast an der gesamten Netzlast betrug z. B. im Jahr 2006 der Anteil der elektronischen Lasten im Haushaltsbereich an der gesamten Netzlast 9 % oder etwa 7 GW. Die Tendenz ist zunehmend, nicht zuletzt aus Gründen der Energieeffizienz z. B. im Bereich der Beleuchtungstechnik durch Einsatz von Kompaktleuchtstofflampen.

5.1.2 Entstehung durch Netzbetriebsmittel und Lasten

An Verbrauchern mit nicht linearer Kennlinie wie Transformatoren und Entladungslampen entstehen nur Vielfache der Grundfrequenz. Als Beispiel wird die nicht lineare $H(B)$-Kennlinie eines Transformators nach **Bild 5.1** betrachtet. Die Hysterese ist dabei vernachlässigt.

Bei oberschwingungsfreier Netzspannung nach Gl. (5.1)

$$u(t) = \hat{u} \cdot \cos(\omega t + \varphi_U) \tag{5.1}$$

erhält man über den magnetischen Fluss Φ nach Gl. (5.2)

$$\Phi = \int u \, dt \tag{5.2}$$

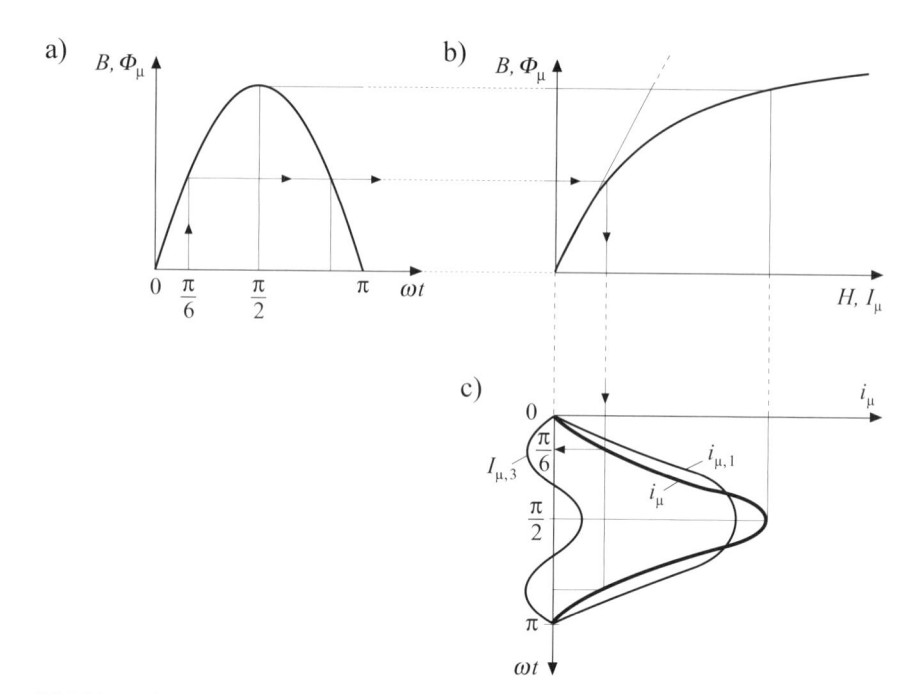

Bild 5.1 Grafische Ermittlung des Magnetisierungsstroms eines Transformators
a) zeitlicher Verlauf der Netzspannung bzw. der magnetischen Flussdichte
b) $H(B)$-Kennlinie eines Transformators mit Eisenkern
c) zeitlicher Verlauf des ermittelten Magnetisierungsstroms i_μ; Grundschwingung und dritte Oberschwingung

die magnetische Flussdichte B im stationären Zustand nach Gln. (5.3)

$$B = \mathrm{d}\Phi / \mathrm{d}A \tag{5.3a}$$

$$b(t) = \hat{b} \cdot \sin(\omega t + \varphi_\mathrm{U}) \tag{5.3b}$$

Die Verknüpfung über die Magnetisierungskennlinie des Transformators liefert unter Beachtung des Durchflutungssatzes nach Gln. (5.4)

$$\oint \vec{H} \mathrm{d}\vec{s} = \int \vec{J} \mathrm{d}\vec{A} \tag{5.4a}$$

$$\int \vec{J} \mathrm{d}\vec{A} = \Theta = N \cdot I \tag{5.4b}$$

die magnetische Feldstärke $h(t)$ nach Gl. (5.5a) bzw. den oberschwingungsbehafteten Strom $i(t)$ nach Gl. (5.5b)

$$h(t) = \sum_{v=1}^{n} \hat{h}_v \sin(v(\omega t + \varphi_H))\tag{5.5a}$$

$$i(t) = \sum_{v=1}^{n} \hat{i}_v \sin(v(\omega t + \varphi_I))\tag{5.5b}$$

Die $H(B)$-Kennlinie in Bild 5.1 wird durch ein Polynom n-ten Grades beschrieben; n ist wegen der Zentralsymmetrie ungerade (siehe auch Abschnitt 1.4.2). Damit ergeben sich für den aufgenommenen Strom $i(t)$ Oberschwingungen ungerader Ordnung v.

Die Annahme, die in Synchrongeneratoren induzierte Spannung sei rein sinusförmig, ist im Grunde nicht korrekt, da sie voraussetzt, dass die Einzelwindungen der Statorwicklung des Generators gleichmäßig über den Umfang verteilt und nicht in Nuten eingelegt sind.

Betrachtet man zunächst den Verlauf der induzierten Spannung bei Vorhandensein einer Wicklung ($q = 1$) wie in **Bild 5.2** angegeben, so ist dieser ebenso wie der Durchflutungsverlauf rechteckförmig. Die Fourieranalyse liefert für den Kurvenverlauf alle ungeradzahligen Oberschwingungen. Bei Erhöhung der Wicklungszahl q erzielt man die Treppenkurve der Durchflutung bzw. der induzierten Spannung durch Addition der entsprechenden Durchflutungen der Einzelwicklungen, die jeweils um eine Nutteilung gegeneinander verschoben sind. Dadurch nähert sich der Verlauf der Durchflutung und der induzierten Spannung der idealisierten Sinusform an, die Amplituden der Oberschwingungen reduzieren sich, ggf. treten nicht mehr alle Oberschwingungen auf, die Ordnung der Oberschwingungen ist ungerade.

In Energieerzeugungsanlagen erneuerbarer Energiequellen, wie z. B. Windkraftanlagen und Photovoltaikanlagen, wird die Ankopplung an das elektrische Netz mittels Leistungselektronik realisiert. So ist z. B. bei Photovoltaikanlagen die Wandlung der in den Photovoltaikmodulen erzeugten Gleichspannung in eine netzsynchrone Wechselspannung eine zwingende Notwendigkeit. Im Bereich der Windenergienutzung ist die nicht drehzahlstarre Kopplung mit Komponenten der Leistungselektronik ebenfalls heute weitverbreitet. Die ursächlichen Wirkungsmechanismen der Entstehung von Oberschwingungen und Zwischenharmonischen durch Leistungselektronik werden in den Abschnitten 3.2 und 5.1.3 erläutert.

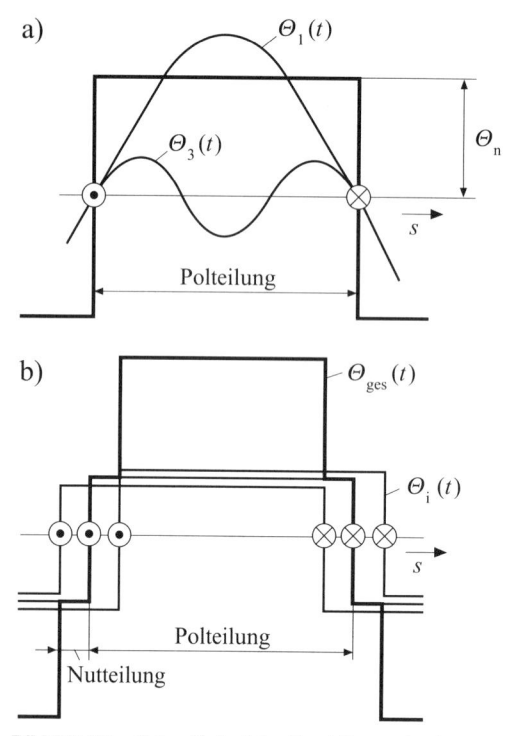

Bild 5.2 Räumlicher Verlauf der Durchflutung in einer Maschine, Querschnitt der Leiter nicht maßstäblich, nach [5.7]
a) Einzelwicklung ($q = 1$); zusätzlich Grundschwingung und Oberschwingung $v = 3$ der Durchflutung
b) drei Spulen ($q = 3$)

5.1.3 Zweiweg-Gleichrichter mit kapazitiver Glättung

Als Beispiel für den weitverbreiteten Einsatz von Leistungselektronik wird zunächst der Zweiweg-Gleichrichter mit kapazitiver Glättung nach **Bild 5.3** betrachtet. Ausgehend vom eingeschwungenen Zustand zum Zeitpunkt $t = 0$ steigt die Netzspannung $u(t)$ an. Die Spannung der Gleichspannungsseite fällt nach Maßgabe der Zeitkonstanten der angeschlossenen Last, bestehend aus Glättungskondensator C und Last R ab. Wird die Netzspannung größer als die Spannung der Gleichspannungsseite – die Durchlassspannung der Dioden wird vernachlässigt –, so kann ein Strom fließen, der den Kondensator auflädt. Beim Unterschreiten des jetzt bedingt durch die Nachladung höheren Spannungswerts der Gleichspannungsseite sperren die Dioden, der Ladestrom wird unterbrochen. In der negativen Halbschwingung der Netzspannung wiederholt sich dieser Vorgang. Der Zeitpunkt, die Zeitdauer und die Höhe des Ladestromimpulses sind dabei abhängig von der Größe des Glättungskondensators, der Leistung der Gleichstromseite und von der Größe der vorgeschalteten Impedanz.

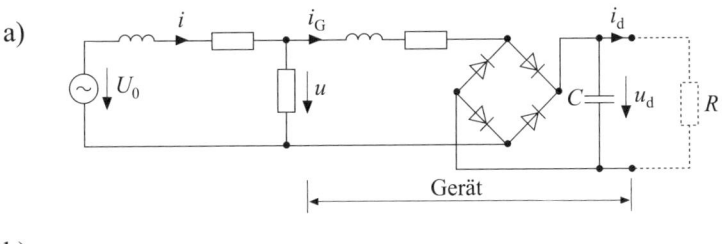

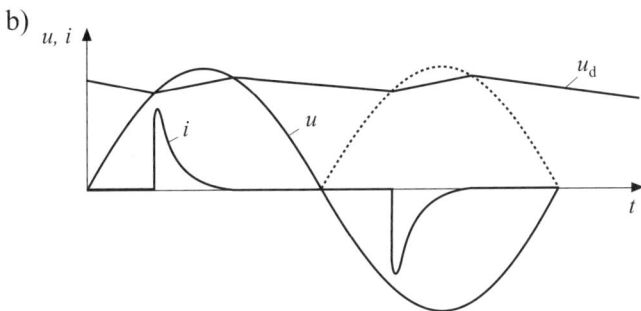

Bild 5.3 Zweiweg-Gleichrichter mit kapazitiver Glättung
a) Schaltbild
b) zeitlicher Verlauf von Strom und Spannungen

Die Nachladung des Glättungskondensators findet typischerweise während einer Zeit von etwa 2 ms Dauer unmittelbar vor dem Spannungsmaximum statt. Da alle am Netz betriebenen Geräte mit Zweiweg-Gleichrichtern, also z. B. Geräte der Konsumelektronik, Kompaktleuchtstofflampen, primär getaktete Schaltnetzteile, ein ähnliches Verhalten haben, kommt es so zu einer pulsartigen Belastung des Netzes und einer hohen Oberschwingungsbelastung. Diese Eigenart wird ausgedrückt durch den Gleichphasigkeitsfaktor $k_{p,\nu}$, der definiert ist als der Quotient aus geometrischer Summe zu arithmetischer Summe der betrachteten Oberschwingungsströme gleicher Ordnung ν unterschiedlicher Verbraucher.

Untersuchungen [5.1] haben ergeben, dass beim Einsatz einer Vielzahl von Kompaktleuchtstofflampen, deren Verhalten ebenfalls dem von Zweiweg-Gleichrichtern mit kapazitiver Glättung entspricht, eine deutliche Reduzierung des Gleichphasigkeitsfaktors gegeben ist. Dies ist auf die Tatsache zurückzuführen, dass Kompaktleuchtstofflampen relativ unempfindlich gegenüber der Welligkeit der Gleichspannung sind, daher bezüglich Nachladezeitpunkt und -dauer starke Streuungen aufweisen, während Netzteile der Konsumelektronik höhere Anforderungen an die Konstanz der Gleichspannung stellen, mithin die Streuung von Nachladedauer und -zeitpunkt gering ist. Deshalb ist die Reduzierung des Gleichphasigkeitsfaktors durch den Betrieb mehrerer Netzteile mit kapazitiver Glättung nur in einem geringeren Ausmaß zu beobachten.

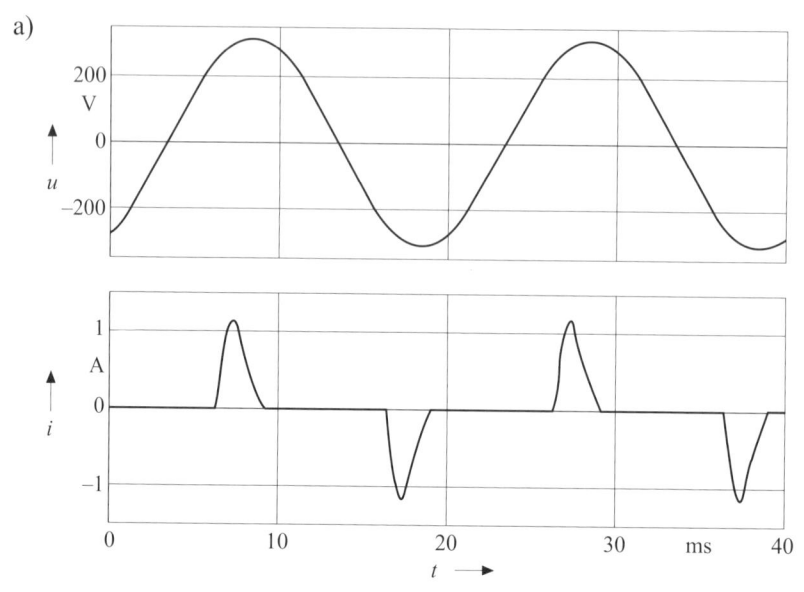

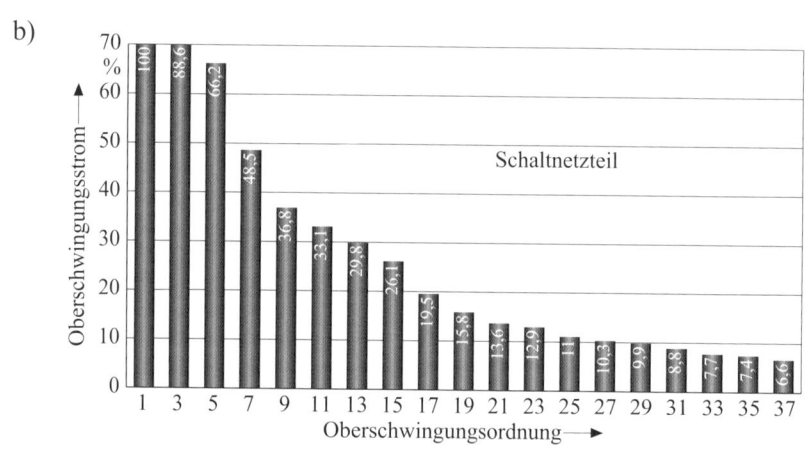

Bild 5.4 Zeitverlauf und Oberschwingungsanteile des Stroms eines primär getakteten Schaltnetzteils mit kapazitiver Glättung
a) gemessener Zeitverlauf
b) gemessenes Spektrum der relativen Oberschwingungsströme

Der Stromverlauf und das zugehörige Frequenzspektrum des Stroms eines Zweiweg-Gleichrichters mit kapazitiver Glättung in einem primär getakteten Schaltnetzteil sind in **Bild 5.4** dargestellt. Man erkennt, dass die geradzahligen Oberschwingungen zu vernachlässigen sind. Die ungeradzahligen Oberschwingungen sind bis zu großen Ordnungszahlen mit einem signifikanten Anteil vertreten. So betragen die Anteile der Oberschwingungen der Ordnungen $v = 3, 5, 7$, bezogen auf den Grundschwingungsstrom: $I_3/I_1 = 88{,}6\ \%$; $I_5/I_1 = 66{,}2\ \%$; $I_7/I_1 = 48{,}5\ \%$.

5.1.4 Höherpulsige leistungselektronische Schaltungen

Die Störaussendungen leistungselektronischer Verbraucher und Erzeuger, wie z. B. Photovoltaikanlagen und Windkraftanlagen mit leistungselektronischer Kopplung zwischen Energiewandler und Drehstromnetz, sind prinzipiell identisch. Sie sind abhängig vom Typ des eingesetzten Stromrichters und vom verwendeten Steuerverfahren. Näheres hierzu ist in Abschnitt 3.2 im Zusammenhang mit Erzeugungsanlagen erneuerbarer Energiequellen erläutert.

5.1.5 Entstehung durch stochastisches Verbraucherverhalten

Der Betrieb leistungsstarker Oberschwingungserzeuger, die vornehmlich im industriellen Bereich eingesetzt sind, ist durch die betrieblichen Abläufe gut vorhersagbar. Im Gegensatz dazu ist der Betrieb der Kleinverbraucher in Haushalt und Gewerbe aufgrund der unterschiedlichen Gebrauchsgewohnheiten nur mit Mitteln der Stochastik zu beschreiben.

Hauptverursacher von Oberschwingungen in den Bereichen Haushalt, Gewerbe und Industrie sind in **Tabelle 5.1** zusammengestellt.

Geräte für den Einsatz in Haushalt und Kleingewerbe mit Leistungen im Bereich von 100 W bis zu einigen kW sind mit wenigen Ausnahmen für Wechselstrombetrieb (einphasig) in Niederspannungsnetzen ausgelegt, während es sich bei industriellen Anwendungen im Allgemeinen um Drehstrom-Verbraucher (dreiphasig) handelt. Die am meisten verbreitete Stromrichterschaltung im Niederspannungsbereich ist die Zweiweggleichrichtung mit kapazitiver Glättung, auch Spitzenwertgleichrichter genannt. Diese Schaltung kann kostengünstig hergestellt werden und hat sich auf dem Markt der Konsumelektronik durchweg etabliert. Gleichrichter dieser Art werden in Fernsehgeräten, Videorecordern, Satellitenempfängern, Stereoanlagen, Beleuchtungseinrichtungen, Personal Computern, Akkumulator-Ladegeräten und zunehmend auch in größeren Leistungsbereichen wie in Waschmaschinen und Klimageräten eingesetzt. Kompaktleuchtstofflampen mit elektronischem Vorschaltteil wirken am Netz ähnlich wie Zweiweggleichrichter.

Oberschwingungsspannungen in öffentlichen Mittel- und Niederspannungsnetzen, insbesondere die der fünfte Oberschwingung, sind im Wesentlichen auf den Einsatz

Haushalt und Kleingewerbe	Industrie und EVU
Stromrichter	
Audio- und Videogeräte Halogenlampen Kompaktleuchtstofflampen Dimmer Mixer und Schneidegeräte Kühl- und Gefriergeräte Mikrowellenherde Staubsauger Spülmaschinen Computer Pumpen	Induktionsöfen Bahnstromrichter Fernmeldegleichstromnetze geregelte Dehstromantriebe Gleichstromantriebe Werkeugmaschinen Schweißmaschinen Windkraftanlagen Photovoltaikanlagen HGÜ-Anlagen
nicht lineare U/I-Kennlinie	
Leuchtstofflampen ohne elektrisches Vorschaltgerät Glühlampen Kleinmotoren	Lichtbogenöfen Lichtbogenschweißgeräte Gasentladungslampen Transformatoren Induktionsöfen

Tabelle 5.1 Zusammenstellung typischer Oberschwingungserzeuger in Haushalt, Gewerbe und Industrie

des Zweiweggleichrichters zurückzuführen. Mehrere, im Hinblick auf die Aussendung von Oberschwingungsströmen nachteilige Aspekte müssen hierbei beachtet werden:

- große Verbreitung durch den Einbau in nahezu allen Geräten der Konsumelektronik

- hohe Gleichzeitigkeit der Benutzung (Fernsehgeräte, Beleuchtung), insbesondere in den Abendstunden und an Wochenenden

- hohe relative Oberschwingungsströme, siehe Bild 5.4

- hohe Gleichphasigkeit der Oberschwingungsströme unterschiedlicher Geräte, eine Ausnahme stellen Kompaktleuchtstofflampen dar

Bild 5.5 zeigt den Verlauf der fünften Oberschwingungsspannung in einem 10-kV-Netz (Wohnbebauung mit Kleingewerbe) an einem Herbsttag. Der Tagesverlauf der fünften Oberschwingung weist einen typischen, relativ flachen, nahezu konstanten Verlauf tagsüber und einen stark ausgeprägten Anstieg in den Abendstunden mit einem Maximum zwischen 20 Uhr und 21 Uhr auf. Aufgrund der verteilten Kleinverbraucher, von denen keiner einen dominierenden Last- bzw. Oberschwingungsanteil beisteuert, verläuft die fünfte Oberschwingungsspannung stetig, ohne

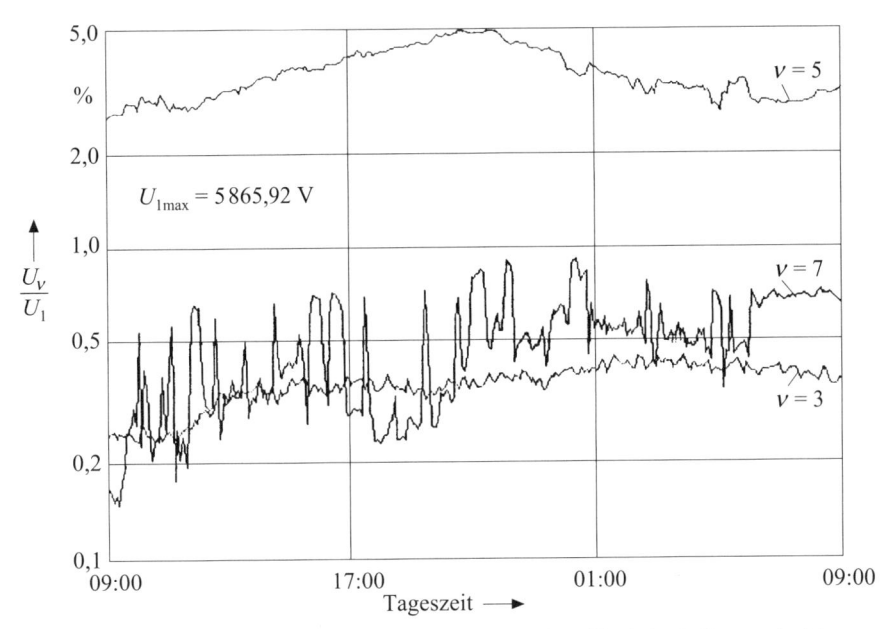

Bild 5.5 Zeitlicher Verlauf von Oberschwingungsspannungen (logarithmische Ordinatenachse) in einem 10-kV-Netz am Samstag
Netzlast $P = 22{,}3$ MW; Wohnbebauung mit Kleingewerbe

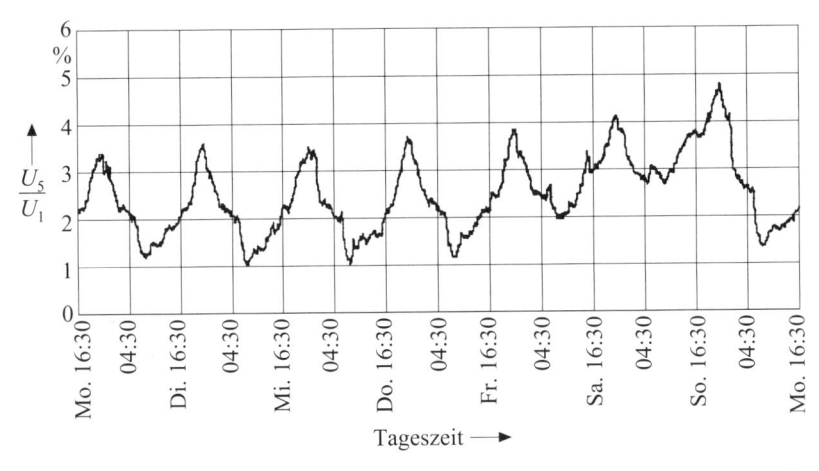

Bild 5.6 Zeitlicher Verlauf der fünften Oberschwingungsspannung (lineare Ordinatenachse) in einem 10-kV-Netz (sieben Tage im Sommer); Netzlast $P = 8{,}7$ MW; Wohngebiet

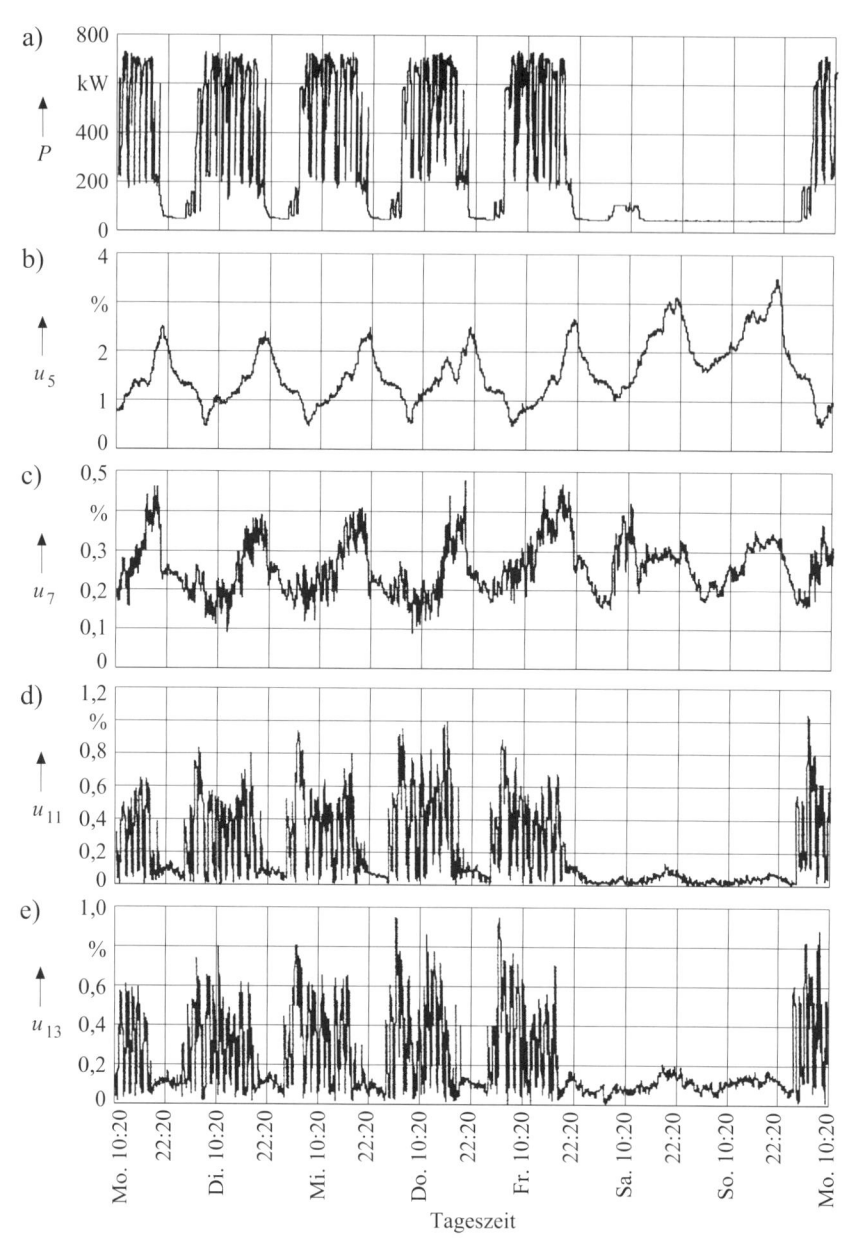

Bild 5.7 Verlauf der Grundschwingungswirkleistung und ausgewählter Oberschwingungsspannungen in einem 10-kV-Netz mit Stromrichterlast $P = 4{,}1$ MW

nennenswerte Sprünge. Die zeitliche Lage des Maximums in den Abendstunden lässt auf Fernsehgeräte als Hauptverursacher schließen.

Der Verlauf der dritten Oberschwingungsspannung in Bild 5.5 weist dagegen einen wesentlich konstanteren Verlauf auf. Ströme der dritten Oberschwingung werden zwar von Zweiweggleichrichtern erzeugt, gelangen jedoch wegen der sehr hohen Nullimpedanz der 10/0,4-kV-Transformatoren (Schaltgruppe Dy oder Dz) nur zu einem geringen Anteil in das übergeordnete Netz. Der Verlauf der siebten Oberschwingungsspannung dagegen lässt eine Periodizität von etwa einer Stunde erkennen. Hierbei handelt es sich offensichtlich um die Auswirkungen eines industriellen Verbrauchers.

Messungen der fünften Oberschwingungsspannung über eine ganze Woche lassen die Verursacher noch stärker erkennbar werden. Als Beispiel ist in **Bild 5.6** der Wochenverlauf der fünften Oberschwingungsspannung (Sommer) für ein 10-kV-Netz, Netzlast 8,7 MW, angegeben. Es handelt sich um ein reines Wohngebiet am Stadtrand.

Deutlich ist in Bild 5.6 ein identischer Verlauf der Oberschwingungsspannung während eines Tages von Montag bis Freitag zu erkennen. Der in Bild 5.5 dargestellte und eingangs diskutierte Tagesverlauf spiegelt sich hier wider. Am Wochenende steigt der Pegel der fünften Oberschwingungsspannung sowohl im Maximum als auch insgesamt an, der Kurvenverlauf wird flacher. Deutlich sind Nebenmaxima des Spannungsverlaufs jeweils in den Nachmittagsstunden des Samstags und des Sonntags zu erkennen, was auf geänderte Konsumgewohnheiten (Fernsehen) zurückzuführen ist. Die Erhöhung der Oberschwingungspegel am Wochenende ist auch auf die verringerte Netzlast zurückzuführen, die Dämpfung ist daher geringer.

Bild 5.7 zeigt den Verlauf der Grundschwingungswirkleistung sowie der Oberschwingungsspannungen der Ordnungen $v = 5; 7; 11; 13$ in einem öffentlichen Netz mit angeschlossenem Industriebetrieb, dessen Hauptlast ein zwölfpulsiger Umrichter ist. Der geringe Einfluss der nicht charakteristischen Oberschwingungen ($v = 5; 7$) sowie der dominierende Einfluss der charakteristischen Oberschwingungen ($v = 11; 13$) des Umrichters sind deutlich zu erkennen.

5.1.5 Rundsteuersignale

Rundsteueranlagen dienen in elektrischen Netzen der Übertragung von Steuersignalen an Rundsteuerempfänger, z. B. zur Umschaltung von Tarifzählern, zum Schalten von Beleuchtungseinrichtungen oder zur Alarmierung von Personal. Alte Systeme arbeiten dabei meist im Frequenzbereich $f_S = 110$ Hz ... 3 000 Hz, während moderne Systeme im Frequenzbereich $f_S = 110$ Hz ... 500 Hz arbeiten. Die Arbeitsfrequenzen liegen im Bereich unter 500 Hz meist zwischen den typischen Oberschwingungen, im Bereich über 500 Hz bei denjenigen Oberschwingungen, die von

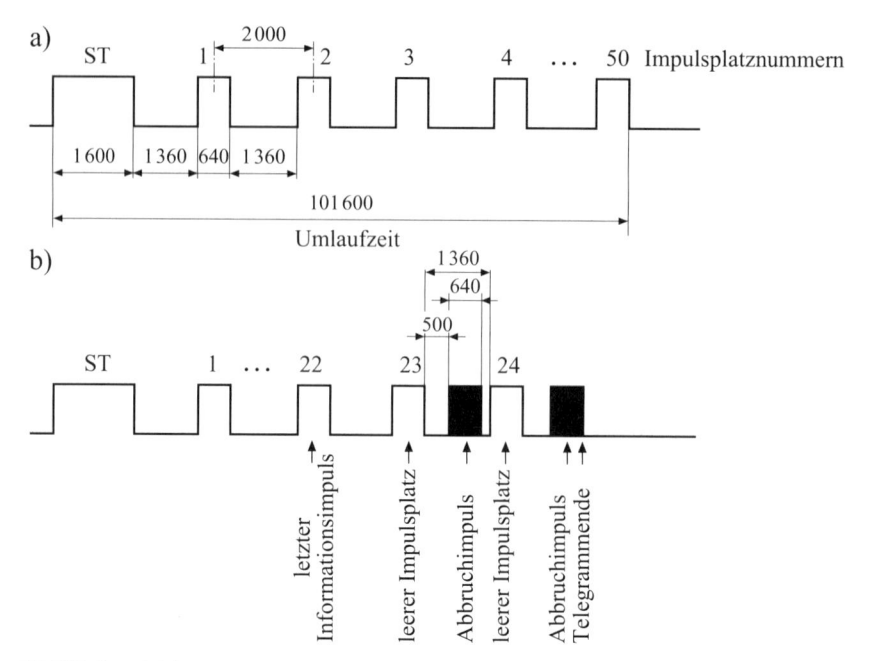

Bild 5.8 Impulsfolgen von Rundsteuersignalen, Zeitangaben in Millisekunden
a) feste Telegrammlänge
b) variable Telegrammlänge

Drehstrombrückenschaltungen stationär nicht erzeugt werden. Rundsteuersignale werden als Impulstelegramme von kurzer Dauer mit der entsprechenden Rundsteuerfrequenz ausgesandt. Die gesamte Dauer des Telegramms beträgt ungefähr 1 min. **Bild 5.8** zeigt zwei Beispiele von Rundsteuersignalen; dargestellt ist der Effektivwert der Rundsteuerspannung.

Rundsteuersignale sind im Hinblick auf Netzrückwirkungen je nach Rundsteuerfrequenz als Oberschwingungen oder Zwischenharmonische anzusehen. Nach DIN EN 61037 (VDE 0420-1) ist die Relation von Funktionsspannung und Steuerspannung in Abhängigkeit von der Sendefrequenz f_s festgelegt. Die Steuerspannung U_{max} ist dabei die ins Netz eingeprägte Spannung des Rundsteuersenders, die Funktionsspannung U_f ist die Spannung des Rundsteuerempfängers, bei der dieser noch sicher anspricht. Es gelten folgende Relationen nach Gln. (5.6) für $f_s < 250$ Hz

$$U_{max} \geq 8 \cdot U_f \qquad (5.6a)$$

für $f_s = 250$ Hz ... 750 Hz

$$\frac{U_{max}}{V} = \left(8 + \frac{\left(\frac{f_s}{Hz} - 250\right) \cdot 7}{500}\right) \cdot \frac{U_f}{V} \qquad (5.6b)$$

mit f_S in Hz und für $f_s > 750$ Hz

$$U_{max} \geq 15 \cdot U_f \qquad (5.6c)$$

5.2 Beschreibung und Berechnung

5.2.1 Kenngrößen und Parameter

Wie bereits in Abschnitt 1.5.6 erläutert, kann Wirkleistung nur zwischen Strömen und Spannungen gleicher Frequenz umgesetzt werden. Oberschwingungsströme können mit Spannungen anderer Frequenzen und damit auch mit der Grundschwingungsspannung nur Wechselleistungen umsetzen. Unter der Voraussetzung, dass die Spannung rein sinusförmig ist, berechnet sich die Scheinleistung eines oberschwingungshaltigen Stroms mit der Spannung nach Gl. (5.7)

$$S^2 = U^2 \left(I_{w,1}^2 + I_{b,1}^2 + \sum_{\nu=2}^{n} I_\nu^2 \right) \qquad (5.7)$$

mit der Wirkleistung P_1 aus der Stromgrundschwingung, der Blindleistung Q_1 der Stromgrundschwingung und der Verzerrungsleistung Q_d der Stromoberschwingungen nach Gln. (5.8)

$$P_1 = U \cdot I_1 \cdot \cos\varphi \qquad (5.8a)$$

$$Q_1 = U \cdot I_1 \cdot \sin\varphi \qquad (5.8b)$$

$$Q_d = U \cdot \sqrt{\sum_{\nu=2}^{n} I_\nu^2} \qquad (5.8c)$$

Die Größen lassen sich in einem rechtwinkligen Koordinatensystem nach **Bild 5.9** darstellen.

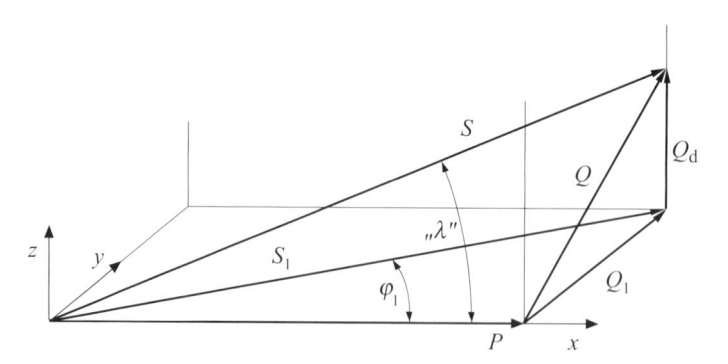

Bild 5.9 Schein-, Wirk-, Blind- und Verzerrungsleistung, Leistungsfaktor und Verschiebungsfaktor in einem rechtwinkligen Koordinatensystem.

Sind Spannungen und Ströme nicht sinusförmig, so ist zu beachten, dass durch Oberschwingungen gleicher Frequenz in Strom und Spannung ebenfalls Wirkleistung umgesetzt wird. Siehe hierzu auch Abschnitt 1.5.6.

Die folgenden Definitionen (gültig für Ströme und Spannungen) von Verhältniswerten, hier in Gln. (5.9a) bis (5.9c), dargestellt am Beispiel der Spannungen, sind allgemein nach DIN 40110 festgelegt.

Der Effektivwert als Wurzel der quadratischen Summe der Oberschwingungsströme nach Gl. (5.9a)

$$U = \sqrt{\sum_{v=1}^{H} U_v^2} \qquad (5.9a)$$

In Bezug auf Netzrückwirkungen ist es im Allgemeinen üblich, die Betrachtung nur bis zur Ordnung $H = 40$ oder $H = 50$ vorzunehmen.

Der Grundschwingungsgehalt g als Quotient des Effektivwerts der Grundschwingung zum Gesamteffektivwert ist

$$g = \frac{U_1}{U} \qquad (5.9b)$$

Der *THD*-Wert (total harmonic distortion), auch Gesamtstörfaktor genannt, berechnet sich als Quotient des Effektivwerts der Oberschwingungen zum Grundschwingungseffektivwert nach Gl. (5.9c) bzw. Gl. (5.9d).

$$THD_U = \frac{\sqrt{U^2 - U_1^2}}{U_1} \qquad (5.9c)$$

$$THD_U = \sqrt{\sum_{\nu=2}^{40} \left(\frac{U_\nu}{U_1}\right)^2} \qquad (5.9d)$$

Zur Bewertung von Oberschwingungen bestimmter Ordnungen können bei der Berechnung des Verzerrungsfaktors *THD* Gewichtungsfaktoren eingeführt werden. Die so ermittelte Kenngröße bezeichnet man als gewichteten Teilverzerrungsfaktor (partial weighted harmonic distortion) *PWHD* nach Gl. (5.9e)

$$PWHD_U = \sqrt{\sum_{\nu=14}^{40} \nu \cdot \left(\frac{U_\nu}{U_1}\right)^2} \qquad (5.9e)$$

Es ist heute üblich, den *THD* und nicht den Oberschwingungsgehalt zu verwenden. Um die Zuordnung zu Strom- oder Spannungswerten zu kennzeichnen, verwendet man Indizes, also z. B. THD_I für den Gesamtstörfaktor des Stroms.

Der Leistungsfaktor λ als Quotient der Wirkleistung und der Scheinleistung gilt allgemein für nicht sinusförmige Ströme und Spannungen nach Gl. (5.9g)

$$\lambda = \frac{|P|}{\sqrt{\left(P^2 + Q_1^2 + Q_d^2\right)}} \qquad (5.9g)$$

Der Verschiebungsfaktor $\cos \varphi_1$ als Quotient der Wirkleistung zur Grundschwingungsscheinleistung wird im Falle sinusförmiger Spannung und nicht sinusförmiger Ströme als Grundschwingungsleistungsfaktor nach Gl. (5.9h) definiert.

$$\cos \varphi_1 = \frac{P}{\sqrt{P^2 + Q_1^2}} = \frac{P}{S_1} \qquad (5.9h)$$

Damit ergibt sich der Zusammenhang zwischen Leistungsfaktor λ, Verschiebungsfaktor $\cos \varphi_1$ und dem Grundschwingungsgehalt g_i des Stroms nach Gl. (5.9i)

$$\lambda = g_i \cdot \cos \varphi_1 \qquad (5.9i)$$

Die Größen Leistungsfaktor λ und Verschiebungsfaktor $\cos \varphi_1$ sind in Bild 5.9 zusätzlich zu den Leistungsgrößen dargestellt.

Ausgehend vom *THD* der Spannung, den man auch als Verzerrungsfaktor d nach Gl. (5.10a) bezeichnet

$$d = \sqrt{\sum_{\nu=2}^{40} \left(\frac{U_\nu}{U_1}\right)^2} \qquad (5.10a)$$

berechnet man Verzerrungsfaktoren d_L und d_C nach Gln. (5.10b) und (5.10c) zur Abschätzung der Auswirkungen von Oberschwingungen auf Induktivitäten und Kapazitäten.

$$d_L = \sqrt{\sum_{\nu=2}^{40} \left(\frac{U_\nu}{\nu^\alpha \cdot U_1} \right)^2} \quad (5.10b)$$

$$d_C = \sqrt{\sum_{\nu=2}^{40} \left(\frac{\nu \cdot U_\nu}{U_1} \right)^2} \quad (5.10c)$$

Der Faktor α dient dabei zur Berücksichtigung verschiedener Eisenqualitäten. Der Faktor liegt üblicherweise zwischen 1,5 und 3.

Zur Beschreibung der Überlagerung von Oberschwingungsströmen verschiedener Verursacher wird der Gleichphasigkeitsfaktor $k_{p,\nu}$ nach Gl. (5.11) als Quotient aus geometrischer zu arithmetischer Summe der betrachteten Ströme definiert. Der Gleichphasigkeitsfaktor ist definitionsgemäß immer kleiner gleich 1.

$$k_{p,\nu} = \frac{\left| \sum \underline{I}_\nu \right|}{\sum \left| \underline{I}_\nu \right|} \quad (5.11)$$

5.3 Auswirkungen von Oberschwingungen und Zwischenharmonischen

5.3.1 Allgemeines

Wegen der Impedanzverhältnisse in elektrischen Netzen können Stromoberschwingungen aus unterlagerten Netzen als eingeprägte Quellenströme, die Spannungsoberschwingungen aus überlagerten Netzen als eingeprägte Quellenspannungen angesehen werden; siehe hierzu auch Abschnitt 2.2.1. Die Oberschwingungen überlagern sich dabei vektoriell. Da die dritte Oberschwingung und deren Vielfache Nullsysteme bilden, gelangen diese im Allgemeinen nicht aus dem Niederspannungsnetz in das überlagerte Mittelspannungsnetz, da durch die Schaltung und Erdung der einspeisenden Transformatoren (Dy oder Dz) das Nullsystem nicht übertragen werden kann. Wegen der in Realität endlichen Nullimpedanz der Dreieckswicklungen bzw. der im Sternpunkt nicht geerdeten Wicklungen werden bis maximal 20 % der Oberschwingungen des Nullsystems in die überlagerte Spannungsebene übertragen.

5.3.2 Motoren und Generatoren

Bei Drehstrom- und Wechselstrommotoren und -generatoren führen Stromoberschwingungen zu zusätzlicher Erwärmung und entwickeln beim Anlauf störende Momente ähnlich wie Grundschwingungsströme des Gegensystems $I_{2,1}$. Daher darf der Gesamteffektivwert der durch Spannungsoberschwingungen an der Motor-Kurzschlussinduktivität entstandenen Stromoberschwingungen I_ν und des Grundschwingungsstroms $I_{2,1}$ des Gegensystems gemäß Gl. (5.12)

$$I = \sqrt{I_{2,1}^2 + \sum_{\nu=1}^{n} I_\nu^2} \qquad (5.12)$$

nach DIN EN 60034-1 (VDE 0530-1), Tabelle 7 nicht größer werden als Gln. (5.13)

$$I = \sqrt{U_{2,1}^2 + \sum_{\nu=1}^{n} \left(\frac{U_\nu}{\nu}\right)^2} \cdot \frac{I_{an}}{U_1} \qquad (3.13a)$$

$$I \leq (0{,}05 \ldots 0{,}1) I_{r,M} \qquad (5.13a)$$

Kleine Werte gelten dabei für direkt gekühlte Maschinen und für Maschinen bis zu einer Leistung von etwa 1,6 MVA, große Werte sind bei indirekt gekühlten Motoren zulässig.

Das Drehmoment von Asynchronmotoren nach Gl. (5.14) ist proportional dem Quadrat des Effektivwerts der Statorspannung U

$$M \sim U^2 / (n_1 X_\sigma) \qquad (5.14)$$

und bei Synchronmaschinen nach Gl. (5.15) proportional der Statorspannung U und der Polradspannung U_p

$$M \sim U U_p \sin\delta / (n_1 X_d) \qquad (5.15)$$

mit der Drehzahl n_1, der Streureaktanz X_σ und der ungesättigten synchronen Längsreaktanz X_d.

Oberschwingungen in der Spannung bilden je nach Ordnung mit- oder gegenlaufende Drehmomente (siehe Abschnitt 1.5.5). Vielfache der Ordnung 3 bilden Nullsysteme, aber keine Drehmomente, da es sich um reine Wechselfelder handelt. Die höherfrequenten Drehfelder führen durch die höherfrequenten Drehmomente zu ungleichmäßigem Lauf der Maschinen, welche sich als störende Geräusche und Rütteltelmomente auswirken. unter Umständen können auch Oszillationen zwischen den Einzelmassen auf der Generator- oder Motorwelle angeregt werden. **Bild 5.10** zeigt

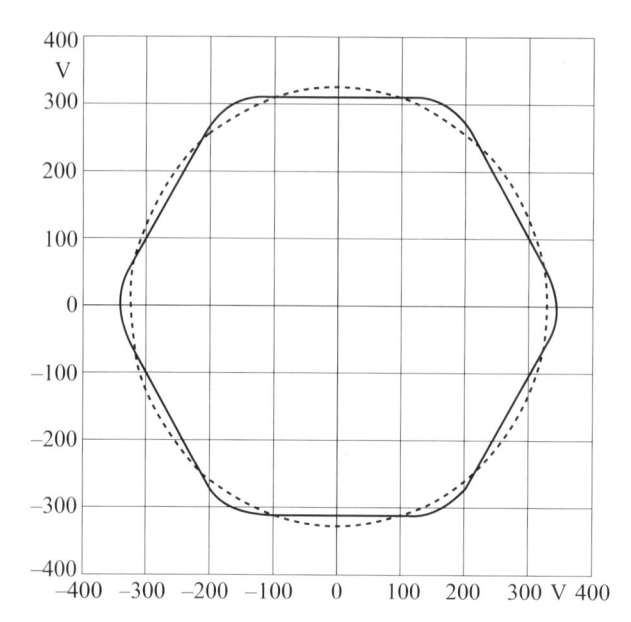

Bild 5.10 Raumzeiger der Spannung in einem Niederspannungsnetz mit $U_5/U_1 = 3\ \%$
- - - - - Drehzeiger der Spannungsgrundschwingung
——— Drehzeiger mit Spannung

den Verlauf des Raumzeigers der Spannung für ein Niederspannungsnetz, bei dem der Betrag der fünften Spannungsoberschwingung U_5 gleich 3 % der Grundschwingungsspannung U_1 ist. Die Änderungsfrequenz des Spannungsdrehzeigers beträgt $6 \cdot f_1$, ist also gleich der Differenz der Frequenzen der Grundschwingung (Mitsystem) und der fünften Oberschwingung (Gegensystem).

5.3.3 Kondensatoren

5.3.3.1 Resonanzen in elektrischen Netzen

Geht man bei der Betrachtung von den Auswirkungen von Oberschwingungen und Zwischenharmonischen in elektrischen Netzen davon aus, dass zunächst einmal die im Betrieb am Anschlusspunkt bewirkten Spannungsoberschwingungen oder zwischenharmonischen Spannungen von Interesse sind, so lässt sich dieses Problem meist auf eine einfache Struktur nach **Bild 5.11** reduzieren. Da die Vorgänge bei Oberschwingungen und Zwischenharmonischen in diesen Betrachtungen identisch sind, wird im Folgenden die Betrachtung am Beispiel der Oberschwingungen durchgeführt. Gleiches gilt in jedem Fall für die Zwischenharmonischen.

Mittelspannung

Niederspannung — VP

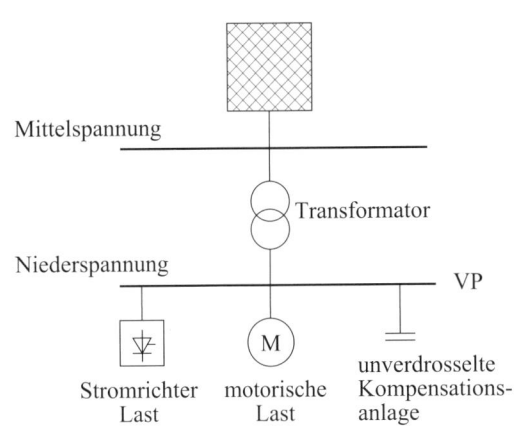

Stromrichter Last · motorische Last · unverdrosselte Kompensationsanlage

Bild 5.11 Netzersatzschaltbild einer vereinfachten prinzipiellen Struktur der Elektroenergieversorgung von Verbrauchern

Im Allgemeinen besteht eine Energieversorgungsstruktur aus einer Einspeisung über einen Transformator aus einem Netz höherer Spannungsebene. Am Anschlusspunkt oder Verknüpfungspunkt sind neben der Oberschwingungen erzeugenden Last weitere Lasten, wie z. B. Ohm'sche und motorische Verbraucher, angeschlossen. Zur Blindleistungskompensation wird oftmals eine Kondensatorbatterie eingesetzt. Die erwähnten Ohm'schen und motorischen Verbraucher sind u. U. über Kabel mit dem Verknüpfungspunkt VP verbunden, die Kabelkapazitäten müssen ebenso wie die Kondensatoren bei der Betrachtung berücksichtigt werden. Zur weiteren Betrachtung der Vorgänge im Hinblick auf Oberschwingungen wird das in **Bild 5.12** dargestellte Ersatzschaltbild des Netzes im Mitsystem herangezogen. Man erkennt, dass die induktive Einspeisung und die kapazitive Blindstromkompensation bzw. die Kabelkapazitäten aus Sicht des Oberschwingungserzeugers am Verknüpfungspunkt einen Parallelschwingkreis bilden, der durch die Ohm'schen Anteile der Einspeisung und der Lasten bedämpft ist. Ergänzend zur Berechnung der Resonanzfrequenz nach Gl. (5.16a) bzw. Gl. (5.16b) wird oftmals auch Gl. (5.16c) benutzt.

$$f_{res} = \frac{1}{2\pi \cdot \sqrt{L \cdot C}} \tag{5.16a}$$

$$f_{res} = f_1 \cdot \sqrt{\frac{S_k''}{Q_C}} \tag{5.16b}$$

$$f_{res} \approx f_1 \cdot \sqrt{\frac{S_r}{u_k \cdot Q_C}} \tag{5.16c}$$

mit der Bemessungsscheinleistung S_r und der Kurzschlussspannung u_k des einspeisenden Transformators und der Bemessungsleistung Q_C der Kondensatorbatterie.

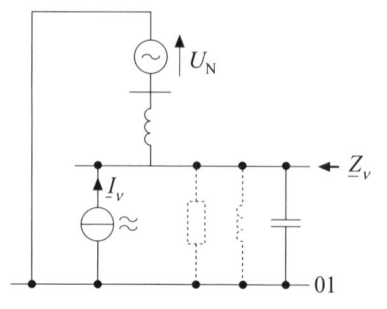

Bild 5.12 Ersatzschaltbild im Mitsystem des Netzes nach Bild 5.11

5.3.3.2 Auswirkungen von Oberschwingungen auf Kondensatoren

Nach dieser Vorüberlegung lassen sich die Auswirkungen von Stromoberschwingungen berechnen. Zur Beschreibung dienen die in Abschnitt 2.4 ermittelten Gleichungen. Der Verlauf der Impedanz am Verknüpfungspunkt ist in **Bild 5.13** dargestellt.

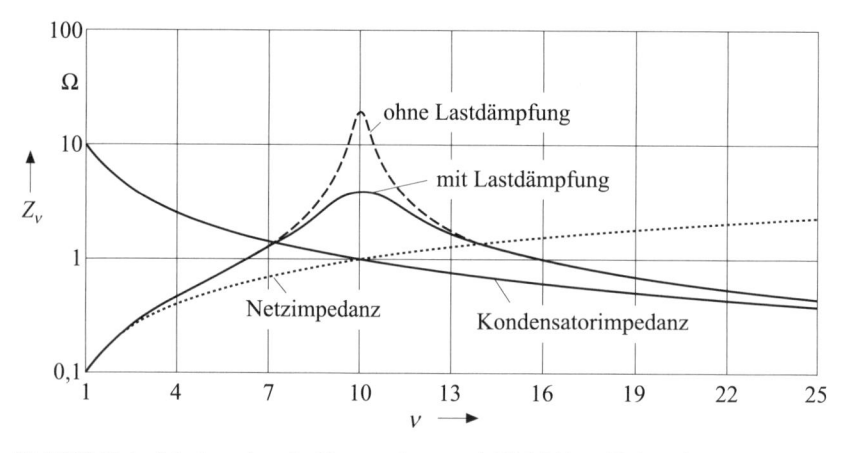

Bild 5.13 Verlauf der Impedanz der Netzanordnung nach Bild 5.11 am Verknüpfungspunkt

Die Impedanz des Parallelschwingkreises steigt ausgehend von der Impedanz der induktiven Einspeisung bei kleinen Frequenzen auf den Maximalwert bei der Resonanzfrequenz f_res, nimmt bei weiter steigenden Frequenzen wieder ab und nähert sich der Impedanz des kapazitiven Anteils. Die Impedanz im Resonanzpunkt ist gleich der Impedanz der Einspeisung, multipliziert mit der Güte Q, oder dividiert durch die Dämpfung d nach Gl. (5.17).

$$|\underline{Z}_\text{res}| = \frac{\omega L}{d} \tag{5.17}$$

Geht man davon aus, dass die Oberschwingungsströme eingeprägte Ströme sind, so treffen diese im Frequenzbereich nach Gl. (5.18)

$$\frac{f_\text{res}}{\sqrt{2}} < f < f_\text{res} \cdot \sqrt{2} \tag{5.18}$$

auf eine gegenüber der Impedanz der Einspeisung bzw. gegenüber der Impedanz der Kapazitäten erhöhte Impedanz und rufen somit auch höhere Spannungen hervor. Die motorischen Lasten, dargestellt durch ihre Induktivität, führen zu einer Verschiebung der Resonanzfrequenz hin zu niedrigeren Frequenzen. Unter Berücksichtigung der Impedanzwerte von Einspeisung und motorischen Lasten ist dieser Effekt jedoch relativ gering.

Erheblich größere Auswirkungen auf die Impedanz am Netzanschlusspunkt hat eine Änderung der Kondensatorleistung, z. B. durch eine gestufte Kondensatorbatterie. **Bild 5.14** zeigt die Änderung des Impedanzverlaufs für den Fall, dass die Kondensatorbatterie im Bereich Q_C = 100 kvar … 550 kvar stufig geschaltet werden kann. In dem betrachteten Netz mit der Kurzschlussleistung S_k'' = 23,8 MVA am Verknüpfungspunkt verändert sich die Resonanzfrequenz dabei im Bereich f_res = 304 Hz …

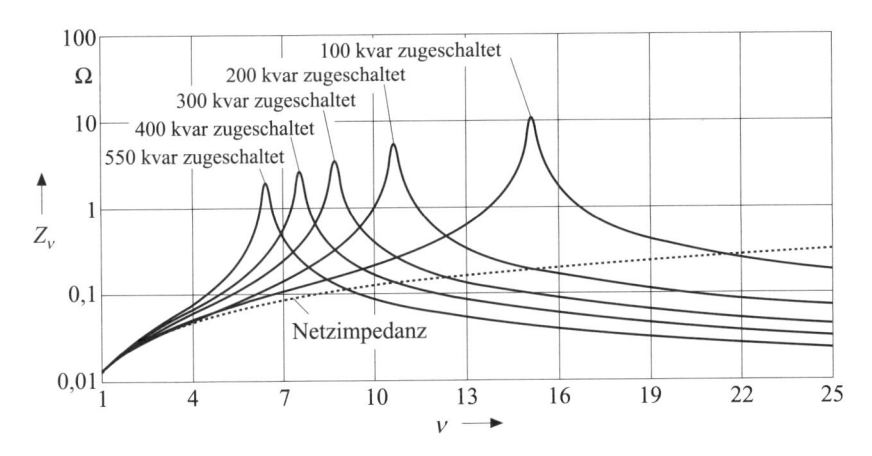

Bild 5.14 Impedanzverlauf am Verknüpfungspunkt eines Industrienetzes mit S_k'' = 23,8 MVA und gestufter Kompensation Q_C = 100 kvar … 550 kvar (fünf Stufen)

780 Hz. Unter Berücksichtigung der Impedanzerhöhung nach Gl. (5.28) muss im Bereich $f = 214$ Hz ... 1 103 Hz (Oberschwingungsordnungen $v = 5, ... , 22$) mit resonanzbedingten Spannungserhöhungen gerechnet werden.

Die Spannungserhöhung bei Oberschwingungsfrequenzen führt zu einer hohen Strombelastung der Kondensatoren nach Gl. (5.19)

$$I_{C,v} = U_v \cdot v \cdot \omega_1 \cdot C \qquad (5.19)$$

da die Impedanz des Kondensators mit steigender Frequenz abnimmt. Diese Ströme können u. U. größer werden als die eingeprägten Oberschwingungsströme und zur Zerstörung des Kondensators führen.

Wurde bisher die Impedanz der Netzanordnung aus Sicht des Oberschwingungserzeugers am Verknüpfungspunkt mit eingeprägten Oberschwingungsströmen be-

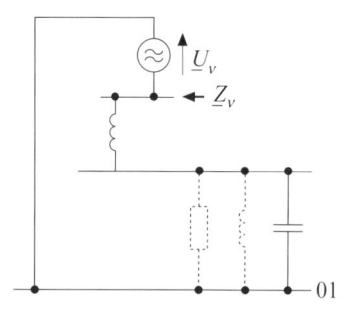

Bild 5.15 Ersatzschaltbild der Netzanordnung nach Bild 5.11 vom einspeisenden Netz aus gesehen mit eingeprägten Spannungsoberschwingungen

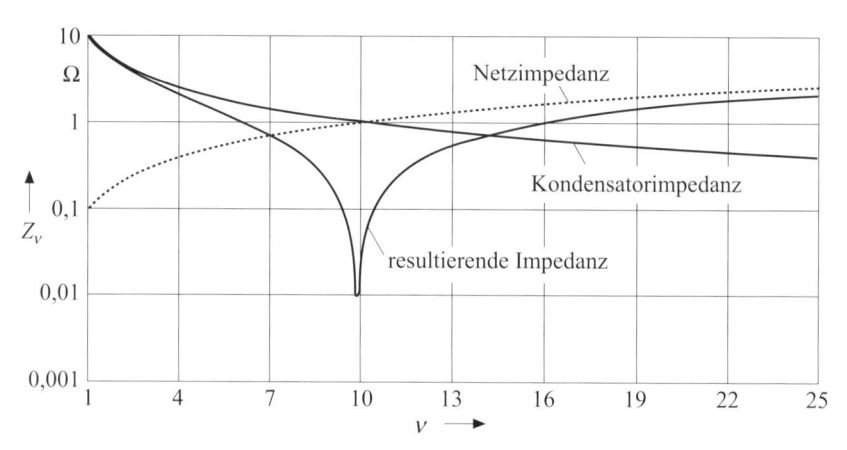

Bild 5.16 Verlauf der Impedanz der Netzanordnung nach Bild 5.11, von der Netzeinspeisung aus gesehen

trachtet, so wird nachfolgend die Anordnung aus Sicht des einspeisenden Netzes gesehen. **Bild 5.15** zeigt das Ersatzschaltbild der Mitkomponente der Netzanordnung nach Bild 5.11.

Induktive Impedanz des speisenden Transformators und kapazitive Impedanz des Kondensators liegen jetzt in Reihe und bilden einen Reihenschwingkreis, der durch die Ohm'schen Anteile bedämpft wird. Der Verlauf der Impedanz ist in **Bild 5.16** dargestellt.

Die Impedanz des Reihenschwingkreises sinkt ausgehend von der Impedanz des kapazitiven Kondensators bei kleinen Frequenzen auf den Minimalwert bei der Resonanzfrequenz f_{res}, steigt bei weiter steigenden Frequenzen wieder an und nähert sich der Impedanz der induktiven Reaktanz der Einspeisung. Die Impedanz im Resonanzpunkt ist gleich der Impedanz der Einspeisung dividiert durch die Güte Q oder multipliziert mit der Dämpfung d nach Gl. (5.20).

$$|\underline{Z}_{res}| = \omega L \cdot d \quad (5.20)$$

Bereits bei kleinen vorhandenen Spannungsoberschwingungen im speisenden Netz fließen große Oberschwingungsströme über den Transformator in die Kondensatoranlage und können zu einer Zerstörung der Kondensatoren als Folge thermischer Überlastung führen.

Der Einfluss auf die Resonanzfrequenz einer in Stufen geschalteten Kompensationsanlage ist ähnlich wie bei der Betrachtung des Parallelresonanzeffekts.

5.3.3.3 Verdrosselung von Kondensatoren

Durch den Betrieb des Kondensators kommt es, wie erwähnt, zu einer Erhöhung der Oberschwingungsspannungen und damit zu einer hohen Belastung des Kondensators durch Stromoberschwingungen, die höher sein können als die eingeprägten Oberschwingungsströme des Erzeugers. Mit den in **Bild 5.17** angegebenen Werten errechnet man die in **Tabelle 5.2** angegebenen Oberschwingungen.

Der Tabelle 5.2 entnimmt man, dass die Belastung des Kondensators durch Stromoberschwingungen ungefähr gleich groß ist wie der Bemessungsstrom. Die in DIN EN 60831-1 (VDE 0560-46) angegebenen Grenzwerte werden deutlich überschritten. Der Pegel der siebten Spannungsoberschwingung übersteigt den zulässigen Verträglichkeitspegel nach DIN EN 61000-2-2 (VDE 0839-2-2) selbst unter Berücksichtigung der Lastdämpfung.

Durch die Wahl einer höheren Bemessungsleistung des Kondensators erreicht man zwar, dass der Kondensator durch die Stromoberschwingungen nicht unzulässig belastet wird. Die mögliche Störung anderer Betriebsmittel im Netz und die Erhöhung der Spannungsoberschwingungen kann dadurch nicht verhindert werden. Die Über-

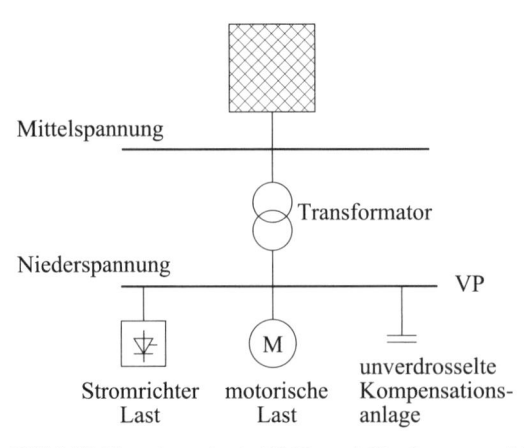

Bild 5.17 Einspeisung in ein NS-Netz mit Kondensator und Oberschwingungserzeuger

OS-Ordnung v	ohne Dämpfung		mit Lastdämpfung	
	I_v in %	U_v in %	I_v in %	U_v in %
5	25,9	5,3	23,1	4,6
7	94,8	13,8	36,7	5,3
11	13,2	1,4	13,1	1,3
13	7,4	0,7	7,2	0,7
17	5,3	0,4	5,2	0,4
19	3,9	0,3	3,9	0,3
OS-Effektivwert	100,3	14,6	46,8	7,2

Tabelle 5.2 Prozentuale Werte der Oberschwingungsströme im Kondensator und Oberschwingungsspannungen der Anordnung nach Bild 5.17
Werte bezogen auf Bemessungswerte bzw. Nominalspannung

dimensionierung von Kondensatoren ist kein geeignetes Mittel, der Oberschwingungsproblematik in Netzen zu begegnen, da die wahre Ursache, die Parallelresonanz, nicht verhindert wird. Als einzig sinnvolle Abhilfemaßnahme ist die Verdrosselung des Kondensators zu sehen, da bei entsprechender Auslegung die Resonanz vermieden wird. Der Verdrosselungsgrad p ist gemäß Gl. (5.21) definiert als das Verhältnis der induktiven zur kapazitiven Reaktanz:

$$p = \frac{X_L}{X_C} \qquad (5.21)$$

Dadurch ergibt sich eine Resonanzfrequenz des Reihenresonanzschwingkreises aus Kondensator und Spuleninduktivität, auch Abstimmfrequenz genannt, nach Gl. (5.22).

$$f_{res} = \frac{f_1}{\sqrt{p}} \tag{5.22}$$

Eine Resonanzüberhöhung durch Parallelresonanz ergibt sich jetzt stets nur für eine Frequenz kleiner der Abstimmfrequenz des Reihenschwingkreises f_{res}. Oberhalb der Abstimmfrequenz des Reihenschwingkreises ist die Impedanz grundsätzlich niedriger als die Netzimpedanz ohne Kompensation. **Bild 5.18** zeigt den Impedanzverlauf des Netzes nach Bild 5.17 aus Sicht des einprägenden Oberschwingungserzeugers für einen Verdrosselungsgrad von $p = 7\%$ entsprechend einer Abstimmfrequenz des Reihenschwingkreises f_{res} = 189 Hz.

Berechnet man mit den angegebenen Werten die Oberschwingungsspannungen an der 0,4-kV-Sammelschiene und die Oberschwingungsströme im Kondensator wie in **Tabelle 5.3** angegeben, so erkennt man, dass die Belastung des Kondensators durch Stromoberschwingungen deutlich unter den zulässigen Grenzwerten liegt.

Die Oberschwingungspegel der Spannung sind weit unterhalb der Verträglichkeitspegel. Die Verdrosselung schützt nicht nur den Kondensator vor zu hohen Ober-

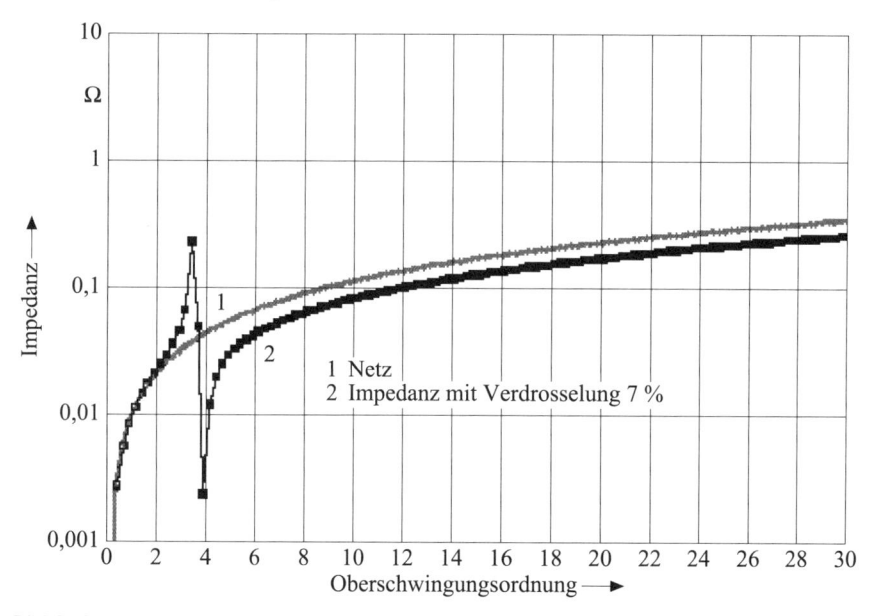

Bild 5.18 Impedanzverlauf des Netzes nach Bild 5.17 für einen Verdrosselungsgrad des Kondensators $p = 7\%$

OS-Ordnung ν	ohne Dämpfung		mit Lastdämpfung	
	I_ν in %	U_ν in %	I_ν in %	U_ν in %
5	10,1	1,8	10,0	1,7
7	3,2	1,3	3,0	1,2
11	1,9	1,6	1,7	1,5
13	1,1	1,1	1,0	1,0
17	0,8	1,3	0,7	1,2
19	0,3	1,0	0,3	1,0
OS-Effektivwert	10,9	3,4	10,6	3,2

Tabelle 5.3 Prozentuale Werte der Oberschwingungsströme im Kondensator und Oberschwingungsspannungen der Anordnung nach Bild 5.17 mit verdrosseltem Kondensator, $p = 7\ \%$

schwingungsströmen, sondern reduziert auch die Oberschwingungspegel der Netzspannung.

Die „Saugwirkung" einer verdrosselten Kondensatoranlage ist jedoch begrenzt. Sollen über das durch die Verdrosselung der Kompensationsanlage erreichbare Maß hinausgehende Reduzierungen der Oberschwingungspegel in Netzen erreicht werden, so ist der Ausbau der Kondensatoranlage zu einem Filter notwendig. Eine Filteranlage wird meist in mehreren Stufen aufgebaut, abgestimmt auf im Netz auftretende Oberschwingungen. Es ist zu beachten, dass zwischen den durch die Filterabstimmung festgelegten Reihenresonanzfrequenzen jeweils Parallelresonanzen mit hohen Impedanzwerten durch die Parallelschaltung mit dem einspeisenden Netz auftreten, welche wiederum zu einer Erhöhung der Spannungspegel in diesem Frequenzbereich führen können. Die genaue Kenntnis der durch Oberschwingungen bedingten Vorbelastung des Netzes, der Impedanzverhältnisse und der zu erwartenden Oberschwingungsströme ist für die korrekte Dimensionierung von Filteranlagen notwendig.

5.3.3..4 Belastbarkeit von Kondensatoren

Bei Kondensatoren darf der durch die Spannungsoberschwingungen hervorgerufene Gesamteffektivwert des Stroms nach Gl. (5.23)

$$I = \omega_1 \cdot C \cdot \sqrt{\sum_{\nu=1}^{n}(\nu \cdot U_\nu)^2} \qquad (5.23)$$

gemäß DIN EN 60831-1 (VDE 0560-46) den 1,3-fachen Bemessungsstrom, bei Beachtung der Kapazitätstoleranz von $1{,}15 \cdot C_n$ den 1,5-fachen Bemessungsstrom nicht überschreiten.

Weiterhin ist der Anstieg der dielektrischen Verluste nach Gl. (5.24) zu betrachten

$$P_D = U_1^2 \cdot v \cdot \omega_1 \cdot C \cdot \tan\delta \tag{5.24}$$

die proportional mit dem Quadrat der Spannung ansteigen.

Für die Spannung gilt außerdem Gl. (5.25)

$$\left(\frac{U}{U_r}\right)^2 + \sum_{v=1}^{n} v \cdot \left(\frac{U_v}{U_r}\right)^2 \leq 1{,}44 \tag{5.25}$$

Die maximal zulässige Spannung ist nach DIN VDE 0560-1 (VDE 0560-1) und anderer Teile der Normenreihe abhängig von der Dauer der Spannungsbeanspruchung wie in Tabelle 5.4 angegeben.

Spannung U_{max}	Beanspruchungsdauer T_{max}
$U \leq 1{,}0 \cdot U_r$	dauernd
$U \leq 1{,}1 \cdot U_r$	8 Stunden/Tag
$U \leq 1{,}15 \cdot U_r$	30 Minuten/Tag
$U \leq 1{,}2 \cdot U_r$	5 Minuten/Tag
$U \leq 1{,}3 \cdot U_r$	1 Minute/Tag

Tabelle 5.4 Zulässige Spannungsbeanspruchung von Kondensatoren in Abhängigkeit von der Beanspruchungsdauer

5.3.4 Andere energietechnische Betriebsmittel

Leitungen (Freileitungsseile, Kabel und Schienen) erfahren durch Oberschwingungen eine von der Frequenz abhängige höhere Belastung und dadurch lokale Erwärmung, welche durch den ab etwa 350 Hz zu berücksichtigenden Skin-Effekt verstärkt wird. In Netzen mit einem vierten Leiter (Niederspannungsnetzformen TN und TT nach DIN VDE 0100-300 (VDE 0100-300)) als Rückleiter führt dieser bei Vorhandensein einer Oberschwingungskomponente in der Spannung einen Strom der Frequenz 150 Hz und anderer durch drei teilbarer Oberschwingungsordnungen, welcher bei hohem Grad an nicht linearen Verbrauchern zu einer u. U. höheren Belastung des Nullleiters gegenüber den Außenleitern führen kann. **Bild 5.19** zeigt als Beispiel das Frequenzspektrum des Stroms in einer NS-Anlage, die fast ausschließlich PC, Sichtgeräte und Kompaktleuchtstofflampen in einem Bürogebäude versorgt.

Bei nicht vorhandenem Neutralleiter bildet sich im Sternpunkt des Netzes eine Verlagerungsspannung gegen Erde mit entsprechender Frequenz aus.

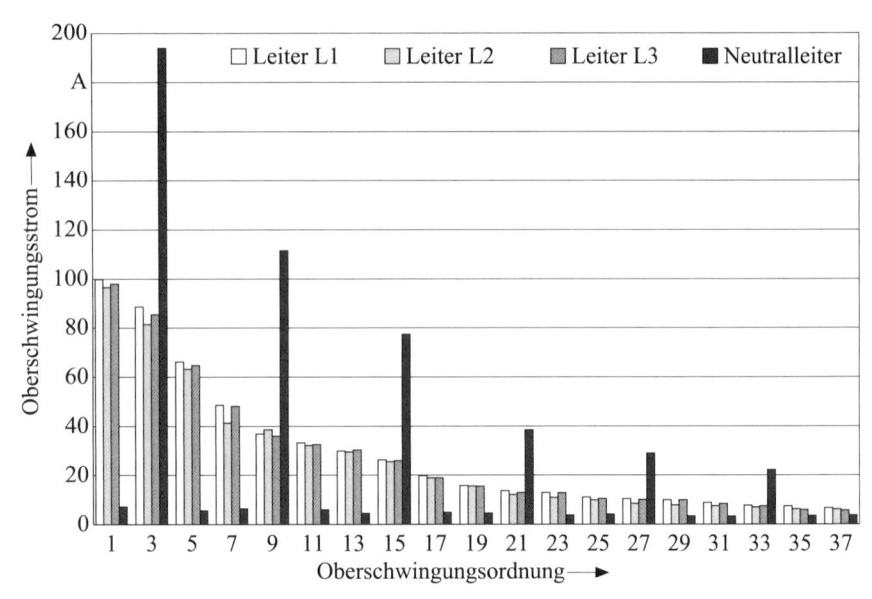

Bild 5.19 Relative Amplituden von Stromoberschwingungen in einem TN-System

Oberschwingungshaltige Ströme haben im Nulldurchgang unter Umständen ein größeres di/dt als ein entsprechender sinusförmiger Strom mit gleichem Effektiv- oder auch Scheitelwert. Dadurch kann das Löschvermögen von Leistungsschaltern vermindert werden. Vakuum-Leistungsschalter sind dabei weniger anfällig als magnetisch beblasene Schalter. Sicherungen sind im Allgemeinen wenig anfällig gegen Oberschwingungen, lediglich ein im Bezug auf den Bemessungswert verfrühtes Auslösen, welches jedoch im Hinblick auf die Zusatzerwärmungen der zu schützenden Betriebsmittel durchaus wünschenswert sein kann, tritt auf.

Bei Transformatoren führt der Betrieb an nicht sinusförmiger Spannung und/oder mit nicht sinusförmigem Strom zu einer Erhöhung der Ohm'schen Verluste, aber auch zu einer Erhöhung der Wirbelstrom- und Hystereseverluste. Problematisch kann auch die Überwachung der Strombelastung der im Dreieck geschalteten Transformatorausgleichswicklung sein, falls nur der Strom der Sternwicklung gemessen wird, wodurch der Anteil der dritten Oberschwingung nicht erfasst wird.

Induktive Spannungswandler können durch Oberschwingungen in Sättigung geraten, wodurch die Übertragungsfehler wesentlich zunehmen, Stromwandler sind hier meist weniger empfindlich, lediglich der Winkelfehler wird ungünstig beeinflusst. Dies ist für die Messung von Oberschwingungen zu berücksichtigen.

5.3.5 Netzbetrieb

Elektrische Mittelspannungsnetze (6 kV bis 30 kV; u. U. auch bis 110 kV) werden oft mit Erdschlusskompensation betrieben. Dabei wird die Induktivität der Erdschlusskompensationsspule nahezu in Resonanz mit den Leiter-Erd-Kapazitäten des Netzes eingestellt. Dadurch wird der über die Fehlerstelle fließende Erdschlussreststrom I_{Rest} sehr klein und durch Überkompensation bevorzugt ohmsch-induktiv eingestellt. Dies erleichtert das Erlöschen des Erdschlussfehlers bei Fehlern in Luft erheblich. Die durch das Vorhandensein von Oberschwingungen in der Spannung auftretenden Oberschwingungsanteile des Stroms an der Erdschlussstelle können nicht kompensiert werden und überlagern sich dem netzfrequenten Erdschlussreststrom nach Gl. (5.25).

$$I_{Rest} \approx \left(\sqrt{3} \cdot U_n \cdot \omega \, C_E \cdot \left(1 - \frac{1}{\omega^2 \cdot L_{O,D} \cdot C_E} \right) \right) \qquad (5.25)$$

DIN VDE 0228-2 (VDE 0228-2) gibt Grenzen für die Löschfähigkeit von Ohm'schen Erdschlussreststrømen I_{Rest} und kapazitiven Erdschlussstrømen I_{CE} an. Für Netze mit $U_n = 20$ kV betragen diese $I_{Rest} \leq 60$ A und $I_{CE} \leq 36$ A .

Zur automatischen Abstimmung der Erdschlusskompensationsspulen wird der Effektivwert der Verlagerungsspannung an der Erdschlusslöschspule herangezogen. Diese kann durch Spannungsoberschwingungen in Netzen verändert werden, sodass eine korrekte Abstimmung der Erdschlussspule erschwert wird.

5.3.6 Elektronische Betriebsmittel

Elektronische Betriebsmittel können durch Spannungsoberschwingungen, aber auch durch andere Netzrückwirkungen, dergestalt beeinflusst werden, dass die ordnungsgemäße Funktion beeinträchtigt oder das Gerät zerstört wird.

Hier sind als Effekte durch Oberschwingungen die Verschiebung der Nulldurchgänge und das Auftreten von Mehrfachnulldurchgängen als Ursachen zu erwähnen. Dadurch kann es bei Geräten, die Nulldurchgänge der Spannung erkennen müssen, wie z. B. Steuerungen von Stromrichtern, Synchronisiereinrichtungen und Parallelschaltgeräten zu Fehlfunktionen kommen. Hier tritt u. U. der Fall auf, dass der Verursacher der Störung auch gleichzeitig der gestörte Verbraucher sein kann.

Rundsteuerempfänger, die heute als elektronische Geräte ausgeführt werden, können durch Oberschwingungen oder Zwischenharmonische in ihrer ordnungsgemäßen Funktion beeinträchtigt werden, wenn die Oberschwingungspegel die in DIN EN 62054-11 (VDE 0420-4-11) angegebenen Grenzwerte überschreiten. Die Grenzwerte liegen alle über den in DIN EN 61000-2-2 (VDE 0839-2-2) angegeben Verträglichkeitspegeln.

Die Ausbreitung von Rundsteuersignalen und damit das ordnungsgemäße Ansprechen der Rundsteuerempfänger sind abhängig von den jeweiligen Netzimpedanzen. Insbesondere ist das Zusammenwirken der Impedanzen der induktiven Einspeisungen und kapazitiver Netzteile wie Kondensatoren zur Blindstromkompensation, welche Reihenschwingkreise aus Sicht des einspeisenden Rundsteuersignals bilden, für eine ausreichende Signalhöhe an der Kundenanlage zu beachten. Da es sich hierbei um netzspezifische Vorgänge handelt, die mittelbar eine Folge von Zwischenharmonischen bzw. Oberschwingungen sind, wird dieses Phänomen im Zusammenhang dieses Buchs nicht weiter behandelt. Verwiesen sei auf die VDEW-Empfehlung: „Empfehlung zur Vermeidung unzulässiger Rückwirkungen auf die Tonfrequenz-Rundsteuerung".

5.3.7 Schutz-, Mess- und Automatisierungsgeräte

Der Einfluss von Netzrückwirkungen auf Schutzgeräte, wie Distanzschutz, Überstromschutz, Differentialschutz etc., ist stark abhängig von Aufbau und Wirkungsweise des Geräts. Angaben und Informationen vom Hersteller sind hier für die Projektierung von Anlagen und zur Störungsaufklärung notwendig. Als Beispiel wird nachstehend die Auswirkung auf Auslöseeinrichtungen für Niederspannungs- und Mittelspannungs-Leistungsschalter erläutert.

Analoge Auslöseeinrichtungen für den Überlastschutz sind durch Oberschwingungen besonders gefährdet, da der stromproportionale Spannungsverlauf $u(t)$ nach dem

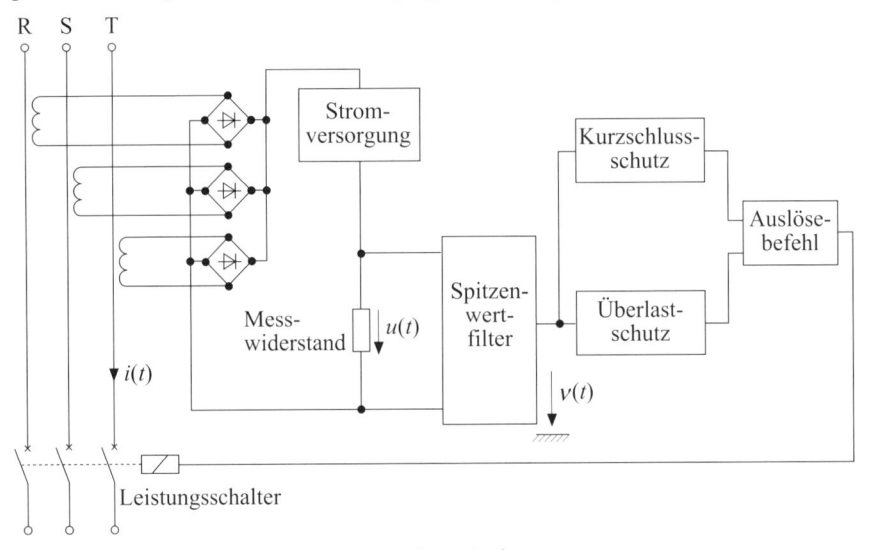

Bild 5.20a Erläuterung des Verhaltens eines analogen Auslösers
a) Blockschaltbild

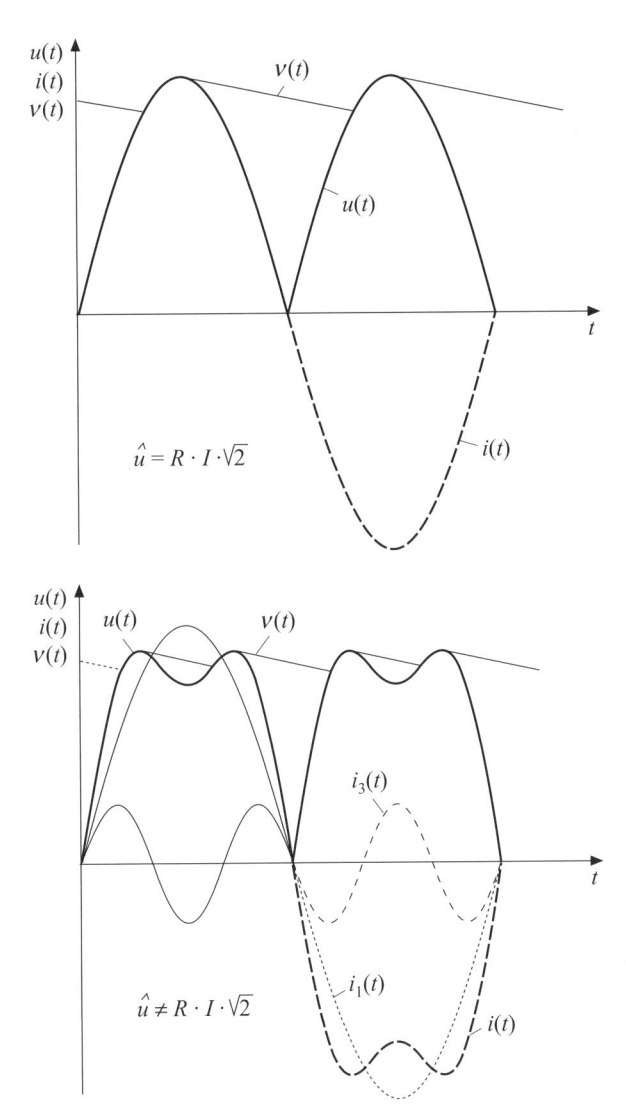

Bild 5.20 b, c Erläuterung des Verhaltens eines analogen Auslösers
b) Stromverlauf sinusförmig; Signalverläufe
c) Stromverlauf mit dritter Oberschwingung; Signalverläufe

Spitzenwertfilter nur vom Scheitelwert des Stroms abhängt. Der Scheitelwert steht aber nur bei sinusförmigem Strom in einem definierten Verhältnis zum Effektivwert. **Bild 5.20** zeigt das Blockschaltbild eines analogen Auslösers sowie Strom- bzw. Signalverläufe. Für den im Teilbild 5.20b dargestellten sinusförmigen Stromverlauf lässt sich der Auslöser exakt auf einen definierten Effektivwert des Stroms einstellen, bei dessen Überschreitung eine Auslösung erfolgt.

Im Falle des im Teilbild 5.20c dargestellten nicht sinusförmigen Stromverlaufs wurde der Anteil der dritten Oberschwingung so gewählt, dass der Scheitelwert des Gesamtstroms kleiner ist als der Scheitelwert der Grundschwingung nach Teilbild 5.20b. Der das Betriebsmittel belastende Gesamteffektivwert des Stroms wird größer. Der Spitzenwertfilter ermittelt eine dem Scheitelwert des Stroms proportionale Spannung, die als Maß für den Effektivwert des zugehörigen Stroms einen zu kleinen Wert darstellt. Der Auslöser würde in diesem Fall nicht auslösen, das zu schützende Betriebsmittel würde u. U. unzulässig belastet.

Dieser Neigung zur Fehlfunktion analoger Auslöser kann durch den Einsatz von digitalen Auslösern begegnet werden. Hier wird ein dem Effektivwert des Stroms proportionaler Spannungswert durch Abtastung des gleichgerichteten Messsignals gebildet. Dazu ist es ausreichend, das Messsignal mit etwa 1 kHz abzutasten, die Auflösung des A/D-Wandlers muss 12 bit nicht übersteigen. **Bild 5.21** stellt das Blockschaltbild eines digitalen Auslösers dar.

Bei Induktionszählern ist der Einfluss von Oberschwingungen auf die Genauigkeit erheblich. Auch kann es durch Oberschwingungen zu Anregungen von mechanischen Schwingungen kommen, da die Eigenfrequenzen im Bereich f_{res} = 400 Hz ... 1 000 Hz liegen. In Anlagen mit hohem Oberschwingungsanteil sollten elektroni-

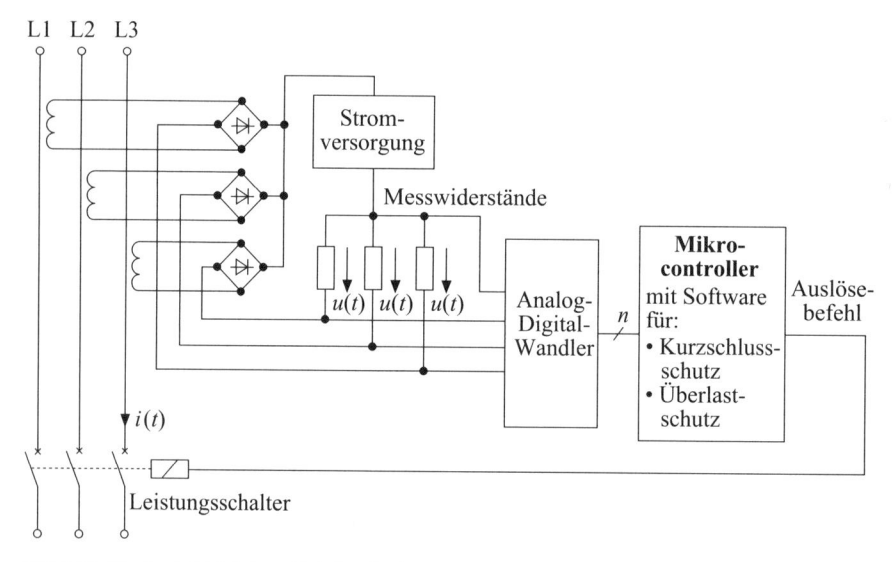

Bild 5.21 Blockschaltbild eines digitalen Auslösers

sche Zähler eingesetzt werden. Deren Genauigkeit ist vornehmlich abhängig von der verwendeten Abtastfrequenz und der Auflösegenauigkeit. Messgeräte für andere Zwecke sollten auf ihre Verwendbarkeit bei nicht sinusförmigen Größen überprüft werden.

5.3.8 Lasten und Verbraucher

Bei Glühlampen führen Oberschwingungen zu einer Erhöhung der Glühfadentemperatur und damit zur Verkürzung der Lebensdauer. Bei Leuchtstofflampen und anderen Gasentladungslampen können Oberschwingungen zu störenden Geräuschen führen. Weiterhin ist zu beachten, dass Leuchtstofflampen oft mit Kondensatoren zur Blindleistungskompensation ausgerüstet werden. Hier ist der Effekt der Überlastung der Kondensatoren zu beachten. Weiterhin bilden die Kondensatoren zusammen mit der induktiven Last einen Schwingkreis. Bei Einzelkompensation liegt die Resonanzfrequenz bei maximal 80 Hz, sodass Resonanzanregungen nicht zu erwarten sind [5.2]. Bei Gruppenkompensation liegen die Resonanzfrequenzen u. U. höher. Dies muss im Einzelfall in der Planungsphase berücksichtigt werden.

Die Störungen der energietechnischen und informationstechnischen Betriebsmittel können zu Folgeschäden in industriellen Anlagen führen. Hier sind das unkontrollierte Abschalten von Betriebsmitteln und Produktionsprozessen zu betrachten, wobei diese Sekundärschäden meist um ein Vielfaches höher sein können als die Behebung der eigentlichen Ursache.

Bei Näherungen von Freileitungen und Telefonleitungen kann eine Störung der Sprachübertragung auftreten, wobei zu beachten ist, dass das menschliche Ohr im Bereich 1 kHz bis 1,5 kHz die höchste Empfindlichkeit aufweist, mithin Oberschwingungen der Ordnungen 20 bis 30 besonders zu beachten sind. Es sind dabei induktive, kapazitive und galvanische Kopplungen durch lokale Erhöhung des Bezugspotentials zu beachten.

Zur Bewertung der Oberschwingung wird dabei eine psophometrische Gewichtung der verschiedenen Strom- oder Spannungsoberschwingungen durch den Telefoninterferenzfaktor *TIF* (hier Angabe für den Strom) nach Gl. (5.26) durchgeführt.

$$TIF = \frac{\sqrt{\sum_{v=2}^{n}(k_{\text{fe}} \cdot I_v)^2}}{I_1} \qquad (5.26)$$

mit dem Gewichtungsfaktor k_{fe} nach Gl. (5.27)

$$k_{\text{fe}} = P_{\text{fe}} \cdot 5 \cdot f_v \qquad (5.27)$$

mit P_{fe} nach **Bild 5.22**. Die Bewertung mit dem Telefoninterferenzfaktor wird insbesondere im englischsprachigen Ausland angewandt.

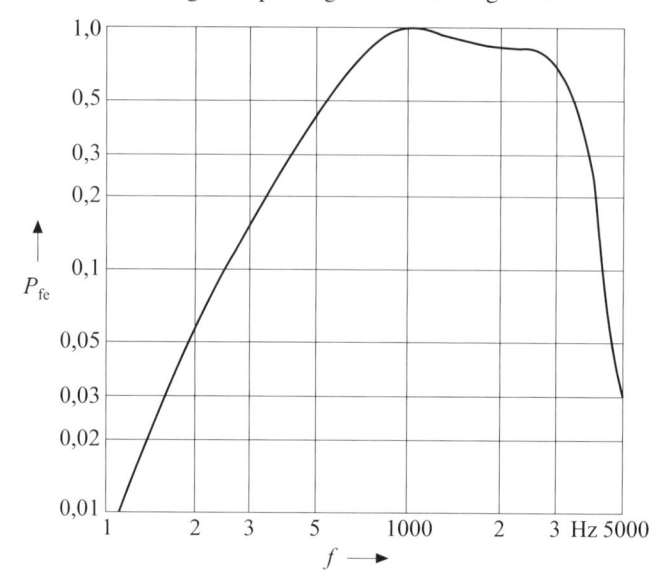

Bild 5.22 Gewichtungsfaktor k_{fe} zur Bestimmung des Telefoninterferenzfaktors *TIF*

5.4 Bewertung von Oberschwingungen

5.4.1 Allgemeines, Verträglichkeitspegel

Die Bewertung von Netzrückwirkungen kann grundsätzlich anhand der „VDN-Technische Regeln für die Beurteilung von Netzrückwirkungen" [5.3] per Hand oder mittels eines geeigneten, zugeordneten Rechenprogramms [5.6] vorgenommen werden. Die Grenzen der Anwendbarkeit der „VDN-Technische Regeln" sind jedoch zu bedenken. Es sind hier zu erwähnen:

- es wird lediglich die Hauptresonanzstelle des Netzes ermittelt
- die Betrachtung von vermaschten Netzen und Änderungen der Netztopologie ist nicht möglich
- vorhandene Spannungspegel des Netzes werden explizit nicht berücksichtigt
- die Auswirkungen von Filteranlagen und verdrosselten Kompensationsanlagen werden nicht berücksichtigt

Genauere Ergebnisse werden durch entsprechende Netzplanungsprogramme [5.6] erzielt, es muss aber dabei ein zum Teil wesentlich erhöhter Aufwand für die Dateneingabe und die Modellierung des Netzes eingeplant werden [5.4 und 5.5].

Die Oberschwingungspegel an einem Verknüpfungspunkt dürfen die in der Normung festgelegten Verträglichkeitspegel nur mit einer geringen Wahrscheinlichkeit während einer bestimmten Zeitdauer des relevanten Betrachtungszeitraums überschreiten. Als Bewertungsgrundlage dient hier oftmals der 95-%-Häufigkeitswert der Verteilung. Verträglichkeitspegel sind in den verschiedenen Teilen von DIN EN 61000 (VDE 0839) festgelegt, siehe auch Abschnitt 1.3. Für öffentliche Niederspannungs- und Mittelspannungsnetze entnimmt man die Verträglichkeitspegel der **Tabelle 5.5** bzw. **Bild 5.23**. Die angegebenen Pegel sind Effektivwerte als Prozentsätze des Grundschwingungseffektivwerts.

Der zugehörige Verträglichkeitspegel für den THD_U beträgt 8 %. Die in Tabelle 5.5 angegebenen Verträglichkeitspegel beziehen sich auf quasistationäre und nahezu unveränderliche Oberschwingungen, deren Wirkungen vornehmlich in thermischen Effekten im Langzeitbereich bestehen, d. h. bei länger als 10 min anhaltenden Oberschwingungspegeln. Bei kurzzeitigen Wirkungen, die insbesondere Störungen von Elektronikgeräten umfassen, können um den Faktor k nach Gl. (5.28) höhere Werte als in **Tabelle 5.5** genannt zugelassen werden.

$$k = 1{,}3 + \frac{0{,}7}{45} \cdot (v - 5) \tag{5.28}$$

ungeradzahlige OS, keine Vielfachen von 3		ungeradzahlige OS, Vielfache von 3		geradzahlige OS	
OS-Ordnung v	OS-Spannung %	OS-Ordnung v	OS-Spannung %	OS-Ordnung v	OS-Spannung %
5	6,0	3	5,0	2	2,0
7	5,0	9	1,5	4	1,0
11	3,5	15	0,4	6	0,5
13	3,0	21	0,3	8	0,5
$17 \leq v \leq 49$	$2{,}27 \cdot \frac{17}{v} - 0{,}27$	$27 \leq v \leq 45$	0,2	$10 \leq v \leq 50$	$0{,}25 \cdot \frac{10}{v} + 0{,}25$

Tabelle 5.5 Verträglichkeitspegel für Oberschwingungsspannungen in öffentlichen Niederspannungs- und Mittelspannungsnetzen nach DIN EN 61000-2-2 (VDE 0839-2-2) und DIN EN 61000-2-12 (VDE 0839-2-12)

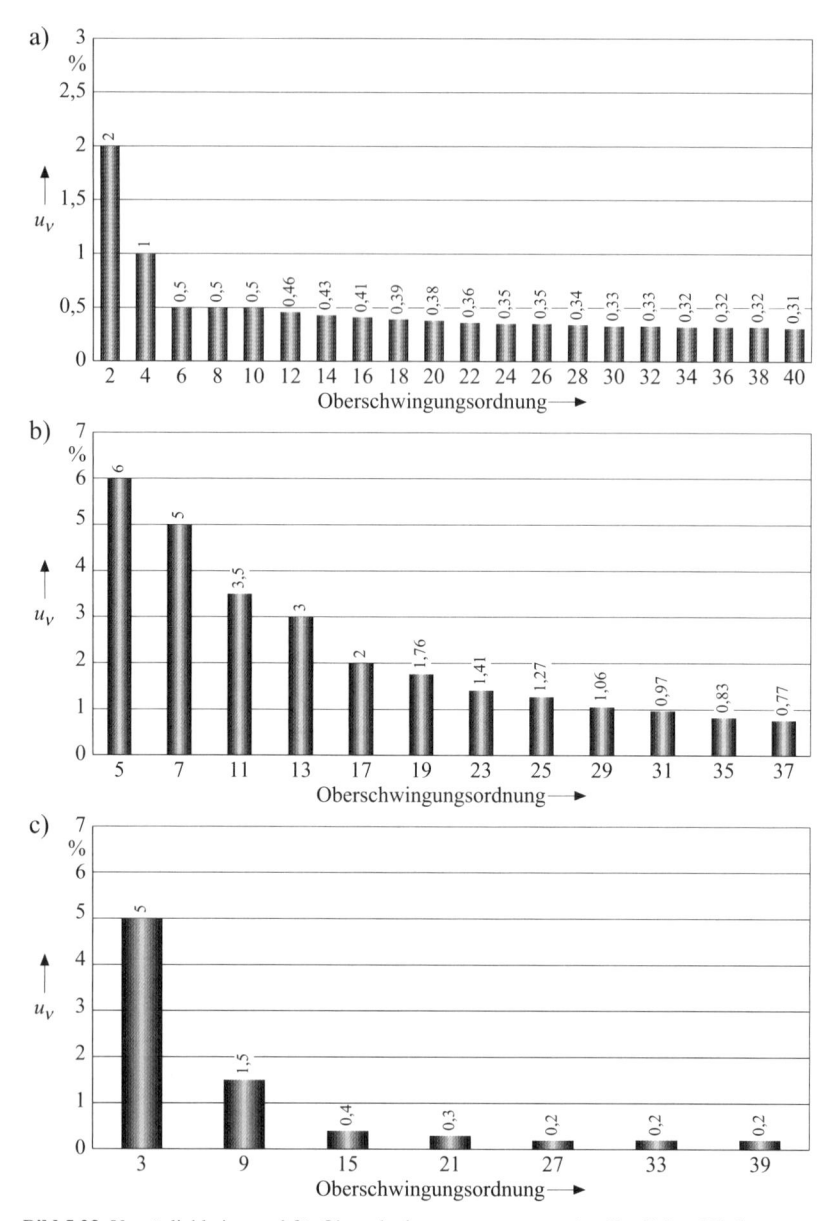

Bild 5.23 Verträglichkeitspegel für Oberschwingungsspannungen in öffentlichen Niederspannungs- und Mittelspannungsnetzen nach DIN EN 61000-2-2 (VDE 0839-2-2) und DIN EN 61000-2-12 (VDE 0839-2-12)

Der zugehörige Verträglichkeitspegel für den Gesamtverzerrungsfaktor beträgt dann $THD_U = 11\ \%$.

Bei Verträglichkeitspegeln in Industrieanlagen gelten hinsichtlich des Einsatzorts unterschiedliche elektromagnetische Umgebungsklassen. Diese sind wie folgt definiert:

Klasse 1: Geschützte Versorgungen, wie z. B. bei elektrischer Ausrüstung von Laboren, bestimmten DV-Anlagen und bestimmten Schutz- und Automatisierungseinrichtungen

Klasse 2: Verknüpfungspunkt mit dem öffentlichen Netz, die Verträglichkeitspegel sind mit denen in öffentlichen Netzen identisch

Klasse 3: Anlageninterne Anschlusspunkte, die gekennzeichnet sind z. B. durch den Betrieb von Schweißmaschinen, häufigen Start großer Motoren, schnell schwankende Lasten oder eine überwiegend durch Stromrichter geprägte Last

Verträglichkeitspegel für Industrieanlagen sind in **Tabelle 5.6** enthalten.

ungeradzahlige OS, keine Vielfachen von 3				ungeradzahlige OS, Vielfache von 3				geradzahlige OS			
OS-Ordnung v	OS-Spannung %			OS-Ordnung v	OS-Spannung %			OS-Ordnung v	OS-Spannung %		
	Klasse				Klasse				Klasse		
	1	2	3		1	2	3		1	2	3
5	3,0	6,0	8,0	3	3,0	5,0	6,0	2	2,0	2,0	3,0
7	3,0	5,0	7,0	9	1,5	1,5	2,5	4	1,0	1,0	1,5
11	3,0	3,5	5,0	15	0,3	0,4	2,0	6	0,5	0,5	1,0
13	2,0	3,0	4,5	21	0,2	0,3	1,75	8	0,5	0,5	1,0
$17 \leq v \leq 49$	$2{,}27 \cdot \frac{17}{v} - 0{,}27$	$4{,}5 \cdot \frac{17}{v} - 0{,}5$		$27 \leq v \leq 45$	0,2	0,2	1,0	$10 \leq v \leq 50$	$0{,}25 \cdot \frac{10}{v} + 0{,}25$		1,0

Tabelle 5.6 Verträglichkeitspegel für Oberschwingungsspannungen in Industrieanlagen nach DIN EN 61000-2-4 (VDE 0839-2-4)

Der zugehörige Verträglichkeitspegel des THD_U beträgt 5 % in Klasse 1, 8 % in Klasse 2 und 10 % in Klasse 3. Die in Tabelle 5.6 angegebenen Verträglichkeitspegel beziehen sich auch bei Industrieanlagen auf quasistationäre und nahezu unveränderliche Oberschwingungen, deren Wirkungen vornehmlich in thermischen Effekten im Langzeitbereich bestehen, d. h. bei länger als 10 min anhaltenden Oberschwingungspegeln.

Bei kurzzeitigen Wirkungen (in DIN EN 61000-2-4 (VDE 0839-2-4) sehr kurzzeitige Wirkungen genannt), die insbesondere Störungen von Elektronikgeräten umfassen, können für die Klasse 2 um den Faktor k nach Gl. (5.28) höhere Werte als in Tabelle 5.6 genannt zugelassen werden.

Der zugehörige Verträglichkeitspegel für den THD_U beträgt gemäß DIN EN 61000-2-4 (VDE 0839-2-4) dann $THD_U = 8\ \%$. Für Netze der Klassen 1 und 3 können für kurzzeitige Wirkungen die Verträglichkeitspegel nach Tabelle 5.6 um den Faktor 1,5 erhöht werden.

5.4.2 Grenzwerte für Oberschwingungen von Geräten mit einem Nennstrom ≤ 16 A

Die zulässigen Störaussendungen von Oberschwingungserzeugern mit einem Nenn-Eingangsstrom ≤ 16 A je Außenleiter sind in DIN EN 61000-3-2 (VDE 0838-2) genormt. Diese Störaussendungen beziehen sich auf Einzelgeräte und Einrichtungen, die zum Anschluss an das öffentliche Niederspannungsnetz vorgesehen sind und keiner Sonderanschlussbedingung unterliegen. Geräte und Einrichtungen, die DIN EN 61000-3-2 erfüllen, dürfen ohne weitere Prüfung an jeden Anschlusspunkt im öffentlichen Niederspannungsnetz angeschlossen werden. Die Grenzwerte berücksichtigen nicht das Zusammenwirken mehrerer Oberschwingungserzeuger an einem bestimmten Netzanschlusspunkt und die damit einhergehende Überlagerung der Oberschwingungsströme.

Die Norm ist anzuwenden auf Haushaltsgeräte, tragbare Elektrowerkzeuge (handgehalten, Betrieb kurzzeitig einige Minuten), Schweißgeräte für nicht professionellen Einsatz (nicht für Gewerbe- und Industriegebrauch), Elektrowärmegeräte und Kocheinrichtungen, Beleuchtungseinrichtungen einschließlich Beleuchtungsreglern, Fernsehgeräte und Geräte der Unterhaltungselektronik sowie informationstechnische Geräte. Die unterschiedliche Wirkung von Geräten im Netz wird durch die Einführung von Geräteklassen berücksichtigt. Die Auswahl erfolgt nach dem Diagramm **Bild 5.24**. Die Geräte werden wie folgt den einzelnen Klassen zugeordnet:

Klasse A:

- symmetrische dreiphasige Geräte
- Haushaltsgeräte, sofern nicht in Klasse D eingeordnet
- stationäre Elektrowerkzeuge
- Dimmer für Glühlampen
- Audio-Einrichtungen
- alle Geräte, die nicht in die Klassen B, C oder D fallen

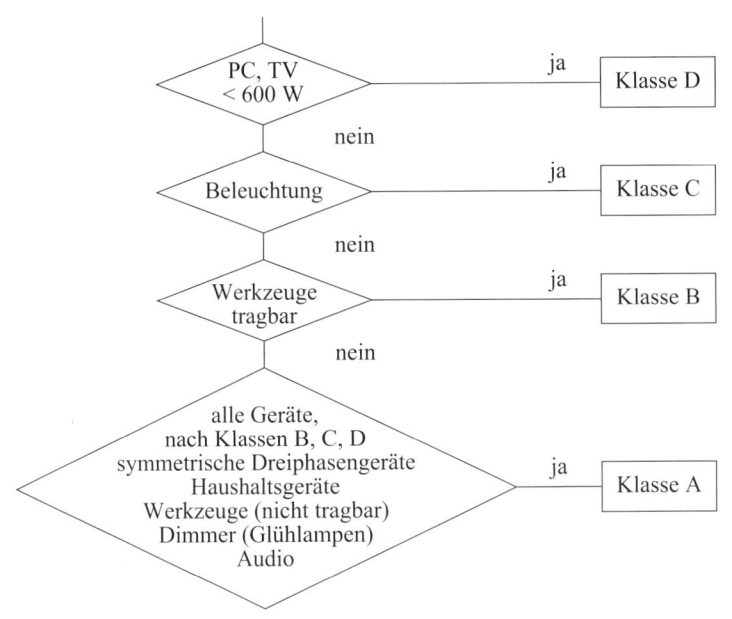

Bild 5.24 Klasseneinteilung für Geräte nach DIN EN 61000-3-2 (VDE 0838-2):1998-10

Klasse B

- tragbare Elektrowerkzeuge
- Lichtbogenschweißeinrichtungen (nicht professionell)

Klasse C

Beleuchtungseinrichtungen

Klasse D

PC und PC-Monitore ($P \leq 600$ W)

Fernseh- und Rundfunkempfänger ($P \leq 600$ W)

Die Störaussendungen der Geräte nach Klasse B dürfen 150 % derjenigen von Klasse A betragen. Störaussendungen der Klasse D dürfen die Werte der Klasse A nicht überschreiten. Grenzwerte sind nicht festgelegt für

- Geräte mit einer Nennleistung $P \leq 75$ W, die keine Beleuchtungseinrichtungen sind
- professionelle Geräte $P > 1$ kW

- symmetrisch gesteuerte Heizelemente $P \leq 200$ W
- unabhängige Dimmer für Glühlampen $P \leq 1$ kW

Unsymmetrische Steuerungen dürfen nicht verwendet werden. Ausnahmen sind wie folgt festgelegt:

- gesteuerte Leistung $P \leq 100$ W
- tragbares Gerät mit zweiadriger, flexibler Anschlussleistung für kurzzeitige Benutzung (Haartrockner)
- zur Aufdeckung von unsicheren Betriebszuständen, z. B. bei Heizdecken

Die Störaussendungsgrenzwerte sind in **Tabelle 5.7** bzw. in **Bild 5.25**, **Bild 5.26** und **Bild 5.27** angegeben.

DIN EN 61000-3-2 (VDE 0838-2) legt Prüfbedingungen für die Messung der Oberschwingungsströme fest. Beurteilt werden die Ströme im Außenleiter. Aus der Vielzahl von Festlegungen sei hier erwähnt, dass die Messung mit Messgeräten nach DIN EN 61000-4-7 (VDE 0847-4-7) mit dem Gruppierungsverfahren durchgeführt werden muss, siehe hierzu Kapitel 8. Bis zur nächsten Überarbeitung der Norm dürfen auch Messgeräte nach DIN EN 61000-4-7 (VDE 0847-4-7):1991 verwendet werden.

OS-Ordnung	Klasse				
	A	B	C	D	
v	I_v in A	I_v in A	I_v/I_1	I_v in A	I_v in mA/W
ungeradzahlige Oberschwingungen					
3	2,3	3,45	$30 \cdot \lambda$	2,3	3,4
5	1,14	1,71	10	1,14	1,9
7	0,77	1,05	7	0,77	1,0
9	0,4	0,6	5	0,4	0,5
11	0,33	0,495	3	–	0,35
13	0,21	0,315	3	–	0,296
15 … 39	$0,15 \cdot 15/v$	$0,225 \cdot 15/v$	3	identisch mit Klasse A	$3,85/v$
geradzahlige Oberschwingungen					
2	1,08	1,62	2	–	–
4	0,43	0,645	–	–	–
6	0,3	0,45	–	–	–
8 … 40	$0,23 \cdot 8/v$	$0,345 \cdot 8/v$	–	–	–

Tabelle 5.7 Störaussendungsgrenzwerte nach DIN EN 61000-3-2 (VDE 0838-2); Geräte mit Eingangsstrom ≤ 16 A; λ Leistungsfaktor

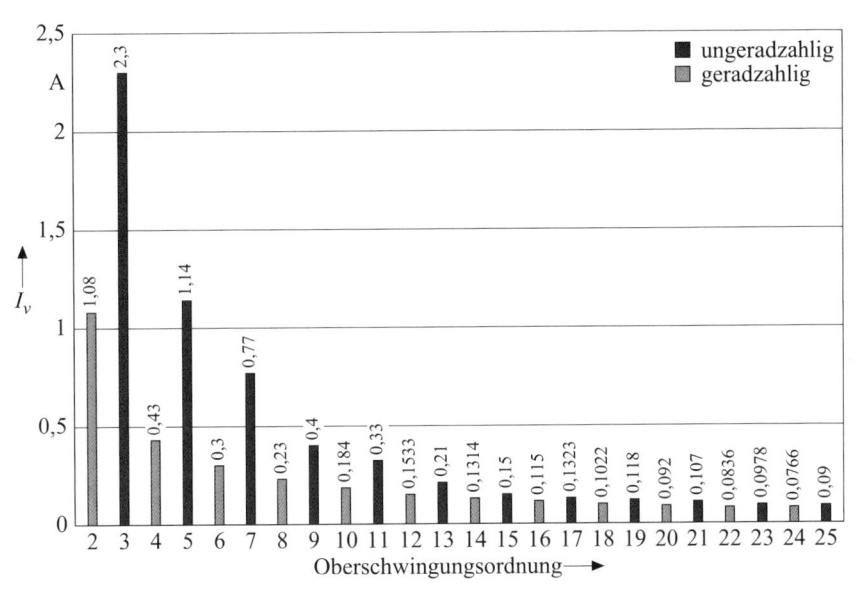

Bild 5.25 Störaussendungsgrenzwerte nach DIN EN 61000-3-2 (VDE 0838-2); Geräte mit Eingangsstrom $\leq$ 16 A, Geräteklasse A

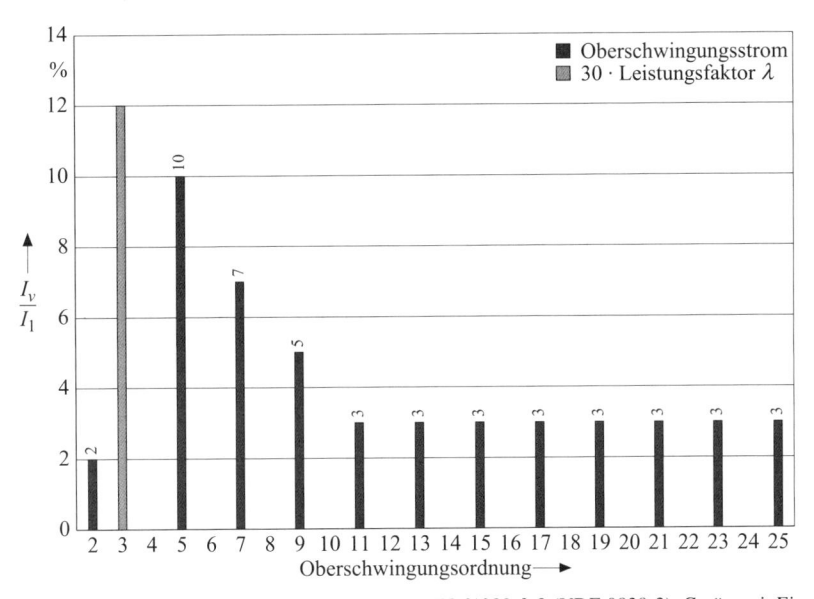

Bild 5.26 Störaussendungsgrenzwerte nach DIN EN 61000-3-2 (VDE 0838-2); Geräte mit Eingangsstrom $\leq$ 16 A, Geräteklasse C

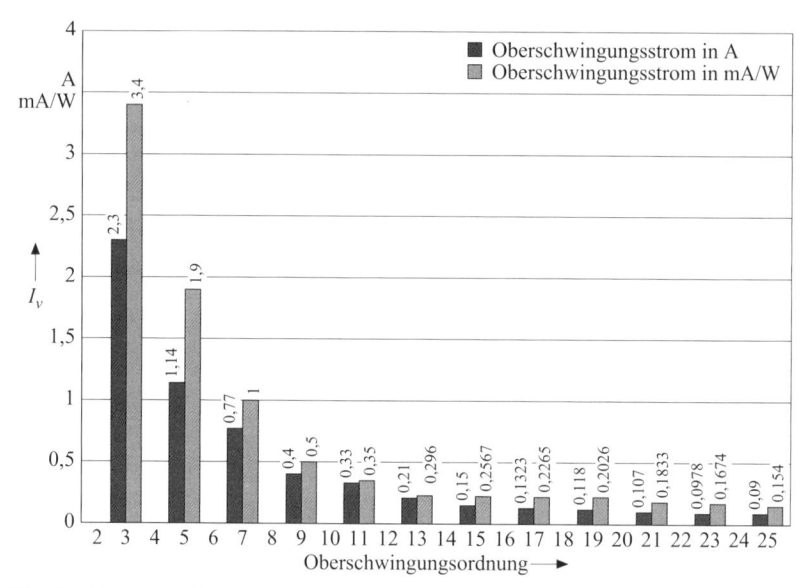

Bild 5.27 Störaussendungsgrenzwerte nach DIN EN 61000-3-2 (VDE 0838-2); Geräte mit Eingangsstrom ≤ 16 A, Geräteklasse D

5.4.3 Grenzwerte für Oberschwingungen von Geräten mit einem Nennstrom ≤ 75 A

Störaussendungen von Geräten mit einem Eingangsstrom größer 16 A, aber kleiner als 75 A, für Anschluss an das Niederspannungsnetz, die einer Sonderanschlussbedingung unterliegen, sind in DIN EN 61000-3-12 (VDE 0838-12) genormt. Entscheidend hierfür ist das Kurzschlussverhältnis R_{sce}, auch Leistungsverhältnis genannt, das sich nach Gl. (5.29) als Verhältnis der dreipoligen Kurschlussleistung $S_{k,VP}$ am Verknüpfungspunkt VP zur Geräteleistung $S_{r,G}$ bzw. zur Anlagenleistung S_A berechnet. Abweichend von DIN EN 60909-0 (VDE 0102) wird nicht die subtransiente Anfangskurzschlusswechselstromleistung S_k'', sondern die Kurzschlussleistung S_k als Maß für die Netzimpedanz verwendet, siehe hierzu Abschnitt 2.6.

$$R_{sce} = \frac{S_{k,VP}}{S_{r,G}} = \frac{S_{k,VP}}{S_E} \qquad (5.29)$$

Die Störaussendungsgrenzwerte werden je nach Gerätetyp und Kurzschlussverhältnis, wie in den **Tabellen 5.8**, **5.9** und **5.10**, festgelegt, siehe auch **Bild 5.29**, **Bild 5.30** und **Bild 5.31**. Die Auswahl erfolgt dabei gemäß **Bild 5.28**. Die Oberschwingungsströme werden durch direkte Messung bzw. durch bestätigte (abgesicherte) Si-

Minimal-	I_v/I_1						THD	PWHD
wert R_{sce}	3	5	7	9	11	13	geradzahlig		
33	21,6	10,7	7,2	3,8	3,1	2	16/v	23	23
66	24	13	8	5	4	3		26	26
120	27	15	10	6	5	4		30	30
250	35	20	13	9	8	6		40	40
≥ 350	41	24	15	12	10	8		47	47

Tabelle 5.8 Störaussendungsgrenzwerte nach DIN EN 61000-3-12 (VDE 0838-12) für Geräte mit Eingangsstrom < 75 A, die nicht dreiphasig symmetrisch sind

Minimal-	I_v/I_1					THD	PWHD
wert R_{sce}	5	7	11	13	geradzahlig		
33	10,7	7,2	3,1	2	16/v	13	22
66	14	9	5	3		16	25
120	19	12	7	4		22	28
250	31	20	12	7		37	38
≥350	40	25	15	10		48	46

Tabelle 5.9 Störaussendungsgrenzwerte nach DIN EN 61000-3-12 (VDE 0838-12) für dreiphasige, symmetrische Geräte mit Eingangsstrom < 75 A

Minimal-	I_v/I_1					THD	PWHD
wert R_{sce}	5	7	11	13	geradzahlig		
33	10,7	7,2	3,1	2	16/v	13	22
≥120	40	25	15	10		48	46

Tabelle 5.10 Störaussendungsgrenzwerte nach DIN EN 61000-3-12 (VDE 0838-12) für dreiphasige, symmetrische Geräte mit Eingangsstrom < 75 A und festgelegten Betriebsbedingungen

mulationen ermittelt. Die Messbedingungen entsprechen dabei im Wesentlichen DIN EN 61000-3-2 (VDE 0838-2).

Die Werte nach Tabelle 5.10 bzw. Bild 5.31 können angewandt werden, wenn

- der Phasenwinkel der fünften Oberschwingung während der gesamten Beobachtungsdauer im Bereich zwischen 90° und 150° liegt (erfüllt in der Regel bei Geräten mit ungesteuerter Gleichrichterdiodenbrücke und kapazitiver Glättung und Glättungsdrosselspulen auf Drehsspannungsseite (3 %) und Gleichspannungsseite (4 %)) oder
- keinen bevorzugten Wert im Zeitverlauf hat, also stochastisch zwischen 0° und 360° schwankt (in der Regel bei vollgesteuerten Thyristorbrücken erfüllt) oder
- die Beträge der fünften und siebten Oberschwingung kleiner als 5 % des Grundschwingungsstroms sind (in der Regel bei zwölfpulsigen Drehstrombrücken erfüllt)

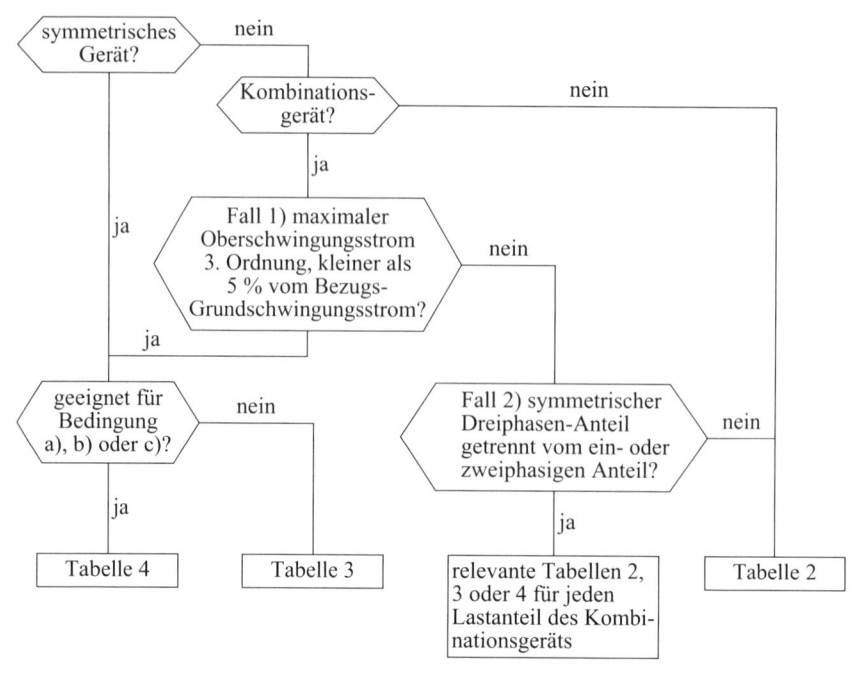

Bild 5.28 Auswahlschema für Geräte nach DIN EN 61000-3-12 (VDE 0838-12)

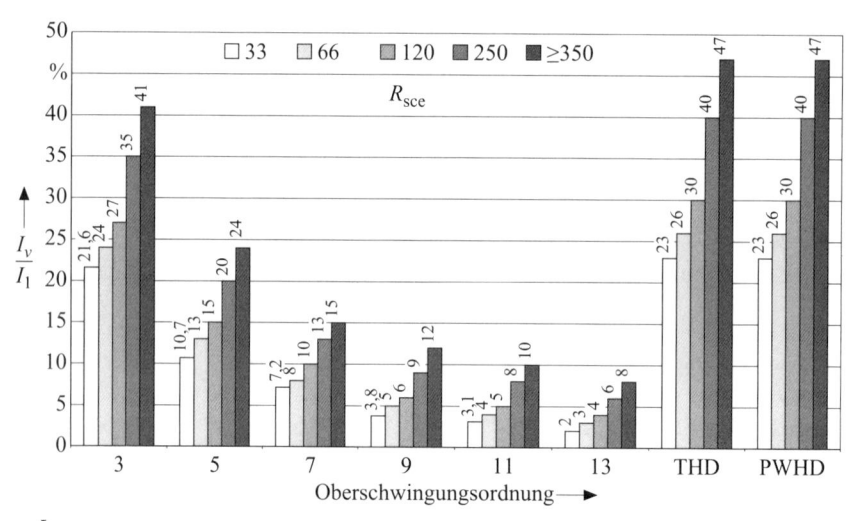

Bild 5.29 Störaussendungsgrenzwerte nach DIN EN 61000-3-12 (VDE 0838-12) für Geräte mit Eingangsstrom < 75 A, die nicht dreiphasig symmetrisch sind

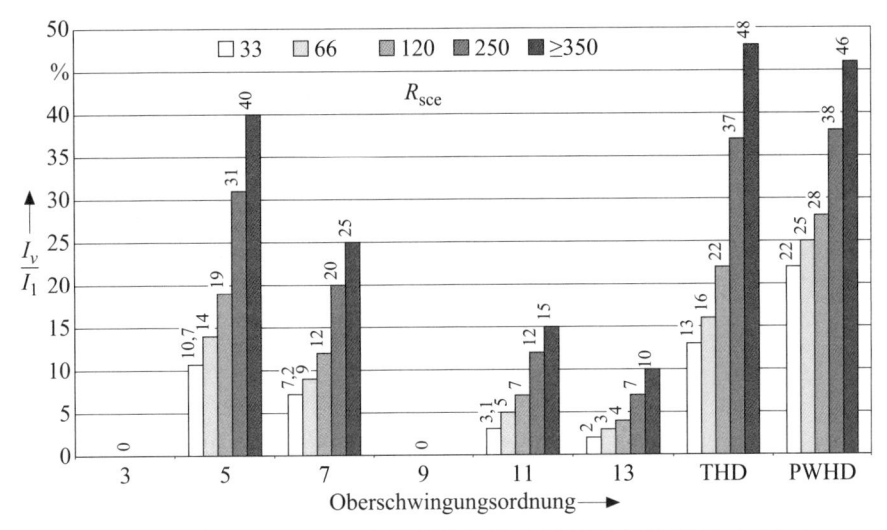

Bild 5.30 Störaussendungsgrenzwerte nach DIN EN 61000-3-12 (VDE 0838-12) für dreiphasige, symmetrische Geräte mit Eingangsstrom < 75 A

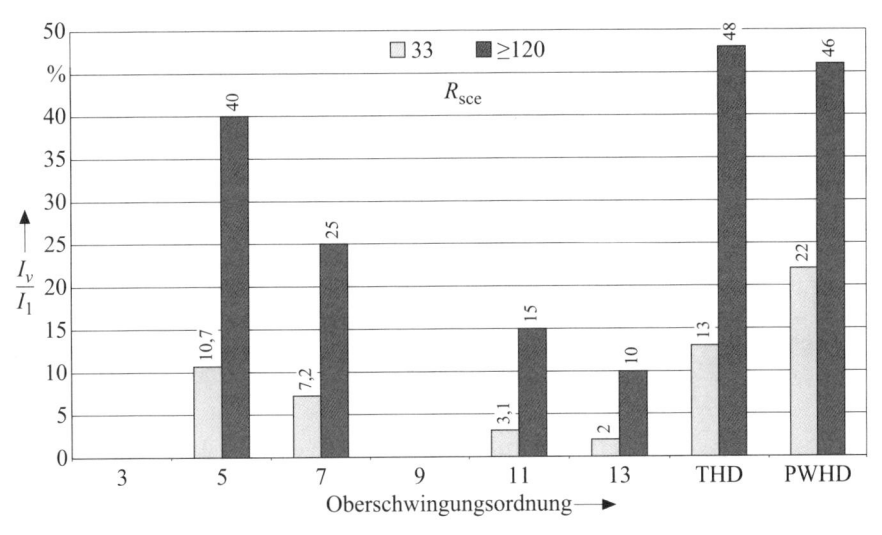

Bild 5.31 Störaussendungsgrenzwerte nach DIN EN 61000-3-12 (VDE 0838-12) für dreiphasige, symmetrische Geräte mit Eingangsstrom < 75 A und festgelegten Betriebsbedingungen

5.4.4 Bewertung nach Technischen Regeln zur Beurteilung von Netzrückwirkungen

Die Bewertung nach den „VDN-Technische Regeln" [5.3] fasst alle in einer Anlage relevanten Oberschwingungserzeuger hinsichtlich der am gemeinsamen Verknüpfungspunkt bzw. Netzanschlusspunkt zu erwartenden Oberschwingungsemissionen zusammen. Dabei werden sowohl die einzelnen Oberschwingungsströme unter Berücksichtigung der Überlagerung von Stromoberschwingungen als auch die Gesamtheit der Oberschwingungsströme in der Bewertung begrenzt. Die relativen Oberschwingungsströme i_ν nach Gl. (5.30) sind einzuhalten.

$$i_\nu = \frac{I_\nu}{I_A} \leq \frac{p_\nu}{1000} \cdot \sqrt{\frac{S_{k,VP}}{S_A}} \qquad (5.30)$$

Der Anlagenstrom I_A ergibt sich aus der Anschluss-Scheinleistung S_A der Anlage und der Bemessungsspannung U_r bzw. der Netznennspannung U_n nach Gl. (5.31).

$$I_A = \frac{S_A}{\sqrt{3} \cdot U_n} \qquad (5.31)$$

Für kleine Lasten an leistungsstarken Anschlusspunkten muss keine Einzelbewertung der Oberschwingungen vorgenommen werden, wenn das Leistungsverhältnis $S_{k,VP}/S_A \geq 150$ in Niederspannungsnetzen bzw. ≥ 300 in Mittelspannungsnetzen ist.

Der in Gl. (5.30) aufgeführte Proportionalitätsfaktor p_ν kann **Tabelle 5.11** entnommen werden. Näheres zum Proportionalitätsfaktor p_ν entnehme man Abschnitt 4.6.6.

OS-Ordnung ν	3	5	7	11	13	17	19	>19
p_ν	6 (18)	15	10	5	4	2	1,5	1

Tabelle 5.11 Proportionalitätsfaktor p_ν zur Bewertung der zulässigen Emissionen

Für den Neutralleiter ist der Proportionalitätsfaktor der dritten Oberschwingung gleich 18 zu setzen, da sich die Außenleiterströme der dritten Oberschwingung im Neutralleiter arithmetisch überlagern.

Die Gesamtheit aller Oberschwingungen, beschrieben durch den Anlagen-$THD_{I,A}$, soll die angegebene Relation nach Gl. (5.32) einhalten.

$$THD_{I,A} = \frac{\sqrt{\sum_{\nu=2}^{50} I_\nu^2}}{S_A / (\sqrt{3} \cdot U_r)} \leq 0{,}02 \cdot \sqrt{\frac{S_{k,VP}}{S_A}} \qquad (5.32)$$

Im Gegensatz zu anderen Normen wird der Anlagen-$THD_{I,A}$ für Oberschwingungen bis zur Ordnung 50 berechnet und nicht nur bis zur Ordnung 40, der Einfluss der Oberschwingungen der Ordnungen 41 bis 50 ist im Allgemeinen aber vernachlässigbar. Der Anlagen-$THD_{I,A}$, bezogen auf den Anlagenstrom I_A, berechnet sich aus dem bekannten THD_I, bezogen auf den Grundschwingungsstrom I_1, näherungsweise nach Gl. (5.33).

$$THD_{I,A} = THD_I \cdot \frac{I_1}{I_A} \tag{5.33}$$

Die „VDN-Technische Regeln" gehen bei der Anschlussbeurteilung von der gesamten Kundenanlage und nicht vom einzelnen Oberschwingungserzeuger innerhalb der Anlage aus. Die einzelnen Oberschwingungserzeuger werden dabei zu einer resultierenden Oberschwingungslast S_{OS} zusammengefasst, sodass diese das zu erwartende Oberschwingungsverhalten der gesamten Anlage wiedergibt.

Die Oberschwingungslast S_{OS} umfasst alle oberschwingungserzeugenden Lasten der Anlage mit der Gesamtlast S_A, einschließlich der neu anzuschließenden Last. Die unterschiedlichen Oberschwingungserzeuger werden für die Ermittlung der Oberschwingungslast S_{OS} in zwei Gruppen zusammengefasst. Gruppe 1 umfasst Geräte mit geringer Oberschwingungserzeugung (Stromrichter mit Pulszahl $p \geq 12$, Leuchtstofflampen, Gasentladungslampen mit induktivem Vorschaltgerät), die Last $S_{OS,G1}$ wird nur mit 50 % der Leistung berücksichtigt; Gruppe 2 fasst Geräte mit höherer Oberschwingungsaussendung zusammen (sechspulsige Stromrichter, Drehstromsteller, Inverterschweißgeräte, Dimmer, geregelte Wechselstrommotoren, Leuchtstofflampen mit elektronischem Vorschaltgerät, Geräte der Konsumelektronik), die Last $S_{OS,G2}$ wird mit 100 % berücksichtigt, siehe Gl. (5.34). Stromrichterschaltungen mit nahezu sinusförmiger Stromaufnahme ($THD_I < 10$ %) zählen bei der Gruppeneinteilung nicht als Oberschwingungserzeuger.

$$s_{OS} = \frac{S_{OS}}{S_A} = \frac{0{,}5 \cdot S_{OS,G1} + S_{OS,G2}}{S_A} \tag{5.34}$$

Der Anschluss ist zulässig, wenn der Oberschwingungslastanteil in Niederspannungsnetzen die Relation nach Gl. (5.44a) bzw. in Mittelspannungsnetzen nach Gl. (5.35b) erfüllt, siehe auch **Bild 5.32**.

$$s_{OS,NS} \leq 0{,}082 \cdot \sqrt{\frac{S_{k,VP}}{S_A}} \tag{3.35a}$$

$$s_{OS,MS} \leq 0{,}058 \cdot \sqrt{\frac{S_{k,VP}}{S_A}} \tag{5.35b}$$

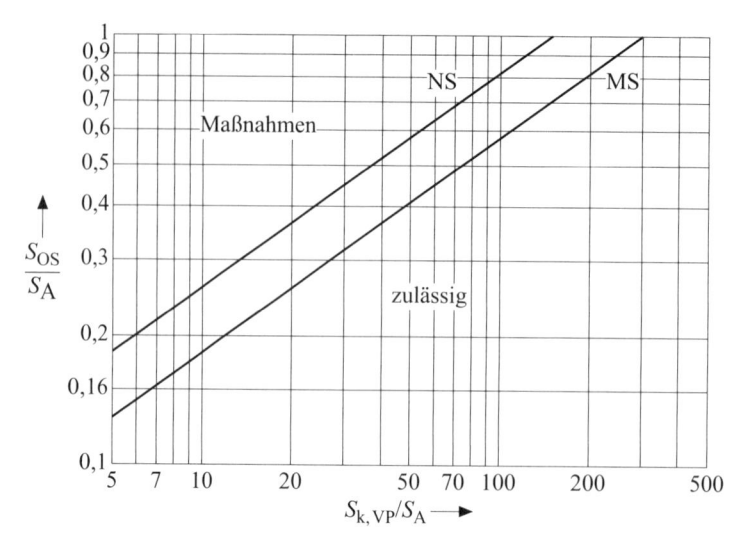

Bild 5.32 Bewertung des Oberschwingungslastanteils

Bild 5.33 zeigt beispielhaft ein Flussdiagramm zur Vorgehensweise bei der Bewertung der Zulässigkeit des Anschlusses von oberschwingungsaussendenden Anlagen. Vergleicht man die Bewertung einer einzelnen Anlage mit $S_{OS} = S_A$ für die stromrichtertypischen Oberschwingungen nach „VDN-Technische Regeln" ($S_{k,VP}/S_A = 150$) mit den Störaussendungsgrenzwerten nach DIN EN 61000-3-12 (VDE 0838-12) miteinander, wie in **Tabelle 5.13** dargestellt, dann erkennt man, dass für Geräte der Gruppe A sich praktisch gleiche Beurteilungen für $v \geq 5$ ergeben. Die Tabellenwerte geben jedoch nur einen Anhaltspunkt, da die Bezugsgröße für den Oberschwingungsstrom in beiden Regelwerken unterschiedlich ist. Für die dritte Oberschwingung sind jedoch deutliche Abweichungen vorhanden; normgerechte Geräte können ggf. nicht uneingeschränkt angeschlossen werden. Im Einzelfall ist

	v	3	5	7	11	13
A	I_n/I_1 in %	28,8	16,2	10,7	5,7	4,5
B	I_n/I_1 in %	–	21,8	13,8	8,2	4,7
VDN	I_n/I_A in %	6,6 (20)	16	11	5,5	4,4

Tabelle 5.13 Vergleich der Störaussendungsgrenzwerte nach „VDN-Technische Regeln" mit den Anforderungen nach DIN EN 61000-3-12 (VDE 0838-12)
A: Geräte, die keine symmetrischen dreiphasigen Geräte sind
B: symmetrische dreiphasige Geräte

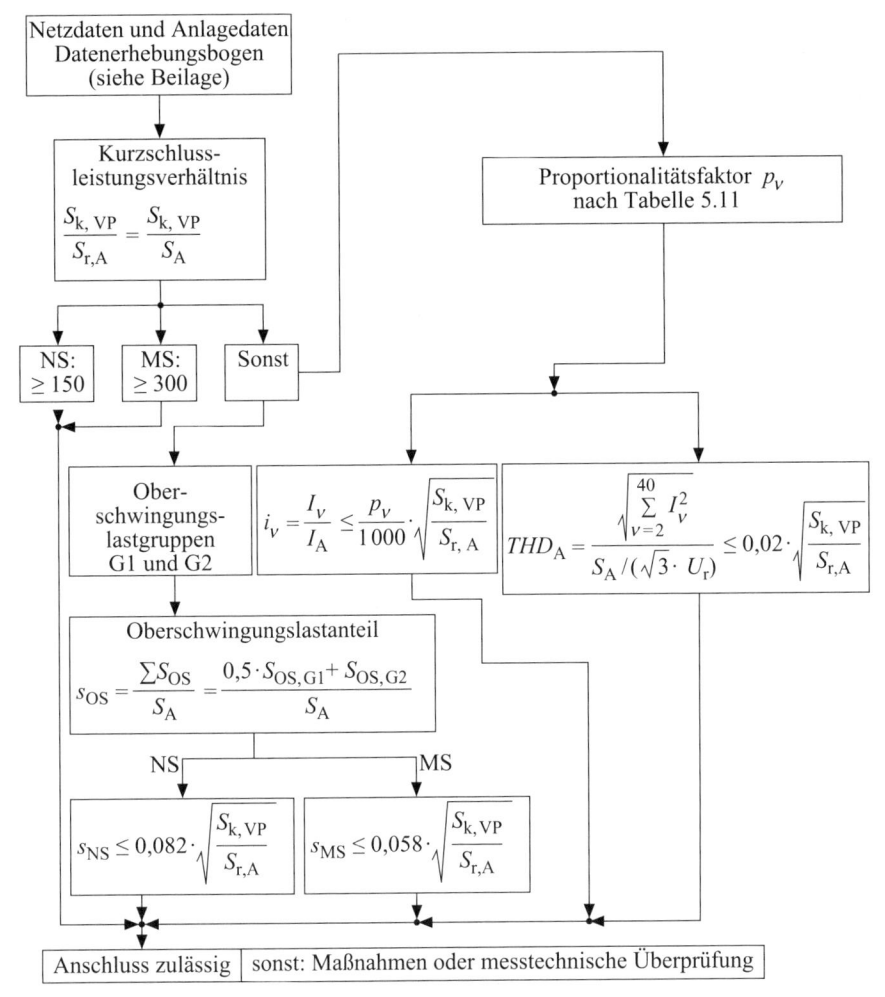

```
┌─────────────────────────┐
│ Netzdaten und Anlagedaten│
│ Datenerhebungsbogen     │
│ (siehe Beilage)         │
└────────┬────────────────┘
         ▼
┌─────────────────────────┐
│ Kurzschluss-            │
│ leistungsverhältnis     │
│                         │              ┌──────────────────────────┐
│ $\frac{S_{k,VP}}{S_{r,A}} = \frac{S_{k,VP}}{S_A}$ │              │ Proportionalitätsfaktor $p_v$ │
│                         │              │ nach Tabelle 5.11        │
└──┬──────┬──────┬────────┘              └──────────┬───────────────┘
   ▼      ▼      ▼                                  │
 ┌────┐ ┌────┐ ┌─────┐                              │
 │NS: │ │MS: │ │Sonst│                              │
 │≥150│ │≥300│ │     │                              │
 └─┬──┘ └─┬──┘ └──┬──┘                              │
   │      │       │                                 │
   │      ▼       ▼                                 ▼
   │  ┌──────────────┐ ┌──────────────────────────┐ ┌────────────────────────────────────┐
   │  │ Ober-        │ │                          │ │                                    │
   │  │ schwingungs- │ │ $i_v = \frac{I_v}{I_A} \le \frac{p_v}{1000} \sqrt{\frac{S_{k,VP}}{S_{r,A}}}$ │ │ $THD_A = \frac{\sqrt{\sum_{v=2}^{40} I_v^2}}{S_A/(\sqrt{3} \cdot U_r)} \le 0{,}02 \cdot \sqrt{\frac{S_{k,VP}}{S_{r,A}}}$ │
   │  │ lastgruppen  │ │                          │ │                                    │
   │  │ G1 und G2    │ │                          │ │                                    │
   │  └──────┬───────┘ └──────────────────────────┘ └────────────────────────────────────┘
   │         ▼
   │  ┌──────────────────────────────────────┐
   │  │ Oberschwingungslastanteil            │
   │  │ $s_{OS} = \frac{\sum S_{OS}}{S_A} = \frac{0{,}5 \cdot S_{OS,G1} + S_{OS,G2}}{S_A}$ │
   │  └──────┬───────────────────┬───────────┘
   │      NS▼                  MS▼
   │  ┌──────────────────┐ ┌──────────────────┐
   │  │ $s_{NS} \le 0{,}082 \cdot \sqrt{\frac{S_{k,VP}}{S_{r,A}}}$ │ │ $s_{MS} \le 0{,}058 \cdot \sqrt{\frac{S_{k,VP}}{S_{r,A}}}$ │
   │  └────────┬─────────┘ └────────┬─────────┘
   ▼           ▼                    ▼
┌────────────────────────┬──────────────────────────────────────────┐
│ Anschluss zulässig     │ sonst: Maßnahmen oder messtechnische Überprüfung │
└────────────────────────┴──────────────────────────────────────────┘
```

Bild 5.33 Vorgehensweise bei der Bewertung von Oberschwingungen

dann in Abhängigkeit von der Netzbelastung und der Verbraucherstruktur (Häufung artgleicher Geräte) gemeinsam mit dem Netzbetreiber über Maßnahmen nachzudenken.

5.5 Bewertung von Zwischenharmonischen

Bewertung nach Technischen Regeln zur Beurteilung von Netzrückwirkungen

Die Bewertung von Zwischenharmonischen erfolgt im Hinblick auf die zu erwartenden Auswirkungen, hauptsächlich Flicker und Störungen von Rundsteuereinrichtungen. Flickerrelevanz ist dann gegeben, wenn zwischenharmonische Spannungen im Frequenzbereich bis zu 100 Hz auftreten. Maßgeblich ist dabei die Schwebungsfrequenz f_S zwischen der Frequenz f_μ der Zwischenharmonischen und der Grundfrequenz f_1 nach Gl. (5.36)

$$f_S = |f_\mu - f_1| \qquad (5.36)$$

Spannungspegel der zwischenharmonischen Spannung u_μ größer 0,15 % können Flicker verursachen. Die Verträglichkeitspegel in Bezug auf die Flickerwirkung sind in **Bild 5.34** angegeben. Die im Bild angegebenen Pegel führen zu einer Kurzzeitflickerstärke $P_{st} = 1,0$.

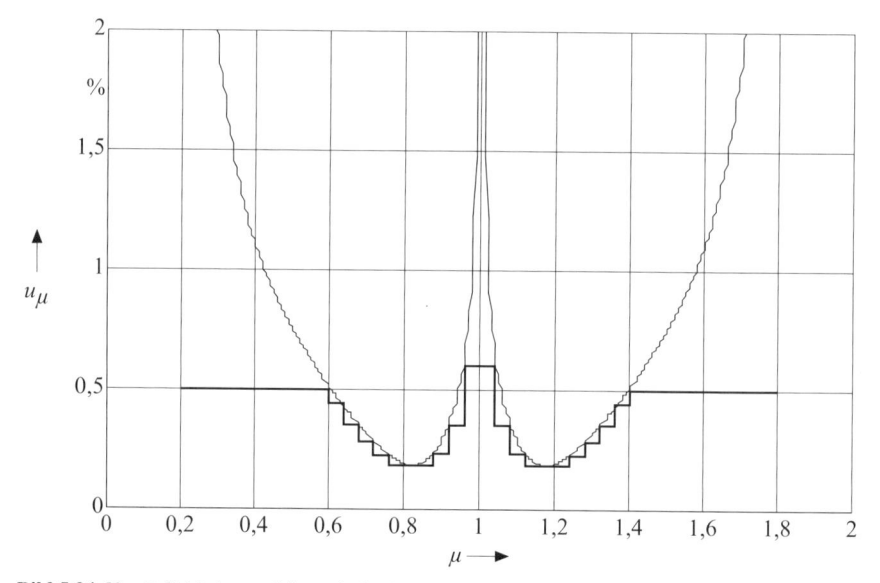

Bild 5.34 Verträglichkeitspegel für zwischenharmonische Spannungen nach DIN EN 61000-2-2 (dicke Linie) und ($P_{st} = 1$)-Kurve (dünne Linie), (230 V/50 Hz)-Netze

Die lineare Überlagerung von zwischenharmonischen Spannungen mehrerer Verbraucher ist nur bei gleicher Frequenz sinnvoll zu betrachten. Für die lineare Addition müssten zudem die Zwischenharmonischen gleiche Phasenlage aufweisen.

Diese Bedingungen sind in der Praxis eher unwahrscheinlich. Daher geht man im Allgemeinen davon aus, dass keine Flickerwirkung zu erwarten ist, wenn die von einem Einzelgerät verursachte zwischenharmonische Spannung kleiner 0,1 % der Netznominalspannung bleibt. Flickerrelevante Zwischenharmonische werden z. B. im Seitenband der fünften Oberschwingung eines Frequenzumrichters erzeugt und können gemäß Gl. (5.37) berechnet werden.

$$f_\mu = |(n \cdot p \pm 1) \pm 2 \cdot m \cdot q \cdot f_L| \qquad (5.37)$$

mit $m, n = 1, 2, 3, \ldots$

p Pulszahl des Umrichters
q Anzahl der Leiter des Drehstromsystems der Last
f_L Frequenz der Ausgangsspannung (Last)

Im Hinblick auf die Auswirkungen von Zwischenharmonischen auf Rundsteuerempfänger ist die zwischenharmonische Spannung unterhalb des Nichtfunktionspegels $u_{\mu,F} = 3$ % von Rundsteuerempfängern zu halten. Unter Berücksichtigung eines Sicherheitsabstands ist der Verträglichkeitspegel für zwischenharmonische Spannungen deshalb mit $u_{\mu,VT} = 0{,}2$ % festgelegt. In Ausnahmefällen können für einzelne zwischenharmonische Spannungen Werte bis 0,3 % zugelassen werden. Zusätzlich ist dann aber zu Rundsteuerfrequenzen und deren Seitenbändern ein Sicherheitsabstand von ± 100 Hz einzuhalten.

Sind die verursachenden zwischenharmonischen Ströme bekannt, so können die dadurch bewirkten Spannungen mit der Netzimpedanz $z_{\mu,VP}$ und der Bemessungsscheinleistung $S_{r,A}$ nach Gl. (5.38) berechnet werden.

$$u_\mu = i_\mu \cdot z_{\mu,VP} \cdot S_{r,A} \qquad (5.38)$$

Für Frequenzen unterhalb der ersten Parallelresonanz des Netzes kann Gl. (5.39) benutzt werden

$$u_\mu = i_\mu \cdot \mu \cdot \frac{S_{r,A}}{S_{k,VP}} \qquad (5.39)$$

DIN EN 61000-2-2 (VDE 0838-2) enthält in Tabelle B.1 Anhaltswerte für zwischenharmonische Spannungen in Niederspannungsnetzen, die mit dem Verträglichkeitspegel für die Flickerwirkung korrespondieren.

Im Allgemeinen sind keine Probleme mit Rundsteuerbeeinflussung zu erwarten, wenn beim Anschluss von Frequenzumrichtern (Leistung S_{Um}) die Relation für das Kurzschlussverhältnis am Verknüpfungspunkt nach Gl. (5.40a) erfüllt wird.

$$\frac{S_{k,VP}}{S_{Um}} \geq 100 \qquad (5.40)$$

Bei pulsbreitenmodulierten Gleichrichtern ist darauf zu achten, dass die Modulationstaktfrequenz nicht im Bereich ± 30 % der Rundsteuerfrequenz (0,7 · f_{TRA} bis 1,3 f_{TRA}) liegt. Anderenfalls sollte die Bedingung für das Kurzschlussverhältnis nach Gl. (5.40b) erfüllt sein.

$$\frac{S_{k,VP}}{S_{Um}} \geq 1000 \qquad (5.40b)$$

Bild 5.35 zeigt beispielhaft ein Flussdiagramm zur Vorgehensweise bei der Bewertung von Zwischenharmonischen.

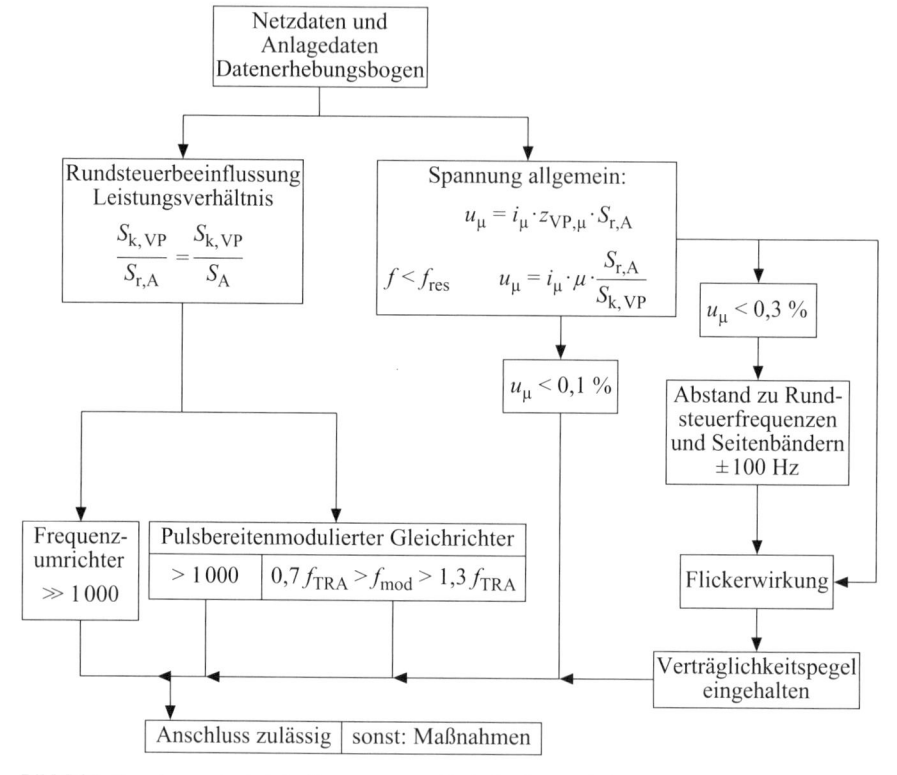

Bild 5.35 Vorgehensweise bei der Bewertung von Zwischenharmonischen

5.6 Mess- und Rechenbeispiele

5.6.1 Oberschwingungsresonanz durch Blindstromkompensation

Im Industrienetz nach **Bild 5.36** soll eine Kondensatorbatterie Q_C zur Blindstromkompensation eingebaut werden, sodass der Verschiebungsfaktor $\cos \varphi = 0{,}94$ an der 6-kV-Sammelschiene erreicht wird.

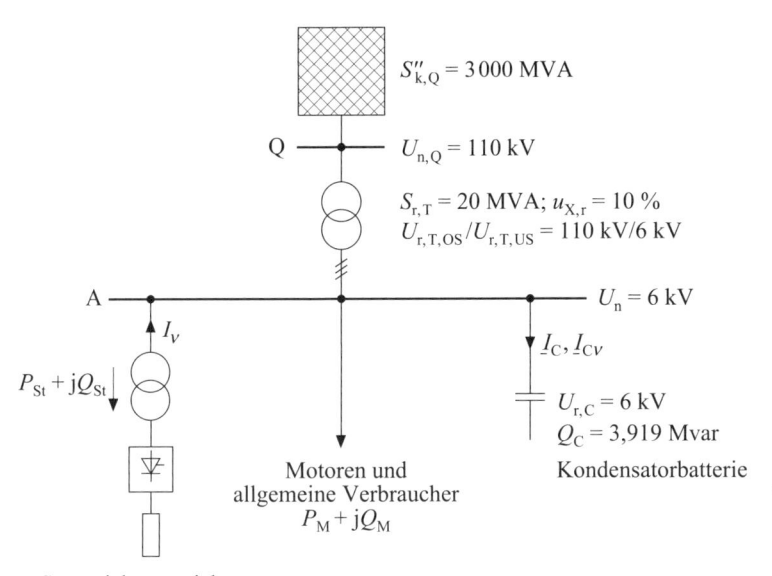

$S_{k,Q}'' = 3\,000$ MVA
$U_{n,Q} = 110$ kV
$S_{r,T} = 20$ MVA; $u_{X,r} = 10\,\%$
$U_{r,T,OS}/U_{r,T,US} = 110$ kV/6 kV
$U_n = 6$ kV
$U_{r,C} = 6$ kV
$Q_C = 3{,}919$ Mvar
Kondensatorbatterie

Motoren und allgemeine Verbraucher $P_M + jQ_M$

Stromrichterantriebe
$v = np \pm 1$ $(p = 6)$ $(n = 1, 2, \ldots)$
$v = 5, 7, 11, 13, \ldots$

Bild 5.36 6-kV-Industrienetz mit Blindstromkompensation
Stromrichterlast: $\underline{S}_{St} = (6 + j3)$ MVA
Motorlast: $\underline{S}_M = (8 + j6)$ MVA

Man stelle eine allgemeine Berechnungsgleichung für die resultierende Oberschwingungsimpedanz $\underline{Z}_{res,v}$ des Schwingkreises vom Anschlusspunkt des Stromrichters betrachtet auf.

Ausgehend von der Resonanzbedingung für Parallelresonanz bestimme man die Grundschwingungskondensatorleistungen $Q_{C,res}$, bei denen Resonanz für $v = 5, 7, 11, 13$ auftritt und entscheide, ob die angegebene Kondensatorleistung Q_C zulässig ist, wenn der Bereich $Q_{C,verb} = (0{,}9 \ldots 1{,}1)\, Q_{C,res}$ verboten ist.

Man berechne die von der Stromrichteranlage eingespeisten Stromoberschwingungen

$I_v = k_v \cdot (1/v) \cdot I_1$. Es gilt: $k_5 = 0{,}92$; $k_7 = 0{,}83$; $k_{11} = 0{,}62$; $k_{13} = 0{,}50$

Man berechne die Oberschwingungsspannungen $U_{C,v}$ an der Sammelschiene und die Oberschwingungsströme $I_{C,v}$ in der Kondensatorbatterie.

Man berechne den Effektivwert I_C des Kondensatorstroms und beurteile, ob die Kondensatorbatterie zugeschaltet werden kann.

Lösung:

Es gilt:

$$\underline{Z}_{res,v} = \frac{jX_{N,v} \cdot (-jX_{C,v})}{jX_{N,v} - jX_{C,v}}$$

da die Impedanzen der Netzeinspeisung $X_{N,v}$ und des Kondensators $X_{C,v}$ von der Anschlussstelle A (Verknüpfungspunkt VP) des Stromrichters aus parallel sind. Durch Umformung erhält man:

$$\underline{Z}_{res,v} = j \frac{v X_{N,1}}{1 - v^2 \cdot \left(\frac{X_{N,1}}{X_{C,1}}\right)}$$

Die Impedanz $X_{N,1}$ für Grundfrequenz am Verknüpfungspunkt VP beträgt

$$X_{N,1} = 1{,}1 \cdot \frac{U_n^2}{S_{k,VP}} \quad \text{mit } S_{k,VP} = 204{,}97 \text{ MVA}$$

Damit ergeben sich die Kondensatorleistungen $Q_{C,res}$, für die Resonanz auftreten kann, zu

v	5	7	11	13
$Q_{C,res}$ in Mvar	7,453	3,803	1,54	1,103

Der verbotene Bereich für die Kondensatorleistung $Q_C = 3{,}919$ Mvar ist für die Oberschwingung der Ordnung $v = 7$ zu sehen, da diese im Bereich $\pm 10 \%$ ($Q_{C,v}$ = 3,423 Mvar bis 4,183 Mvar) um die Kondensatorleistung liegt, bei der Resonanz für die siebte Oberschwingung besteht.

Die Ströme I_v des Stromrichters betragen:

v	5	7	11	13
I_v in A	118,7	76,5	36,4	24,8

Damit ergeben sich die Spannungsoberschwingungen am Verknüpfungspunkt V zu:

$$U_{C,v} = I_v \cdot Z_{\text{res},v}$$

$$U_{C,v} = I_v \cdot \frac{X_{C,1}}{v - \frac{1}{v} \cdot \left(\frac{S_{k,\text{VP}}}{1{,}1 \cdot Q_C} \right)}$$

wobei $X_{C,1} = U_n^2/Q_C = 9{,}186\ \Omega$ beträgt.

v	5	7	11	13
$U_{C,v}$ in V	241,8	338,5	50,1	24,2

Die Stromoberschwingungen $I_{C,v}$ der Kondensatorbatterie ergeben sich damit zu:

$$I_{C,v} = \frac{U_{C,v}}{X_{C,v}} = \frac{U_{C,v} \cdot v}{X_{C,1}}$$

v	5	7	11	13
$I_{C,v}$ in A	231,6	2579,8	60,1	34,5

Der Gesamteffektivwert des Kondensatorstroms, hier Aufsummierung bis zur Ordnung 13, beträgt:

$$I_C = \sqrt{\sum_{v=1}^{13} I_{C,v}^2}$$

mit dem Grundschwingungseffektivwert

$$I_{C,1} = \frac{Q_C}{\sqrt{3} \cdot U_n} = 377\ \text{A}$$

ist $I_C = 2\,611{,}4$ A

Da der Gesamteffektivwert des Kondensatorstroms nahezu siebenmal so groß ist wie der Grundschwingungseffektivwert, darf die Kondensatorbatterie nicht zugeschaltet werden.

5.6.2 Bewertung von Oberschwingungen

Gegeben ist die Netzanordnung nach **Bild 5.37**. Ein leistungsstarker sechspulsiger Umrichter (S_{U1} = 4,0 MVA) soll an ein 10-kV-Netz mit endlicher Kurzschlussleistung an der Sammelschiene A (Verknüpfungspunkt VP) angeschlossen werden. Über die Sammelschiene werden bereits ein zwölfpulsiger Umrichter mit einer Bemessungsscheinleistung S_{U2} = 4,0 MVA sowie andere Lasten ohne Oberschwingungsstöraussendung mit einer Leistung S_{S3} = 14,0 MVA versorgt. Es soll eine Bewertung der Zulässigkeit des Anschlusses durchgeführt werden.

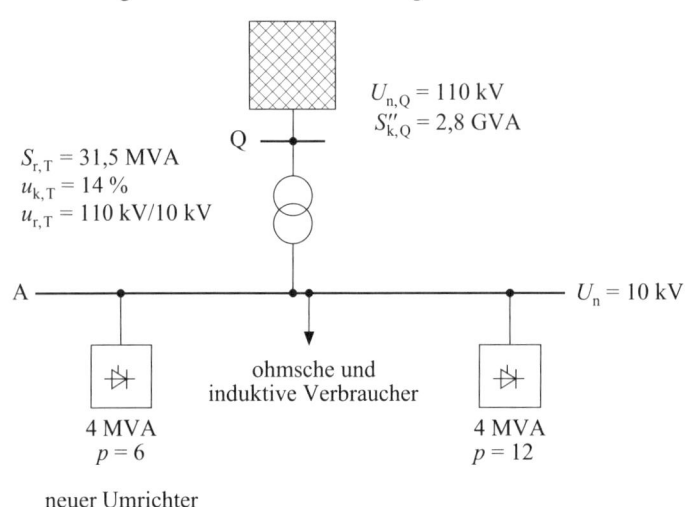

Bild 5.37 Anschluss eines Industriebetriebs an ein 10-kV-Netz mit vorhandenen Lasten

Die Kurzschlussleistung am Verknüpfungspunkt zur Bewertung von Netzrückwirkungen ist $S_{k,VP}$ = 225 MVA. Das Leistungsverhältnis des Gesamtbetriebs ist $S_{k,VP}/S_A$ = 225 MVA/22 MVA = 10,23. Da das Leistungsverhältnis kleiner als 300 ist, muss eine Bewertung mit den Oberschwingungslastanteilen erfolgen. Der neue Umrichter wird in die Gruppe 2, die vorhandenen Oberschwingungserzeuger werden in Gruppe 1 eingeordnet. Damit beträgt der Oberschwingungslastanteil

$$s_{OS} = \frac{0{,}5 \cdot 4{,}0\,\text{MVA} + 4{,}0\,\text{MVA}}{22\,\text{MVA}} = 0{,}273 > 0{,}058 \cdot \sqrt{\frac{S_{k,VP}}{S_A}} = 0{,}186$$

Damit ist der Anschluss in der gewünschten Form nicht zulässig. Es müssen geeignete Abhilfemaßnahmen, wie z. B. Saugkreise oder Filter vorgenommen werden. Eine individuelle Bewertung der einzelnen Oberschwingungsströme erübrigt sich hier.

Wählt man statt des sechspulsigen einen zwölfpulsigen Umrichter, so ergeben sich andere Verhältnisse hinsichtlich der Bewertung. Die Oberschwingungsströme laut Herstellerangaben sind in **Tabelle 5.14** angegeben.

v	Anmerkungen	5	7	11	13	17	19	23	25
I_v in A	Hersteller-Angaben	1,4	0,97	16,4	11,4	1,3	0,98	2,71	2,61

Tabelle 5.14 Oberschwingungsströme des zwölfpulsigen Umrichters zum Anschluss nach Bild 5.37

Die Bewertung des Oberschwingungslastanteils ergibt

$$s_{OS} = \frac{0,5 \cdot 4,0\,\text{MVA} + 0,5 \cdot 4,0\,\text{MVA}}{22\,\text{MVA}} = 0,185 < 0,058 \cdot \sqrt{\frac{S_{k,VP}}{S_A}} = 0,186$$

Damit ist der Anschluss gemäß Oberschwingungslastanteil zulässig. Die Überprüfung der Bedingung für den Anlagen-$THD_{I,A}$ ergibt:

$$THD_{I,A} = \frac{\sqrt{\sum I_v^2}}{\frac{S_A}{\sqrt{3} \cdot U_n}} \approx \frac{20,46\,A}{\frac{22\,\text{MVA}}{\sqrt{3} \cdot U_n}} = 0,0157$$

Der Ausdruck im Zähler wurde aus den Herstellerangaben der Oberschwingungsströme nach Tabelle 5.14 näherungsweise ermittelt.

$$THD_{I,A} = 0,0157 \leq 0,02 \cdot \sqrt{\frac{S_{k,VP}}{S_A}} = 0,02 \cdot \sqrt{\frac{225\,\text{MVA}}{22\,\text{MVA}}} = 0,064$$

Damit ist die Bedingung für den Anlagen-$THD_{I,A}$ erfüllt. Abschließend werden die zulässigen Oberschwingungsströme ermittelt. Es muss erfüllt sein:

$$i_v = \frac{I_v}{I_A} \leq \frac{p_v}{1000} \cdot \sqrt{\frac{S_{k,VP}}{S_A}}$$

Es ergeben sich die Werte nach **Tabelle 5.15**.

v	Anmerkungen	5	7	11	13	17	19	23	25
I_v / A	Hersteller-Angaben	1,4	0,97	16,4	11,4	1,3	0,98	2,71	2,61
$i_v = \dfrac{I_v}{I_A}$ in %		0,11	0,076	1,29	0,9	0,1	0,08	0,21	0,21
p_v	Tabelle 5.11	15	10	5	4	2	1,5	1	1
$I_{v,\text{zul}}$ in A	zulässiger Strom	60,9	40,6	203	16,2	8,12	6,09	4,06	4,06

Tabelle 5.15 Oberschwingungsströme des zwölfpulsigen Umrichters und berechnete Bewertungsgrößen

Da die Bedingungen für den Anlagen-$THD_{I,A}$ und die Oberschwingungsströme erfüllt sind, ist der Anschluss in der vorliegenden Form zulässig. Die Oberschwingungsströme sind nach Inbetriebnahme zu messen und mit den zulässigen Strömen nach Tabelle 5.15 zu vergleichen.

Bei der obigen Betrachtung wurde lediglich die Kurzschlussleistung am Verknüpfungspunkt betrachtet. Bezieht man die am Verknüpfungspunkt angeschlossenen kapazitive Blindleistung $Q_C = 2{,}33$ Mvar mit ein, so ergibt sich eine Resonanzfrequenz mit der induktiven Kurzschlussleistung $S_k'' = 248$ MVA bei $f_{\text{res}} \approx 515$ Hz und somit nahe bei der elften Oberschwingung. Dies wird zu einer starken Erhöhung der entsprechenden Oberschwingungsspannungspegel führen. Nachteilig bei dieser Bewertung ist die Tatsache, dass weder die Netzresonanz berücksichtigt noch eine individuelle Aussage über die Wirkungen einzelner Oberschwingungsströme getroffen wird. Bei der Untersuchung von geeigneten Abhilfemaßnahmen muss dies aber detailliert untersucht werden.

5.6.3 Zwischenharmonische

Entstehung

Betrachtet wird der Anschluss eines Frequenzumrichters mit einer Bemessungsscheinleistung $S_{r,A} = 6$ kVA an ein Niederspannungsnetz nach **Bild 5.38**. Der Umrichter ist auf der Netzseite sechspulsig, auf der Lastseite werden drei Außenleiter erzeugt, die Frequenz der Lastseite sei $f_L = 7$ Hz.

Es entstehen zwischenharmonische Ströme im flickerrelevanten Bereich durch den Netzstromrichter und den Laststromrichter wie folgt (kritische Frequenzen in Bezug auf die Flickerrelevanz sind fett gekennzeichnet):

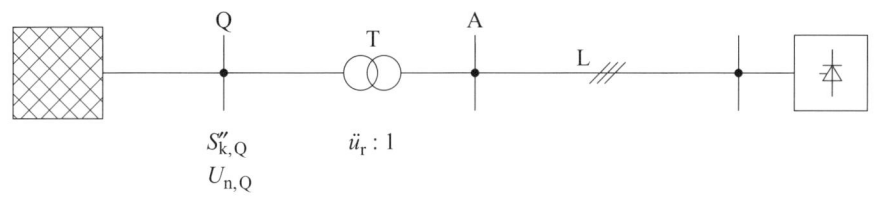

Bild 5.38 Netzanschluss eines Umrichters
$S''_{k,Q}$ = 3 MVA; $U_{n,Q}$ = 10 kV;
$S_{r,T}$ = 400 kVA; $u_{kr,T}$ = 4 %
Kabel: l = 200 m; NAX2Y 150 mm^2

	Teilschwingungen (Angaben in Hz)	
Netzstromrichter ($n\,p \pm 1)f_N$	Laststromrichter ($\pm 2\,m\,q)f_L$	Gesamt
50	0 42 84 126 …	**50** **8**; **92** **34**; 134 **76**; 176 …
250	0 42 84 126 168 …	250 208; 292 166; 334 124; 376 **82**; 418 …

Wirkung im Netz

Beim Betrieb eines Direktumrichters, Bemessungsscheinleistung S_A = 80 kVA, an einem 6-kV-Netz ($S''_{k,VP}$ = 70 MVA) wurden die in **Bild 5.39** dargestellten Teilschwingungen der Ströme und Spannungen gemessen.

Man erkennt, dass alle zwischenharmonischen Spannungen kleiner bleiben als 0,3 % der Netznominalspannung. Die Pegel der zwischenharmonischen Spannungen, die zwischen 0,1 % und 0,3 % liegen, sind nur dann zu akzeptieren, wenn die Frequenz der betrachteten Zwischenharmonischen außerhalb des Bereichs ±30 % der Rundsteuerfrequenz liegt. Zwischenharmonische Pegel, die kleiner sind als 0,1 %, verursachen keine Störungen von Rundsteuerempfängern.

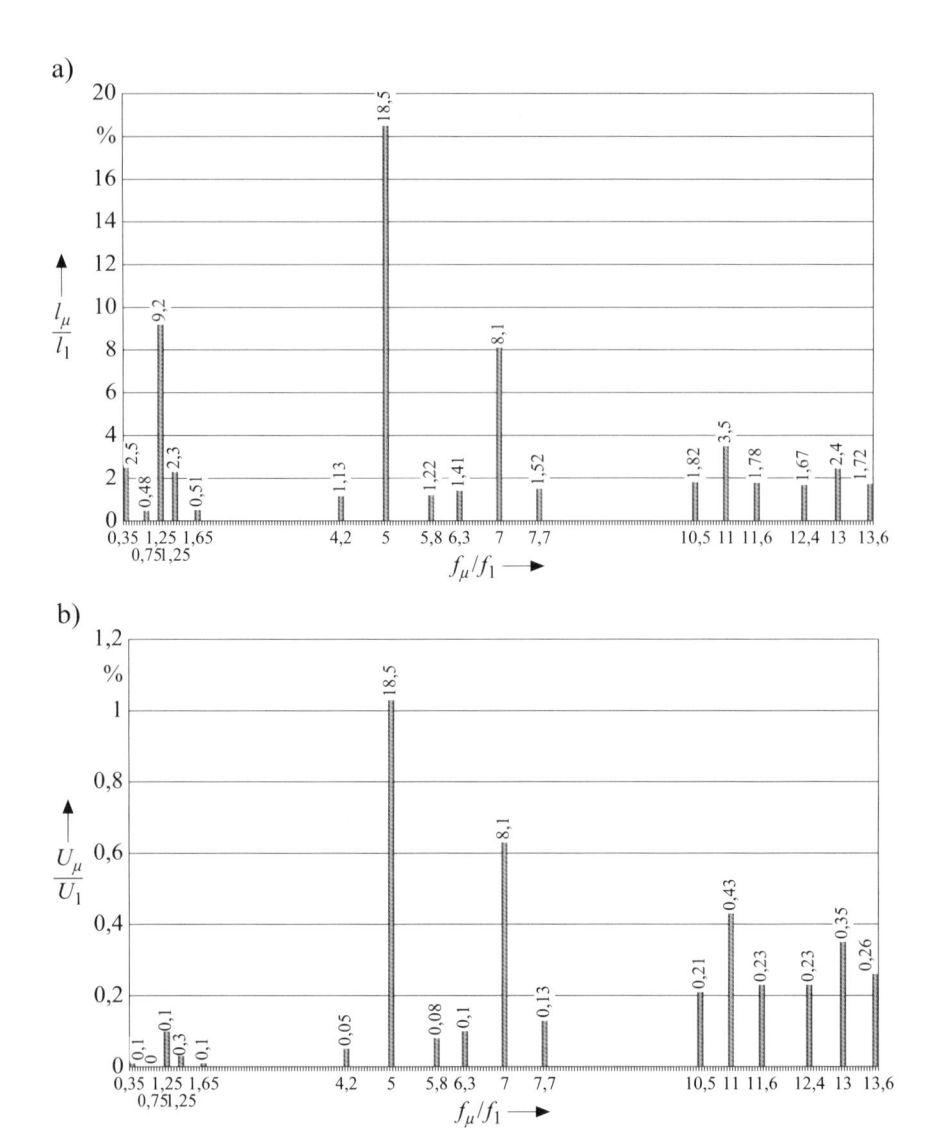

Bild 5.39 Messergebnisse zwischenharmonische Ströme (oberes Teilbild) und Spannungen (unteres Teilbild) eines Direktumrichters am 6-kV-Netz

5.7.4 Störaussendungen von Niederspannungsverbrauchern

Die in den **Bildern 5.40 bis 5.43** aufgeführten Strom- und Spannungsverläufe und Oberschwingungsspektren wurden mit einem an der FH Bielefeld entwickelten Oberschwingungsmess- und -analysesystem aufgenommen. Neben den zeitlichen Verläufen von Strom und Spannung sind die zugehörigen Oberschwingungsspektren sowie weitere Informationen dargestellt.

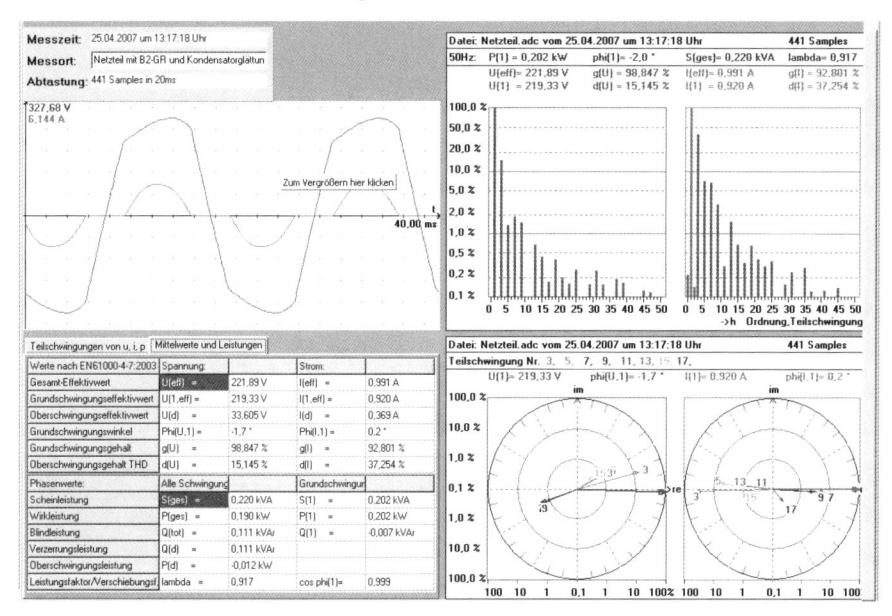

Bild 5.40 Gesamtdarstellung des Programm-Hauptmenüs
Zeitliche Verläufe von Strom und Spannung eines Schaltnetzteils P = 70 W ohne PFC (power factor correction), Oberschwingungsspektren, Zeigerdarstellungen der Oberschwingungsströme und -spannungen und berechnete Werte nach DIN EN 61000-4-7

In der Tabelle im linken unteren Bereich des Bildes 5.40 sind die Werte für den Verschiebungsfaktor $\cos \varphi = 0{,}999$ und den Leistungsfaktor $\lambda = 0{,}917$ dargestellt. Man beachte den Unterschied zwischen den beiden Größen.

Eine Probeversion des Auswerteprogramms einschließlich Testdatensätzen kann unter nachstehender URL geladen werden.

https://www.fh-bielefeld/article/articleview/822/

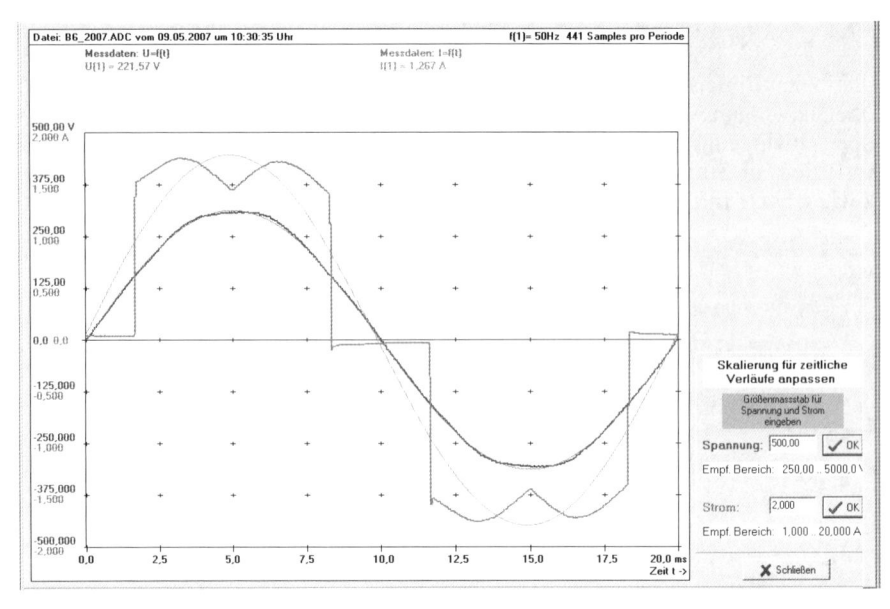

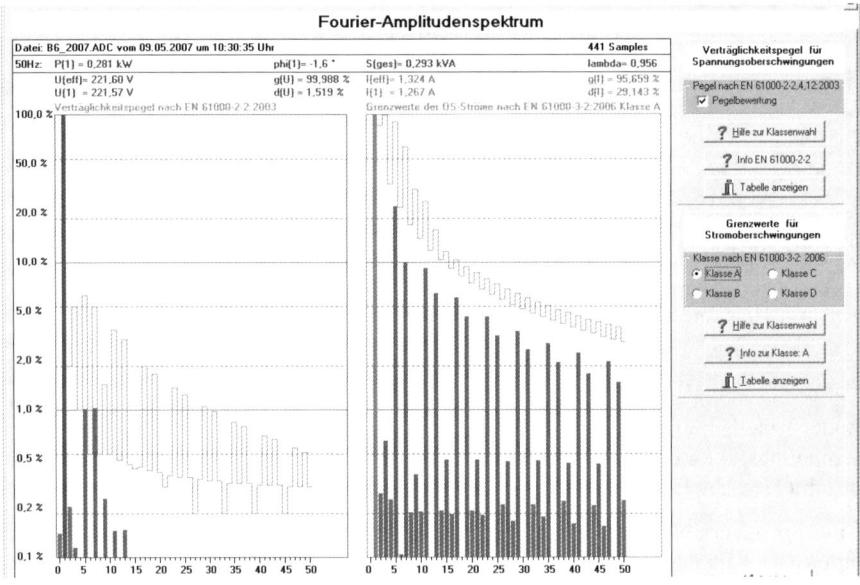

Bild 5.41 Strom- und Spannungsverläufe und Oberschwingungen einer ungesteuerten sechspulsigen Drehstrombrücke; 400 V; Belastung 310 Ω

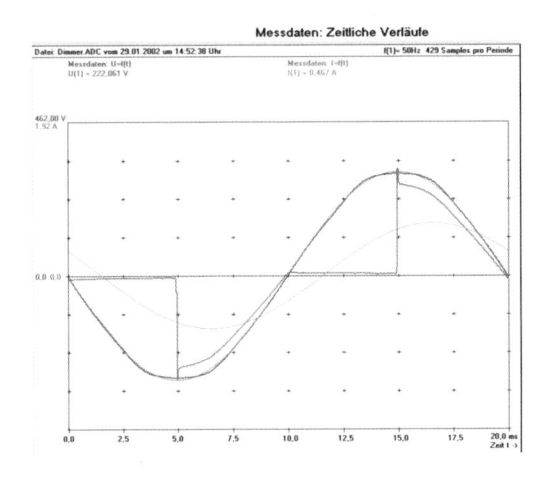

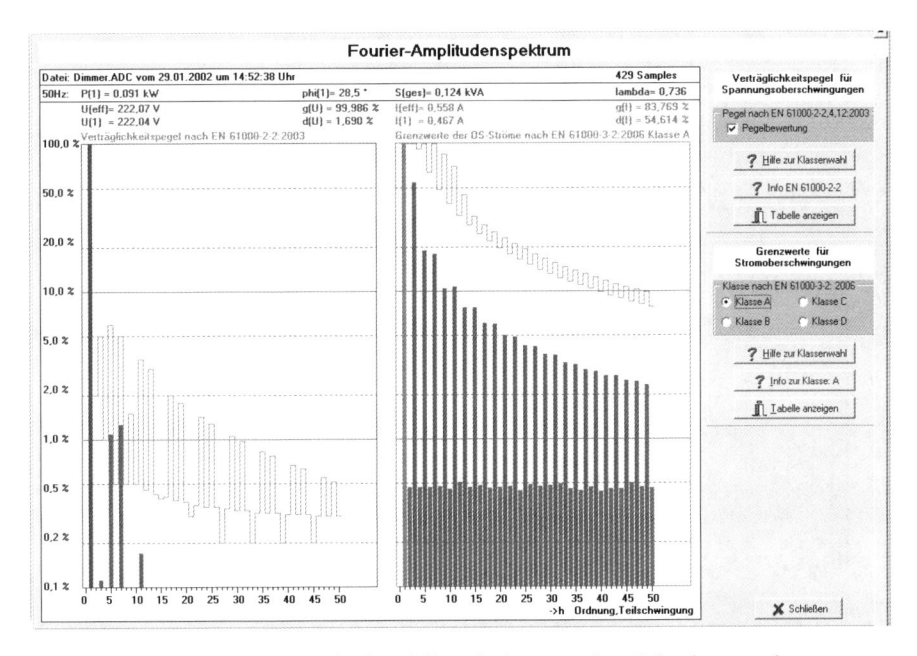

Bild 5.42 Strom- und Spannungsverläufe und Oberschwingungen eines Beleuchtungsreglers (Dimmer); 230 V; 200 W

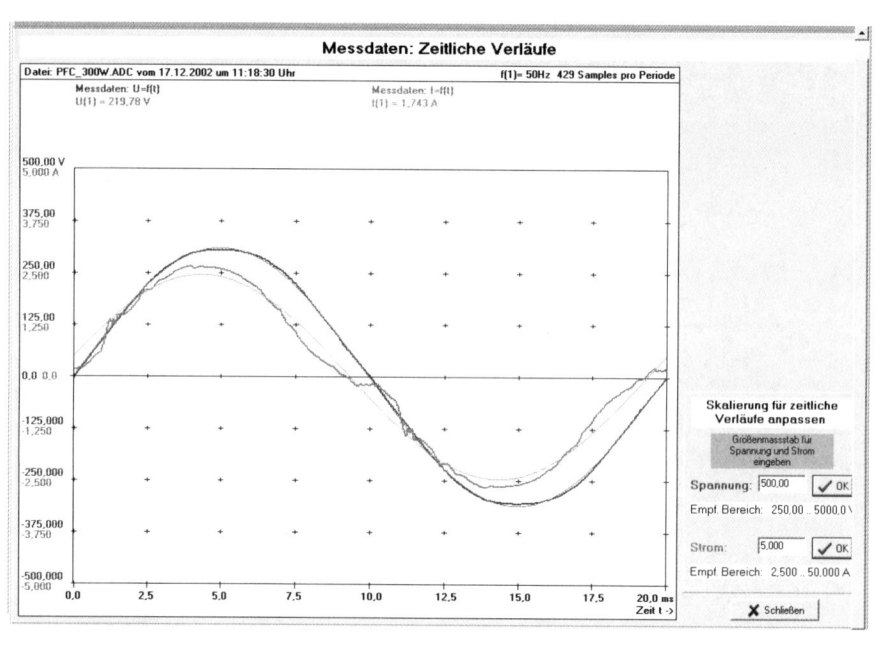

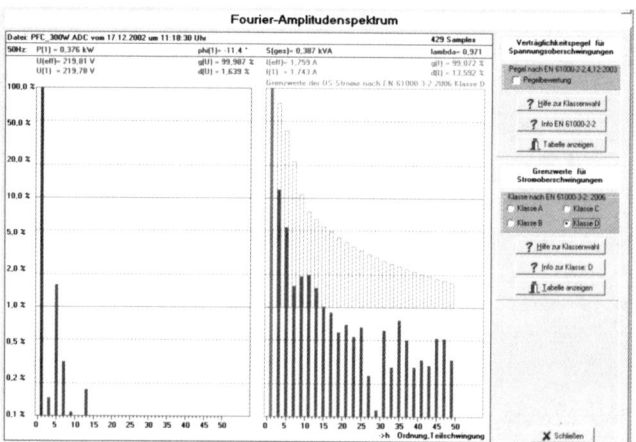

Bild 5.43 Strom- und Spannungsverläufe und Oberschwingungen eines PC-Schaltnetzteils mit PFC (power factor correction); 380 VA

Literatur Kapitel 5

[5.1] Brauner, G.; Wimmer, K.: Impact of consumer electronics in bulk areas. Proc. of 3rd European Power Quality Conference, Bremen, 1995

[5.2] IEEE Task Force: Effects of harmonics on equipment. IEEE Transactions PD 8 (1993) Nr. 2

[5.3] D-A-CH-CZ Technische Regeln zur Beurteilung von Netzrückwirkungen. VDN, 2007

[5.4] Göke, Th.: Zentrale Kompensation von Oberschwingungen in Mittelspannungsnetzen. Dissertation Universität Dortmund, 1997

[5.5] Göke, Th.: Berechnung von Netzen mit Bezug auf Oberschwingungen. In: Schlabbach, J.; et. al.: Spannungsqualität – Voltage Quality. Schriften aus Lehre und Forschung Nr. 11. FH-Bielefeld

[5.6] ABB: Referenz zum Netzberechnungsprogramm NEPLAN. Mannheim, 2006

[5.7] Kloss, A.: Oberschwingungen. Beeinflussungsprobleme der Leistungselektronik. Berlin und Offenbach: VDE VERLAG, 1989

6 Spannungsschwankungen und Flicker

6.1 Einführung

Die Betriebsspannung am Anschlusspunkt einer Kundenanlage ist nicht konstant; sie ist zeitlichen Schwankungen unterworfen. Ursache dafür ist der an der endlichen Innenimpedanz des Netzes durch den Laststrom hervorgerufene Spannungsfall. Die wirksame Innenimpedanz ist die Kurzschlussimpedanz $\underline{Z}_k$.

Bei der Zuschaltung einer Last, beispielsweise eines Motors, ruft dessen Anlaufstrom $I_{Motor}(t)$ an der Kurzschlussimpedanz $\underline{Z}_k$ des vorgeschalteten Netzes einen Spannungsfall $\Delta U_{Motor}(t)$ hervor, von dem alle am selben Verknüpfungspunkt VP angeschlossenen Verbraucher beeinflusst werden (**Bild 6.1**). Vor dem Zuschalten des Motors war die Spannung am Verknüpfungspunkt gleich der ungestörten Spannung U_0. Während des Motoranlaufs ist die Spannung am Verknüpfungspunkt $U_1(t)$ zeitlich veränderlich. Im stationären Betrieb ist U_1 konstant, jedoch kleiner U_0. Die bleibende Spannungsabweichung beträgt

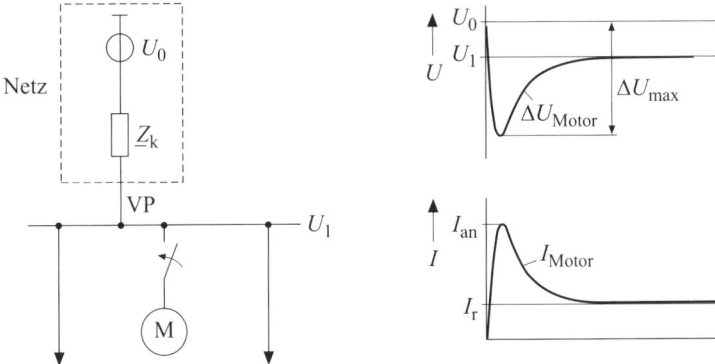

$$\Delta U_c = U_1 - U_0 \tag{6.1}$$

Bild 6.1 Spannungsschwankung beim Motoranlauf

Für die maximale Spannungsänderung gilt:

$$\Delta U_{max} = I_{an} |\underline{Z}_k| \tag{6.2}$$

I_{an} ist der Maximalwert des Anlaufstroms $I_{Motor}(t)$. Für Flickerbetrachtungen rechnet man mit den Halbschwingungseffektivwerten von Strom und Spannung.

Man unterscheidet:

- Spannungsänderung ΔU

  das ist eine einzelne Änderung des Spannungseffektivwerts, ermittelt über eine Halbperiode

- Spannungsschwankung $\Delta U(t)$

  das ist eine regelmäßige oder unregelmäßige Folge von Spannungsänderungen

Als Höhe der Spannungsänderung ΔU wird die Differenz zwischen den Effektivwerten der Netzspannung vor und nach einer Spannungsänderung verstanden. Im Falle von sinus- oder rechteckförmigen Spannungsänderungen ist ΔU die Variationsbreite der Spannungsschwankung. Durch Bezug von ΔU auf den ungestörten Effektivwert der Netzspannung U vor Begin einer Spannungsänderung erhält man die relative Spannungsänderung $\Delta U/U$. Als Bezugswert kann je nach Anwendungszweck auch die Nennspannung U_n oder die vereinbarte Spannung U_c gewählt werden.

Spannungsschwankungen können im Drehstromnetz sowohl symmetrisch als auch unsymmetrisch auf die drei Außenleiter verteilt sein. Während der Anlauf oder Betrieb eines Drehstrommotors die drei Außenleiter annähernd symmetrisch belastet, stellen Widerstandsschweißmaschinen meistens und Lichtbogenöfen vornehmlich unsymmetrische Belastungen dar. Symmetrische Lasten bewirken an der Kurzschlussimpedanz des Netzes in allen drei Außenleitern dieselben Spannungsfälle.

Spannungsschwankungen werden u. a. verursacht durch:

- Ein- und Ausschaltvorgänge größerer Lasten
- Motoren größerer Leistung beim Anlauf und bei Laständerungen
- gepulste Leistungen
- Schwingungspaketsteuerungen, Thermostatsteuerungen

  Schwingungspaketsteuerungen werden in einer Vielzahl von Haushaltsgeräten, z. B. in elektronischen Durchlauferhitzern und in Kochstellen zur Leistungssteuerung bzw. -regelung eingesetzt

- Lichtbogenöfen
- Schweißmaschinen
- Windenergieanlagen im Netzparallelbetrieb

In Abhängigkeit vom Betriebsverhalten der Geräte und Einrichtungen ist zu unterscheiden zwischen

- seltenen Spannungsänderungen, z. B. beim Anlauf von Motoren und beim Einschalten größerer Lasten
- häufigen Spannungsänderungen

Hier ist zu unterscheiden zwischen

- regelmäßigen Spannungsänderungen, z. B. beim Betrieb von Direktumrichtern oder beim Betrieb vom Schweißmaschinen
- unregelmäßigen Spannungsänderungen, z. B. beim Betrieb von Aufzuganlagen und Kränen oder während der Einschmelzphase beim Lichtbogenofen

Spannungsschwankungen stören den Betrieb empfindlicher Geräte und Einrichtungen. Insbesondere rufen sie Helligkeitsschwankungen in Beleuchtungseinrichtungen, sogenannte Flicker, hervor. „Flicker ist der subjektive Eindruck von Leuchtdichteänderungen." Für die nachfolgenden Betrachtungen ist diese Definition der Definition im IEV 161-08-13 „Eindruck der Unstetigkeit visueller Empfindungen, hervorgerufen durch Lichtreize mit zeitlicher Schwankung der Leuchtdichten oder der spektralen Verteilung" vorzuziehen, da die Modellbildung im Flickermeter (Lampen-, Augen/Gehirn-Modell) bereits aus der Definition hervorgeht.

Die Störwirkung von Spannungsschwankungen hängt von der Höhe, der Wiederholrate und der Kurvenform der Spannungsänderungen ab. Ein Maß für die Störwirkung von Helligkeitsschwankungen ist die Flickerstärke P_{st}. Die Flickerstärke wird mit einem Flickermeter gemessen.

6.2 Flickererzeugende Lasten

6.2.1 Motoren

Induktionsmotoren erzeugen beim Direkt-Anlauf und bei größeren Laständerungen Leiterströme, die größer als der Nennstrom sind. Für den Anlaufstrom eines Drehstrom-Asynchronmotors gilt beispielsweise $I_{an}/I_r = 3 \ldots 8$.

Für leicht anlaufende Motoren werden die Nennströme meist nach $t_a < 500$ ms erreicht. Der zugehörige Spannungsänderungsverlauf kann für die analytische Berechnung (wenn keine anderen Daten bekannt sind) der Flickerstärke als dreieckförmig mit $t_f = 20$ ms $\ldots$ 100 ms und $t_r = 100$ ms $\ldots$ 400 ms angenommen werden.

Für die Berechnung der relativen Spannungsänderung sind die Scheinleistung und der Phasenwinkel im jeweiligen Lastzustand maßgebend. Die notwendigen Daten können den Herstellerangaben entnommen werden. Dies wird am Beispiel eines 200-kW-Drehstromasynchronmotors (Daten: **Bild 6.2**) erläutert:

Aus der Strom-Drehmoment-Kennlinie (Bild 6.2) erhält man für

$n/n_{syn} = 0$ (Anlauf) $\quad \Rightarrow \quad I/I_r = I_{an}/I_r = 4{,}6$

und damit

a)

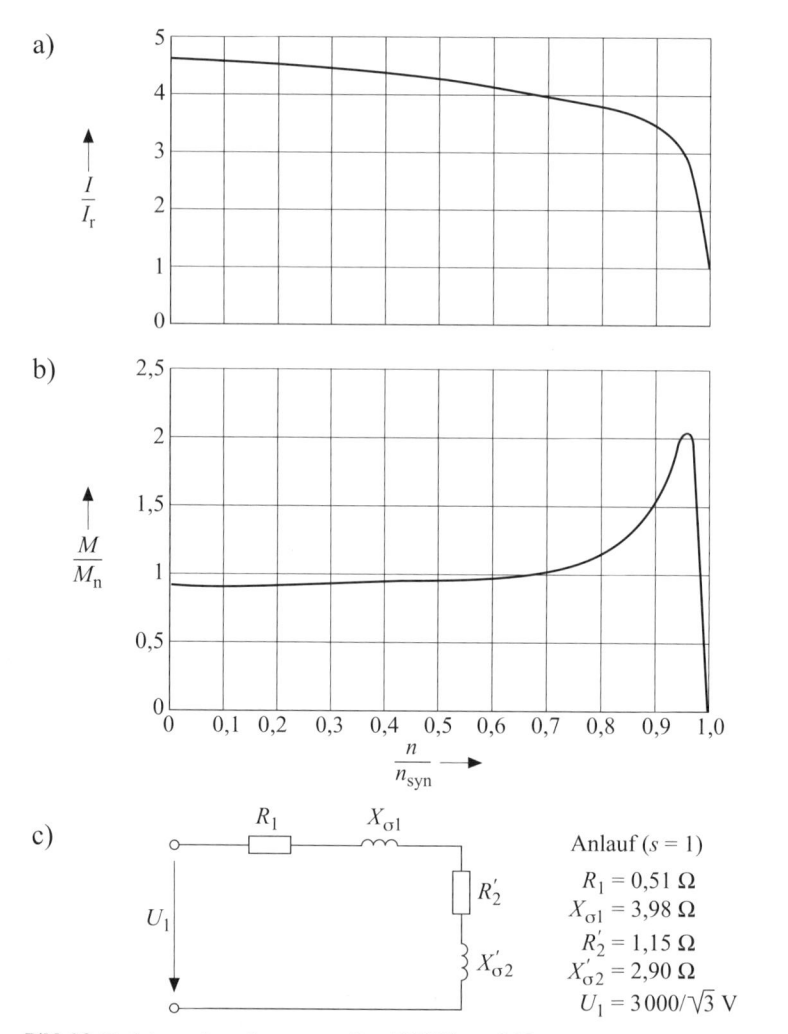

b)

$\frac{M}{M_n}$

$\frac{n}{n_{syn}} \longrightarrow$

c)

Anlauf ($s = 1$)

$R_1 = 0{,}51\ \Omega$
$X_{\sigma 1} = 3{,}98\ \Omega$
$R_2' = 1{,}15\ \Omega$
$X_{\sigma 2}' = 2{,}90\ \Omega$
$U_1 = 3\,000/\sqrt{3}$ V

Bild 6.2 Drehstrom-Asynchronmotor: $P_r = 200$ kW; $\eta = 0{,}93$; $\cos \varphi_r = 0{,}75$ (Herstellerdaten)
a) Strom-Kennlinie
b) Drehmoment-Kennlinie
c) Anlauf-Ersatzschaltbild

$$S_a = \left(\frac{I_{an}}{I_r}\right)\frac{P_r}{\eta \cos\varphi_n}$$

$$= 4{,}6\frac{200\,\text{kW}}{0{,}93 \cdot 0{,}75}$$

$$= 1{,}3\,\text{MVA}$$

Der Phasenwinkel im Anlauf kann aus dem Impedanzwinkel der Anlauf-Ersatzschaltung (Bild 6.2c) ermittelt werden.

$$\underline{Z} = (R_1 + R_2') + j(X_{\sigma1} + X_{\sigma2}')$$
$$= (1{,}66 + j6{,}88)\,\Omega$$
$$= 7e^{j76°}\,\Omega$$

$\varphi_a = 76°$

Die Höhe der relativen Spannungsänderung $(\Delta U/U)_{max}$ kann durch strombegrenzende Maßnahmen reduziert werden.

Beim Stern-Dreieck-Anlauf wird der Motor zuerst in Sternschaltung hochgefahren und nach Erreichen der Nenndrehzahl in Dreieck geschaltet. Gegenüber dem Direktanlauf betragen Strangstrom und Strangspannung nur das $1/\sqrt{3}$-Fache des Normalwerts. Der Leiterstrom beträgt gegenüber dem Direktanlauf in Dreieckschaltung $I_\Delta/3$. Damit erhält man für den Anlaufstrom in Stern-Dreieck-Schaltung:

$$\frac{I_{an,Y}}{I_r} = \frac{I_{an,\Delta}}{3I_r} \approx (2\ldots3)\frac{I_{an}}{I_r} \qquad (6.3)$$

Nach dem Umschalten tritt eine Umschaltstromspitze vom ein- bis zweifachen Anlaufstrom in Sternschaltung auf.

$$\frac{I_{an,Y\to\Delta}}{I_r} \approx (3\ldots4)\frac{I_{an}}{I_r} \qquad (6.4)$$

Neben der Reduzierung der relativen maximalen Spannungsänderung ist auch eine Flickerreduzierung möglich.

Richtwert:

$$\frac{P_{st,Y\Delta}}{P_{st,\Delta}} \approx 0{,}5 \qquad (6.5)$$

Neben den klassischen Verfahren zur Anlaufstrombegrenzung spielen in zunehmenden Maße elektronische Sanftanlaufschaltungen eine bedeutende Rolle. **Bild 6.3** zeigt die Anlaufströme mit und ohne Sanftanlaufschaltung. Neben der Reduzierung des maximalen Anlaufstroms spielt insbesondere die Verlängerung der Frontzeit des Stroms eine bedeutende flickerreduzierende Rolle. Die Rechnersimulation liefert in diesem Falle eine Halbierung der Flickerstärke.

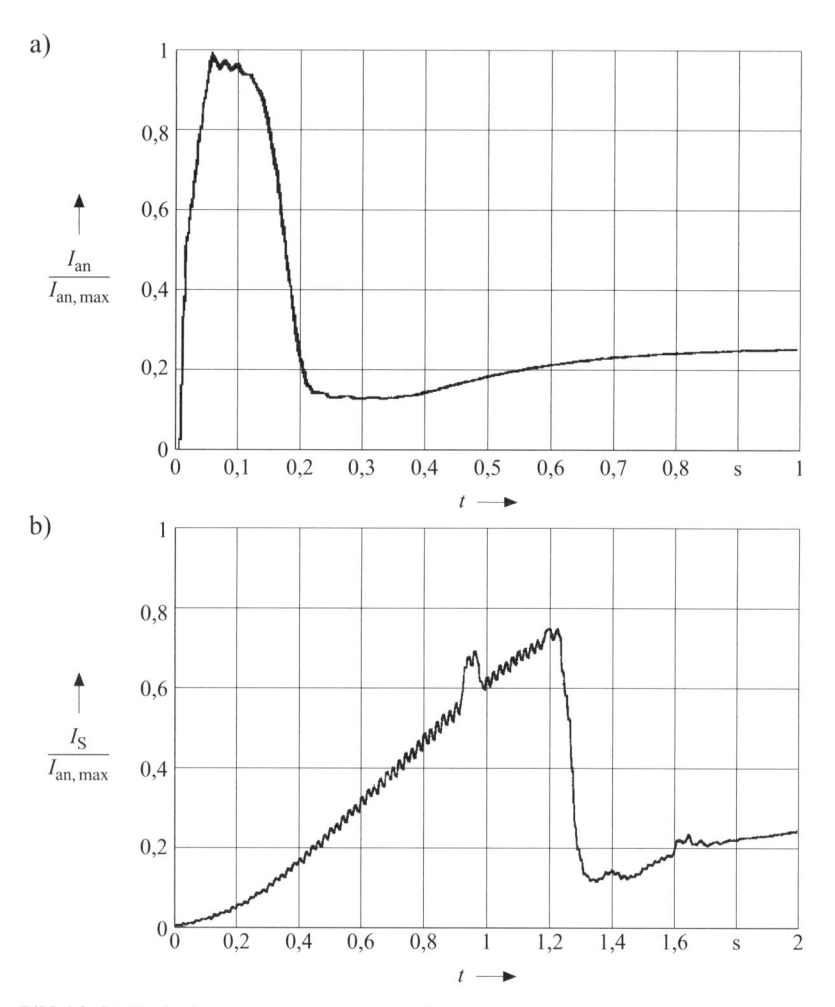

Bild 6.3 3-kW-Einphasen-Wechselstrommotor (Kompressor)
a) Anlaufstrom I_{an} beim Direktanlauf
b) Anlaufstrom I_S beim Sanftanlauf

Die hohen Motoranlaufströme sind stark induktiv. Eine dynamische Blindstromkompensation ist daher ein geeignetes Mittel zur Reduktion der Anlaufströme. Dazu ist es notwendig, abhängig vom Lastzustand zeitgleich einen Kompensationsstrom zur Verfügung zu stellen.

6.2.2 Drehstrom-Lichtbogenofen

Die folgenden Betrachtungen sind auf Lichtbogenöfen zur Stahlerzeugung beschränkt. Sie bestehen aus einem Ofengefäß, in das drei Grafitelektroden, die an Tragarmen aufgehängt sind, eingebracht werden. Der Anschluss des Ofens erfolgt über einen Ofentransformator an das öffentliche Netz. Der elektrische Anschluss der Grafitelektroden an den Ofentransformator wird über Hochstromrohre und flexible Hochstromleitungen durchgeführt. Jede der drei Elektroden wird von einem vertikal verstellbaren Elektrodentragarm gehalten. In den drei Lichtbögen, die zwischen dem Schmelzgut und den Elektrodenspitzen brennen, findet die für den Schmelzvorgang erforderliche Umwandlung von Elektro- in Wärmeenergie statt.

Prinzipiell erzeugen Lichtbogenöfen durch ihre wechselnde Lastcharakteristik Spannungsschwankungen, die zu Flicker führen. Während einer Charge unterscheidet man aus metallurgischer Sicht drei unterschiedliche Arbeitsphasen des Ofens:

- das Einschmelzen, während der die feste Charge geschmolzen wird
- das Frischen, d. h. das Erhitzen der Schmelze
- das Feinen, das am Ende der Charge nur noch die Wärmeverluste ausgleicht

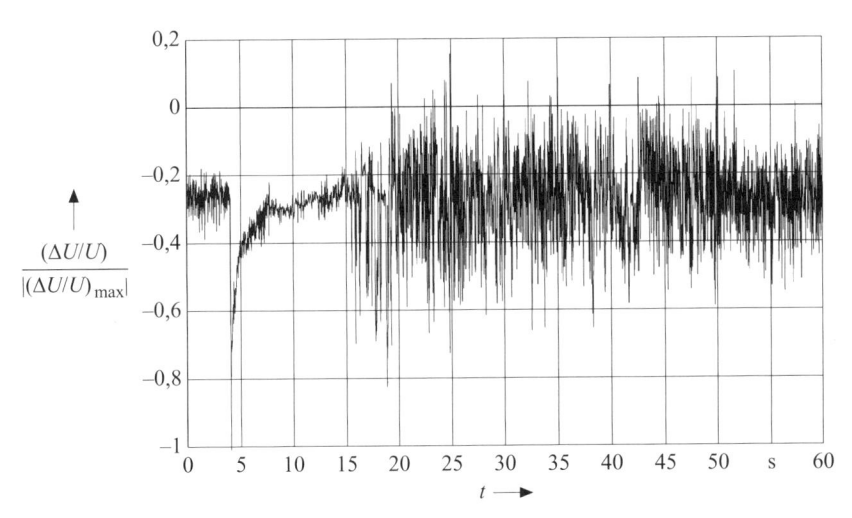

Bild 6.4 Lichtbogenofen
relative Spannungsschwankung $\left(\Delta U(t)/U\right)/\left|\left(\Delta U(t)/U\right)_{max}\right|$

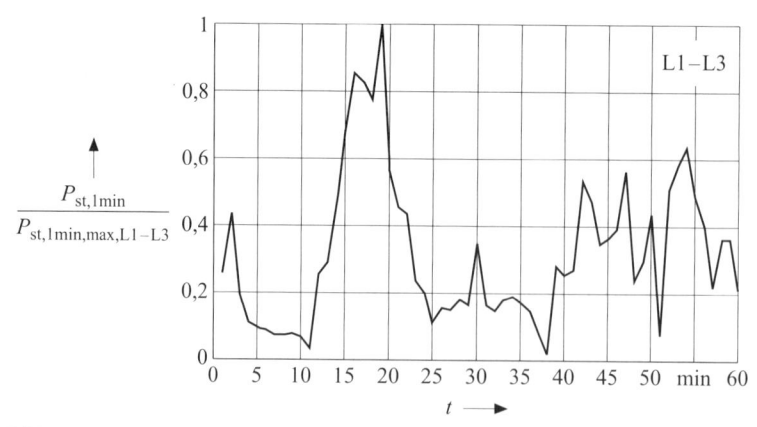

Bild 6.5 110-kV-Verknüpfungspunkt eines Drehstrom-Lichtbogenofens mit dem öffentlichen Netz, Zeitverlauf der bezogenen P_{st}-Werte $P_{st,1min}/P_{st,1min,max,L1-L3}$

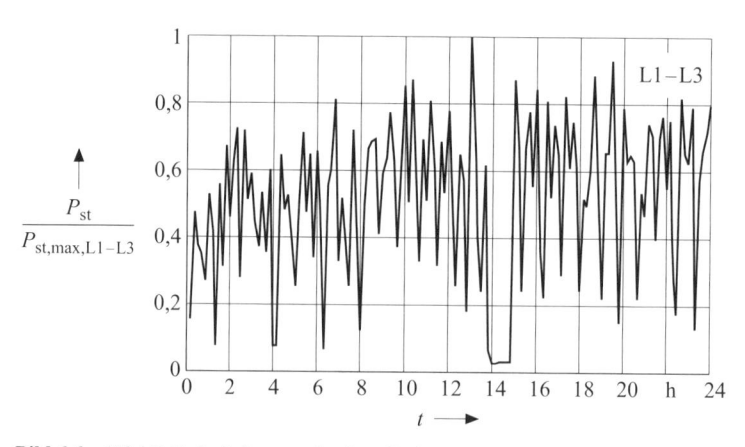

Bild 6.6a 110-kV-Verknüpfungspunkt eines Drehstrom-Lichtbogenofens mit dem öffentlichen Netz, Tagesgang der auf den Maximalwert $P_{st,max,L13}$ bezogenen P_{st}-Werte

Die Zeitanteile der einzelnen Leiter sind je nach dem zu erzeugenden Produkt unterschiedlich. So wird bei der Massenstahlerzeugung die Einschmelzphase einen höheren Anteil aufweisen als bei der Erstellung hochlegierter Stähle. Die Dauer der Einschmelzphase kann dabei bis zu 60 % der Chargendauer von bis zu drei Stunden betragen.

In **Bild 6.4**, **Bild 6.5** und **Bild 6.6** sind beispielhaft die Ergebnisse von Flickermessungen an einem Lichtbogenofen dargestellt. Bild 6.4 zeigt die ermittelte relative Spannungsschwankung, die in dieser Betriebsart einen stochastischen Verlauf zeigt.

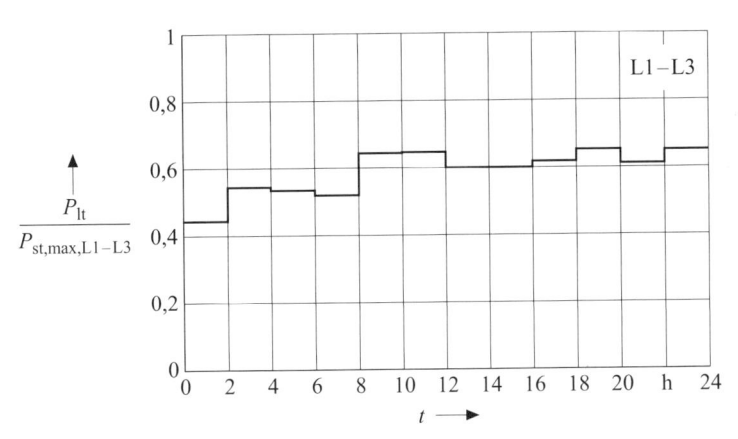

Bild 6.6b 110-kV-Verknüpfungspunkt eines Drehstrom-Lichtbogenofens mit dem öffentlichen Netz, Tagesgang der auf den Maximalwert $P_{st,max,L1-L3}$ bezogenen P_{lt}-Werte

6.2.3 Widerstandsschweißmaschinen

Das Grundprinzip beim Widerstandsschweißen ist der direkte Stromdurchgang durch das Werkstück. Die Werkstücke haben je nach der Wahl des Werkstoffs einen mehr oder weniger großen elektrischen Widerstand. Beim Stromdurchgang wird das Werkstück erwärmt.

Mit Widerstandsschweißmaschinen werden Punkt-, Buckel-, Naht- und Stumpfschweißungen durchgeführt. Die Schweißströme erreichen dabei Effektivwerte von 1 kA bis 150 kA, bei Sekundärspannungen des Schweißtransformators von 2 V bis 15 V. Je nach Schweißtechnik sind die relativen Einschaltdauern ED und die Wiederholraten der Spannungsänderungen unterschiedlich [6.1].

Punktschweißen: $\quad ED \approx 30\,\%, \quad S_{k,M} \approx 3\,S_r, \quad r = (10 \ldots 120)\,\text{min}^{-1}$

Buckelschweißen: $\quad ED \approx 15\,\%, \quad S_{k,M} \approx 4{,}5\,S_r, \quad r = (10 \ldots 25)\,\text{min}^{-1}$

Rollennahtschweißen: $\quad ED \approx 100\,\%, \quad S_{k,M} \approx 0{,}7\,S_r, \quad r > 120\,\text{min}^{-1}$

Die Leistung S_{ED} für $ED \neq 50\,\%$ beträgt:

$$S_{ED} = S_r \sqrt{\frac{50}{ED/\%}} \tag{6.6}$$

Die mittleren Stromflusszeiten variieren zwischen drei und 50 Netzperioden. Schweißmaschinen stellen damit eine stoßartige Netzbelastung dar.

Die relative Einschaltdauer ist das Verhältnis von Schweißdauer t_S zur Zykluszeit t_{Zyk}.

$$ED = \frac{t_S}{t_{Zyk}} = \frac{t_S}{t_V + t_S + t_N} \qquad (6.7)$$

mit

t_S Schweißdauer

t_V Vorpresszeit

t_N Nachpresszeit

Der Leistungsfaktor beim Schweißen wird im Wesentlichen von Armabstand und Armausladung der Schweißmaschine, der Streuinduktivität des Schweißtransformators und vom Anschnittwinkel des zur Schweißleistungssteuerung eingesetzten Thyristorstellers bestimmt. Der Leistungsfaktor variiert zwischen 0,2 und 0,9 und beträgt im Mittel 0,7 [6.1].

Widerstandsschweißmaschinen werden meist unsymmetrisch zwischen zwei Außenleitern des Drehstromnetzes angeschlossen. Aus Sicht der Netzrückwirkungen weisen Schweißmaschinen eine besonders ungünstige Lastcharakteristik auf, wegen

- ihrer großen, stoßartigen Stromaufnahme aus dem Netz für sehr kurze Benutzungsdauern von einigen Millisekunden bis Sekunden
- der hohen Wiederholrate der Laststöße
- des ungünstigen Leistungsfaktors
- ihrer nicht sinusförmigen Stromentnahme
- ihrer meist unsymmetrischen, zweiphasigen Netzbelastung

Der Netzanschluss erfolgt bei Anlagen großer Leistung über einen MS/NS-Transformator an das öffentliche Netz; kleine Anlagen werden direkt an das Niederspannungsnetz angeschlossen. Die zu erwartenden Spannungsänderungen und ihre Flickerwirkung können mit den in den folgenden Kapiteln angegebenen Gleichungen berechnet werden.

Dabei ist zu beachten, dass für ΔS_a und φ_a die für die Flickerwirkung relevanten Größen berücksichtigt werden:

$\Delta S_a = S_{max}$

$\Delta S_a = (3 \ldots 5) \, S_{50\%ED}$

$\Delta S_a = 0,8 \, S_{k,M}$

S_{max} Höchstschweißleistung (etwa 0,8 $S_{k,M}$)

$S_r = S_{50\%ED}$ Bemessungsleistung bei 50 % relativer Einschaltdauer

$S_{k,M} = I_P U_n$ Höchstkurzschlussleistung der Widerstandsschweißmaschine

$I_P = I_S/ü$ Primärstrom

$ü$ Übersetzungsverhältnis des Schweißtransformators

I_S Höchstschweißstrom

$\cos \varphi_a$ Verschiebungsfaktor der Höchstschweißleistung, Richtwert: 0,5 bis 0,7

S_A Anschlussleistung (etwa 0,6 $S_{k,M}$)

Die Höchstkurzschlussleistung oder maximale Kurzschlussleistung $S_{k,M}$ ist die größte an den Klemmen der Maschine aufgenommene Leistung, bei der höchsten Transformatorstufe. Die Elektroden sind dabei unter definierten Bedingungen kurzzuschließen. Diese Kurzschlussbedingungen sind für Punkt-, Buckel-, Naht- und Stumpfschweißmaschinen unterschiedlich. Die Maschine ist so einzurichten, dass die kleinste Impedanz wirksam ist.

Die Höchstschweißleistung oder maximale Schweißleistung S_{max} ist keine messbare Leistung. Sie ist die Leistung, die unter den festgelegten Bedingungen für die Ermittlung der Höchstkurzschlussleistung gemessen würde, wenn, anstatt die Elektroden auf Kurzschluss zu fahren, zwischen ihnen die zu schweißenden Bleche liegen würden. Aus der Erfahrung weiß man, dass die dann auftretende Leistung auf etwa 80 % des gemessenen Werts der Höchstkurzschlussleistung zurückgeht.

Die Anschlussleistung S_A ist die Leistung, nach der Zuleitung, Schalter und Sicherung zu bemessen sind. Aus der Praxis ergibt sich ein Wert von 60 % der Höchstkurzschlussleistung.

Die Nennleistung $S_{50\%ED}$ ist die Leistung, die eine Schweißmaschine bei einer Einschaltdauer von 50 % *ED* und einer Spieldauer von maximal 60 s verträgt, ohne dass die zulässigen Übertemperaturen überschritten werden.

Die Höchstschweißleistung ist aus dem Leistungsschild der Maschine nicht immer zu entnehmen, da die Angabe nicht zwingend vorgeschrieben ist. Auf dem Leistungsschild muss dagegen die Bemessungsleistung (Nennleistung) bei 50 % *ED* angegeben sein. Für die maßgebende Höchstschweißleistung kann der (3 ... 5)-fache Wert der Leistungsaufnahme bei 50 % *ED* angesetzt werden.

Die vorstehenden Angaben stellen nur Richtwerte dar; maßgeblich sind immer die Herstellerangaben.

Technische Daten	
Nennleistung	100 kVA
Anschlussspannung	400 V, 50 Hz
Anschlussleistung	230 kVA
Höchstschweißleistung	293 kVA
Höchst-Schweißstrom	39 kA
Sekundärspannung	9,3 V

Tabelle 6.1 Technische Daten einer Buckelschweißmaschine (Herstellerangabe)
$ü = 400\,V/9{,}3\,V = 43$

Primärstrom	I_P	$= 39\,kA/43 = 906\,A$
Höchst-Kurzschlussleistung	$S_{k,M}$	$= I_P \cdot U_n = 906\,A \cdot 400\,V = 362\,kVA$
Höchstschweißleistung	S_{max}	$= 0{,}8 \cdot 400\,V \cdot 906\,A = 290\,kVA$
Anschlussleistung	S_A	$= 0{,}6 \cdot S_{k,M} = 0{,}6 \cdot 362\,kVA = 218\,kVA$

Widerstandsschweißmaschinen werden häufig für Serienschweißungen eingesetzt, z. B. für Baustahlmatten oder in der Kfz-Industrie. Beim Vielpunktschweißen werden mehrere Schweißpunkte gleichzeitig oder in kurzen Zeitabschnitten zueinander aufgebracht, z. B. eine Reihe einer Baustahlmatte, danach wird das Werkstück weitertransportiert und die nächste Reihe geschweißt. Dabei ergeben sich charakteristische Pulsmuster mit hoher Wiederholrate. Die Höhe der Spannungsänderungen werden vom Schweißstrom bestimmt. Dieser variiert von Schweißpunkt zu Schweißpunkt. Ursache dafür sind die unterschiedlichen Oberflächenbeschaffenheiten der Werkstücke am Schweißpunkt sowie der Schweißelektroden.

Bild 6.7 zeigt den Stromverlauf in einem Außenleiter am Anschlusspunkt einer Widerstandsschweißmaschine. Die Amplituden und Stromflusszeiten variieren nur geringfügig; die resultierenden Pulsmuster werden in Abhängigkeit vom Schweißprogramm regelmäßig wiederholt.

Die **Bilder 6.8 a, b, c** zeigen die Ergebnisse einer Flickermessung auf der Niederspannungsseite einer Werkseinspeisung. Die Maschine zur Herstellung von Serienschweißungen ist zwischen den beiden Außenleitern L2–L3 angeschlossen. Der Spannungsänderungsverlauf ist rechteckförmig mit einer Wiederholrate von 43 Änderungen pro Minute. Der Tagesgang der Flickerstärke, Bild 6.8c, zeigt auch hier gleichbleibende Flickerpegel. Die Zeiten ohne Flicker werden durch betriebsbedingte Standzeiten oder durch Störungen im Maschinenablauf bestimmt. Bei Schweißmaschinen, die zu Serienschweißungen eingesetzt werden, gilt bei kurzen Auszeiten, $P_{lt} \approx P_{st}$.

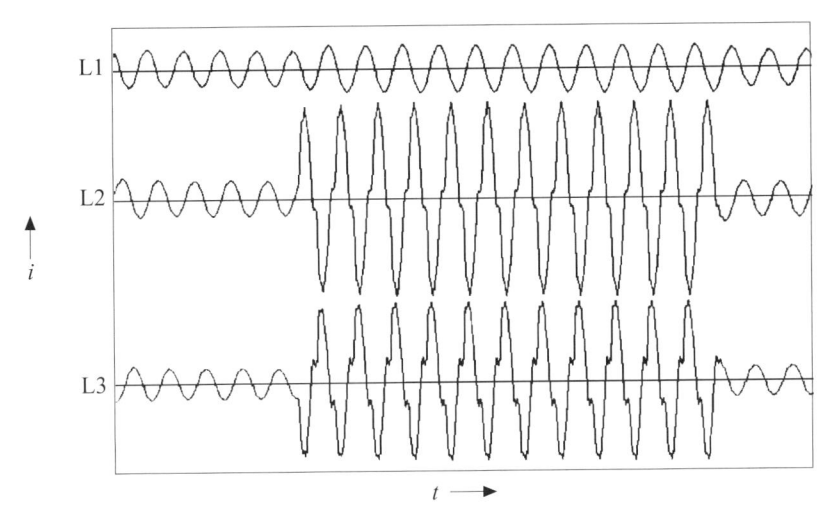

Bild 6.7 Strom- und Spannungsverlauf beim Widerstandsschweißen, Anschluss L2–L3

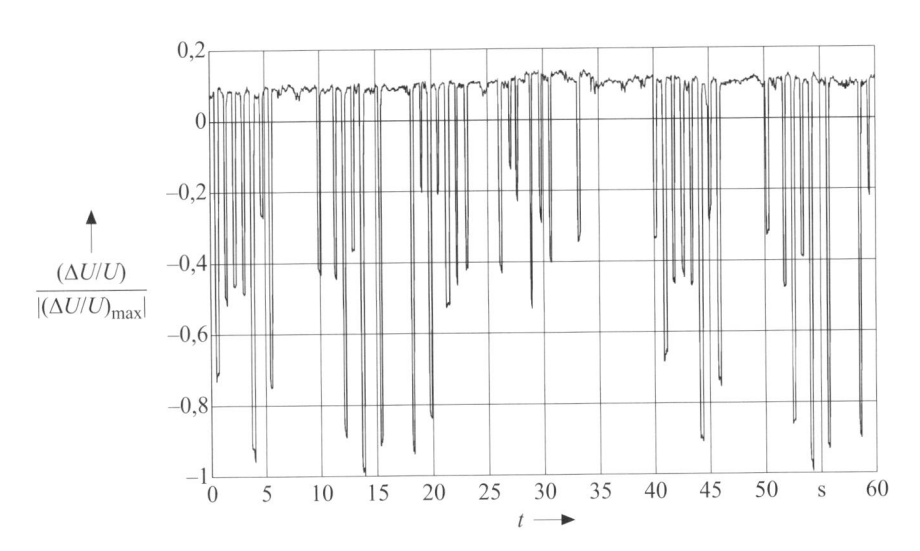

Bild 6.8a Vielpunktschweißen
Anschluss L2–L3, relative Spannungsschwankung

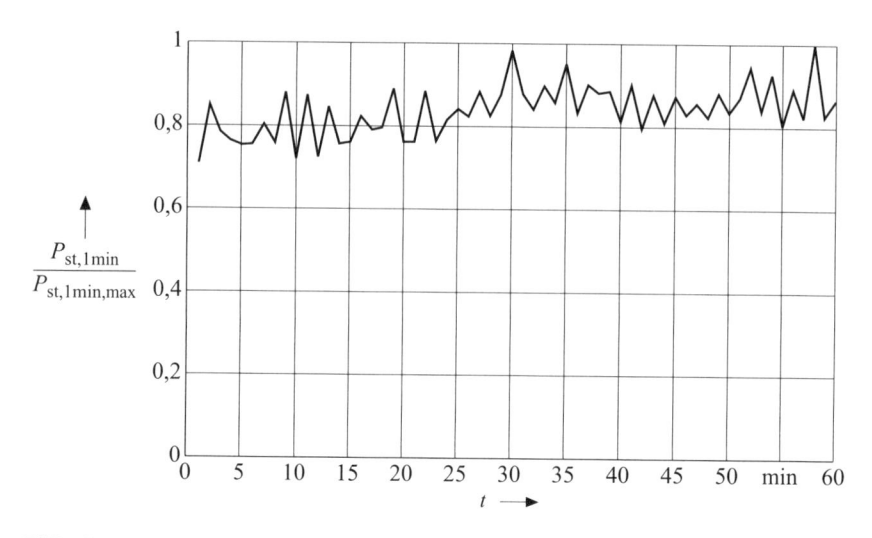

Bild 6.8b Vielpunktschweißen
Anschluss zwischen L2–L3, bezogene Flickerstärke $P_{st,1min}/P_{st,1min,max}$

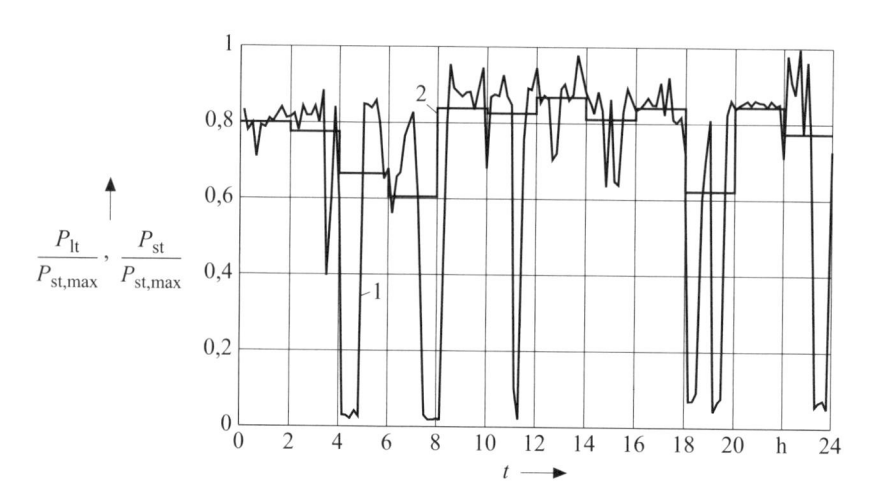

Bild 6.8c Vielpunktschweißen
Tagesgang der Flickerstärke: 1 $P_{st}/P_{st,max}$; 2 $P_{lt}/P_{st,max}$

6.3 Summationsgesetz für Flicker

Flicker, die von mehreren Anlagen verursacht werden, überlagern sich in ihrer Wirkung zu einem gemeinsamen Flickerpegel.

Sind $P_{st,1}$, $P_{st,2}$ usw. die Flickerstärken der einzelnen, voneinander unabhängigen Anlagen, dann erhält man für den gemeinsamen Flickerpegel

$$P_{st,g} = \sqrt[\alpha]{\sum_{i=1}^{N} P_{st,i}^{\alpha}} \tag{6.8}$$

bzw. für N gleiche $P_{st,i}$-Werte

$$P_{st,g} = \sqrt[\alpha]{N P_{st,i}^{\alpha}} \tag{6.9}$$

Der Exponent α ist abhängig vom jeweiligen Prozess und wird in der Literatur meist zu $\alpha = 3$ angegeben.

Neuere Untersuchungen [6.2] haben gezeigt, dass der Exponent α auch von der Beobachtungsdauer T_P abhängig ist. Zur Unterscheidung wird daher der Exponent zur Berechnung des einminütigen $P_{st,1min}$-Werts mit α_1 bzw. des zehnminütigen P_{st}-Werts mit α_{10} bezeichnet. N_1 ist die Anzahl der Spannungsänderungen bzw. Spannungsänderungsverläufen im 1-min-Intervall; N_{10} die Anzahl der Spannungsänderungen bzw. Spannungsänderungsverläufen im 10-min-Intervall.

Die Ursache für dieses Verhalten liegt in der nicht linearen Abhängigkeit des P_{st}-Verfahrens von der Beobachtungsdauer für nicht periodische Prozesse, z. B. für einzelne Schalthandlungen. **Bild 6.9** zeigt die Abhängigkeit des Exponenten α von der Anzahl der Änderungen N im 1-min- bzw. 10-min-Intervall für voneinander unabhängige sprungförmige Spannungsänderungen.

Spannungsänderungen bzw. Spannungsänderungsverläufe sind dann unabhängig voneinander, wenn das Zeitintervall zwischen den (äquivalenten) Spannungssprüngen größer als etwa 1 s ist. Damit liegt die maximale Anzahl der unabhängigen Spannungsänderungen mit $N_1 = 60$ bzw. $N_{10} = 600$ fest.

Für voneinander unabhängige Flicker-Ereignisse ist der Summationsexponent nur abhängig von

- der Anzahl N der flickeräquivalenten Spannungsänderungen im Beobachtungsintervall
- der Dauer des Beobachtungsintervalls (z. B. 1 min oder 10 min)

N_{10}	2	3	4	5	6	7	8	9	10
α_{10}	1,4	1,8	1,9	2,0	2,1	2,2	2,3	2,3	2,3

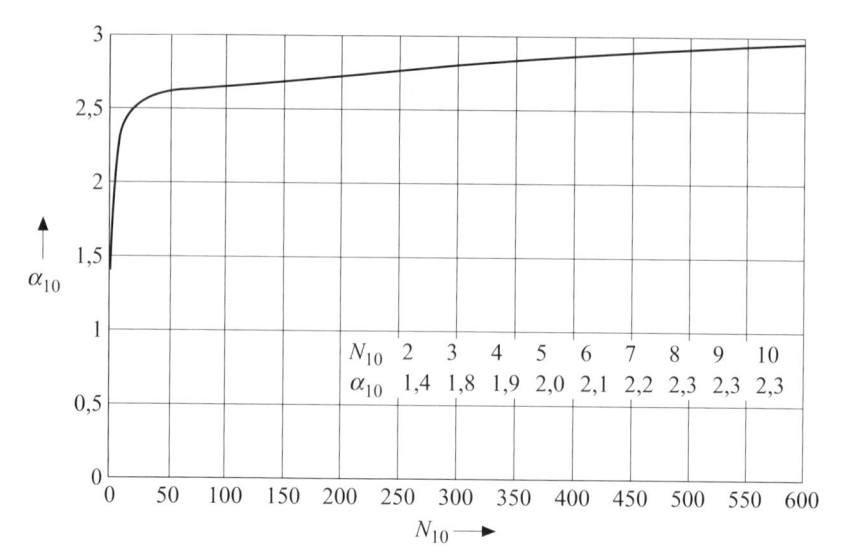

Bild 6.9a Summationsexponent α_{10} in Abhängigkeit von der Anzahl der Spannungsänderungen N_{10} im Beobachtungsintervall $T_P = 10$ min
(($P_{st} = 1$)-Kurve für rechteckförmige Spannungsschwankungen)

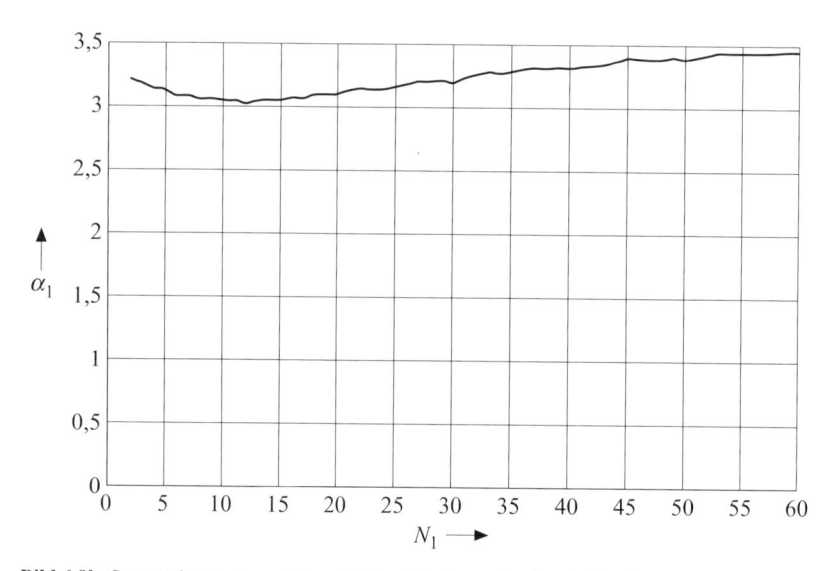

Bild 6.9b Summationsexponent α_1 in Abhängigkeit von der Anzahl der Spannungsänderungen N_1 im Beobachtungsintervall $T_P = 1$ min
(($P_{st} = 1$)-Kurve für rechteckförmige Spannungsschwankungen)

Sind die einzelnen Spannungsänderungsverläufe nicht unabhängig voneinander, dann kommt es zu einer polaritätsabhängigen Überlagerung der Signale im Flickermeter (Overlapping-Effekt). Der Summationsexponent α ist dann zusätzlich abhängig vom

- zeitlichen Abstand T der Spannungsänderungen bzw. Spannungsänderungsverläufe
- von der Polarität der Spannungsänderungen (wechselnde oder gleiche Richtung)

Wenn der zeitliche Abstand zwischen zwei Spannungsänderungsverläufen größer als $T = 1$ s ist, dann ist α = const. und unabhängig von T, wobei N die Anzahl der unabhängigen Spannungsänderungsverläufe im betrachteten Beobachtungsintervall ist.

Die Anwendung des exponentiellen Summationsgesetzes zeigt, dass es ausreichend ist, nur diejenigen P_{st}-Werte in der Summation zu berücksichtigen, die größer als $0{,}5 \cdot P_{st,i,max}$ sind, wenn die Anzahl der P_{st}-Werte, für die $P_{st,i} < 0{,}5 \cdot P_{st,i,max}$ gilt, nicht wesentlich größer ist als die Anzahl der P_{st}-Werte mit $P_{st,i} > 0{,}5 \cdot P_{st,i,max}$.

Beispiel:

Zusammenfassend ergeben sich folgende Ergebnisse:

$P_{st,i} = 1{,}0;\ 0{,}8;\ 0{,}7$ $\quad\rightarrow P_{st,g} = \sqrt[2]{\sum_{i=1}^{3} P_{st,i}^2} = 1{,}46\quad$ bzw. $\quad P_{st,g} = \sqrt[3]{\sum_{i=1}^{3} P_{st,i}^3} = 1{,}23$

$P_{st,i} = 1{,}0;\ 0{,}8;\ 0{,}7;\ 0{,}4;\ 0{,}3;\ 0{,}35 \rightarrow P_{st,g} = \sqrt[2]{\sum_{i=1}^{6} P_{st,i}^2} = 1{,}58\quad$ bzw. $\quad P_{st,g} = \sqrt[3]{\sum_{i=1}^{6} P_{st,i}^3} = 1{,}26$

- Der Summationsexponent variiert und ist von mehreren Parametern abhängig. Für eine genaue Berechnung des resultierenden Flickerpegels ist ein angepasster Exponent oder ein Simulationsprogramm [6.3] zu verwenden.
- Für überschlägige Überlegungen ist $\alpha_1 = 3{,}0$ und $\alpha_{10} = 2{,}0$ ein guter Kompromiss.

Die oben angegebenen Summationsgesetze gelten nur für voneinander unabhängige Prozesse. In der Praxis kann jedoch der Fall auftreten, dass eine Last (Prüfling) an ein (Bezugs-)Netz angeschlossen werden soll, in dem bereits Spannungsschwankungen vorhanden sind. Bezüglich des Anschlusspunkts dieser Last (Prüfling) spricht man von einem Hintergrundflicker mit einer kontinuierlichen stochastischen Spannungsschwankung. Die Spannungsänderungsverläufe sind nicht mehr voneinander unabhängig.

Es ist darauf zu achten, dass sich die Wahl des Exponenten bei der Addition und der Subtraktion unterschiedlich auswirken.

Die folgenden Beispiele verdeutlichen dies.

Summation

$P_{st,1} = 0{,}8; \quad P_{st,2} = 0{,}5 \qquad P_{st,g2} = \sqrt[2]{P_{st,1}^2 + P_{st,2}^2} = \sqrt[2]{0{,}8^2 + 0{,}5^2} = 0{,}94$

$\qquad\qquad\qquad\qquad\qquad\qquad P_{st,g3} = \sqrt[3]{P_{st,1}^3 + P_{st,2}^3} = \sqrt[3]{0{,}8^3 + 0{,}5^3} = 0{,}86$

Subtraktion

$P_{st,1} = 0{,}8; \quad P_{st,2} = 0{,}5 \qquad P_{st,S2} = \sqrt[2]{P_{st,1}^2 - P_{st,2}^2} = \sqrt[2]{0{,}8^2 - 0{,}5^2} = 0{,}62$

$\qquad\qquad\qquad\qquad\qquad\qquad P_{st,S3} = \sqrt[3]{P_{st,1}^3 - P_{st,2}^3} = \sqrt[3]{0{,}8^3 - 0{,}5^3} = 0{,}73$

Daraus ergibt sich, dass bei der Addition der Exponent $\alpha_{10} = 2$ und bei der Subtraktion der Exponent $\alpha_{10} = 3$ die höheren Werte und damit eine Abschätzung auf der sicheren Seite liefert. Die exponentielle Subtraktion findet bei der Korrektur von Messwerten bei bereits vorhandenem Flicker (Hintergrundflicker) Anwendung.

Für die Langzeitflickerstärke P_{lt} lässt sich ebenfalls ein exponentielles Summationsgesetz angeben.

$$P_{lt,g} = \alpha_{2h}\sqrt{\sum_{i=1}^{N} P_{lt,i}^{\alpha_{2h}}} \qquad (6.10)$$

Da die Langzeitflickerstärke bei lang andauernden Prozessen, die dauernd Flicker erzeugen, angewandt wird, kann der Summationsexponent zwischen $\alpha_{2h} = 2 \ldots 3$ angesetzt werden. Wenn keine weiteren Informationen bekannt sind, dann sollte, wie in den Normen und Richtlinien angegeben, mit dem Exponenten $\alpha_{2h} = 3{,}0$ gerechnet werden.

6.4 Berechnung der Flickerstärke

Die Höhe der Flickerstärke ist von der Höhe, der Form und der Wiederholrate der Spannungsänderung abhängig. Für viele praktisch vorkommende Fälle lassen sich Spannungsänderungsverläufe durch Polygonzüge approximieren; die Flickerstärke kann dann mit einfachen Formeln vorausberechnet werden.

Folgende Begriffe (**Bild 6.10**) werden definiert:

- Spannungseffektivwertverlauf $U(t)$
  Zeitverlauf des Spannungseffektivwerts. Der Effektivwertverlauf wird messtechnisch aus den Effektivwerten von aufeinanderfolgenden Halbperioden der Grundschwingung ermittelt (**Bild 6.11**).

- Spannungsänderung ΔU
  Eine einzelne Änderung des Effektivwerts oder des Spitzenwerts der Spannung zwischen zwei benachbarten Punkten.

$$\Delta U = U(t_1) - U(t_2) \tag{6.11}$$

- Spannungsänderungsverlauf $\Delta U(t)$
  Zeitverlauf der Änderung des Spannungseffektivwerts zwischen den Intervallen, in denen die Spannung für mindestens 1 s konstant ist.

  Ein Spannungsänderungsverlauf besteht aus einem oder mehreren Spannungsänderungen.

- größte Spannungsänderung ΔU_{max}
  Differenz zwischen dem höchsten und kleinsten Wert des Spannungseffektivwerts innerhalb eines Spannungsänderungsverlaufs oder einer Spannungsschwankung.

- konstante Spannungsabweichung ΔU_c
  Die Differenz zwischen den Effektivwerten vor und nach einer Spannungsänderung oder einem Spannungsänderungsverlauf.

- Spannungsschwankung $\Delta U(t)$
  Folge von Spannungsänderungsverläufen oder eine kontinuierliche Änderung des Spannungseffektivwerts.

Im Hinblick auf die analytische Berechnung der Flickerstärke muss zwischen zwei Spannungsänderungsverläufen der Effektivwert für mindestens 1 s konstant bleiben. Dadurch wird sichergestellt, dass die Spannungsänderungsverläufe voneinander unabhängig sind und sich in ihrer Wirkung nicht beeinflussen, d. h., es tritt kein „Overlapping-Effekt" auf.

Eine gegebene Spannungsschwankung kann unter diesen Voraussetzungen in einzelne, voneinander unabhängige Spannungsänderungsverläufe zerlegt werden. Damit wird unter bestimmten Voraussetzungen die Möglichkeit der analytischen Berechnung der Flickerstärke eröffnet.

Die angegebenen Definitionen beziehen sich auf absolute Spannungswerte. Das Verhältnis dieser Amplituden zur ungestörten Spannung U vor Beginn einer Spannungsänderung bzw. eines Spannungsänderungsverlaufs führt zu den folgenden Begriffen. In einigen Normen wird auf die Nennspannung U_n bezogen.

- relative Spannungsänderung $\Delta U/U$
- relativer Spannungsänderungsverlauf $\Delta U(t)/U$
- relative konstante Spannungsabweichung U_c/U
- größte relative Spannungsänderung $\Delta U_{max}/U$
- relative Spannungsschwankung $\Delta U(t)/U$

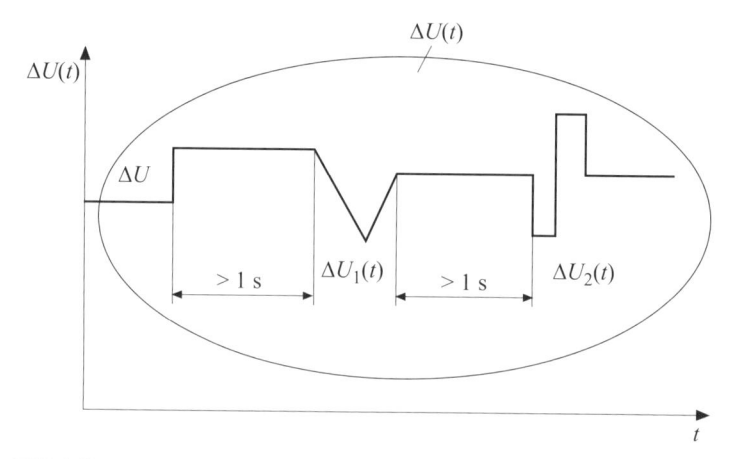

Bild 6.10 Definitionen: Spannungsänderung ΔU,
Spannungsänderungsverläufe $\Delta U_1(t)$, $\Delta U_2(t)$, Spannungsschwankung $\Delta U(t)$

In **Bild 6.10** ist die Spannungsschwankung in drei einzelne, voneinander unabhängige Spannungsänderungsverläufe zerlegt worden.

Die ($P_{st} = 1$)-Kurve ist im Bereich der Wiederholraten $1 \text{ min}^{-1} \leq r \leq 30 \text{ min}^{-1}$ im doppeltlogarithmischen Maßstab annähernd eine Gerade.

Sie kann daher in diesem Bereich durch einen exponentiellen Ansatz hinreichend genau beschrieben werden.

$$P_{st} = a \left(r/\text{min}^{-1} \right)^b \left(\Delta U/U \right)/\% = 1 \tag{6.12}$$

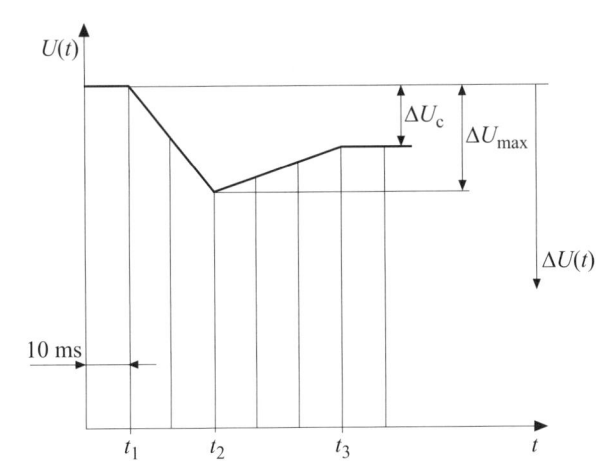

Bild 6.11 Histogramm zur Ermittlung von $U(t)$

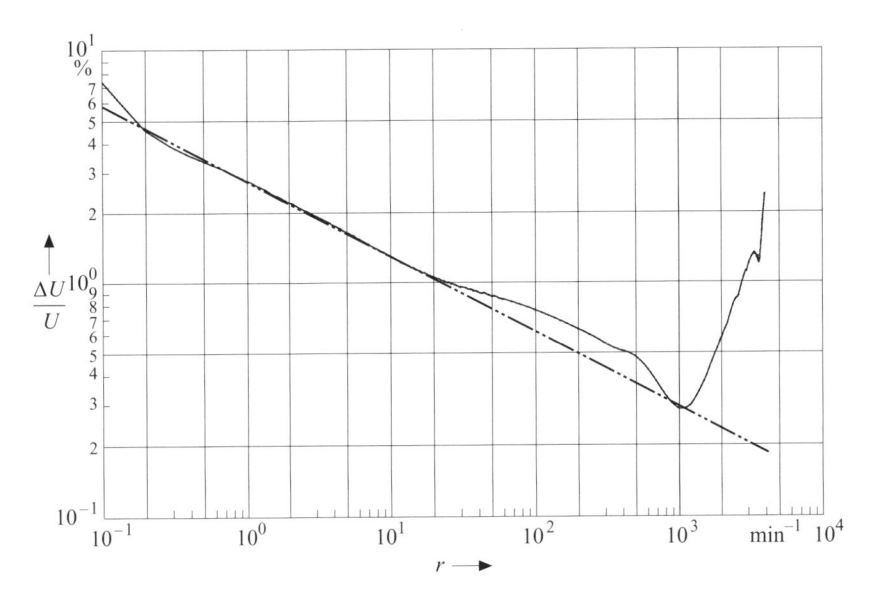

Bild 6.12 ($P_{st} = 1$)-Kurve für rechteckförmige Spannungsschwankungen

Die Parameter a, b werden in einfacher Weise aus zwei Wertepaaren ermittelt:

$r = 1 \text{ min}^{-1}$ $\quad \Delta U/U = 2{,}724 \%$ $\quad \Rightarrow \quad a = 0{,}365$
$r = 22 \text{ min}^{-1}$ $\quad \Delta U/U = 1{,}02 \%$ $\quad \Rightarrow \quad b = 0{,}31$

Damit liegt ein Verfahren zur analytischen Berechnung des Flickerpegels fest. Positive bzw. negative Spannungsänderungen gleicher Größe führen zur gleichen Flickerstärke. Es ist daher der Betrag der Spannungsänderung maßgebend.

$$P_{st} = 0,365 \left| \frac{\Delta U}{U} \middle/ \% \right| \left(r/\min^{-1} \right)^{0,31} \quad \text{für } 1 \text{ min}^{-1} \leq r \leq 30 \text{ min}^{-1} \quad (6.13)$$

Die P_{st}-Formel gilt nur im „geraden" Teil (doppelt logarithmischer Maßstab) der ($P_{st} = 1$)-Kurve. Die Anwendung der P_{st}-Formel im Bereich der Wiederholraten $r < 1 \text{min}^{-1}$ bzw. $r > 30 \text{ min}^{-1}$ führt zu Fehlern. Es wird deshalb ein Korrekturfaktor (Frequenzfaktor) $R = f(r)$ eingeführt. Er ist in **Bild 6.13** für alle Wertepaare der ($P_{st} = 1$)-Kurve grafisch dargestellt.

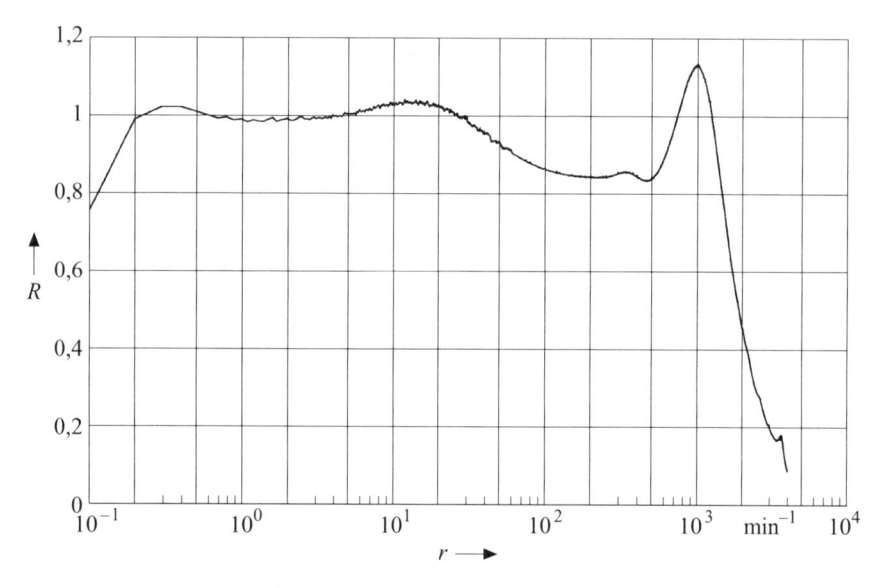

Bild 6.13 Auf ($P_{st} = 1$)-Kurve bezogener Korrekturfaktor $R = f(r)$

Die P_{st}-Formel wurde für periodische rechteckförmige Spannungsänderungen hergeleitet. In der Praxis sind solche rechteckförmigen Spannungsänderungsverläufe selten. Beliebige Spannungsschwankungen müssen mit einem Flickermeter oder dessen digitaler Nachbildung, d. h. mit einem Simulationsprogramm, bewertet werden.

Einfache Spannungsänderungsverläufe können in einen flickeräquivalenten Spannungssprung der Amplitude $F \cdot \frac{\Delta U_{max}}{U}$ umgerechnet werden (**Bild 6.14**). F wird als Formfaktor bezeichnet.

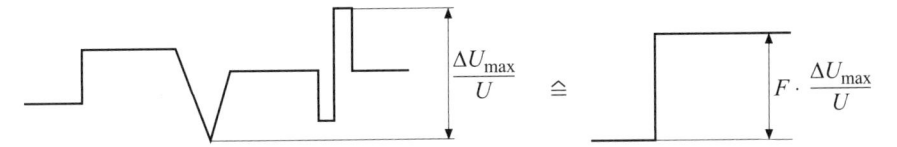

Bild 6.14 Definition Formfaktor F
(der Spannungsänderungsverlauf und der Spannungssprung erzeugen dieselbe Flickerstärke)

Besondere Bedeutung haben die Formfaktoren für

- dreieckförmige Spannungsänderungsverläufe (z. B. Motoranlauf)
- rechteck- und trapezförmige Spannungsänderungsverläufe (z. B. Widerstandsschweißmaschinen)
- rampen- und pulsförmige Spannungsänderungsverläufe (z. B. elektronisch gesteuerte Einrichtungen)

Aus **Bild 6.15** erhält man beispielsweise für eine rampenförmige Spannungsänderung mit einer Rampenzeit von 220 ms einen Formfaktor von $F = 0{,}5$. Dies bedeutet, dass eine Rampe bei gleicher relativer Spannungsänderung $\Delta U_{max}/U$ gegenüber einer sprungförmigen Änderung die halbe Flickerstärke liefert.

Es gilt:

$$P_{st} = 0{,}365 \cdot R \cdot F \left| \frac{\Delta U_{max}}{U} \middle/ \% \right| \left(r/\min^{-1} \right)^{0{,}31} \tag{6.14}$$

r ist die Wiederholrate des betreffenden Spannungsänderungsverlaufs. Eine periodische Wiederholung ist nicht notwendig.

Der resultierende Flickerpegel mehrerer unabhängiger und in ausreichend großem zeitlichen Abstand aufeinanderfolgenden Spannungsänderungsverläufe mit den Flickerstärken $P_{st,i}$ wird wie folgt berechnet:

$$P_{st,g} = \sqrt[\alpha]{\sum_i P_{st,i}^\alpha} = \left(\sum_i P_{st,i}^\alpha \right)^{1/\alpha} \tag{6.15}$$

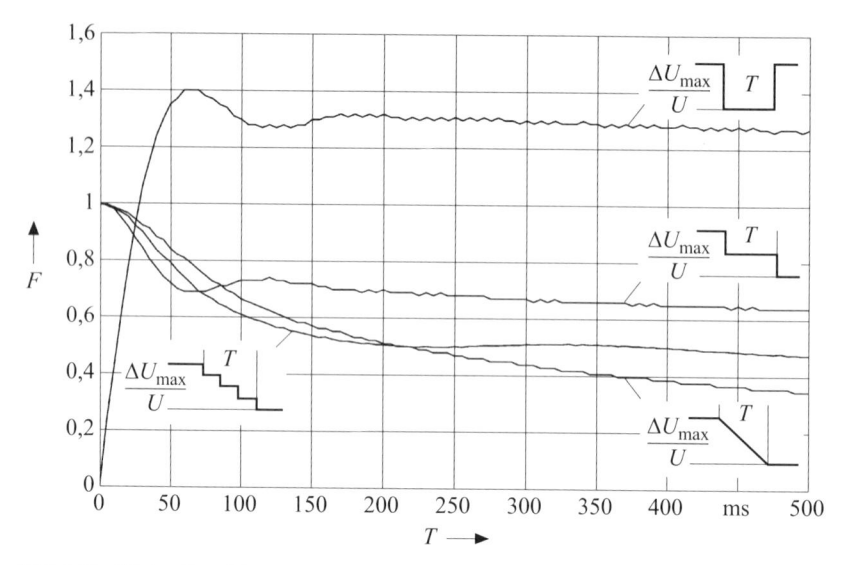

Bild 6.15a Flicker-Formfaktoren für sprung- und rampenförmige Spannungsänderungsverläufe

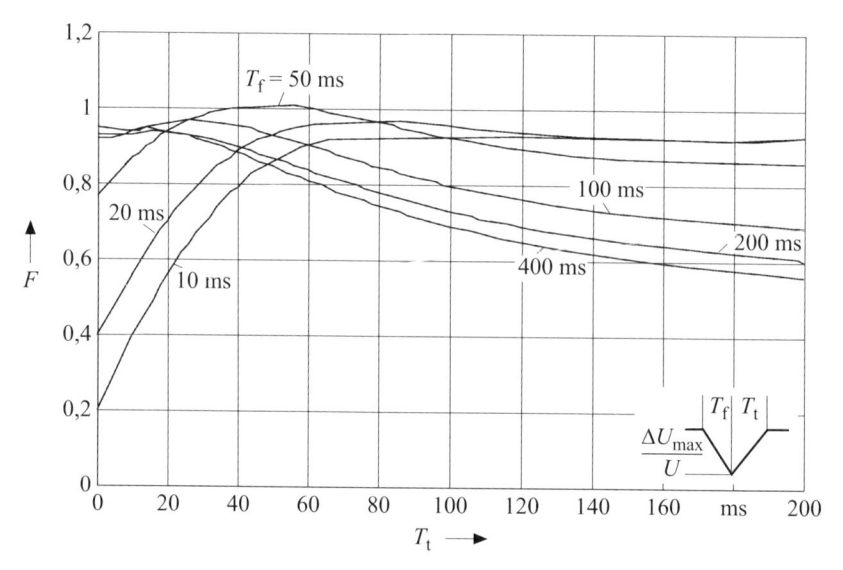

Bild 6.15b Flicker-Formfaktoren für dreieckförmige Spannungsänderungsverläufe (Motoranlauf) in Abhängigkeit von der Rückenzeit T_t (Frontzeit T_f ist Parameter)

Der Summationsexponent α_1 ist annähernd konstant und wird zu $\alpha_1 = 3{,}2$ gesetzt. Einige Werte von α_{10} sind in **Tabelle 6.2** zusammengefasst. In den Normen wird unabhängig von der Beobachtungsdauer der Exponent 3,2 verwendet.

N_{10}	2	3	4	5	6	7	8	9	10
α_{10}	1,4	1,8	1,9	2,0	2,1	2,2	2,3	2,3	2,3

Tabelle 6.2 Summationsexponent α_{10} in Abhängigkeit von der Anzahl N_{10} der äquivalenten Spannungssprünge im 10-min-Intervall

In Beispiel 6.2 wird einerseits die Anwendung der Gleichungen demonstriert und andererseits die Güte der Rechnung mittels Simulationsrechnung überprüft (die Simulationsergebnisse sind in Klammer { } gesetzt).

Zusammenfassend gilt:

Die analytische Bestimmung des P_{st}-Werts wird in mehreren Schritten durchgeführt:

- Bestimmung der Spannungsschwankung durch Messung oder Rechnung und Annäherung durch Polygonzüge
- Aufteilen in N einzelne Spannungsänderungsverläufe
- Ermittlung des Formfaktors für jeden einzelnen Spannungsänderungsverlauf
- Berechnung des P_{st}-Werts für jeden einzelnen Spannungsänderungsverlauf (Korrekturfaktor in Abhängigkeit von der Anzahl der einzelnen, unabhängigen Spannungsänderungsverläufe berücksichtigen)
- Berechnung des P_{st}-Werts der gesamten Spannungschwankung durch Anwendung des Summationsgesetzes – angepassten Summationsexponent verwenden

Der Formfaktor ist für einige praktisch vorkommende Spannungsänderungsverläufe, die sich durch Polygonzüge darstellen lassen, bekannt. In der Mehrheit der Fälle wird man jedoch den zugehörigen Formfaktor nicht vorfinden. Damit bleibt die Anwendbarkeit des analytischen Verfahrens auf einige wenige Fälle beschränkt. Ein wichtiges Anwendungsbeispiel ist die Vorausberechnung der zu erwartenden Flickeremission in der Planung von Neuinstallationen.

Die Berechnung der Flickerstärke wird in der Praxis mit Flickersimulationsprogrammen [6.3] am PC durchgeführt.

Die vorstehenden Formeln fassen alle wichtigen flickerbestimmenden Größen zusammen. Sie bilden damit die Grundlage zur Flickerminimierung.

6.4.1 Beispiel – Berechnung der Flickerstärke

Gegeben ist die in **Bild 6.16** dargestellte Spannungsschwankung. Gesucht ist der P_{st}-Wert.

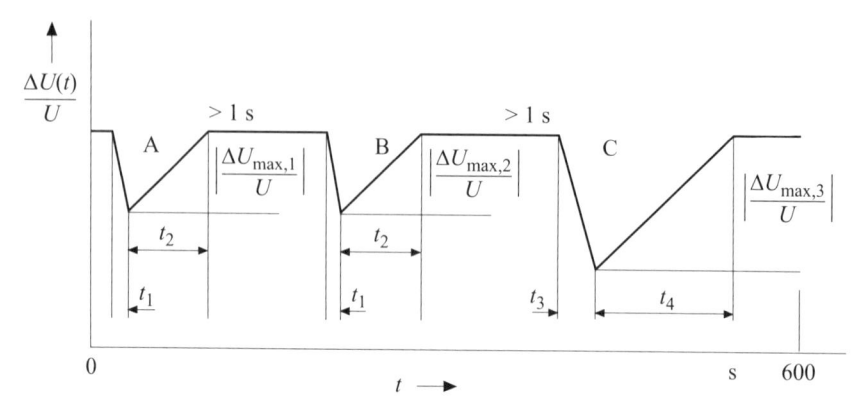

Bild 6.16 Spannungsschwankung: $t_1 = 20$ ms, $t_2 = 100$ ms, $\Delta U_{max,1}/U = \Delta U_{max,2}/U = -2{,}6\,\%$, $t_3 = 50$ ms, $t_4 = 180$ ms, $\Delta U_{max,4}/U = -3{,}8\,\%$

Die beiden ersten Spannungsänderungsverläufe sind gleich.

$\Delta U_{max,1,2}/U$ = $-2{,}6\,\%$

$r_{1,2}$ = $0{,}1$ min^{-1} ($N_{10} = 1$)

$F_{1,2}$ = $0{,}96$ (Bild 6.15b mit $T_f = 20$ ms, $T_t = 100$ ms)

$R_{1,2}$ = $0{,}76$ (Bild 6.13)

$\Delta U_{max,3}/U$ = $-3{,}8\,\%$

r_3 = $0{,}1$ min^{-1} ($N_{10} = 1$)

F_3 = $0{,}87$ (Bild 6.15b mit $T_f = 50$ ms, $T_t = 180$ ms)

R_3 = $0{,}76$

$$P_{st,1,2} = 0{,}365 \cdot R_{1,2} \cdot F_{1,2} \left| \frac{\Delta U_{max,1,2}}{U} \Big/ \% \right| \left(r_{1,2} / \text{min}^{-1} \right)^{0,31}$$

$$= 0{,}365 \cdot 0{,}96 \cdot 0{,}76 \cdot 2{,}6 \cdot 0{,}1^{0,31}$$

$$= 0{,}34$$

$P_{st,1,2}$ ist die Flickerstärke, die sich ergibt, wenn in dem betrachteten 10-min-Intervall nur der Spannungsänderungsverlauf A bzw. B vorhanden wären.

$$P_{st,3} = 0,365 \cdot R_3 \cdot F_3 \left| \frac{\Delta U_{max,3}}{U} \Big/ \% \right| \left(r_3 \Big/ min^{-1} \right)^{0,31}$$
$$= 0,365 \cdot 0,87 \cdot 0,76 \cdot 3,8 \cdot 0,1^{0,31}$$
$$= 0,45$$

$P_{st,3}$ ist die Flickerstärke, die sich ergibt, wenn in dem betrachteten 10-min-Intervall nur der Spannungsänderungsverlauf C vorhanden wäre.

Die gesamte, resultierende Flickerstärke berechnet man durch Summation mit dem angepassten Summationsexponenten $\alpha_{10}(3) = 1{,}8$:

$$P_{st} = \sqrt[1,8]{\sum_i P_{st,i}^{1,8}}$$
$$= \sqrt[1,8]{P_{st,1}^{1,8} + P_{st,2}^{1,8} + P_{st,3}^{1,8}}$$
$$= \sqrt[1,8]{0,34^{1,8} + 0,34^{1,8} + 0,45^{1,8}}$$
$$= 0,70 \; \{0{,}70\}$$

6.5 Ermittlung des Spannungsänderungsverlaufs zur Beurteilung der Störaussendung einzelner Verbrauchseinrichtungen

Je nach der Anschlussspannung können Geräte und Einrichtungen unterschieden werden in

- Geräte und Einrichtungen zum Anschluss an das Mittel- und Hochspannungsnetz
  Beispiele hierfür sind Motoren größerer Leistung, Lichtbogenöfen oder Widerstandsschweißmaschinen.

- Geräte und Einrichtungen zum Anschluss an das öffentliche Niederspannungsnetz
  Hier sind in erster Linie Haushaltsgeräte und ähnliche Geräte mit Nennströmen bis 75 A für das Kleingewerbe zu nennen.

Während Geräte der zweiten Gruppe hauptsächlich an einer festen Prüfimpedanz zu beurteilen sind, werden die Geräte und Einrichtungen der ersten Gruppe am Verknüpfungspunkt mit dem öffentlichen Netz beurteilt. Die Kenntnis der Kurzschlussleistung am Verknüpfungspunkt $S_{k,VP}$ ist dafür von entscheidender Bedeutung.

Für Netzrückwirkungsuntersuchungen ist die minimale Kurzschlussleistung am Verknüpfungspunkt VP zu berücksichtigen. Diese ergibt sich aus der im ungestörten Betrieb auftretenden ungünstigsten Netzkonfiguration. Diese ist gekennzeichnet durch den Minimaleinsatz von Kraftwerken, durch weitgehende Ausschaltung von parallel geschalteten Transformatoren, durch Einfachleitungen gegenüber dem Doppelleitungsbetrieb, durch Öffnen von Ringleitungen beim Ringbetrieb. Der Beitrag von Generatoren und Motoren zur Kurzschlussleistung darf nur dann berücksichtigt werden, wenn sie dauernd eingeschaltet sind. Ziel dieser Überlegungen ist es, die Schaltfreiheit der Netze in jedem Falle zu gewährleisten.

Die Ermittlung der minimalen Kurzschlussleistung bzw. der maximalen Impedanz am Verknüpfungspunkt ist Gegenstand der Betrachtung in Abschnitt 2.5. Die Kurzschlussleistung der Prüfimpedanz nach DIN EN 61000-3-3 (VDE 0838-3) beträgt $S_k = 565 \text{ kVA } e^{j32°}$.

Eine am Verknüpfungspunkt angeschlossene Last erzeugt bei Laständerung an der Kurzschlussimpedanz des Netzes $\underline{Z}_{k,VP}$ einen Spannungsfall, d. h., am Verknüpfungspunkt tritt eine Spannungsänderung bzw. eine Spannungsschwankung auf. U ist die ungestörte Spannung des Netzes an dem betrachteten Verknüpfungspunkt. Für Vorausberechnungen der zu erwartenden Spannungsänderung wird meist die Nennspannung U_n als Bezugsgröße verwendet.

6.5.1 Symmetrische Belastung

Symmetrische Lasten bewirken an der Kurzschlussimpedanz $\underline{Z}_k$ in allen drei Außenleitern dieselben Spannungsfälle. Das einphasige Ersatzschaltbild für symmetrische Lasten ist in **Bild 6.17** dargestellt. Für Netzrückwirkungsuntersuchungen genügt es, den Längsspannungsfall zu betrachten. Die nachstehend angegebenen Formeln liefern für die meisten praktisch vorkommenden Fälle hinreichend genaue Ergebnisse.

$$\frac{\Delta U}{U} = \frac{S_a}{S_k} \cos\left(\psi_k - \varphi_a\right) \tag{6.16}$$

Relative Spannungsänderung der Außenleiterspannungen:

mit

$\psi_k = \arctan(X_k/R_k)$

In anderer Schreibweise findet man nach Aufspaltung in Wirk- und Blindkomponenten für den Längsspannungsfall:

$$\frac{\Delta U}{U} = \frac{R_k P_a + X_k Q_a}{U^2} \qquad (6.17)$$

mit
$P_a = S_a \cos \varphi_a$
$Q_a = S_a \sin \varphi_a$

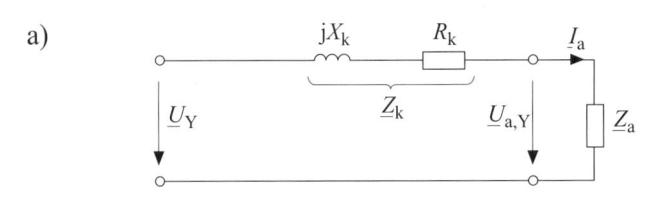

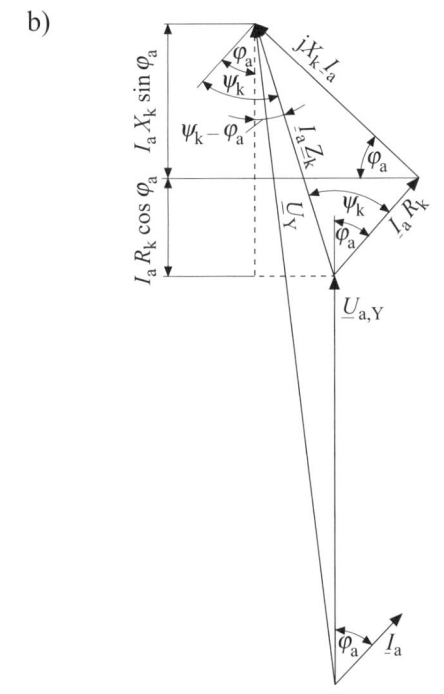

Bild 6.17 Berechnung des Längsspannungsfalls
a) einpolige Ersatzschaltung, $U_Y = U/\sqrt{3}$
b) Zeigerdiagramm

Die angegebenen Gleichungen gelten bei symmetrischer Last sowohl für die Änderungen der Außenleiterspannungen als auch für die Änderungen der Außenleiter-Neutralleiterspannungen.

Bei der Anwendung obiger Gleichungen ist darauf zu achten, dass die richtige, d. h. die für die Spannungsänderung relevante Leistung, eingesetzt wird. Es ist dies die größtmögliche Scheinleistungsaufnahme, d. h. z. B. die Anlaufleistung bei Motoren oder die Höchstschweißleistung bei Widerstandsschweißmaschinen.

$S_a = \sqrt{3}\, I_{an}\, U_n$ Anlaufleistung (Motoren)

Höchstschweißleistung (W-Schweißen)

I_{an} Anlaufstrom bei Motoren

Richtwert: $I_{an} = (3 \ldots 8)\, I_r$

$\cos \varphi_a$ Verschiebungsfaktor beim Motoranlauf

Richtwert: $\cos \varphi_{an} = 0{,}4 \ldots 0{,}6$

Verschiebungsfaktor der Höchstschweißleistung

Richtwert: $\cos \varphi_a = 0{,}5$

Im konkreten Falle sind die Daten beim Hersteller zu erfragen oder aus den Betriebsdaten zu ermitteln.

$$S_a = \frac{P_r\, I_{an}/I_r}{\eta \cos \varphi_n} \qquad (6.18)$$

mit

P_n Bemessungsleistung

I_r Bemessungsstrom

$\cos \varphi_n$ Verschiebungsfaktor bei Nennbetrieb

η Wirkungsgrad

I_a Anlaufstrom

Bei Lastschwankungen während des Betriebs (z. B. Wechsellast eines Sägegatters im Sägebetrieb) sind in den obigen Gleichungen ggf. anstelle der maximalen Leistung nur die schwankenden Teilleistungen einzusetzen, z. B.:

$$\frac{\Delta U}{U} = \frac{\Delta S_a}{S_k} \cos(\psi_k - \varphi_a) \qquad (6.19)$$

$$= \frac{R_k \Delta P_a + X_k \Delta Q_a}{U^2}$$

In einigen Fällen kann es notwendig sein, eine elektrische Einrichtung über einen Transformator an das öffentliche Netz anzuschließen. Von Interesse sind dann die Spannungsschwankungen auf der Oberspannungsseite bei Laständerungen auf der Unterspannungsseite. Für symmetrische Lasten sind die vorstehenden Gleichungen anzuwenden.

6.5.1.1 Beispiel – Spannungsänderung beim Motoranlauf

Für einen Drehstrommotor mit den Betriebsdaten:
$P_r = 12$ kW, $\cos \varphi_r = 0{,}95$, $I_{an}/I_r = 4$, $\eta = 0{,}88$
ist der Spannungsfall im Anlauf am Verknüpfungspunkt VP
mit $\underline{S}_{k,VP} = 774\, e^{j19{,}2°}$ kVA zu ermitteln

$$S_a = \frac{P_r\, I_{an}/I_r}{\eta \cos\varphi_r} = \frac{12\,\text{kW} \cdot 4}{0{,}88 \cdot 0{,}95} = 57{,}4\,\text{kVA}$$

Der Verschiebungsfaktor im Anlauf wird vom Hersteller zu $\cos \varphi_{an} = 0{,}6$ bzw. $\varphi_{an} = 53°$ angegeben.

$$\frac{\Delta U}{U} = \frac{S_a}{S_{k,VP}} \cos(\psi_k - \varphi_{an}) = \frac{57{,}4\,\text{kVA}}{774\,\text{kVA}} \cos(19{,}2° - 53°) = 6{,}2\,\%$$

6.5.2 Unsymmetrische Belastung

Eine unsymmetrische Belastung in einem symmetrischen Drehstromnetz bewirkt eine unterschiedliche Verteilung der auftretenden Spannungsfälle. Eine unsymmetrische Belastung kann hervorgerufen werden entweder durch einen unsymmetrischen Drehstromverbraucher, z. B. Lichtbogenofen, oder durch Anschluss eines Geräts zwischen zwei Außenleitern, z. B. Schweißmaschine, oder zwischen Außenleiter und Neutralleiter.

Ähnlich wie im Falle der symmetrischen Belastung lassen sich folgende Gleichungen herleiten:

- **Belastung zwischen den Leitern L1 und L2**
    - Änderungen der Außenleiter-/Neutralleiterspannungen $U_{L1-L0}, U_{L2-L0}, U_{L3-L0}$

$$\frac{\Delta U_{L1\text{-}L0}}{U_Y} = \sqrt{3}\,\frac{\Delta S_a}{S_k} \cos(\psi_k - \varphi_a + 30°) \tag{6.20}$$

$$= \frac{\sqrt{3}}{2U^2}\left\{\sqrt{3}\left[R_k \Delta P_a + X_k \Delta Q_a\right] - \left[X_k \Delta P_a - R_k \Delta Q_a\right]\right\}$$

$$\frac{\Delta U_{\text{L2-L0}}}{U_Y} = \sqrt{3}\frac{\Delta S_a}{S_k}\cos(\psi_k - \varphi_a - 30°) \qquad (6.21)$$

$$\frac{\sqrt{3}}{2U^2}\left\{\sqrt{3}\left[R_k\Delta P_a + X_k\Delta Q_a\right] + \left[X_k\Delta P_a - R_k\Delta Q_a\right]\right\}$$

$$\frac{\Delta U_{\text{L3-L0}}}{U_Y} \approx 0 \qquad (6.22)$$

- **Relative Änderung der Außenleiterspannungen $U_{\text{L1-L2}}, U_{\text{L1-L3}}, U_{\text{L2-L3}}$**

$$\frac{\Delta U_{\text{L1-L2}}}{U} = 2\frac{\Delta S_a}{S_k}\cos(\psi_k - \varphi_a) \qquad (6.23)$$

$$= \frac{2}{U^2}\left[R_k\Delta P_a + X_k\Delta Q_a\right]$$

$$\frac{\Delta U_{\text{L1-L3}}}{U} = \frac{\Delta S_a}{S_k}\cos(\psi_k - \varphi_a + 60°) \qquad (6.24)$$

$$= \frac{1}{2U^2}\left\{\left[R_k\Delta P_a + X_k\Delta Q_a\right] - \sqrt{3}\left[X_k\Delta P_a - R_k\Delta Q_a\right]\right\}$$

$$\frac{\Delta U_{\text{L2-L3}}}{U} = \frac{\Delta S_a}{S_k}\cos(\psi_k - \varphi_a - 60°) \qquad (6.25)$$

$$= \frac{1}{2U^2}\left\{\left[R_k\Delta P_a + X_k\Delta Q_a\right] + \sqrt{3}\left[X_k\Delta P_a - R_k\Delta Q_a\right]\right\}$$

mit

S_k	dreiphasige minimale Kurzschlussleistung am Verknüpfungspunkt
ΔS_a	einphasige Scheinleistungsänderung am Verknüpfungspunkt, verursacht ΔU
$\Delta U_{\text{L1-L0}}, \Delta U_{\text{L2-L0}}, \Delta U_{\text{L3-L0}}$	Änderung der Außenleiterspannung
$\Delta U_{\text{L1-L2}}, \Delta U_{\text{L2-L3}}, \Delta U_{\text{L1-L3}}$	Änderung der Außenleiterspannung
U_Y	$U/\sqrt{3}$

und

$R_k = Z_k \cos \psi_k$
$X_k = Z_k \sin \psi_k$
$\Delta P_a = \Delta S_a \cos \varphi_a$
$\Delta Q_a = \Delta S_a \cos \varphi_a$

Bei Anschluss der Last zwischen zwei anderen Außenleitern sind die Indizes in den vorstehenden Formeln zyklisch zu vertauschen.

Für die Beurteilung eines Anschlusses ist die maximale Spannungsänderung maßgebend; zur Ermittlung müssen die Spannungsänderungen in allen drei Leitern berechnet werden, da die „kritische" Phase a priori nicht bekannt ist.

- **Belastung zwischen den Leitern L1 und L0**
  - **Änderungen der Außenleiter-Neutralleiter-Spannungen** U_{L1-L0}, U_{L2-L0}, U_{L3-L0}

$$\frac{\Delta U_{L1-L0}}{U_Y} = 3(1+\alpha)\frac{\Delta S_a}{S_k} \cos\left(\psi_k - \varphi_a\right) \tag{6.26}$$

$$\frac{\Delta U_{L2-L0}}{U_Y} = 3\alpha \frac{\Delta S_a}{S_k} \cos\left(\psi_k - \varphi_a - 60°\right) \tag{6.27}$$

$$\frac{\Delta U_{L3-L0}}{U_Y} = 3\alpha \frac{\Delta S_a}{S_k} \cos\left(\psi_k - \varphi_a + 60°\right) \tag{6.28}$$

mit

$$\alpha = \frac{Z_{\text{Neutralleiter}}}{Z_{\text{Außenleiter}}} \tag{6.29}$$

Der Wert von α hängt ab von den Querschnitten der Außen- und Neutralleiter sowie vom Einfluss der Erdung des Neutralleiters auf die Impedanz des Neutralleiters.

- **Änderungen der Außenleiter-Spannungen U_{L1-L2}, U_{L1-L3}, U_{L2-L3}**

$$\frac{\Delta U_{L1-L2}}{U} = \sqrt{3}\frac{\Delta S_a}{S_k}\cos\left(\psi_k - \varphi_a - 30°\right) \tag{6.30}$$

$$\frac{\Delta U_{L1-L3}}{U} = \sqrt{3}\frac{\Delta S_a}{S_k}\cos\left(\psi_k - \varphi_a + 30°\right) \tag{6.31}$$

$$\frac{\Delta U_{L2-L3}}{U} \approx 0 \tag{6.32}$$

Bei Anschluss der Last zwischen einem anderen Außenleiter und Neutralleiter sind die Indizes zyklisch zu vertauschen.

Für die Beurteilung eines Anschlusses ist die maximale Spannungsänderung maßgebend; zur Ermittlung müssen die Spannungsänderungen in allen drei Leitern berechnet werden, da die „kritische" Phase a priori nicht bekannt ist.

- **Anschluss über einen Transformator an das Netz**
Größere zweiphasige Lasten, z. B. Schweißmaschinen, werden in der Regel über einen eigenen MS/NS-Transformator an das öffentliche Netz angeschlossen. Von Interesse sind daher die Spannungsschwankungen auf der Oberspannungsseite infolge von Laständerungen auf der Unterspannungseite des Transformators. Die entsprechenden Gleichungen sind der **Tabelle 6.3** zu entnehmen.

Transformator Schaltgruppe mit Kennziffer	Anschluss zwischen	$\dfrac{\Delta U_{L1-L2}}{U}$	$\dfrac{\Delta U_{L2-L3}}{U}$	$\dfrac{\Delta U_{L3-L1}}{U}$
0 oder 6	L1–L0	$\sqrt{3}\dfrac{\Delta S_a}{S_k}\cos\left(\psi_k - \varphi_a - 30°\right)$	$c = 0$	$\sqrt{3}\dfrac{\Delta S_a}{S_k}\cos\left(\psi_k - \varphi_a + 30°\right)$
0 oder 6	L1–L2	$2\dfrac{\Delta S_a}{S_k}\cos\left(\psi_k - \varphi_a\right)$	$\dfrac{\Delta S_a}{S_k}\cos\left(\psi_k - \varphi_a - 60°\right)$	$\dfrac{\Delta S_a}{S_k}\cos\left(\psi_k - \varphi_a + 60°\right)$
5 oder 11	L1–L0	$2\dfrac{\Delta S_a}{S_k}\cos\left(\psi_k - \varphi_a\right)$	$\dfrac{\Delta S_a}{S_k}\cos\left(\psi_k - \varphi_a + 60°\right)$	$\dfrac{\Delta S_a}{S_k}\cos\left(\psi_k - \varphi_a - 60°\right)$
5 oder 11	L1–L2	$\sqrt{3}\dfrac{\Delta S_a}{S_k}\cos\left(\psi_k - \varphi_a + 30°\right)$	$\sqrt{3}\dfrac{\Delta S_a}{S_k}\cos\left(\psi_k - \varphi_a - 30°\right)$	$c = 0$

Tabelle 6.3 Spannungsänderungen auf der Oberspannungsseite bei Anschluss einer schwankenden Last auf der Unterspannungsseite (ohne Berücksichtigung von Transformatorverlusten). Bei Anschluss zwischen zwei anderen Leitern sind die Indizes zyklisch zu vertauschen.

6.5.2.1 Beispiel – Anschlussbeurteilung einer Punktschweißmaschine

Eine Punktschweißmaschine mit den folgenden technischen Daten (Datenblatt)

- Höchstschweißleistung $S_{max} = 200$ kVA
- Verschiebungsfaktor $\cos \varphi_a = 0{,}7$ ($\varphi_a = 45°$)
- Anschlussspannung 400 V (L1–L2)
- Schweißfolge 30/min
- Form der Spannungsänderung Rechteck, $T = 500$ ms Dauer

soll an das öffentliche Netz (siehe Netzplan **Bild 6.18**) angeschlossen werden. Es ist zu prüfen, ob der Anschlusspunkt VP1 zulässig ist; ggf. ist ein anderer Anschlusspunkt (VP2 oder VP3) zu wählen. Der Anschluss ist zulässig, wenn die in **Tabelle 6.4** angegebenen Werte nicht überschritten werden:

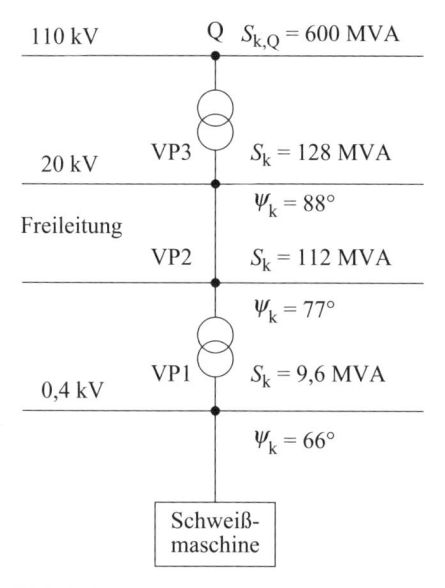

```
110 kV           Q   S_{k,Q} = 600 MVA
                 ◯
20 kV    VP3     S_k = 128 MVA
                 ψ_k = 88°
Freileitung
         VP2     S_k = 112 MVA
                 ψ_k = 77°
                 ◯
0,4 kV   VP1     S_k = 9,6 MVA
                 ψ_k = 66°

         Schweiß-
         maschine
```

Bild 6.18 Netzplan

	P_{st} $r \geq 0{,}1$ min^{-1}	P_{lt} $r \geq 0{,}1$ min^{-1}	$(\Delta U/U)_{max}$	$(\Delta U/U)_{max}$ $r < 0{,}01$ min^{-1}
Niederspannung	0,80	0,50	3 %	6 %
Mittelspannung	0,80	0,50	2 %	3 %

Tabelle 6.4 zulässige Störaussendung einer Kundenanlage nach den VDN (D-A-CH-CZ)-Technische Regeln [6.4]

- Anschluss an VP1

$$\left(\frac{\Delta U_{L1-L0}}{U_Y}\right)_{VP1} = \sqrt{3}\frac{\Delta S_a}{S_k}\cos\left(\psi_k - \varphi_a + 30°\right)$$

$$\left(\frac{\Delta U_{L1-L0}}{U_Y}\right)_{VP1} = \sqrt{3}\frac{0{,}20\text{ MVA}}{9{,}6\text{ MVA}}\cos\left(66° - 45° + 30°\right) = 2{,}3\ \%$$

$$\left(\frac{\Delta U_{L2-L0}}{U_Y}\right)_{VP1} = \sqrt{3}\frac{\Delta S_a}{S_k}\cos\left(\psi_k - \varphi_a - 30°\right)$$

$$\left(\frac{\Delta U_{L2-L0}}{U_Y}\right)_{VP1} = \sqrt{3}\frac{0{,}20\text{ MVA}}{9{,}6\text{ MVA}}\cos\left(66° - 45° - 30°\right) = 3{,}6\ \% > 3\ \%$$

Dieser Anschlusspunkt ist unzulässig.

Ein Verknüpfungspunkt auf der Niederspannungsseite scheidet also aus. Ein Anschluss an das Mittelspannungsnetz setzt einen eigenen Transformator für den Anschluss der Schweißmaschine voraus.

- Anschluss an VP2

Zum Anschluss an das Mittelspannungsnetz ist ein eigener Transformator erforderlich. Der Transformator muss für die Speisung unsymmetrischer Lasten ausgelegt sein. Es wird daher der folgende Transformator vorgesehen:

S_{rT} = 315 kVA
u_{kr} = 6 %
u_{Rr} = 1,5 %
$ü$ = 20/0,4

Schaltgruppe Yzn5

Für die Spannungsänderung auf der Oberspannungsseite folgt mit Tabelle 6.3

$$\left(\frac{\Delta U_{L1-L2}}{U}\right)_{VP2} = \sqrt{3}\frac{\Delta S_a}{S_k}\cos\left(\psi_k - \varphi_a + 30°\right)$$

$$\left(\frac{\Delta U_{L1-L2}}{U}\right)_{VP2} = \sqrt{3}\frac{0{,}200\text{ MVA}}{112\text{ MVA}}\cos\left(77° - 45° + 30°\right) = 0{,}15\ \% < 2\ \%$$

$$\left(\frac{\Delta U_{L2-L3}}{U}\right)_{VP2} = \sqrt{3}\frac{\Delta S_a}{S_k}\cos\left(\psi_k - \varphi_a - 30°\right)$$

$$\left(\frac{\Delta U_{L2-L3}}{U}\right)_{VP2} = \sqrt{3}\,\frac{0{,}200\text{ MVA}}{112\text{ MVA}}\cos\left(77° - 45° - 30°\right) = 0{,}31\text{ \%} < 2\text{ \%}$$

$$\left(\frac{\Delta U_{L1-L3}}{U}\right)_{VP2} \approx 0$$

Es ist nun zusätzlich zu prüfen, ob die gegebenen Grenzwerte für die Flickerstärke P_{st} eingehalten werden.

Die Schweißmaschine erzeugt einen rechteckförmigen Spannungsänderungsverlauf mit $T = 500$ ms. Aus Bild 6.15 entnimmt man den zugehörigen Formfaktor zu $F = 1{,}29$ und aus Bild 6.13 den Korrekturfaktor R für $r = 30$ min^{-1} zu $R = 1{,}01$. Für den zugehörigen P_{st}-Wert gilt:

$$P_{st} = 0{,}365 \cdot R \cdot F \cdot (r/\min)^{0,31}\left|\frac{\Delta U}{U}\right|\bigg/\%$$

$$P_{st,12} = 0{,}365 \cdot 1{,}01 \cdot 1{,}29 \cdot 30^{0,31} \cdot 0{,}15 = 0{,}20$$

$$P_{st,23} = 0{,}365 \cdot 1{,}01 \cdot 1{,}29 \cdot 30^{0,31} \cdot 0{,}31 = 0{,}42$$

Der zulässige Grenzwert für den Kurzzeitflickerpegel wird eingehalten. Da für Schweißmaschinen im Planungsstadium $P_{lt} \approx P_{st}$ gilt, folgt auch für die Langzeitflickerstärke $P_{lt,23} = 0{,}41$. Die Richtwerte für die zulässige Störaussendung einer Kundenanlage im Mittelspannungsnetz werden eingehalten.

6.6 Verteilung der Flickerpegel im Netz

- Spannungsschwankungen und Flicker breiten sich im gesamten Netz aus, sowohl in über- als auch in untergeordneter Richtung. Die Übertragung von Flicker in unterlagerte Spannungsebenen bzw. Anschlusspunkte wird als Abwärtstransfer; die Übertragung in übergeordnete Spannungsebenen bzw. Anschlusspunkte wird als Aufwärtstransfer bezeichnet.
- Die Flickerstärke ist in unmittelbarer Nähe zum Flickererzeuger am größten.
- Die Abnahme der Flickerstärke vom Anschlusspunkt eines Flickererzeugers zu anderen Netzpunkten, d. h., die Dämpfung wird durch den Transferkoeffizienten $T_{Pst,1-2}$ (lies: P_{st}-Transferkoeffizient von 1 nach 2) ausgedrückt. Die folgenden Betrachtungen gelten unabhängig von der Beobachtungsdauer für die Langzeit- und Kurzzeitflickerstärke.

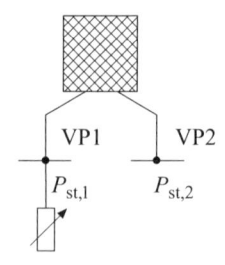

Bild 6.19 Transferkoeffizient

$$T_{Pst,1-2} = \frac{P_{st,2}}{P_{st,1}} \quad (6.33)$$

Für die Transferkoeffizienten (Abwärtstransfer) zwischen Hochspannungsnetz (HS) und Mittelspannungsnetz (MS) bzw. Mittel- und Niederspannungsnetz (NS)

$$T_{Pst,HS-MS} = \frac{P_{st,MS}}{P_{st,HS}} \qquad T_{Pst,MS-NS} = \frac{P_{st,NS}}{P_{st,MS}} \quad (6.34)$$

gelten folgende Richtwerte (IEC 61000-3-7):

$T_{pst,HS-MS} \approx 0{,}8$

$T_{pst,MS-NS} \approx 1{,}0$

Beispielsweise bedeutet $T_{Pst,HS-MS} = 0{,}8$, dass der vorhandene Flickerpegel im Hochspannungsnetz beim Transfer in das Mittelspannungsnetz um 20 % reduziert wird.

Die Bestimmung des Transferkoeffizienten kann durch zeitgleiches Messen der Flickerstärke an unterschiedlichen Netzpunkten erfolgen.

- **Abwärtstransfer**

Die Höhe des Transferkoeffizienten beim Abwärtstransfer wird maßgeblich durch die Lasten in der unterlagerten Spannungsebene bestimmt.

– **Passive Lasten in der unterlagerten Spannungsebene**

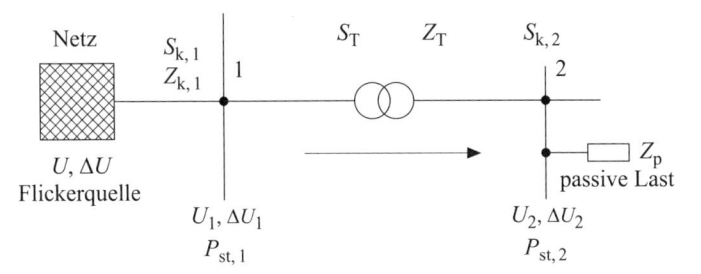

Bild 6.20a Übertragung von Flicker in unterlagerte Spannungsebenen – Abwärtstransfer

Passive Lasten führen zu keiner Reduktion der Flickerstärke.

– **Aktive Lasten in der unterlagerten Spannungsebene**

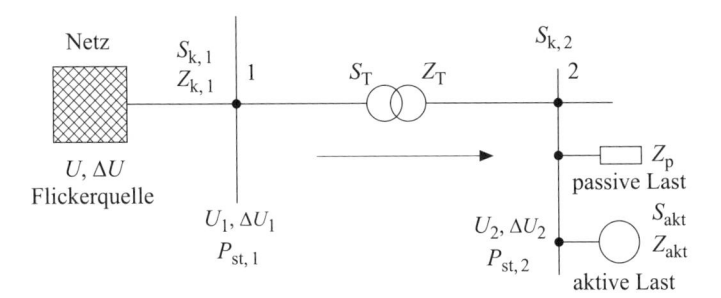

Bild 6.20b Übertragung von Flicker – Abwärtstransfer

Aktive Elemente, z. B. Motoren, Generatoren, die zur Kurzschlussleistung beitragen, wirken flickerdämpfend. Aktive Lasten in der unterlagerten Spannungsebene führen zu einer Reduktion des Transferkoeffizienten von der übergeordneten zur unterlagerten Spannungsebene [6.5].

$$T_{\text{Pst},1-2} = \frac{1}{1 + \frac{S_{\text{akt}}}{S_T}} \tag{6.35}$$

S_{akt} kann bei Motoren und Generatoren aus den Bemessungsdaten ermittelt werden. Für Asynchronmotoren und -generatoren gilt:

Motoren: $\qquad S_{akt} = S_a = S_{rM} \dfrac{I_{an}}{I_r}$

Generatoren: $\qquad S_{akt} = S_G = \dfrac{S_{rG}}{x_G}$

- **Aufwärtstransfer**

Die Höhe des Transferkoeffizienten beim Aufwärtstransfer wird durch die zunehmende Kurzschlussleistung bestimmt.

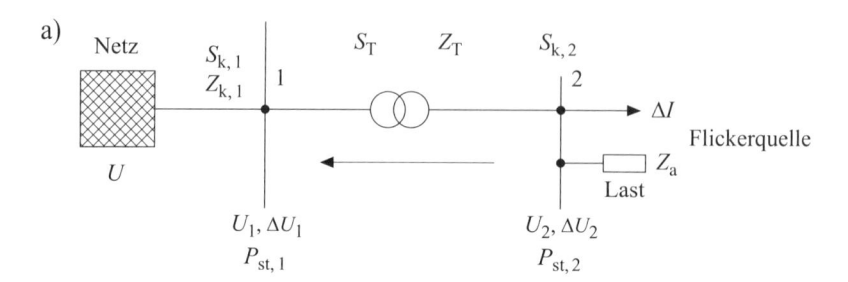

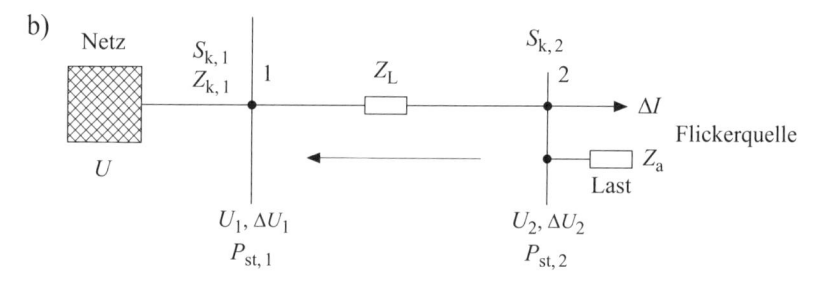

Bild 6.21 Übertragung von Flicker – Aufwärtstransfer
a) über unterschiedliche Spannungsebenen
b) in derselben Spannungsebene

$$P_{st,1} = P_{st,2} \dfrac{S_{k,2}}{S_{k,1}} \qquad (6.36)$$

$$T_{Pst,2-1} = \dfrac{S_{k,2}}{S_{k,1}} \qquad (6.37)$$

Die Flickerstärke nimmt in Aufwärtsrichtung mit zunehmender Kurzschlussleistung ab.
Für den Transferkoeffizienten gilt: $T_{Pst,2-1} \ll 1$.

- **Verteilung der Flickerstärke im Strahlennetz**
In einem Strahlennetz mit passiven Lasten wird die Flickerstärke in Aufwärtsrichtung reduziert. Da die Kurzschlussleistung in Richtung zum Transformator zunimmt, bzw. die wirksame Impedanz von $Z_{VP} = Z_{SS} + Z_L$ auf Z_{SS} abnimmt, verringert sich die Flickerstärke von $P_{st,VP}$ am Verknüpfungspunkt VP auf $P_{st,SS}$ an der Sammelschiene SS. In unterlagerte Netzpunkte wird dagegen der Flicker ohne Reduzierung durchgereicht.

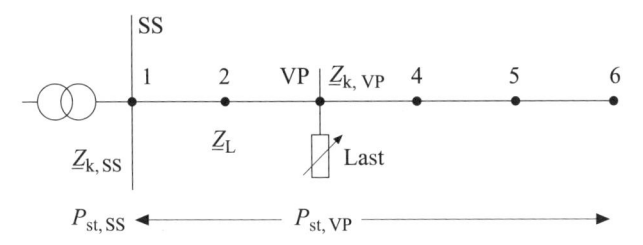

Bild 6.22 Flickerverteilung im Strahlennetz, $P_{st,1} < P_{st,2} < P_{st,VP} = P_{st,4} = P_{st,5} = P_{st,6}$

$$P_{st,SS} = P_{st,VP} \frac{Z_{k,SS}}{Z_{k,SS} + Z_L} = P_{st,VP} \frac{Z_{k,SS}}{Z_{k,VP}} \quad (6.38)$$

oder in anderer Schreibweise

$$P_{st,SS} = P_{st,VP} \frac{S_{k,VP}}{S_{k,SS}} = T_{VP-SS} P_{st,VP} \quad (6.39)$$

6.6.1 Verlegung des Anschlusspunkts einer Last

Die Umrechnung der Flickerstärke, die an einen bestimmten Anschlusspunkt ermittelt wurde, auf einen anderen Anschlusspunkt kann in einfacher Weise durchgeführt werden.

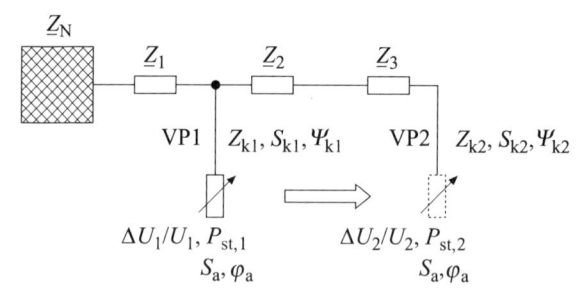

Bild 6.23 Umrechnung der Flickerstärke auf einen anderen Anschlusspunkt

Die Last (S_a, φ_a) erzeugt an VP1 ($S_{k,1}$, $\Psi_{k,1}$) die Flickerstärke $P_{st,1}$ und die relative Spannungsänderung $\Delta U_1/U_1$. Die gleiche Last würde bei Anschluss an VP2 ($S_{k,2}$, $\Psi_{k,2}$) die Flickerstärke $P_{st,2}$ und die relative Spannungsänderung $\Delta U_2/U_2$ erzeugen.

Die relative Spannungsänderung bei Anschluss einer Drehstrom-Last an VP1 bzw. VP2 beträgt:

$$\frac{\Delta U_1}{U_1} = \frac{S_a}{S_{k,1}} \cos\left(\Psi_{k,1} - \varphi_a\right) \tag{6.40}$$

$$\frac{\Delta U_2}{U_2} = \frac{S_a}{S_{k,2}} \cos\left(\Psi_{k,2} - \varphi_a\right)$$

Durch Division der beiden Gleichungen folgt

$$\frac{(\Delta U_2/U_2)}{(\Delta U_1/U_1)} = \frac{S_{k,1}}{S_{k,2}} \frac{\cos\left(\Psi_{k,2} - \varphi_a\right)}{\cos\left(\Psi_{k,1} - \varphi_a\right)} \tag{6.41}$$

$$\frac{P_{st,2}}{P_{st,1}} = \frac{S_{k,1}}{S_{k,2}} \frac{\cos\left(\Psi_{k,2} - \varphi_a\right)}{\cos\left(\Psi_{k,1} - \varphi_a\right)} = \frac{Z_{k,2}}{Z_{k,1}} \frac{\cos\left(\Psi_{k,2} - \varphi_a\right)}{\cos\left(\Psi_{k,1} - \varphi_a\right)} \tag{6.42}$$

Insbesondere im Hochspannungsnetz unterscheiden sich die Netzimpedanzwinkel an zwei verschiedenen Punkten nur gering. In diesen Fällen gilt in guter Näherung

$$\frac{P_{st,2}}{P_{st,1}} = \frac{S_{k,1}}{S_{k,2}} = \frac{Z_{k,2}}{Z_{k,1}} \tag{6.43}$$

Die vorstehenden Gleichungen gelten auch in einem vermaschten Netz für zwei voneinander unabhängige Anschlusspunkte.

6.6.1.1 Beispiel – Flickerverteilung im Netz

Die Firma A beklagt sich beim zuständigen Netzbetreiber über Flicker und macht die Firma B dafür verantwortlich, die motorische Antriebe betreibt. Daraufhin wurde der Spannungsänderungsverlauf des Motors der Firma B im zweistufigen Anlauf ermittelt. Aufgrund des vorliegenden Netzplans konnte die Flickeremission des Motors in der Firma A ermittelt werden. Wie groß sind die Flickerstärken $P_{st,A}$ und $P_{st,B}$?

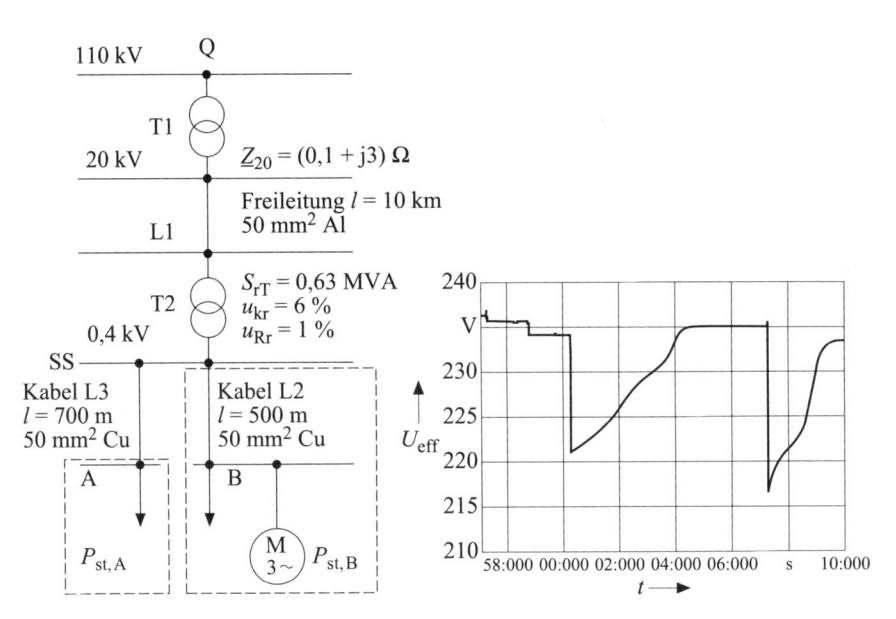

Bild 6.24 Netzplan und Spannungsverlauf beim Anlauf

Leitung L1: $R' = 0{,}58\ \Omega/\text{km},\ X' = 0{,}35\ \Omega/\text{km}$
Kabel L2, L3: $R' = 0{,}38\ \Omega/\text{km},\ X' = 0{,}10\ \Omega/\text{km}$

- Impedanz der 20-kV-Sammelschiene

$$\underline{Z}_{20} = (0{,}1 + j3)\,\Omega$$

Umrechnung auf die Niederspannung

$$\underline{Z}_{20,\text{NS}} = \underline{Z}_{20}\left(\frac{U_{n,\text{NS}}}{U_B}\right)^2 = (0{,}1+j3)\,\Omega\left(\frac{0{,}4\,\text{kV}}{20\,\text{kV}}\right)^2 = (0{,}04 + j1{,}2)\,\text{m}\Omega$$

- Freileitung L1

$R_{L1} = R'_1 l = 0{,}58\,\Omega/\text{km} \cdot 10\,\text{km} = 5{,}8\,\Omega$

$X_{L1} = X'_1 l = 0{,}35\,\Omega/\text{km}\ 10\,\text{km} = 3{,}5\,\Omega$

$\underline{Z}_{L1} = (5{,}8 + j3{,}5)\,\Omega$

Umrechnung auf die Niederspannung

$$\underline{Z}_{L1,NS} = \underline{Z}_{L1}\left(\frac{U_{n,NS}}{U_B}\right)^2 = (5{,}8 + j3{,}5)\,\Omega\left(\frac{0{,}4\,\text{kV}}{20\,\text{kV}}\right)^2$$
$$= (2{,}32 + j1{,}40)\,\text{m}\Omega$$

- Transformator T2

$$Z_{T2} = \frac{u_{kr,2}}{100\,\%}\frac{U_{rT,2}^2}{S_{rT,2}} = \frac{6\,\%}{100\,\%}\frac{(0{,}4\,\text{kV})^2}{0{,}63\,\text{MVA}} = 15{,}24\,\text{m}\Omega$$

$$R_{T2} = \frac{u_{Rr,2}}{100\,\%}\frac{U_{rT,2}^2}{S_{rT,2}} = \frac{1\,\%}{100\,\%}\frac{(0{,}4\,\text{kV})^2}{0{,}63\,\text{MVA}} = 2{,}54\,\text{m}\Omega$$

$$X_{T2} = \sqrt{Z_{T2}^2 - R_{T2}^2} = \sqrt{15{,}24^2 - 2{,}54^2}\,\text{m}\Omega = 15{,}03\,\text{m}\Omega$$

$\underline{Z}_{T2} = \underline{Z}_{T2,NS} = (2{,}54 + j15{,}03)\,\text{m}\Omega$

- Impedanz der Sammelschiene SS

$$\underline{Z}_{k,SS} = \underline{Z}_{20,SS} + \underline{Z}_{L1,SS} + \underline{Z}_{T2,SS}$$
$$= (0{,}04 + 2{,}32 + 2{,}54)\,\text{m}\Omega + j(1{,}2 + 1{,}4 + 15{,}03)\,\text{m}\Omega$$

$\underline{Z}_{k,SS} = (4{,}9 + j17{,}63)\,\text{m}\Omega = 18\,e^{j74°}\,\text{m}\Omega$

- Kurzschlussleistung an der Sammelschiene

$$\underline{S}_{k,SS} = \frac{U_{n,VP}^2}{\underline{Z}_{k,VP}^*} = \frac{(0{,}4\,\text{kV})^2}{18\,e^{-j74°}\,\text{m}\Omega} = 8{,}8\,e^{j74°}\,\text{MVA}$$

- Kabel L2

$R_{L2} = R'_{L2}\, l = 0{,}38\,\Omega/\text{km} \cdot 0{,}5\,\text{km} = 0{,}19\,\Omega$

$X_{L2} = X'_{L2}\, l = 0{,}1\,\Omega/\text{km} \cdot 0{,}5\,\text{km} = 0{,}05\,\Omega$

$\underline{Z}_{L2} = (190 + j50)\,\text{m}\Omega$

- Berechnung der maximalen Kurzschlussimpedanz am Verknüpfungspunkt B

$\underline{Z}_{k,B} = \underline{Z}_{k,SS} + \underline{Z}_{k,L2}$
$= (4{,}9 + 190)\,\text{m}\Omega + j(17{,}63 + 50)\,\text{m}\Omega$
$\underline{Z}_{k,B} = (194{,}9 + j67{,}63)\,\text{m}\Omega = 206\,e^{j19°}\,\text{m}\Omega$

- Berechnung der Kurzschlussleistung am Verknüpfungspunkt B

$$\underline{S}_{k,B} = \frac{U_{n,VP}^2}{\underline{Z}^*_{k,VP}} = \frac{(0{,}4\,\text{kV})^2}{206\,e^{-j19°}\,\text{m}\Omega} = 0{,}777\,e^{j19°}\,\text{MVA}$$

- Berechnung der Flickerstärke Motor

Nur die beiden größeren Spannungssprünge sind flickerbestimmend. Da der zeitliche Abstand zwischen den einzelnen Spannungssprüngen > 1 s ist, sind die Spannungssprünge voneinander unabhängig.

Bezogen wird auf die Spannung vor Beginn des jeweiligen Spannungsänderungsverlaufs:

$\left(\dfrac{\Delta U}{U}\right)_1 = \dfrac{234{,}5\,\text{V} - 221{,}5\,\text{V}}{234{,}5\,\text{V}} \cdot 100 = 5{,}5\,\%$

$\left(\dfrac{\Delta U}{U}\right)_2 = \dfrac{235{,}5\,\text{V} - 217\,\text{V}}{235{,}5\,\text{V}} \cdot 100 = 7{,}9\,\%$

erhält man mit Hilfe der ($P_{st} = 1$)-Kurve: $d = 7{,}4\,\%$ liefert $P_{st} = 1{,}0$

$P_{st,1} = 0{,}73$

$P_{st,2} = 1{,}06$

Mit $\alpha_{10}(2) = 1{,}4$

$$P_{st,B} = \sqrt[1,4]{P_{st,1}^{1,4} + P_{st,2}^{1,4}}$$
$$= \sqrt[1,4]{0{,}73^{1,4} + 1{,}06^{1,4}}$$
$$= 1{,}47$$

- Berechnung der Flickerwirkung des Motors an der Sammelschiene (Flicker-Aufwärtstransfer)

$$P_{st,SS} = P_{st,B} \frac{S_{k,B}}{S_{k,SS}} = \frac{0{,}777 \text{ MVA}}{8{,}8 \text{ MVA}} 1{,}47 = 0{,}13$$

- Berechnung der Flickerstärke $P_{st,A}$ (Abwärtstransfer)

$P_{st,A} = P_{st,SS} = 0{,}13$

6.6.1.2 Beispiel – Verlagerung des Anschlusspunkts

Der vorhandene 500-kW-Motor M1 ruft im Anlauf die Flickerstärke $P_{st,1} = 0{,}36$ hervor. An VP2 soll ein 800-kW-Motor mit ähnlichem Anlaufverhalten ($\varphi_a = \varphi_{a,1} = \varphi_{a,2}$) angeschlossen werden. Zu bestimmen ist die zu erwartende Flickeremission des 800-kW-Motors.

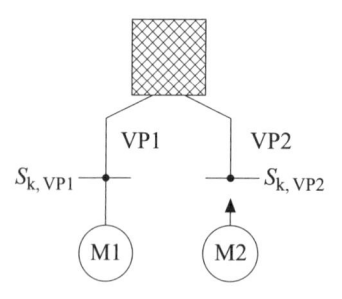

Bild 6.25 Netzplan

Eigenschaften der Anschlusspunkte:
VP1: $\underline{S}_{k,VP1} = 100 \text{ MVA } e^{j65°}$
VP2: $\underline{S}_{k,VP2} = 140 \text{ MVA } e^{j63°}$

Eigenschaften der Motoren:

M1: $P_{n,1}$ = 500 kW; φ_{an} = 70°; $(I_{an}/I_r)_1$ = 4; η_1 = 0,95; $\cos\varphi_{n,1}$ = 0,93
M2: $P_{n,2}$ = 800 kW; φ_{an} = 70°; $(I_{an}/I_r)_2$ = 4,3; η_2 = 0,95; $\cos\varphi_{n,2}$ = 0,92

Der Motor M1 würde an VP2 den Flickerwert

$$P_{st,1-2} = P_{st,1} \frac{S_{k,1}}{S_{k,2}} \frac{\cos(\psi_{k,2} - \varphi_{an})}{\cos(\psi_{k,1} - \varphi_{an})}$$

$$= 0{,}36 \frac{100\text{ MVA}}{140\text{ MVA}} \cdot \frac{\cos(63° - 70°)}{\cos(65° - 70°)}$$

$$= 0{,}26$$

erzeugen.

Da der vorhandene Motor und der neue Motor gleiches Anlaufverhalten aufweisen, kann die zu erwartende Flickerstärke des neuen Motors an VP2 linear mit dem Motor-Leistungsverhältnis umgerechnet werden:

$$P_{st,2} = P_{st,1-2} \frac{S_{a,2}}{S_{a,1}}$$

$$= P_{st,1-2} \frac{P_{n,2}\left(\dfrac{I_{an}}{I_r}\right)_2 \eta_1 \cos\varphi_{n,1}}{P_{n,1}\left(\dfrac{I_{an}}{I_r}\right)_1 \eta_2 \cos\varphi_{n,2}}$$

$$= 0{,}26 \frac{800\text{ kW} \cdot 4{,}3 \cdot 0{,}93}{500\text{ kW} \cdot 4{,}0 \cdot 0{,}92}$$

$$= 0{,}45$$

6.6.1.3 Beispiel – Transferkoeffizient, Summationsgesetz

Gegeben ist die in Bild 6.26 dargestellte Netzsituation. Zu bestimmen ist die Flickerstärke am Anschlusspunkt der Windenergieanlage unter Berücksichtigung des vorhandenen Flickerpegel im Mittelspannungsnetz.

Folgende Daten sind bekannt:

Vorhandener Flickerpegel
im MS-Netz: $P_{st,MS}$ = 0,35
Transformator T: $S_{r,T}$ = 1 MVA
u_{kr} = 10 %

Windenergieanlage: Asynchrongenerator
$S_{r,G} = 1$ MVA
$(I_a/I_r) = 6$
$P_{st,WE} = 0{,}37$

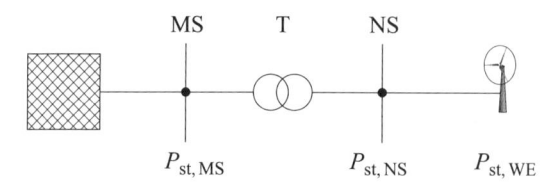

Bild 6.26 Netzplan

Der Transferkoeffizient beim Abwärtstransfer (aktive Last) beträgt nach Gl. (6.36):

$$T_{Pst,MS-NS} = \frac{1}{1 + \dfrac{S_{akt}}{S_T}}$$

mit

$$S_{akt} = \frac{I_a}{I_r} S_{r,G} = 6 \text{ MVA}$$

$$S_T = \frac{S_{r,T}}{u_{kr}} = \frac{1 \text{ MVA}}{10\,\%} = 10 \text{ MVA}$$

$$T_{Pst,MS-NS} = \frac{1}{1 + \dfrac{6 \text{ MVA}}{10 \text{ MVA}}} = \mathbf{0{,}63}$$

Der aus dem Mittelspannungsnetz übertragene Flicker am Anschlusspunkt der Windenergieanlage beträgt:

$$P_{st,MS-NS} = T_{Pst,MS-NS}\, P_{st,MS}$$
$$= 0{,}63 \cdot 0{,}35 = 0{,}22$$

$P_{st,MS-NS}$ wird bezüglich des Anschlusspunkts der Windenergieanlage als Hintergrundpegel B_{Pst} bezeichnet.

$$B_{Pst} = P_{st,MS-NS}$$

Der resultierende Flicker am Anschlusspunkt der Windenergieanlage wird mit Hilfe des exponentiellen Summationsgesetzes ermittelt:

Die Flickeremission der Windenergieanlage und der Flickerpegel aus dem Mittelspannungsnetz entstehen durch stochastische Spannungsschwankungen. In diesem Fall liegt der Summationsexponent zwischen $\alpha_{10} = 2 \ldots 3$. $\alpha_{10} = 2$ liefert eine Abschätzung auf der sicheren Seite.

$$P_{st,VP} = \sqrt[2]{B_{Pst}^2 + P_{st,WE}^2}$$
$$= \sqrt[2]{0{,}22^2 + 0{,}37^2} = 0{,}43$$

($\alpha_{10} = 3$ ergibt $P_{st,VP} = 0{,}39$)

6.7 Flickerminimierung und Kompensation

Der Reduzierung der Flickerstärke kommt in der Praxis eine besondere Bedeutung zu. Prinzipiell ist zwischen anlagenseitigen und netzseitigen Maßnahmen zu unterscheiden. Ausführliche Betrachtungen findet man in [6.6].

6.7.1 Anlagenseitige Maßnahmen:

- Begrenzung der Amplitude der maximalen Spannungsänderung
  Beispiel: Aufteilen einer Last in Grund- und Wechsellast
- Vermeidung von schnellen Spannungsänderungen durch Verflachung der Anstiegszeit
  Beispiel: Motor-Sanftanlauf
- Aufteilung von einzelnen Spannungssprüngen auf Teilsprünge
  Beispiel: gestuftes Zuschalten von Heizwiderständen

- Beeinflussung der Wiederholrate
  Es ist jedoch zu beachten, dass infolge $P_{st} \sim \sqrt[3]{r}$ der Nutzen geringer ist als bei der Beeinflussung von $\Delta U/U$.
- Vermeidung von impulsförmigen Spannungsänderungsverläufen der Pulsdauer $T = 64$ ms
  Beispiel: Stromflussdauer beim Widerstandsschweißen von drei Vollschwingungen vermeiden.
- Symmetrierung
  Eine symmetrische Drehstromlast erzeugt weniger Spannungsschwankungen als eine zweiphasige Last gleicher Leistung. Die Symmetrierung einer zweiphasigen Ohm'schen Last erfolgt mit Hilfe der Steinmetz-Schaltung. Dies setzt im ersten Schritt voraus, dass Nicht-Ohm'sche Zweiphasenlasten zunächst kompensiert wurden. Im zweiten Schritt erfolgt dann die Symmetrierung der Ohm'schen Last. Nach erfolgter Kompensation und Symmetrierung verhält sich die Last wie eine symmetrische Ohm'sche Drehstromlast.

Neben der Beeinflussung der Form der Spannungsschwankung und der Lastsymmetrierung spielen dynamische Flickerkompensatoren eine bedeutende Rolle. In einigen Fällen führt nur eine Kombination aus mehreren Maßnahmen zum erwünschten Erfolg.

Die relative Spannungsänderung, die eine dreiphasige Last (P_a, Q_a) am Verknüpfungspunkt (R_k, X_k) hervorruft, beträgt:

$$\frac{\Delta U}{U} = \frac{R_k P_a}{U^2} + \frac{X_k Q_a}{U^2} \qquad (6.44)$$

Sie setzt sich aus Wirk- und induktiver Blindleistungsschwankung zusammen. Die Kompensationsaufgabe besteht darin, die Spannungsschwankungen und nicht etwa die Blindleistungsschwankungen zu null zu machen. Dazu wird eine veränderbare Kapazität dynamisch so zu- bzw. abgeschaltet, dass $\Delta U/U = 0$ gilt. Flickerkompensationsanlagen unterscheiden sich sowohl in der Zielsetzung als auch in der erforderlichen Dynamik von Blindleistungskompensationsanlagen.

- Thyristorgeschaltete Kondensatoren (TSC)
  TSC-Anlagen arbeiten nach dem „direkten" Kompensationsprinzip. Die induktive Leistung des Verbrauchers wird durch eine gleich große kapazitive Leistung kompensiert. Die jeweils erforderliche kapazitive Blindleistung wird durch geschaltete Kondensatoren dynamisch bereitgestellt. Die erreichbare Dynamik ist jedoch begrenzt. Die Lage der Resonanzfrequenzen in den Stromversorgungsnetzen wird beeinflusst.

- Thyristorgeregelte Induktivitäten (TCR)

  TCR-Anlagen arbeiten nach dem „indirekten" Kompensationsprinzip. Die Blindleistung der Last wird durch regelbare Induktivitäten zu einer maximalen induktiven Blindleistung ergänzt. Die maximale induktive Blindleistung kann dann durch feste Kondensatorbatterien kompensiert werden. Die Kompensationsleistung wird in den meisten Fällen durch Filterkreise zur Verfügung gestellt, die ohnehin zur Reduzierung der Oberschwingungs-Störaussendung erforderlich sind. Eine Anlage aus TCR und Filterkreisen wird als SVC (static var control), im Deutschen auch als dynamische Blindleistungskompensationsanlage, bezeichnet.

- Aktive Filter (AFC)

  Mit dem Ziel, die Dynamik einer dynamischen Flickerkompensationsanlage zu erhöhen, werden in zunehmenden Maße aktive Filter mit Pulsstromrichter in IGBT-Technologie eingesetzt. Werden die IGBT getaktet, dann kann durch Pulsweitenmodulation eine beliebige Referenzspannung eingestellt werden. Die Pulsfrequenz liegt in der Größenordnung von einigen kHz. Die Referenzspannung wird der Spannung zwischen den betreffenden Außenleitern überlagert. Der Pulsstromrichter stellt eine variable, steuerbare Spannungsquelle dar. Da die gesteuerte Spannungsquelle über eine Drosselspule an das Netz angeschlossen wird, kann sie ersatzweise als eine Stromquelle betrachtet werden, die einen kompensierenden Strom in das Netz einführt. Die Stromschwankungen auf der Netzseite und damit die Flickerstärke werden reduziert. Zusätzlich ist eine Lastsymmetrierung möglich

  Vorteile des aktiven Filters gegenüber einer SVC mit TCR:

  - höhere Dynamik, geringere Totzeit (Richtwert: 0,3 ms)
  - Kompensation erfolgt unabhängig von der Phasenlage der Netzspannung
  - keine Einschwingvorgänge
  - Blindleistungskompensation und Lastsymmetrierung sind gleichzeitig möglich
  - Netzresonanzen werden nicht beeinflusst

  Der Erfolg der Kompensation, d. h. die „Verbesserung", wird durch einen Verbesserungsfaktor ausgedrückt. Es ist jedoch zu beachten, dass es für einen Verbesserungsfaktor keine einheitliche Definition gibt. Bei Abnahmeprüfungen wird häufig der Faktor nach Gl. (6.45) vorgeschlagen:

$$k_V = \frac{P_{st99\%,komp}}{P_{st99\%,unkomp}} \quad (6.45)$$

Die 99-%-Quantile sollten über einen Wochenzeitraum bei üblichem Betrieb der Anlage ermittelt werden.

6.7.2 Netzseitige Maßnahmen:

Als netzseitige Maßnahmen kommen alle Maßnahmen infrage, die die Kurzschlussleistung am Verknüpfungspunkt erhöhen:
- Verlegung des Verknüpfungspunkts an die Transformator-Sammelschiene
- Verringerung der wirksamen Kabelimpedanz von der Sammelschiene zum Verknüpfungspunkt durch Parallelschalten von Kabelsträngen bzw. Verlegung von Kabeln mit einem höheren Querschnitt
- Einsatz eines Transformators mit einer höheren Kurzschlussspannung
  (nur sinnvoll, wenn der Verknüpfungspunkt an der Transformatorsammelschiene liegt)
- Verlegung des Verknüpfungspunkts in eine höhere Spannungsebene

Alle Maßnahmen sollten jedoch durch sorgfältige Netzuntersuchungen begleitet werden.

6.8 Flicker durch Zwischenharmonische

Flickererscheinungen werden durch Leuchtdichteänderungen hervorgerufen. Die physikalischen Ursachen dafür sind vielfältig und von der Form der Netzspannungsänderung und vom Lampentyp abhängig. Die folgenden Betrachtungen belegen, dass die in der Netzspannung vorhandenen Zwischenharmonischen unter bestimmten Voraussetzungen zu Flickererscheinungen führen können. Sie entstehen, wenn die in der Lampenspannung vorhandenen Zwischenharmonischen Lichtstromschwingungen im flickerkritischen Frequenzbereich erzeugen [6.7].

Für eine sinusförmig amplitudenmodulierte Zeitfunktion gilt:

$$u(t) = \hat{u}_N \cdot \sin(2\pi f_N t)(1 + m_F \sin(2\pi f_F t)) \quad (6.47)$$

mit $m_F = (\Delta U/U)/2$

f_N ist die Netzfrequenz und f_F die Flickerfrequenz.

Nach Ausmultiplizieren erhält man mit

$$\sin(2\pi f_N t) \cdot \sin(2\pi f_F t) = \frac{1}{2}\left[\cos(2\pi f_N t - 2\pi f_F t) - \cos(2\pi f_N t + 2\pi f_F t)\right] \quad (6.48)$$

die Spektraldarstellung einer amplitudenmodulierten Zeitfunktion, die Seitenbänder im Abstand ω_F zur Grundschwingung aufweist.

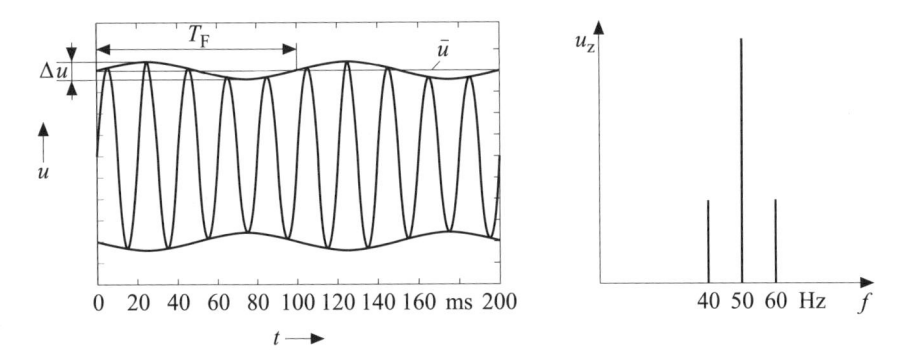

Bild 6.27 Amplitudenmodulierte Zeitfunktion (Modulationsfrequenz $f_F = 1/T_F = 10$ Hz) und Spektraldarstellung (Prinzipdarstellung)

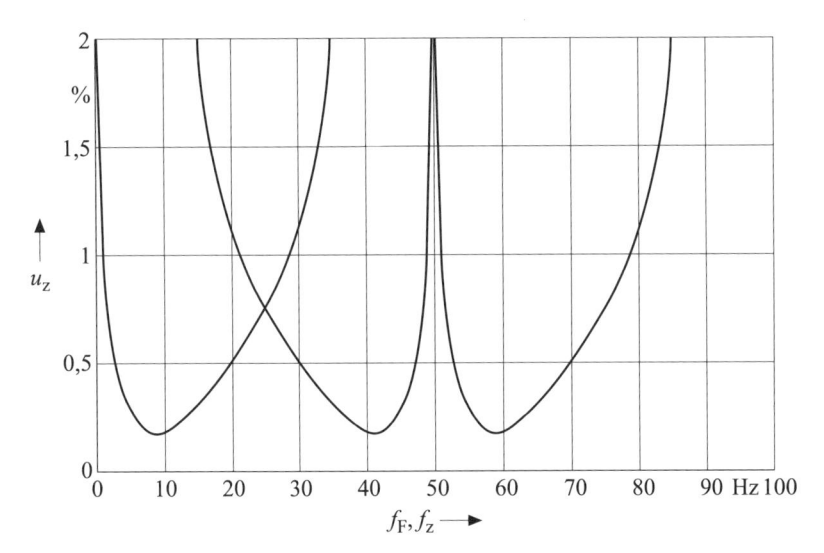

Bild 6.28 ($P_{st}=1$)-Kurve für sinusförmige Spannungsschwankungen (linke Kurve, $m_F = \Delta U/U$) und für Zwischenharmonische (rechtes Kurvenpaar, $m_F = u_z$)

Umgekehrt führt eine der Netzspannung überlagerte Zwischenharmonische der Frequenz f_z zu einer Flickerfrequenz

$$f_F = |f_N - f_z| \tag{6.49}$$

313

Die Betrachtungen im Frequenzbereich und im Zeitbereich sind also gleichwertig. Es lässt sich zeigen, dass der Lichtstromverlauf $\Phi(t)$ einer Glühlampe ebenfalls mit der Frequenz f_F amplitudenmoduliert ist [6.7].

Das P_{st}-Verfahren basiert auf der Flicker-Kurve für rechteckförmige Spannungsschwankungen. An dieser Stelle ist die ($P_{st} = 1$)-Kurve für sinusförmige Spannungsschwankungen von Interesse. Diese Kurve wurde durch digitale Simulation mit einem Simulationsprogramm ermittelt und ist im linken Teil von **Bild 6.28** dargestellt. Die entsprechenden Referenzkurven für Zwischenharmonische erhält man durch zweifache Spiegelung an der ($f = 25$ Hz)- und ($f = 50$ Hz) = const.-Linie. Sie ist im rechten Teil von Bild 6.28 zu finden. Bei der Interpretation von Bild 6.28 ist Folgendes zu beachten: Für Flickerbetrachtungen wird stets die Schwankungsbreite $\Delta U/U$ der Amplitudenmodulation als Kenngröße angegeben, d. h. z. B., ein „Sinusflicker von 1 %" entspricht einer sinusförmigen Amplitudenmodulation mit $m_F = 0{,}5$ %.

Die Auswertung von Bild 6.28 zeigt beispielsweise, dass eine Zwischenharmonische von $u_z = 0{,}18$ % und $f_z = 41{,}2$ Hz zu $P_{st} = 1{,}0$ führt.

Aufgrund der Amplitudenlinearität der Flickerstärke kann aus **Bild 6.29** der P_{st}-Wert für eine Zwischenharmonische beliebiger Amplitude ermittelt werden, z. B. $u_z = 0{,}2$ %, $f_z = 35$ Hz $\rightarrow P_{st} = 3{,}15 \cdot 0{,}2 = 0{,}63$.

In der Versorgungsspannung können Zwischenharmonische mit unterschiedlichen Frequenzen und verschiedenen Phasenlagen zueinander vorhanden sein. Für die Ermittlung der resultierenden Flickerstärke sind zwei Fälle zu unterscheiden:

1. Die Zwischenharmonischen haben unterschiedliche Frequenzen und sind damit voneinander unabhängig.
2. Die Zwischenharmonischen haben dieselbe Frequenz mit unterschiedlichen Verhältnissen der Amplituden und unterschiedlichen Phasenlagen zueinander, bzw. die Zwischenharmonischen treten paarweise als Seitenband zur 50-Hz-Grundschwingung auf mit unterschiedlichen Verhältnissen der Amplituden und Phasenlagen zueinander.

Im ersten Fall kann der resultierende Flickerpegel für N voneinander unabhängige Zwischenharmonische nach folgendem, durch Rechnersimulation ermitteltem Potenzgesetz ermittelt werden:

$$P_{st}^{\alpha} = \sum_{i=1}^{N} P_{st,i}^{\alpha} \quad \text{mit} \quad \alpha = 1{,}6 \ldots 1{,}8 \tag{6.50}$$

Im zweiten Fall erhält man den resultierenden P_{st}-Wert für zwei Zwischenharmonische zu

$$P_{st,res} = k_{red}\left(P_{st,1} + P_{st,2}\right) \tag{6.51}$$

Der Reduktionsfaktor für zwei Zwischenharmonische in Abhängigkeit von der relativen Phasenverschiebung der Zwischenharmonischen zueinander ist in **Bild 6.30** für verschiedene Verhältnisse von u_{z2}/u_{z1} dargestellt.

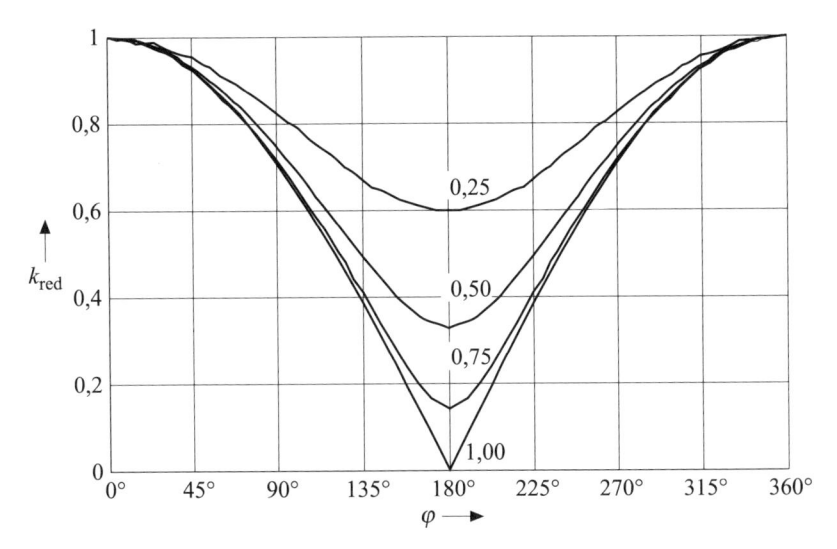

Bild 6.30 Reduktionsfaktor k_{red} in Abhängigkeit von der relativen Phasenverschiebung φ der Zwischenharmonischen zueinander; Parameter ist das kleinste Verhältnis $u_{z,2}/u_{z,1}$ bzw. $u_{z,1}/u_{z,2}$

6.8.1 Beispiel – Flicker durch Zwischenharmonische

$f_{z,1}$ = 35 Hz
$u_{z,1}$ = 0,4 %
$f_{z,2}$ = 65 Hz
$u_{z,2}$ = 0,2 %
$\varphi = \varphi_1 - \varphi_2 = 135°$

Mit $u_{z,2}/u_{z,1} = 0,5$ und $\varphi = 135°$ folgt aus Bild 6.30 $k_{red} = 0,49$.

$P_{st,1}$ = 0,4 · 3,15 = 1,26 aus Bild 6.29
$P_{st,2}$ = 0,2 · 3,15 = 0,63 aus Bild 6.29
$P_{st,res}$ = 0,49 · (1,26 + 0,63) = 0,93

Zwischenharmonische mit Frequenzen über 100 Hz rufen in Glühlampen keine Flicker-Erscheinungen hervor – jedoch in Leuchten mit Leuchtstofflampen. Eingehende Betrachtungen dazu findet man in [6.3].

Die Erkenntnisse über Flicker durch Zwischenharmonische haben dazu geführt, dass in den Normen DIN EN 61000-2-2 (VDE 0839-2-2) und DIN EN 61000-2-4 (VDE 0839-2-4) die Verträglichkeitspegel für Zwischenharmonische unter 100 Hz durch die (P_{st} = 1)-Kurve (1) für Zwischenharmonische festgelegt wurden. Die Verträglichkeitspegel (2) sind tabelliert angegeben und können **Bild 6.31** entnommen werden.

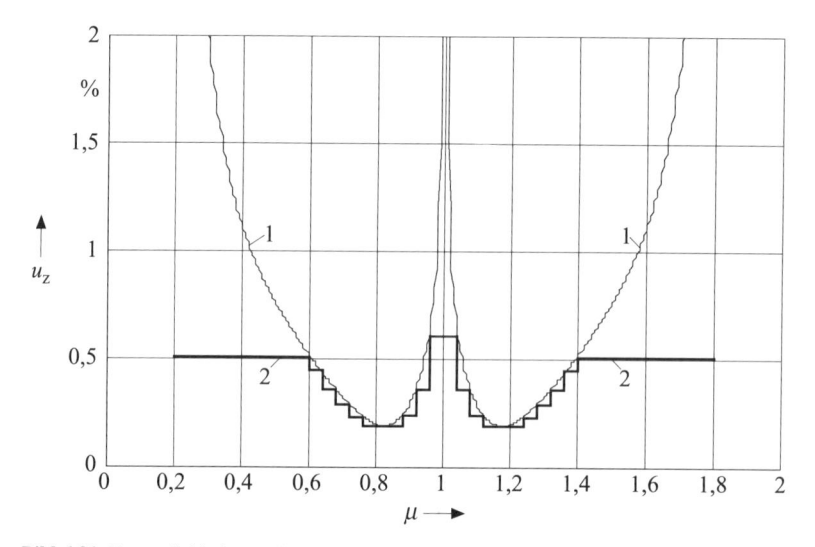

Bild 6.31 Verträglichkeitspegel DIN EN 61000-2-2 (VDE 0839-2-2), (230 V/50 Hz)-Netze, μ Ordnung der Zwischenharmonischen $u_z = U_z/U$, $\mu = f_z/50$ Hz Verträglichkeitspegel (1) und (P_{st} = 1)-Kurve (2)

6.9 Anschluss von Flicker erzeugenden Lasten an das öffentliche Netz

6.9.1 Grenzwerte für Spannungsschwankungen und Flicker von Geräten mit einem Nennstrom ≤ 16 A – DIN EN 61000-3-3 (VDE 0838-3)

Die Norm DIN EN 61000-3-3 (VDE 0838-3) ist anzuwenden auf Geräte und Einrichtungen mit einem Nenn-Eingangsstrom bis zu 16 A je Außenleiter, die zum Anschluss an das öffentliche Niederspannungsnetz vorgesehen sind und keiner Sonderanschlussbedingung unterliegen. Geräte und Einrichtungen, die diese Norm erfüllen, dürfen ohne weitere Prüfung an jeden Anschlusspunkt mit dem öffentlichen Netz angeschlossen werden.

Sie gilt damit ohne Einschränkung für alle Geräte und Einrichtungen mit Nennleistungen kleiner 11 kW (Drehstromgeräte), 3,7 kW (Einphasengeräte), 6,4 kW (Zweiphasengeräte).

Diese Norm ist u. a. anzuwenden auf:

- Haushaltsgeräte und tragbare Elektrowerkzeuge
  Dazu zählen motorbetriebene Geräte wie z. B. Staubsauger, Waschmaschinen, usw. sowie Elektrowärmegeräte und Kocheinrichtungen.
- Beleuchtungseinrichtungen
- Fernsehgeräte und Geräte der Unterhaltungselektronik
- informationstechnische Geräte
- ISM-Geräte
  Geräte, die Frequenzen im Bereich von 9 kHz bis 3 THz nutzen – z. B. Mikrowellengeräte.
- automatische elektrische Steuerungen für den Hausgebrauch und ähnliche Anwendungen
- fest installierte elektronische Schaltgeräte (Hausgebrauch)
- Alarmsysteme
- unterbrechungsfreie Stromversorgungen (USV)
- Lichtbogenschweißeinrichtungen
- drehzahlgeregelte Antriebe
- Funk-Einrichtungen
- medizintechnische Geräte und Einrichtungen

Alle Spannungen werden auf die Nennspannung U_n normiert.

- relative Spannungsänderung

$$d = \Delta U/U_n \qquad (6.52)$$

- relativer Spannungsänderungsverlauf

$$d(t) = \Delta U(t)/U_n \qquad (6.53)$$

- relative konstante Spannungsabweichung

$$d_c = \Delta U_c/U_n \qquad (6.54)$$

- größte relative Spannungsänderung

$$d_{max} = \Delta U_{max}/U_n \qquad (6.55)$$

- relative Spannungsschwankung

$$d(t) = \Delta U(t)/U_\text{n} \tag{6.56}$$

Die Norm DIN EN 61000-3-3 (VDE 0838-3) schreibt eine Typenprüfung für bestimmte Geräte vor. Typprüfung ist die Prüfung von Geräten mit dem Ziel, die Übereinstimmung mit den Grenzwerten festzustellen. Diese werden unter Laborbedingungen an einem Bezugsnetz betrieben. Gemessen und beurteilt werden die bei festgelegten Betriebsbedingungen an der Bezugsimpedanz erzeugten Spannungsschwankungen.

Der Prüfkreis (**Bild 6.32**) besteht aus

- der Prüfspannungquelle
- dem zu prüfenden Gerät (Prüfling)
- der Messeinrichtung, z. B. Strommesser, Spannungsmesser, Flickermeter

Der Prüfling wird je nach der Anschlussart einphasig, zweiphasig oder dreiphasig angeschlossen. Beurteilt wird immer die Außen-/Neutralleiterspannung.

Die Beobachtungszeit (in anderen Normen auch als Beobachtungsdauer bezeichnet) für die Ermittlung der Flickerstärke durch Messung, Simulation oder durch ein analytisches Verfahren beträgt

- im Kurzzeitintervall $T_\text{P} = 10$ min (in einigen Fällen auch $T_\text{P} = 1$ min)

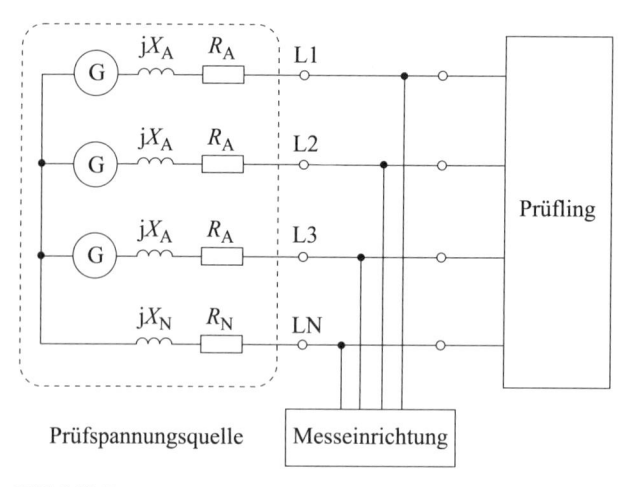

Bild 6.32 Bezugsnetz
$R_\text{A} = 0{,}24\ \Omega$ $X_\text{A} = 0{,}15\ \Omega$
$R_\text{N} = 0{,}16\ \Omega$ $X_\text{N} = 0{,}10\ \Omega$

- im Langzeitintervall $T_P = 2$ h

Die Beobachtungszeit muss den Teil der gesamten Betriebsdauer enthalten, in der der Prüfling die ungünstigste Folge von Spannungsänderungen erzeugt.

Folgende Grenzwerte sind einzuhalten:
- der P_{st}-Wert darf nicht größer als 1,0 sein
- der P_{lt}-Wert darf nicht größer als 0,65 sein

Für manuell geschaltete Geräte und Einrichtungen sind die Grenzwerte für P_{st} und P_{lt} nicht anzuwenden.

Die relative konstante Spannungsabweichung d_c darf 3,3 % nicht überschreiten.

- Der Wert von $d(t)$ während einer Spannungsänderung darf 3,3 % für mehr als 500 ms nicht überschreiten.

Für die maximale relative Spannungsänderung d_{max} gelten folgende Festlegungen:

a)	4 % ohne zusätzliche Bedingungen		
b)	6 % für Geräte und Einrichtungen		
manuell geschaltet	automatisch geschaltet Schalthäufigkeit > 2 pro Tag		
		Wiedereinschaltverzögerung nach Spannungsunterbrechung	manuelles Wiedereinschalten nach Spannungsunterbrechung
		(die Verzögerungszeit darf nicht kleiner als einige 10 s sein)	

c)	7 % für Geräte und Einrichtungen			
während des Betriebs beaufsichtigt	Schalthäufigkeit ≤ 2 pro Tag			
	manuell geschaltet	automatisch geschaltet		
Beispiele: Haartrockner, Staubsauger, Küchengeräte (z. B. Mixer), Gartengeräte (z. B. Rasenmäher), tragbare Elektrowerkzeuge (z. B. Bohrmaschine)		Wiedereinschaltverzögerung nach Spannungsunterbrechung	manuelles Wiedereinschalten nach Spannungsunterbrechung	
		(die Verzögerungszeit darf nicht kleiner als einige 10 s sein)		

Tabelle 6.5 Grenzwerte für d_{max}

Problematisch ist insbesondere das Einschalten der Geräte. Während des Einschaltens fließt ein Inrush-Strom, der durch die vorgeschalteten Sicherungen nur unzureichend begrenzt wird. Es ist daher notwendig, d_{max} und damit insbesondere die Höhe der Inrush-Ströme zu begrenzen. Es muss in jedem Falle vermieden werden,

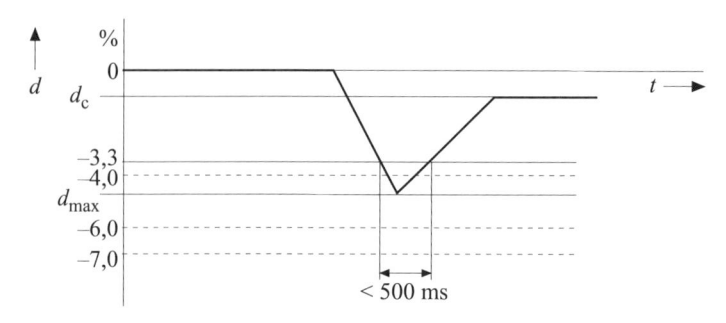

Bild 6.33 Grenzwerte für d_c, d_{max} und $d(t)$ (innerhalb eines Spannungsänderungsverlaufs); in diesem Bespiel ist $d_{max} > 4\,\%$ (Fall b oder c)

dass nach dem Abschalten von mehreren Geräten infolge Spannungsunterbrechung alle Geräte gleichzeitig nach der Rückkehr der Spannung wieder zuschalten. Deswegen ist in der Norm eine Wiedereinschaltverzögerung vorgesehen. Für manuell geschaltete Geräte, die sich nicht automatisch wieder zuschalten, ist eine zusätzliche Wiedereinschaltverzögerung nicht erforderlich. Die Wahrscheinlichkeit, dass ein Gerät zum Summen-Inrush-Strom beiträgt, ist auch von der üblichen Benutzungsdauer des Geräts abhängig. Deswegen ist in **Tabelle 6.5** auch eine Unterscheidung nach der Schalthäufigkeit pro Tag gegeben. Die Schalthäufigkeit pro Tag ist geräteabhängig und wird vom Hersteller angegeben.

Bei der Bewertung der Flickergrenzwerte ist Folgendes zu beachten: Ein Gerät, das eine Flickerstärke von $P_{st} = 1{,}0$ hervorruft, erzeugt störende Leuchtdichteänderungen. Dies kann nur kurzzeitig hingenommen werden. Die Langzeit-Flickerstärke P_{lt} ist deshalb auf Werte unterhalb der Wahrnehmbarkeitsschwelle von $P_{st} \approx 0{,}7$ zu begrenzen.

Es kommt noch hinzu, dass Niederspannungsnetze üblicherweise als Strahlen- oder Ringnetze ausgeführt sind (siehe Abschnitt 2.1). Betrachtet man vereinfachend die Netzsituation in **Bild 6.34**, dann erkennt man, dass von der Transformatorsammelschiene mehrere Abzweige A, B, C abgehen; an den einzelnen Abzweigen sind wenige Verbraucher VA1, VA2 über Niederspannungskabel angeschlossen. Die schwankenden Lastströme der Verbraucher VA1, VA2 überlagern sich in A1 und rufen den gemeinsamen Flickerpegel $P_{st,A1}$ hervor. Da die Kurzschlussleistung in Richtung zum Transformator zunimmt bzw. die wirksame Impedanz von $Z_{A1} = Z_{SS} + Z_L$ auf $Z_A = Z_{SS}$ abnimmt, verringert sich die Flickerstärke (Aufwärtstransfer) von $P_{st,A1}$ an A1 auf $P_{st,A} = P_{st,A1}\, Z_{SS}/(Z_{SS} + Z_L)$.

Der von VA1, VA2 hervorgerufe Flickerpegel an A ist auch an den Abgängen B, C und allen unterlagerten Anschlusspunkten (Abwärtstransfer) vorhanden.

- in einem Abzweig greift die Flickerstärke auf alle unterlagerten Anschlusspunkte ohne Reduktion durch
- in einem Strahlennetz werden die Flickerpegel von einem Abzweig auf einen anderen übertragen; der übertragene Flickerpegel ist entsprechend dem wirksamen Impedanzverhältnis reduziert
- Reihenimpedanzen wirken auf die Flickerpegeln entkoppelnd [6.6]

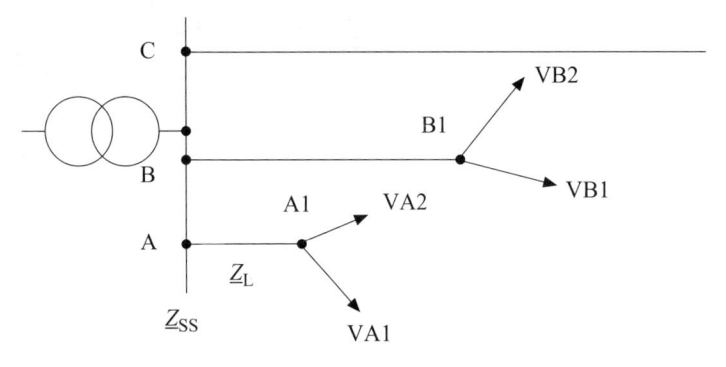

Bild 6.34 Verteilung der Flickerpegel im Strahlennetz

Diese Überlegungen zeigen, dass das „beeinflusste Gebiet" eines 16-A-Geräts in der Regel relativ klein ist. Die gegenseitige Beeinflussung zwischen verschiedenen Abzweigen ist gering. Aus diesem Grund und wegen der im Allgemeinen geringen relativen Einschaltdauer (keine Summationsgesetze) ist der Grenzwert für die zulässige Störaussendung $P_{st} = 1$ überhaupt akzeptabel. Es kann andererseits aber nicht ausgeschlossen werden, dass es in einigen wenigen Fällen zu Störungen des Betriebsverhaltens anderer Geräte kommt.

Die relative konstante Spannungsabweichung d_c ist aus Spannungshaltungsgründen im Netz auf 3,3 % begrenzt. Dies entspricht dem Spannungsfall eines 16-A-Geräts an der Bezugsimpedanz. Dieser Wert darf nur dann kurzzeitig überschritten werden, wenn keine unzulässig hohe Flickerstörwirkung zu erwarten ist. Drehstrommotoren mit Nennströmen ≤ 16 A halten diese Bedingung in der Regel ein.

Hinsichtlich des d_{max}-Kriteriums kann davon ausgegangen werden, dass Einphasen-Wechselstrommotoren mit Nennleistungen ≤ 1 kW und Drehstrommotoren mit Nennleistungen ≤ 5 kW die Grenzwerte in der Regel einhalten.

Geprüft werden alle Geräte, die durch ihr Betriebsverhalten Spannungsschwankungen oder Flicker erzeugen.

Die Ermittlung der Spannungswerte erfolgt durch direkte Spannungsmessung oder durch Berechnung des Spannungsfalls an der Bezugsimpedanz aus den gemessenen Stromwerten.

Die Flickerstärke wird durch Berechnung aus dem Spannungsänderungsverlauf (analytisches Verfahren) oder durch Messung mit einem Flickermeter ermittelt. Im Zweifelsfalle ist die Messung mit einem Flickermeter anzuwenden.

Gerät	$d(t)$	d_{max}	d_c	P_{st}	P_{lt}
Kochplatten	X	X	X	X	gewerblich
Backöfen	X	X	X	X	gewerblich
Grills	X	X	X	X	gewerblich
Backofen/Grill-Kombination	X	X	X	X	gewerblich
Mikrowellen-Geräte	X	X	X	X	gewerblich
Beleuchtungs-Einrichtung	X	X	X	u. U.	u. U.
Waschmaschinen	X	X	X	X	X
Wäschetrockner	X	X	X	X	X
Kühlschränke	X	X	X	–	–
Kopierer, Laser-Drucker, ähnliche Geräte	X	X	X	X	X
Staubsauger	X	X	X	–	–
Lebensmittel-Mixer	X	X	X	–	–
tragbare Elektrowerkzeuge ohne Heizung mit Heizung	X X	X X	X X	– X	– –
Haartrocker fest angeschlossen handgehalten	X X	X X	X X	X X	– X
Braune Ware		X	–	–	–
Durchlauferhitzer ohne elektronische Regelung mit elektronischer Regelung	X X	– X	X X	– X	– –
Klimageräte, Luftentfeuchter, Wärmepumpen, gewerbliche Gefriereinrichtungen	X	X	–	X	X
MMA-Schweißeinrichtung		X	X	X	

Tabelle 6.6 Durchzuführende Prüfungen (Auswahl)

Beurteilt werden die Spannungsschwankungen aller Außenleiter-Neutralleiter-Spannungen. Für symmetrisch betriebene Drehstromgeräte sind die Spannungsschwankungen in allen drei Außenleitern gleich. Es genügt dann die Messung einer beliebigen Außenleiter-Neutralleiter-Spannung. Voraussetzung ist jedoch, dass die Spannungsschwankungen in den drei Außenleitern zu jedem beliebigen Zeitpunkt gleich sind.

Prinzipiell soll durch die Prüfung eines Geräts der ungünstigste Betriebszustand erfasst werden. Dies ist in der Praxis nur mit einer gewissen Unsicherheit möglich, da dem unabhängigen Prüfer in der Regel nicht alle möglichen flickerwirksamen Betriebszustände bekannt sind. Die Erfahrung des Prüfers spielt hier eine entscheidende Rolle. Um eine einheitliche Vorgehensweise zu erreichen, sind im Anhang A der Norm DIN EN 61000-3-3 (VDE 0838-3) Prüfbedingungen für eine Anzahl ausgewählter Geräte angegeben. Generell gilt, dass bei der Prüfung nur solche Einstellungen der Steuerungen und Programme zu wählen sind, die vom Hersteller in der Bedienungsanleitung angegeben werden oder die anderweitig mit einer gewissen Wahrscheinlichkeit benutzt werden.

Tabelle 6.6 gibt einen Überblick über die durchzuführenden Prüfungen.

6.9.2 Grenzwerte für Spannungsschwankungen und Flicker von Geräten mit einem Nennstrom von ≤ 75 A, die einer Sonderanschlussbedingung unterliegen – DIN EN 61000-3-11 (VDE 0838-11)

Die Norm DIN EN 61000-3-11 (VDE 0838-11) ist anzuwenden auf elektrische und elektronische Einrichtungen und Geräte mit einem Nenneingangsstrom ≤ 75 A, die einer Sonderanschlussbedingung unterliegen. Einer Sonderanschlussbedingung unterliegen alle Geräte und Einrichtungen mit einem Nenneingangsstrom von >16 A und solche Geräte und Einrichtungen, die unter dem Anwendungsbereich der Norm DIN EN 61000-3-3 (VDE 0838-3) fallen, die Grenzwerte nach dieser Norm jedoch nicht einhalten.

Wenn ein Gerät oder eine Einrichtung mit einem Eingangsstrom von bis zu 75 A die Anforderungen nach DIN EN 61000-3-3 (VDE 0838-3) erfüllt, dann kann der Hersteller dies erklären; weitere Untersuchungen sind dann nicht erforderlich.

Wenn ein Gerät oder eine Einrichtung mit einem Eingangsstrom von bis zu 75 A die Norm DIN EN 61000-3-3 (VDE 0838-3) nicht erfüllt, dann sind besondere Überlegungen notwendig. Ein derartiges Gerät würde im Netz zu unzulässig hohen Spannungsänderungen und/oder Flickerpegeln führen, wenn die Netzimpedanz am Anschlusspunkt Z_{sys} (Bezeichnung nach DIN EN 61000-3-3 (VDE 0838-3)) in die Größenordnung der Bezugsimpedanz kommt. Die Bezugsimpedanz Z_{ref} ist nach DIN

EN 60725 genormt. Daraus folgt, dass solche Geräte und Einrichtungen Sonderanschlussbedingungen unterliegen.

Der Hersteller hat dann die Wahl zwischen zwei Alternativen:

a) Die Ermittlung der maximal zulässigen Netzimpedanz Z_{max} am Anschlusspunkt der Kundenanlage mit dem öffentlichen Netz. Der Hersteller muss dann die maximal zulässige Netzimpedanz dem Kunden gegenüber erklären und ihn darauf hinweisen, dass das Gerät nur an eine Versorgung angeschlossen werden darf, deren Impedanz kleiner oder gleich Z_{max} ist.

b) Eine Erklärung dem Kunden gegenüber abgeben, dass das Gerät oder die Einrichtung nur zur Verwendung in Anwesen vorgesehen ist, die eine Dauerstrombelastbarkeit des Netzes ≥ 100 A je Leiter haben. Diese Bedingung wird durch ein Label, das auf dem Gerät angebracht wird, zum Ausdruck gebracht. Das Gerät oder die Einrichtung wird nach festgelegten Prüfbedingungen geprüft. Es wird eine reduzierte Prüfimpedanz verwendet.

Im konkreten Falle sollte ein Kunde mit dem zuständigen Netzbetreiber Kontakt aufnehmen, um gemeinsam die Anschlussmöglichkeiten für ein bestimmtes Gerät oder einer Einrichtung, die einer Sonderanschlussbedingung unterliegt, zu erörtern.

Es sind mehrere Schritte erforderlich:

- Prüfung des Geräts oder der Einrichtung an der Prüfimpedanz Z_{Test}:

  $d_{c,Test}, d_{max,Test}, P_{st,Test}, P_{lt,Test}$

- Umrechnung der ermittelten Werte auf die Bezugimpedanz Z_{ref}

  $d_{c,ref}, d_{max,ref}, P_{st,ref}, P_{lt,ref}$

- Vergleich der auf die Bezugsimpedanz umgerechneten Werte mit den Grenzwerten nach DIN EN 61000-3-3 (VDE 0838-3)

  Wenn alle auf die Bezugsimpedanz umgerechneten Werte kleiner oder gleich den Grenzwerten nach DIN EN 61000-3-3 (VDE 0838-3) sind, dann erklärt der Hersteller, dass das Gerät oder die Einrichtung die „Anforderungen an Spannungsschwankungen und Flicker nach DIN EN 61000-3-3 (VDE 0838-3)" erfüllt.

- Ermittlung der maximal zulässigen Netzimpedanz Z_{max}

$$Z_{sys,1} = Z_{ref} \cdot d_{max,zul}/d_{max,ref}$$
$$= Z_{ref} \cdot d_{max,EN61000-3-3}/d_{max,ref}$$

$$Z_{sys,2} = Z_{ref} \cdot d_{c,zul}/d_{c,ref}$$
$$= Z_{ref} \cdot 3{,}3\%/d_{c,ref}$$
(6.57)
$$Z_{sys,3} = Z_{ref} \cdot \left(\frac{P_{st,zul}}{P_{st,ref}}\right)^{3/2} = Z_{ref} \cdot \left(\frac{1}{P_{st,ref}}\right)^{3/2}$$
$$Z_{sys,4} = Z_{ref} \cdot \left(\frac{P_{lt,zul}}{P_{lt,ref}}\right)^{3/2} = Z_{ref} \cdot \left(\frac{0{,}65}{P_{lt,ref}}\right)^{3/2}$$

Der Minimalwert von allen berechneten $Z_{sys,i}$-Werten ist die maximal zulässige Netzimpedanz:

$$Z_{max} = \text{Min}\{Z_{sys,i}\}$$
(6.58)

Der Hersteller muss die maximal zulässige Netzimpedanz in den Begleitpapieren angegeben.

Die vorstehenden Gleichungen gehen davon aus, dass die d-Werte linear auf die verringerte Impedanz Z_{sys} umgerechnet werden können. Dies ist deshalb möglich, da davon ausgegangen wird, dass die Wahrscheinlichkeit, dass sich zwei Spannungsänderungen unterschiedlicher Verbraucher im Netz addieren, sehr gering ist.

Aus diesem Grunde ist die erlaubte Spannungsänderung unabhängig von der Netzimpedanz; der Spannungsfall an der Netzimpedanz darf die Grenzwerte nach DIN EN 61000-3-3 (VDE 0838-3) aber nicht überschreiten.

Die P_{st}- und P_{lt}-Werte sollten dagegen kleiner als die an der Bezugsimpedanz Z_{ref} gültigen Werte sein, da Geräte und Einrichtungen mit einem Nennstrom von größer als 16 A eine kleinere Netzimpedanz Z_{sys} erfordern. Die kleinere Netzimpedanz erfordert meist einen Anschluss in Transformatornähe (elektrisch). In Transformatornähe bedeutet, dass die Impedanz vom Anschlusspunkt bis zur Transformatorsammelschiene gering ist. Dadurch ist die Reduktion der Flickerstärke beim Flicker-Aufwärtstransfer nur gering, wodurch ein größeres Gebiet beeinflusst wird. Das größere Gebiet erhöht die Wahrscheinlichkeit der Gleichzeitigkeit mit den Spannungsschwankungen, die von anderen Geräten erzeugt werden. Die zulässigen Werte von P_{st} und P_{lt} sollten deshalb mit der Abnahme der Netzimpedanz Z_{sys} reduziert werden. Diese Reduktion wird durch den Exponenten 3/2 zum Ausdruck gebracht [6.8].

Geräte und Einrichtungen, die entsprechend der Herstelleralternativen zum Anschluss an einen Anschlusspunkt mit einer Dauerstrombelastbarkeit von > 100 A vorgesehen sind, werden an einer reduzierten Prüfimpedanz mit $Z_{ref100}/Z_{ref} = 0{,}75$ geprüft.

Ein Gerät oder eine Einrichtung muss an der reduzierten Bezugsimpedanz die Grenzwerte nach DIN EN 61000-3-3 (VDE 0838-3) einhalten. Der Hersteller kann dann erklären, dass das Gerät oder die Einrichtung in Übereinstimmung mit DIN EN 61000-3-11 (VDE 0838-11) ist und nur an einen Anschlusspunkt mit einer Dauerstrombelastbarkeit von ≥ 100 A angeschlossen werden darf.

6.9.3 Anschluss von Kundenanlagen größerer Leistung an das öffentliche NS-/MS-Netz – die VDN (D-A-CH-CZ)- Technische Regeln

Das Konzept der Koordination der Störaussendung in der VDN (D-A-CH-CZ)- Technische Regeln [6.4] basiert auf den existierenden Verträglichkeitspegeln und den Werten der DIN EN 50160, die an allen Übergabestellen zu Anlagen von Netzbenutzern eingehalten werden müssen.

Insbesondere gilt für Geräte mit Nennströmen bis zu 16 A je Außenleiter DIN EN 61000-3-3 (VDE 0838-3). Geräte, die diese Norm erfüllen, können ohne weitere Prüfung überall angeschlossen werden.

Geräte, die nach der DIN EN 61000-3-11 (VDE 0838-11) (Geräte und Einrichtungen mit einem Bemessungsstrom ≤ 75 A, die einer Sonderanschlussbedingung unterliegen) geprüft sind, halten die in der Norm festgelegten Grenzwerte für Spannungsänderungen, Spannungsschwankungen und Flicker ein, wenn am Verknüpfungspunkt der Anlage des Netzbenutzers die vom Hersteller festgelegten Netzbedingungen erfüllt sind (Dauerstrombelastbarkeit des Netzes von ≥ 100 A je Außenleiter (Nennspannung 400/230 V) bzw. Netzimpedanz unter der jeweils maximal zulässigen Netzimpedanz Z_{max}). Das Einhalten der gültigen Normen genügt im Allgemeinen jedoch nicht dafür, einen Anschluss in allen Fällen als zulässig zu beurteilen. Die Zustimmung durch den Netzbetreiber hängt zusätzlich auch von einer Beurteilung der im Netz bereits vorhandenen Störgrößen und der gegebenen Lastbedingungen im Netz ab.

In der Regel erzeugen Geräte mit Nennströmen bis zu 75 A nur lokale Störungen. Eine lokale Häufung von artgleichen Geräten kann jedoch bei einem hohen Gleichzeitigkeitsfaktor zu lokalen Überschreitungen der Verträglichkeitspegel führen. Die Technischen Anschlussbedingungen der Netzbetreiber (TAB) sehen vor, dass der Betreiber einer Anlage dann Maßnahmen ergreifen muss, wenn aufgrund einer Häufung von Geräten in einer Kundenanlage störende Rückwirkungen auf andere Kundenanlagen zu erwarten sind [6.13].

Anlagen mit größeren Anschlussleistungen (> 75 A je Außenleiter) können benachbarte Anlagen und möglicherweise ein gesamtes Niederspannungsnetz maßgeblich beeinflussen. Deshalb ist in diesen Fällen generell eine individuelle Beurteilung nach Maßgabe der Technischen Regeln erforderlich.

Bedingungen zur Flickerbewertung:

- Die Randwerte der DIN EN 50160 sind an allen NS/MS-Übergabestellen zu den Anlagen der Netzbenutzer einzuhalten: $P_{lt,95\%} = 1{,}0$ (Beobachtungsdauer eine Woche). Die Summationsgesetze und die Gesetze der Flickerverteilung in Netzen sind zu berücksichtigen.

- Die Verträglichkeitspegel nach DIN EN 61000-2-2 (VDE 0839-2-2) bzw. DIN EN 61000-2-12 (VDE 0839-2-12) sind im gesamten Netz einzuhalten: $P_{st} = 1{,}0$ und $P_{lt} = 0{,}8$

- Mit steigender Netzkurzschlussleistung sollten P_{st}- und P_{lt}-Werte in öffentlichen Netzen sinken, da in den meisten Fällen entsprechend dem Flickerausbreitungsprinzip mehr Anlagen davon betroffen sind.

- Grundsätzlich sollten die zulässigen Störaussendungen für alle Geräte und Anlagen gleich sein.

Da viele Faktoren im Zusammenhang mit der Festlegung des zulässigen Flickerpegels praktisch nur schwer zu erheben sind, wurde im Sinne einer Vereinfachung des Beurteilungsverfahrens für jede Anlage größer 50 kVA generell ein Kurzzeit-Flicker-Grenzwert von $P_{st,i} = 0{,}8$ festgelegt. Der Langzeit-Flicker-Grenzwert errechnet sich aus dem Kurzzeit-Flicker-Grenzwert durch Multiplikation mit dem Faktor 0,65, dem Verhältnis Langzeit- zu Kurzzeit-Flicker-Grenzwert gemäß DIN EN 61000-3-3 (VDE 0838-3) zu $P_{lt,i} = 0{,}5$.

Zusätzlich ist die Höhe der maximalen Spannungsänderung begrenzt. Damit ergibt sich folgendes Beurteilungsschema:

r/min^{-1}	$d_{max,i}$	$P_{st,i}$	$P_{lt,i}$
≥ 0,1	NS: 3 %	0,8	0,5
	MS: 2 %		
0,01 ≤ r ≤ 0,1	NS: 3 %	–	–
	MS: 2 %		
< 0,01	NS: 6 %	–	–
	MS: 3 %		

Tabelle 6.7 Beurteilungsschema für eine Kundenanlage am Verknüpfungspunkt

Bei der Anwendung der vorstehenden Tabelle ist Folgendes zu beachten:

- Die Wiederholrate r_i ist bei der Beurteilung der Spannungsänderung zu berücksichtigen.
- Die maximale Spannungsänderung $d_{max,i}$ durch den Betrieb einer Anlage errechnet sich aus jener Belastungsänderung, die den größten Spannungssprung bzw. den größten Flickerpegel bewirkt.
- Es ist jener Außenleiter auszuwählen, in dem die größten Spannungsänderungen auftreten. Nicht flickerwirksame transiente Spannungsänderungen sind für die Ermittlung von $d_{max,i}$ nicht zu berücksichtigen.
- Die Störemission einer Einzelanlage ist die Spannungsänderung d_i bzw. die Flickerstärke $P_{st,i}$, die allein durch die Laständerung dieser Anlage (bei sonst störfreiem Netz) am Verknüpfungspunkt verursacht wird.
- Der Flickerpegel P_{st} im Netz bzw. der resultierende Spannungsänderungsverlauf $d(t)$ ist das Ergebnis der Summenwirkung aller Anlagen im Netz und ist dementsprechend stets höher.
- Auf Spannungsänderungen, die nur einige Male am Tag auftreten (z. B. Zuschalten großer Lasten in der Anlage des Netzbenutzers), sind die Kurzzeitflickergrenzwerte nicht anzuwenden.

Nach den technischen Anschlussbedingungen (TAB) [6.9] sind in der Regel dann keine Maßnahmen erforderlich, wenn folgende Grenzleistungen nicht überschritten werden:

- Einphasenmotoren im Anlauf: 1,7 kVA
- Drehstrommotoren im Anlauf: 5,2 kVA, bei größeren Leistungen $I_{an} \leq 60$ A
- Motoren mit Wechsellast (z. B. Sägegatter, Aufzüge): $I_{an} \leq 30$ A
- Geräte zur Heizung, Klimatisierung, einschließlich Wärmepumpen: > 4,6 kW müssen als Drehstromgeräte ausgelegt sein.
- Schweißgeräte: 2 kVA
- Röntgengeräte, Tomografen, u. Ä.: 1,7 kVA (einphasig) bzw. 5 kVA (dreiphasig)

Literatur Kapitel 6

[6.1] Krause, Manfred: Widerstandspressschweißen. Verlag für Schweißtechnik, DVS-Verlag, Düsseldorf: 1993

[6.2] Mombauer, W.: Ein neues Summationsgesetz für Flicker. etz Elektrotech. Z., Bd. 8 (2004) H. 8, S. 2 ff.

[6.3] Mombauer, W.: EMV. Messung von Spannungsschwankungen und Flickern mit dem IEC-Flickermeter. Theorie, Normung nach VDE 0847-4-15 (EN 61000-4-15) – Simulation mit Turbo-Pascal. VDE Schriftenreihe Band 109. Berlin und Offenbach: VDE VERLAG, 2000

[6.4] VDN (D-A-CH-CZ): Technische Regeln zur Beurteilung von Netzrückwirkungen. 2. Ausgabe 2007

[6.5] Sakulin, M.: Flickerausbreitung und Flickeremission; Störaufklärung und Flickermessung, Beitrag zum Seminar 23551/72.256: „Flicker in Stromversorgungsnetzen". Technische Akademie Esslingen, Ostfildern 1998

[6.6] Mombauer, W.: Flicker in Stromversorgungsnetzen – Messung, Berechnung, Kompensation. VDE-Schriftenreihe Band 110. Berlin und Offenbach: VDE VERLAG, 2005

[6.7] Mombauer, W.: Flicker caused by interharmonics. etzArchiv Bd. 12 (1990) H. 12, S. 391–396

[6.8] Mombauer, W: Netzrückwirkungen von Niederspannungsgeräten. VDE-Schriftenreihe Band 110. Berlin und Offenbach: VDE VERLAG, 2006

[6.9] Technische Anschlussbedingungen für den Anschluss an das Niederspannungsnetz. TAB 2000. Herausgeber: Verband der Elektrizitätswirtschaft – VDEW – e. V., Ausgabe 2007

7 Spannungsunsymmetrien

7.1 Ursachen und Beschreibungsparameter

Spannungsunsymmetrien in Elektroenergieversorgungsnetzen entstehen durch den Anschluss unsymmetrischer Lasten und Erzeugungsanlagen, unsymmetrische Betriebsmittel und durch unsymmetrischen Betrieb von symmetrischen Lasten. Spannungsunsymmetrie besteht in einem Drehstromnetz, bei dem die Effektivwerte der Außenleiter-Neutralleiter-Spannung oder die Winkel zwischen aufeinanderfolgenden Leiterspannungen nicht gleich sind. In einem Dreileiter-Drehstromsystem beträgt dieser Winkel 120°. In einem einphasigen Wechselstromsystem kann es definitionsgemäß keine Unsymmetrie geben. Die weiteren Betrachtungen beschränken sich auf Dreileiter-Drehstromsysteme.

Spannungsunsymmetrien entstehen vornehmlich in Niederspannungsnetzen durch:

- ungleiche Aufteilung von Einphasenlasten auf die Außenleiter

- Anschluss von Lasten zwischen Außenleiter und Erde oder Außenleiter und Neutralleiter

- Anschluss einphasiger Erzeugungsanlagen (Photovoltaikanlagen) in Niederspannungsnetzen zwischen Außenleiter und Neutralleiter

- Anschluss industrieller Lasten zwischen den Außenleitern wie z. B. bei Filteranlagen, Erwärmungsanlagen, Lichtbogenöfen, Schweißanlagen oder Netzinduktionsöfen, auch in Mittelspannungsnetzen

- Bahnstromversorgungen mit Anschluss in Drehstromnetzen, meist in Mittelspannungsnetzen

- stehende Erdschlüsse in Netzen mit isoliertem Sternpunkt oder in Netzen mit Erdschlusskompensation, typischerweise im Mittelspannungsnetz

- unsymmetrischer Aufbau von Betriebsmitteln, z. B. durch unterschiedliche Leiter-Erd-Kapazitäten bei Freileitungen

- unsymmetrischer Betrieb von leistungselektronischen Betriebsmitteln

In vielen Fällen sind die Lasten, die eine Unsymmetrie verursachen, auch in Bezug auf Spannungsschwankungen und Flicker von Bedeutung.

Klassifizierungsmerkmale für Unsymmetrien sind:

- das Verhältnis von Gegen- zu Mitkomponente der Spannung

- die Angabe der Winkeldifferenzen der Spannungen
- die Abweichungen der Spannungseffektivwerte

Die Spannungsunsymmetrie k_U ist definiert durch das Verhältnis der Spannungen der Gegen- und Mitkomponente im System der symmetrischen Komponenten nach Gl. (7.1)

$$k_U = \frac{|\underline{U}_2|}{|\underline{U}_1|} \tag{7.1}$$

In IEC-Dokumenten wird der Unsymmetriefaktor abweichend mit u_2 bezeichnet. Die Mitkomponente U_1 und die Gegenkomponente U_2 berechnet man gemäß Gln. (7.2) aus den Spannungen des Drehstromsystems.

$$\underline{U}_1 = \frac{1}{3} \cdot (\underline{U}_R + \underline{U}_S + \underline{U}_T) \tag{7.2a}$$

$$\underline{U}_2 = \frac{1}{3} \cdot (\underline{U}_R + \underline{a} \cdot \underline{U}_S + \underline{a}^2 \cdot \underline{U}_T) \tag{7.2b}$$

mit den Drehoperatoren $\underline{a}$ und $\underline{a}^2$ nach Gln. (7.3)

$$\underline{a} = e^{j120°} = -\frac{1}{2} + j\frac{1}{2}\sqrt{3} \tag{7.3a}$$

$$\underline{a}^2 = e^{j240°} = -\frac{1}{2} - j\frac{1}{2}\sqrt{3} \tag{7.3b}$$

Herleitung und Bedeutung des Systems der symmetrischen Komponenten sind in Abschnitt 1.5.3 aufgeführt. **Bild 7.1** verdeutlicht mittels Zeigerdarstellungen den Begriff der Spannungsunsymmetrie. Dabei ist das in Bild 7.1a dargestellte Drehstromsystem nur hinsichtlich der Außenleiter-Erd-Spannungen unsymmetrisch, die

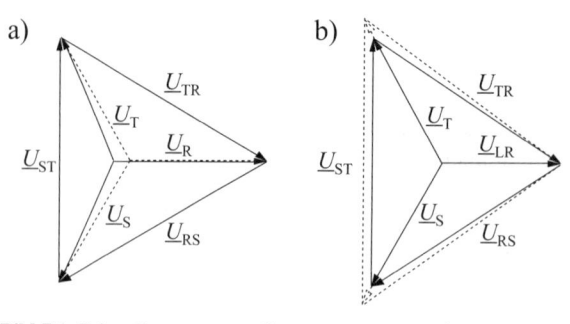

Bild 7.1 Zeigerdiagramme zur Spannungsunsymmetrie
a) System symmetrischer Außenleiter-Spannungen und unsymmetrischer Außenleiter-Erd-Spannungen
b) System unsymmetrischer Außenleiter- und Außenleiter-Erd-Spannungen

Außenleiterspannungen sind symmetrisch. Das in Teilbild 7.1.b dargestellte Drehstromsystem ist auch hinsichtlich der Außenleiter-Spannungen unsymmetrisch.

7.2 Auswirkungen, Grenzwerte und Normung

Auswirkungen von Spannungsunsymmetrien sind insbesondere bei drehenden elektrischen Maschinen und leistungselektronischen Schaltungen zu berücksichtigen. Bei elektrischen Maschinen führen Unsymmetrien zu stärkerer Erwärmung und gegenläufigen Drehmomenten mit der Folge von höherer mechanischer Beanspruchung. Bei netzgeführten leistungselektronischen Schaltungen führt die Spannungsunsymmetrie zu einer erhöhten Welligkeit der Gleichspannung und zu einer Verstärkung der Störaussendung nicht charakteristischer Oberschwingungen. Der einphasige oder zweiphasige Anschluss von Verbrauchern führt bei gleicher Leistung zu einer höheren Strombelastung der Anschlussleitungen als bei Drehstromanschluss, Drehstromtransformatoren können bei einpoliger und zweipoliger Belastung nicht bis zu ihrer Bemessungsleistung belastet werden.

Spannungsunsymmetrien sind nach DIN EN 50178 (VDE 0160) auf 2 % zu begrenzen. DIN EN 61000-2-2 (VDE 0839-2-2) und DIN EN 61000-2-12 (VDE 0839-2-12) für öffentliche Netze bzw. DIN EN 61000-2-4 (VDE 0839-2-4) für Industrienetze definieren den Verträglichkeitspegel für die Spannungsunsymmetrie mit k_U = 2 %. Auch DIN EN 50160 nennt als Merkmal der Spannung für 95 % der 10-min-Effektivwerte einer Woche eine Unsymmetrie $k_U \leq$ 2 % mit der Einschränkung, dass in Netzen mit vielen Wechselstromverbrauchern und Anschluss großer, einphasiger Verbraucher in einem Netzbereich die Unsymmetrie k_U auch bis zu 3 % betragen kann.

7.3 Bewertung von Spannungsunsymmetrien in Niederspannungsnetzen

Netze mit einer Netznennspannung $U_n \leq$ 1 kV werden als Niederspannungsnetze bezeichnet. Zur Bewertung der Spannungsunsymmetrie ermittelt man den Unsymmetriefaktor k_U als Verhältnis von Gegen- zu Mitkomponente nach Gl. (7.1)

$$k_U = \frac{|U_2|}{|U_1|} \qquad (7.1)$$

In DIN EN 61000-2-2 (VDE 0839-2-2) und DIN EN 61000-2-12 (VDE 0839-2-12) für öffentliche Netze bzw. für Industrienetze in DIN EN 61000-2-4 (VDE 0839-2-4) ist der Verträglichkeitspegel für die Spannungsunsymmetrie im Niederspannungsnetz für ein 10-min-Intervall mit $k_U = 2\%$ festgelegt. Nach [7.1] wird dieser Wert im Allgemeinen eingehalten, wenn eine Einzelanlage einen Störpegel kleiner 0,7 % verursacht, was näherungsweise durch das Verhältnis von unsymmetrischer Anschlussleistung (einphasige oder zweiphasige Last) S_A zur Kurzschlussleistung $S_{k,VP}$ nach Gl. (7.4) beschrieben wird.

$$k_U \approx \frac{S_A}{S_{k,VP}} \qquad (7.4)$$

Bild 7.2 zeigt beispielhaft ein Flussdiagramm zur Vorgehensweise bei der Bewertung von Unsymmetrien im Niederspannungsnetz.

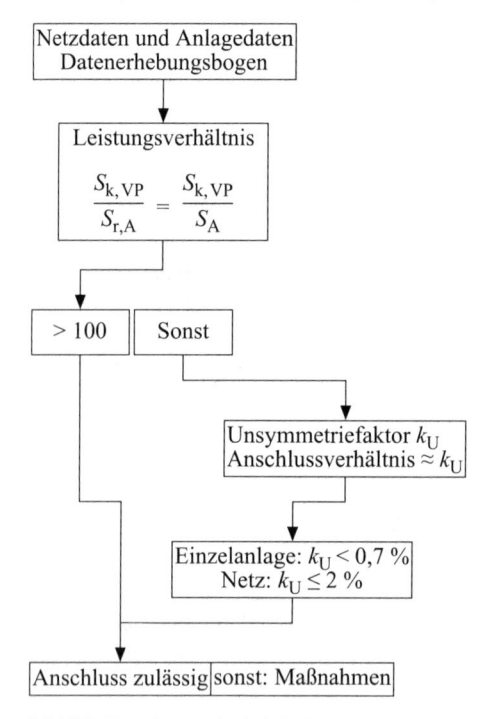

```
┌─────────────────────────────┐
│ Netzdaten und Anlagedaten   │
│   Datenerhebungsbogen       │
└─────────────┬───────────────┘
              ▼
    ┌───────────────────────┐
    │  Leistungsverhältnis  │
    │                       │
    │  S_{k,VP}   S_{k,VP}  │
    │  ──────  =  ──────    │
    │   S_{r,A}     S_A     │
    └───────────┬───────────┘
                ▼
    ┌───────┬─────────┐
    │ > 100 │  Sonst  │
    └───┬───┴────┬────┘
        │        ▼
        │   ┌──────────────────────────┐
        │   │ Unsymmetriefaktor k_U    │
        │   │ Anschlussverhältnis ≈ k_U│
        │   └────────────┬─────────────┘
        │                ▼
        │   ┌──────────────────────────┐
        │   │ Einzelanlage: k_U < 0,7 %│
        │   │ Netz: k_U ≤ 2 %          │
        │   └────────────┬─────────────┘
        ▼                ▼
┌─────────────────────┬──────────────────┐
│ Anschluss zulässig  │ sonst: Maßnahmen │
└─────────────────────┴──────────────────┘
```

Bild 7.2 Vorgehensweise bei der Bewertung von Unsymmetrien im Niederspannungsnetz

7.4 Bewertung von Spannungsunsymmetrien in Mittel-, Hoch- und Höchstspannungsnetzen

7.4.1 Allgemeines, Planungspegel

Netze mit Nennspannungen zwischen 1 kV < U_n ≤ 35 kV werden als Mittelspannungsnetze, mit Nennspannungen 35 kV < U_n ≤ 230 kV als Hochspannungsnetze und solche mit höheren Nennspannungen, U_n > 230 kV, als Höchstspannungsnetze bezeichnet. Es wird darauf hingewiesen, dass die Funktion der jeweiligen Spannungsebene, wie z. B. Verteilernetz, Übertragungsnetz etc., entscheidender für die Zuordnung von Verträglichkeitspegeln und Planungspegeln ist als die Einordnung nach der Nennspannung.

Zur Bewertung von Spannungsunsymmetrien im Mittel- und Hochspannungsnetz existiert bisher keine Europäische Norm und keine VDE-Bestimmung. Normungsansätze werden in IEC derzeit beraten. Als Grundlage dient der Committee-Draft-Report 77A/535/CD vom April 2006, der als IEC 61000-3-13 „Assessment of emission limits for the connection of unbalanced installations to MV, HV and EHV power systems" [7.2] veröffentlicht werden soll. Der im IEC-Dokument geschilderten Vorgehensweise zur Bewertung der Spannungsunsymmetrien liegt die Überlegung zugrunde, dass der Verträglichkeitspegel im Niederspannungsnetz gemäß DIN EN 61000-2-2 (VDE 0839-2-2) und DIN EN 61000-2-12 (VDE 0839-2-12) bzw. DIN EN 61000-2-4 (VDE 0839-2-4) sichergestellt sein muss. Darauf aufbauend werden Planungspegel, siehe **Tabelle 7.1**, für die höheren Spannungsebenen, aufgeteilt in Mittelspannung (MV), Hochspannung (HV) und Höchstspannung (EHV), genannt, die aber lediglich eine Empfehlung darstellen, da sie von der Netzstruktur und Betriebsbedingungen abhängen, die durch Summationsfaktoren und Transferkoeffizienten beschrieben werden können.

	Planungspegel für Unsymmetrie nach IEC 77A/535/CD	
Spannungsebene	Tabelle 2	Informativer Anhang
Mittelspannung	1,8 %	1,73 % ... 1,75 %
Hochspannung	1,4 %	1,35 % ... 1,41 %
Höchstspannung	0,8 %	0,82 % ... 1,0 %

Tabelle 7.1 Planungspegel für Unsymmetrie nach IEC 77A7535/CD für einen Unsymmetriefaktor im Niederspannungsnetz von 2 %

7.4.2 Summationsexponent α

Die Summation der durch einzelne Anlagen hervorgerufenen Unsymmetrien zum Gesamtunsymmetriefaktor k_U erfolgt dabei gemäß Gl. (7.5). Die Bezeichnung u_2 in IEC für den Unsymmetriefaktor wird im Folgenden verwendet.

$$u_2 = \sqrt[\alpha]{\sum_i u_{2,i}^\alpha} \qquad (7.5)$$

u_2 Gesamtunsymmetriefaktor

$u_{2,i}$ Amplituden der Unsymmetriefaktoren verschiedener Störaussender gemäß Gl. (7.1), siehe Anmerkung dort

α Exponent zur Summierung der Effekte verschiedener Störaussender

Der Exponent α ist abhängig von der gewählten Wahrscheinlichkeit (z. B. 95 %), dass der mit Gl. (7.5) berechnete Unsymmetriefaktor den gemessenen Wert nicht überschreitet, von der Streuung der einzelnen Unsymmetriefaktoren nach Betrag und Phasenlage und dem stochastischen Verhalten der einzelnen Störquellen nach Anzahl und Zeitdauer des Betriebs.

Falls genaue Angaben nicht gemacht werden können, z. B. beim Anschluss einzelner großer unsymmetrischer Lasten, kann für den Exponenten der Wert nach Gl. (7.6) verwendet werden.

$$\alpha = 1,4 \qquad (7.6)$$

IEC 77A/535/CD gibt im informativen Teil Hinweise zur Abschätzung des Summationseffekts. Danach sollen beim Anschluss einzelner, leistungsstarker unsymmetrischer Lasten, von denen anzunehmen ist, dass sie die Spannungsunsymmetrie in einzelnen Netzteilen dominieren, die tatsächliche Anschlusskonfiguration und die Lastcharakteristik berücksichtigt werden. Sind nicht verdrillte Leitungen vorhanden, so soll die unsymmetrische Leiteranordnung möglichst genau berücksichtigt werden. Zur Abschätzung der Überlagerung der Leitungsunsymmetrie mit der Lastunsymmetrie kann Gl. (7.5) verwendet werden. Der Faktor α wird im informativen Anhang zu IEC 77A/535/CD mit einem Wertebereich $\alpha = 1,4 \ldots 2,0$ angegeben.

7.4.3 Transferfaktoren T

Störpegel in Netzen werden verursacht durch die im betrachteten Netz und durch die im unterlagerten Netz angeschlossenen Lasten, vorhandene Pegel des übergeordneten Netzes addieren sich dazu. Der Störpegel aus dem übergeordneten Netz wird um einen Transferfaktor T vermindert berücksichtigt. Der Transferfaktor muss vom Netzbetreiber ermittelt werden und kann für die Anordnung Mittelspannung–Niederspannung aus Gl. (7.7) näherungsweise berechnet werden.

$$T_{\text{MS,NS}} = \cfrac{1}{\left|1 + k_{\text{m}} \cdot \left(\cfrac{k_{\text{s}} - 1}{k_{\text{sc}} + 1}\right)\right|} \tag{7.7}$$

Darin bedeuten

k_{sc} Verhältnis von Kurzschlussleistung zu Anschlussleistung am Anschlusspunkt im Niederspannungsnetz (Kurzschlussverhältnis)

k_{m} Verhältnis der Motorlast zur Gesamtlast am Netzanschlusspunkt im Niederspannungsnetz (Motoranteil)

k_{s} Verhältnis der Mit- zur Gegenkomponente der Motorimpedanz (Motorunsymmetrieverhältnis); das Motorunsymmetrieverhältnis kann aus dem Verhältnis von Anlaufstrom zu Volllaststrom des Motors näherungsweise bestimmt werden

Der Transferfaktor kann in Abhängigkeit von den Verhältnissen k_{sc}, k_{m} und k_{s} nach **Bild 7.3** abgeschätzt werden.

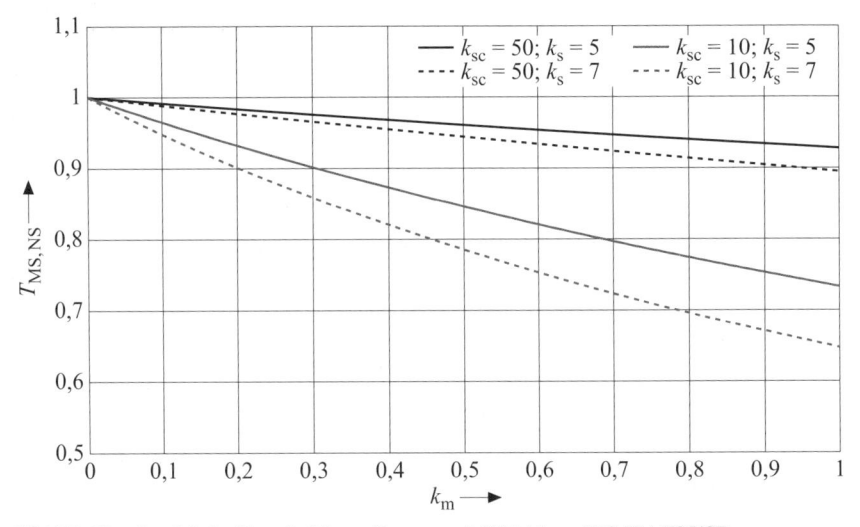

Bild 7.3 Wertebereich des Transferfaktors $T_{\text{MS,NS}}$ nach Bild A1 aus IEC 77A/535/CD

Im informativen Teil von IEC 77A/535/CD werden für die anderen Spannungsebenen ebenfalls Wertebereiche nach **Tabelle 7.2** angegeben.

Es ist darauf hinzuweisen, dass der Wertebereich nach Tabelle 7.2 nicht den Wertebereich nach Bild 7.3, beide Angaben entnommen IEC 77A/535/CD, abdeckt.

Spannungsebenen	Transferfaktor T
Höchstspannung–Hochspannung EHV–HS	1,0
Hochspannung–Mittelspannung HV–MV	0,95 ... 1,0
Mittelspannung–Niederspannung MV–LV	0,9 ... 1,0

Tabelle 7.2 Wertebereich des Transferfaktors T nach Tabelle A3 aus IEC 77A/535/CD

7.4.4 Faktoren $k_{u,E}$

Verteilernetze weisen im Allgemeinen eine dem Netz inhärente natürliche Unsymmetrie aufgrund unsymmetrischer Impedanzen der Betriebsmittel, insbesondere der Leitungen, auf. Diese natürliche Unsymmetrie muss bei der Bewertung des Anschlusses unsymmetrischer Lasten bzw. deren Auswirkungen auf die Spannungsunsymmetrie berücksichtigt werden. Der Anteil an der gesamten Spannungsunsymmetrie, der unsymmetrischen Lasten zugebilligt werden kann, wird mit einem Faktor $k_{u,E}$ berücksichtigt, er muss vom Netzbetreiber festgelegt werden. Mögliche Anhaltswerte für verschiedene Netzbedingungen sind nachstehend in **Tabelle 7.3** aufgeführt.

Netzbedingungen	$(1 - k_{u,E})$
• stark vermaschte Netze mit Erzeugung in der Nähe der Lastzentren • Leitungen vollständig verdrillt oder sehr kurze Leitungen • Verteilernetze zur Versorgung hoher Lastdichten mit kurzen Leitungen und vermaschter Netzstruktur	0,1 ... 0,2
• vermaschtes Netz mit wenigen Radialleitungen, ganz oder teilweise verdrillt, Mischung lokaler und entfernter Erzeugung mit wenigen langen Leitungen • Verteilernetze zur Versorgung hoher Lastdichten und städtischer Randbezirke mit relativ kurzen Leitungen ($l < 10$ km)	0,2 ... 0,4
• lange verdrillte Übertragungsleitungen, Erzeugung meist weit entfernt • radiale Übertragungsleitungen, teilweise verdrillt oder nicht verdrillt • Verteilernetze zur Versorgung mittlerer und niedriger Lastdichten mit relativ langen Leitungen ($l > 20$ km) • Anteil der Drehstrommotoren an der Gesamtlast kleiner 10 %	0,4 ... 0,5

Tabelle 7.3 Anteil der Netzunsymmetrien $(1 - k_{u,E})$ zur Berücksichtigung des Einflusses auf die Spannungsunsymmetrie

7.4.5 Bewertung in Mittelspannungsnetzen

Grundsätzlich wird eine dreistufige Vorgehensweise empfohlen. Kleine unsymmetrische Lasten können ohne detaillierte Untersuchungen angeschlossen werden, wenn das Verhältnis von unsymmetrischer Anlagenleistung S_u zu Kurzschlussleistung $S_{k,VP}$ am Verknüpfungspunkt kleiner als 0,2 % ist, mithin die Kurzschlussleistung 500mal größer ist als die unsymmetrische Leistung, siehe Gl. (7.8)

$$\frac{S_\mathrm{u}}{S_\mathrm{k,VP}} \leq 0{,}2\,\% \tag{7.8}$$

Diese Abschätzung gilt für den Anschluss zwischen den Außenleitern und zwischen Außenleiter und Erde.

Ist der Anschluss nach Stufe 1 nicht zulässig, so ist zu prüfen, ob der Anschluss nach Stufe 2 genehmigt werden kann. Dabei werden Besonderheiten des Netzes und anderer Störaussender berücksichtigt, wie z. B. die Gleichzeitigkeit nach Phasenlage und zeitlichem Auftreten, zukünftige Lastentwicklungen und die Überlagerung der Störaussendungen verschiedener unsymmetrischer Verbraucher auch aus anderen Spannungsebenen. Das Summationsgesetz gemäß Gl. (7.6) findet Anwendung. Der so ermittelte Störpegel G_u darf den Planungspegel L_u nach Tabelle 7.1 nicht überschreiten. Betrachtet man für die Netzanordnung nach **Bild 7.4** die Mittelspannungsebene, so ist zu erkennen, dass sich die Störpegel aus dem Niederspannungsnetz mit den durch die im Mittelspannungsnetz angeschlossenen Lasten verursachten Pegeln und den vorhandenen Pegel aus dem übergeordneten Netz zum Gesamtstörpegel $G_\mathrm{u,MS,NS}$ im Mittelspannungsnetz überlagern. Die Störpegel aus dem übergeordneten Netz werden dabei um den Transferfaktor $T_\mathrm{HS,MS}$ vermindert berücksichtigt. Das übergeordnete Netz wird hier als Hochspannungsnetz bezeichnet, es kann sich aber auch um ein Mittelspannungsnetz anderer Spannungsebene handeln.

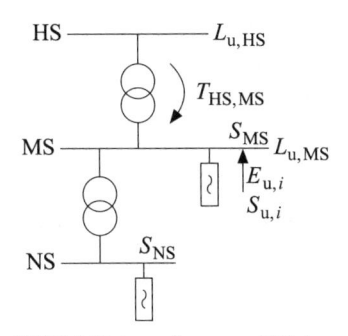

Bild 7.4 Netzanordnung zur Erläuterung der Überlagerung von Unsymmetrien aus unterschiedlichen Spannungsebenen

Für den Gesamtstörpegel $G_\mathrm{u,MS,NS}$ gilt Gl. (7.9)

$$G_\mathrm{u,MS,NS} = \sqrt[\alpha]{L_\mathrm{u,MS}^\alpha - \left(T_\mathrm{HS,MS} \cdot L_\mathrm{u,HS}\right)^\alpha} \tag{7.9}$$

mit dem Planungspegel für das Mittelspannungsnetz $L_\mathrm{u,MS}$, dem Planungspegel $L_\mathrm{u,HS}$ des vorgelagerten Netzes, dem Transferfaktor $T_\mathrm{HS,MS}$ zwischen dem vorgelagerten Netz und dem Mittelspannungsnetz und dem Exponenten α gemäß Gl. (7.6).

Die Ermittlung des Transferkoeffizenten T durch Rechnung oder Messungen liegt in der Verantwortung des Netzbetreibers. Für einfache Abschätzungen kann der Transferfaktor gleich 1 gesetzt werden. Hinweise zur Abschätzung und Berechnung des Transferfaktors sind in Abschnitt 7.4.3 gegeben.

Jeder Verbraucher kann nur so viele Störungen $E_{u,i,MS}$ aussenden, dass er unter Beachtung der stochastischen Streuung und der Überlagerung mit den Störaussendungen anderer Verbraucher nur einen Teil des Gesamtstörpegels $G_{u,MS,NS}$ verursacht. Dieser Anteil kann durch das Verhältnis der Leistung der Anlage $S_{u,i}$ zur Gesamtleistung S_{MS}, die das Netz versorgen kann, abgeschätzt werden. Vorhandene Spannungsunsymmetrien des Netzes, z. B. durch unsymmetrische Leitungsimpedanzen, werden durch einen Faktor berücksichtigt. Es gilt Gl. (7.10)

$$E_{u,i,MS} = G_{u,MS,NS} \cdot \sqrt[\alpha]{\frac{S_{u,i}}{S_{MS}}} \cdot \sqrt[\alpha]{k_{u,E}} \qquad (7.10)$$

Dabei ist $k_{u,E}$ der Anteil am Gesamtstörpegel, der den unsymmetrischen Verbraucherlasten im Mittel- und Niederspannungsnetz unter Berücksichtigung des Exponenten α zugestanden werden kann. Der dem Netz inhärente Anteil an der Spannungsunsymmetrie ist mithin der Anteil $(1 - k_{u,E})$. Der Faktor $k_{u,E}$ kann nach Abschnitt 7.4.4 abgeschätzt werden.

Kann dem Anschluss nach Stufe 2 nicht zugestimmt werden, so können nach Einzelfallprüfung unter Berücksichtigung besonderer Bedingungen des Netzes und der Lasten und Erzeugungseinheiten auch höhere Störaussendungen gemäß einem Verfahren der Stufe 3 zugelassen werden. Solche Bedingungen können sein:

- Nicht alle Anlagen verursachen unsymmetrische Störaussendungen, diese Anteile können den anderen Störaussendern zugeschlagen werden.

- Falls die Überlagerung der einzelnen Störaussendungen bekannt oder mit ausreichender Genauigkeit ermittelt werden kann, können höhere Störaussendungen als die mit dem allgemeinen Überlagerungsgesetz nach Gl. (7.10) ermittelten zugelassen werden.

- Falls nicht alle unsymmetrischen Anlagen gleichzeitig in Betrieb sind, können höhere Störaussendungen zugelassen werden.

- Die genaue Ermittlung des Transferkoeffizienten kann dazu führen, dass höhere Störaussendungen zugelassen werden können.

- Eine andere Aufteilung der Planungspegel ermöglicht eine höhere Störaussendung in der betrachteten Spannungsebene.

- Falls die Störaussendung nur unter selten auftretenden Randbedingungen, wie z. B. bei Ausfall von nahen Erzeugungseinheiten, nach Stufe 2 nicht zulässig ist, können höhere Störaussendungen zugelassen werden.

- Falls sich die dem Netz inhärente Unsymmetriespannung nicht ändert, kann der Anschluss der unsymmetrischen Anlage so erfolgen, dass die zusätzliche Unsymmetrie zur vorhandenen Unsymmetrie gegensinnig wirkt, höhere Störaussendungen können dann zugelassen werden.

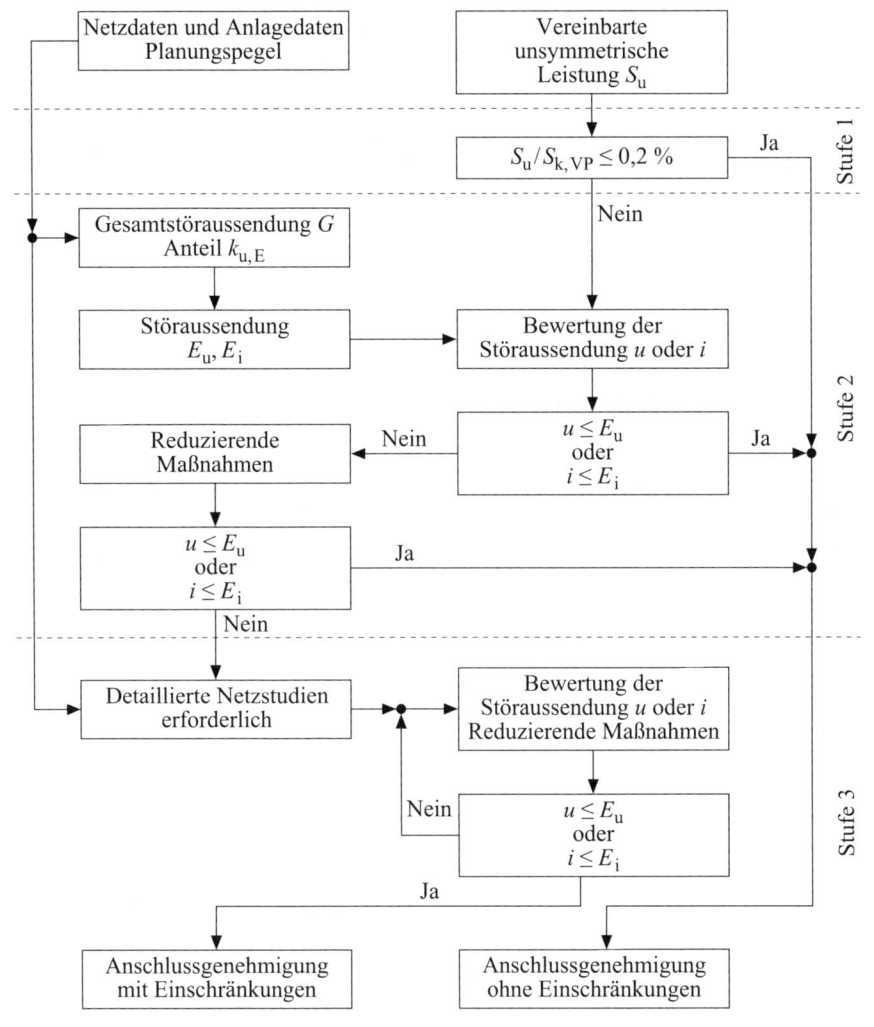

Bild 7.5 Flussdiagramm zur Bewertung des Anschlusses von unsymmetrischen Anlagen an das Mittelspannungsnetz

Allgemein ist festzuhalten, dass eine erhöhte Störaussendung nach Stufe 3 sorgfältig durch Berechnungen, Messungen und betriebliche Überwachung unterstützt werden sollte.

Die grundsätzliche Vorgehensweise zur Bewertung des Anschlusses von unsymmetrischen Lasten und Erzeugungseinheiten an das Mittelspannungsnetz ist in **Bild 7.5** dargestellt.

7.4.6 Bewertung in Hoch- und Höchstspannungsnetzen

Grundsätzlich wird auch für Hoch- und Höchstspannungsnetze die dreistufige Vorgehensweise empfohlen. Wenn das Verhältnis von unsymmetrischer Anlagenleistung S_u zu Kurzschlussleistung $S_{k,VP}$ am Verknüpfungspunkt kleiner als 0,2 % bleibt, siehe Gl. (7.8),

$$\frac{S_u}{S_{k,VP}} \leq 0{,}2\,\% \tag{7.8}$$

kann dem Anschluss generell zugestimmt werden.

Die Bewertung nach Stufe 1 berücksichtigt, ähnlich wie bei der Bewertung des Anschlusses an das Mittelspannungsnetz, das Verhältnis von unsymmetrischer Leistung zur Gesamtlast des Netzes. Da es sich bei Hoch- und Höchstspannungsnetzen meist um vermaschte Netze handelt, muss der Einfluss der unsymmetrischen Last auf die Spannungsunsymmetrien benachbarter Netzknoten berücksichtigt werden. Betrachtet wird die Anordnung für den Netzknoten 1 nach **Bild 7.6**. Die gesamte Leistung, die das Netz versorgen kann, wird zunächst für jeden Netzknoten berechnet, ohne die Lastflüsse zwischen den benachbarten Knoten zu berücksichtigen.

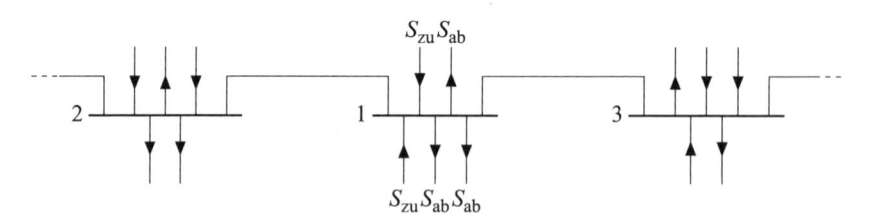

Bild 7.6 Netzanordnung zur Berechnung der im gesamten Netz versorgten Leistung

Die Leistung eines jeden Netzknotens ergibt sich dann nach obiger Betrachtung gemäß Gl. (7.11)

$$S_{\text{t},i} = \sum S_{\text{ab}} \tag{7.11}$$

Der Einfluss der in den Nachbarknoten angeschlossenen unsymmetrischen Lasten auf die Spannungsunsymmetrie eines Knotens, hier Betrachtung von Knoten 1, wird durch Kopplungsfaktoren $K_{\text{u},i-1}$ berücksichtigt, die durch detaillierte Netzuntersuchungen ermittelt werden müssen. Die Gesamtlast des Netzes ergibt sich dann nach Gl. (7.12)

$$S_{\text{HS,ges}} = S_{\text{HS},1} + \sum \left(\left(K_{\text{u},i-1} \right)^{\alpha} \cdot S_{\text{HS},i} \right) \tag{7.12}$$

Die um mit den Kopplungsfaktoren $K_{\text{u},i-1}$ ergänzten Lasten der Nachbarknoten werden nur berücksichtigt, wenn ihr Einfluss signifikant in Bezug auf die Leistung $S_{\text{HS},1}$ des betrachteten Netzknotens ist.

Basierend auf der Ermittlung der Gesamtleistung $S_{\text{HS,ges}}$ kann der Gesamtstörpegel bzw. die Störaussendung des betrachteten unsymmetrischen Verbrauchers berechnet werden.

Für den Gesamtstörpegel $G_{\text{u,HS,MS}}$ gilt Gl. (7.13)

$$G_{\text{u,HS,MS}} = \sqrt[\alpha]{L_{\text{u,HS}}^{\alpha} - \left(T_{\text{EHV,HS}} \cdot L_{\text{u,EHV}} \right)^{\alpha}} \tag{7.13}$$

Mit dem Planungspegel für das Hochspannungsnetz $L_{\text{u,HS}}$, dem Planungspegel $L_{\text{u,EHV}}$ des vorgelagerten Netzes (Höchstspannung), dem Transferfaktor $T_{\text{EHV,HS}}$ zwischen dem vorgelagerten Netz und dem Hochspannungsnetz und dem Exponenten α gemäß Gl. (7.6). Die Ermittlung des Transferkoeffizienten T durch Rechnung oder Messung liegt in der Verantwortung des Netzbetreibers.

Jeder Verbraucher kann nur so viele Störungen $E_{\text{u},i,\text{HS}}$ aussenden, dass er unter Beachtung der stochastischen Streuung und der Überlagerung mit den Störaussendungen anderer Verbraucher nur einen Teil am Gesamtstörpegel $G_{\text{u,HS,MS}}$ verursacht. Dieser Anteil kann durch das Verhältnis seiner Leistung $S_{\text{u},i}$ zur korrigierten Gesamtleistung $S_{\text{HS,ges}}$ nach Gl. (7.12) berechnet werden. Vorhandene Spannungsunsymmetrien des Netzes, z. B. durch unsymmetrische Leitungsimpedanzen, werden durch einen Faktor berücksichtigt. Es gilt Gl. (7.14a)

$$E_{\text{u},i,\text{HS}} = G_{\text{u,HS,MS}} \cdot \sqrt[\alpha]{\frac{S_{\text{u},i}}{S_{\text{HS,ges}}}} \cdot \sqrt[\alpha]{k_{\text{u,E}}} \tag{7.14a}$$

Dabei ist $k_{\text{u,E}}$ der Anteil am Gesamtstörpegel, der den unsymmetrischen Verbraucherlasten der betrachteten Spannungsebene unter Berücksichtigung des Exponenten α zugestanden werden kann. Der dem Netz inhärente Anteil an der

Spannungsunsymmetrie ist mithin der Anteil $(1 - k_{u,E})$. Der Faktor $k_{u,E}$ kann nach Abschnitt 7.4.4 abgeschätzt werden. In der höchsten Spannungsebene EHV wird anstelle des Gesamtstörpegels $G_{u,HS,MS}$ der Planungspegel $L_{u,EHV}$ des Höchstspannungsnetzes nach Gl. (7.14b) berücksichtigt.

$$E_{u,i,EHV} = L_{u,EHV} \cdot \alpha\sqrt{\frac{S_{u,i}}{S_{HS,ges}}} \cdot \alpha\sqrt{k_{u,E}} \tag{7.14b}$$

Kann dem Anschluss nach Stufe 2 nicht zugestimmt werden, so können nach Einzelfallprüfung unter Berücksichtigung besonderer Gegebenheiten des Netzes und der Lasten und Erzeugungseinheiten, wie in Abschnitt 7.4.5 erläutert, auch höhere Störaussendungen (Genehmigung nach Stufe 3) zugelassen werden.

7.5 Beispiele

7.5.1 Bewertung eines unsymmetrischen Verbrauchers im Niederspannungsnetz

Als Beispiel wird eine unsymmetrische, zwischen zwei Leitern angeschlossene Widerstandsheizung in einem 1-kV-Netz betrachtet. Die Kurzschlussleistung am Verknüpfungspunkt betrage $S_{k,VP} = 20$ MVA. Die maximale Leistung der Anlage beträgt $S_{A,max} = 120$ kVA. Es ergibt sich ein Verhältnis $S_{A,max}/S_{k,VP} = 0{,}6\ \%$. Dem Anschluss nach Stufe 1 kann zugestimmt werden, da das Verhältnis $S_A/S_{k,VP} < 0{,}7\ \%$ ist.

7.5.2 Bewertung eines unsymmetrischen Verbrauchers im Mittelspannungsnetz

Ein Elektrofilter mit einer Leistung $S_{A,max} = 2$ MVA soll zwischen den Außenleitern in einem 10-kV-Netz mit einer Kurzschlussleistung am Verknüpfungspunkt $S_{k,VP} = 400$ MVA angeschlossen werden. Die gesamte versorgte Last im Mittelspannungsnetz beträgt $S_{MS} = 10$ MVA.

Dem Anschluss kann nach Stufe 1 nicht zugestimmt werden, da das Verhältnis nach Gl. (7.8) $S_{A,max}/S_{k,VP} = 0{,}5\ \%$ größer als der Grenzwert 0,2 % ist.

Die Bewertung kann gegebenenfalls nach Stufe 2 erfolgen. Unter Berücksichtigung der Planungspegel $L_{u,HS}$ und $L_{u,MS}$ nach Tabelle 7.1, des Transferfaktors $T_{HS,MS}$ nach Tabelle 7.2 und der Netzunsymmetrie $k_{u,E}$ nach Tabelle 7.3

$L_{u,HS} = 1{,}4\ \%$

$L_{u,MS} = 1{,}8\ \%$

$T_{\text{HS,MS}} = 0,95\ \%$

$k_{\text{u,E}} = 0,9$

$\alpha = 1,4$

berechnet sich der Gesamtstörpegel im Mittelspannungsnetz nach Gl. (7.9) zu

$G_{\text{u,MS,NS}} = 0,837\ \%$

Die Störausendung der Last berechnet sich nach Gl. (7.10) zu

$E_{\text{u},i,\text{MS}} = 0,246\ \%$

Wird die Last zwischen den Außenleitern wie erwähnt angeschlossen, so berechnet man mittels der symmetrischen Komponenten, siehe Abschnitt 1.5.3 bzw. Gln. (7.2), die Mit- und die Gegenkomponente der Spannung zu:

$U_1 = 5,7579\ \text{kV}$

$U_2 = 0,0158\ \text{kV}$

und weiter den Unsymmetriefaktor

$u_2 = 0,27\ \%$

Da der von der Last verursachte Unsymmetriefaktor u_2 größer ist als die der Last zugestandene Störaussendung $E_{\text{u,MS}}$, kann dem Anschluss auch nach Stufe 2 nicht zugestimmt werden. Eine Einzelfallbewertung nach Stufe 3 unter Berücksichtigung der tatsächlichen Randbedingungen des Mittelspannungsnetzes könnte u. U. zu einer positiven Bewertung führen.

7.5.3 Spannungsunsymmetrie in einem Industriebetrieb

Am Verknüpfungspunkt eines 0,4-kV-Netzes eines Industriebetriebs wurde die Spannungsunsymmetrie gemäß DIN EN 50160 über eine Woche gemessen. Die Kurzschlussleistung am Verknüpfungspunkt beträgt $S_{\text{k,VP}} = 24\ \text{MVA}$. **Bild 7.7** zeigt den Verlauf der 10-min-Mittelwerte der Unsymmetrie des Stroms und der Spannung. Der Mittelwert der Spannungsunsymmetrie beträgt $k_{\text{U}} = 0,454$, der 95-%-Häufigkeitswert $k_{\text{U}} = 0,584$. Gemäß DIN EN 50160 ist damit die Spannungsqualität hinsichtlich der Unsymmetrie gegeben.

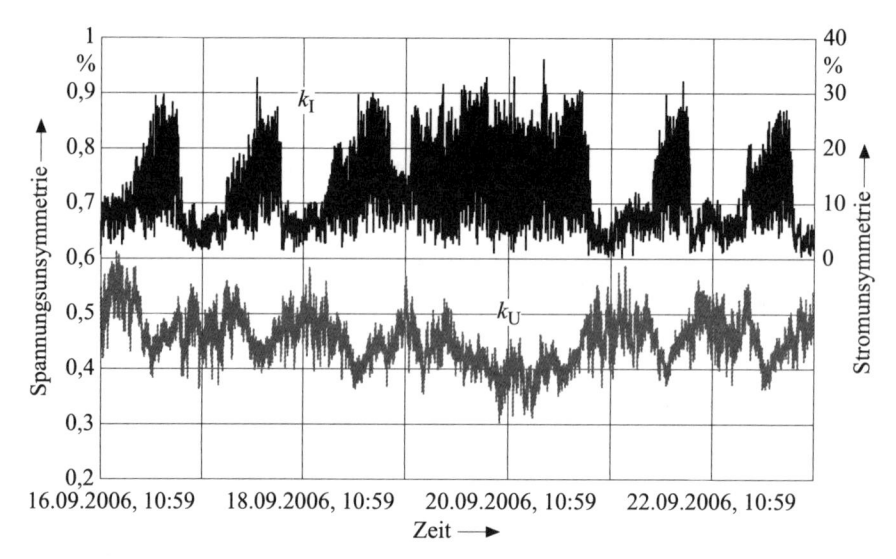

Bild 7.7 Verlauf der 10-min-Mittelwerte der Unsymmetrien von Strom und Spannung am Verknüpfungspunkt eines 0,4-kV-Industrienetzes während einer Woche

Literatur Kapitel 7

[7.1] VDN (D-A-CH-CZ): Technische Regeln zur Beurteilung von Netzrückwirkungen. 2. Aufl. 2007

[7.2] IEC 77A/535/CD: Assessment of emission limits for the connection of unbalanced installations to MV, HV and EHV power systems. IEC Committee-Draft-Report, April 2006

8 Messgeräte und Messverfahren

8.1 Zielsetzung von Messungen

Bei allen Messungen sind die allgemein bekannten Grundlagen der elektrischen Messtechnik und die Unfallverhütungsvorschriften zu beachten. Messungen von Oberschwingungen, Flicker usw. werden mit unterschiedlichen Zielen durchgeführt:

- Messung der Störaussendung von Geräten und Einrichtungen mit dem Ziel, die Übereinstimmung mit den Normen der Reihe DIN EN 61000-3 (VDE 0838) unter Laborbedingungen zu beurteilen (Kapitel 6); verwendet werden z. B. Oberschwingungsmessgeräte oder Flickermeter

- Messung von Spannungsqualitätsmerkmalen im Nieder- oder Mittelspannungsnetz

Messungen von Spannungsqualitätsmerkmalen in Netzen werden durchgeführt zur:

- **Beurteilung von vertraglich vereinbarten Spannungsqualitätsmerkmalen**

Spannungsqualitätsmerkmale können Bestandteil von vertraglichen Vereinbarungen sein. Beispielsweise können in einem Vertrag Eigenschaften der Spannung am Übergabepunkt einer Kundenanlage definiert werden, oder es können die zu erreichenden Ziele, z. B. nach der Installation einer Kompensationsanlage, festgeschrieben werden.

In einem Vertrag sollten nur solche Ziele vereinbart werden, die unter technischen und wirtschaftlichen Gesichtspunkten von allen Vertragsparteien erreicht werden können. Grundlage sollten allgemein anerkannte Richtlinien und/oder Normen der Spannungsqualität sein. Berücksichtigt werden müssen weiterhin Vorschriften und Regelwerke der Netzbetreiber.

Es ist grundsätzlich sicherzustellen, dass die gemessenen Werte der Spannungsqualität den „normalen Netzbetrieb" widerspiegeln. Daten, die während außergewöhnlicher Situationen entstanden sind, bleiben bei der Auswertung unberücksichtigt.

Außergewöhnliche Situationen sind:

- außergewöhnliche Wettersituationen
- Störungen durch Dritte
- Maßnahmen der Behörden
- Arbeitskampfmaßnahmen

- höhere Gewalt
- Versorgungsengpässe als Ergebnis äußerer Einflüsse

Die Angaben in dem Vertrag sollten u. a. enthalten:

- das Zeitintervall der Messung
- die zu messenden Merkmale der Spannungsqualität
- den (elektrischen) Messpunkt, an dem die Messgeräte angeschlossen werden sollen, z. B. Klemmenbezeichnung
- die elektrischen Eigenschaften des Messpunkts, z. B. die Kurzschlussleistung
- den Netzimpedanzwinkel; ggf. auch den Schaltzustand des Netzes; es sollte vereinbart werden, wie diese Daten ermittelt und nachgeprüft werden können; gerade im Streitfall werden die Angaben des jeweils anderen Vertragspartners oft bezweifelt
- die Anwendung von bestimmten Messverfahren sowie die Messunsicherheit, die in den entsprechenden Normen angegeben ist
- die Anschlussart der Messeinrichtung (z. B. Außenleiter–Neutralleiter oder zwischen zwei Außenleitern)
- die Wahl der Anschlussart sollte mit der Art des Versorgungs-Anschlusses übereinstimmen oder sich aus einer gemeinsamen Entscheidung der beteiligten Parteien her ergeben; in Niederspannungsnetzen wird immer die Außenleiter-Neutralleiter-Spannung, in Mittel- und Hochspannungsnetzen dagegen die Spannung zwischen den Außenleitern gemessen
- Vereinbarungen darüber, ob markierte Daten nach DIN EN 61000-4-30 (VDE 0847-4-30) (Abschnitt 8.3) von der Auswertung ausgeschlossen werden sollten; dies ist in der Regel zu empfehlen

Der Vertrag sollte auch die Behandlung von Unstimmigkeiten, z. B. betreffend der Interpretation der Messergebnisse, regeln. In diesem Falle sollte ein von den Vertragsparteien anerkannter Gutachter benannt werden.

Die in dem Vertrag genannten Angaben, die die Messergebnisse beeinflussen können, sollten nachprüfbar sein; ggf. sind Mess- oder Berechnungsverfahren zur Ermittlung der Basisdaten zu vereinbaren und zu spezifizieren. Beispielsweise ist die Kurzschlussleistung eine wichtige Größe (Abschnitt 2.5). Es muss von den Vertragsparteien ein Verfahren zur Bestimmung der Kurzschlussleistung akzeptiert sein.

In dem Vertrag müssen die Kriterien und Verfahren zur Auswertung der Messergebnisse angegeben werden.

Die Spannungsqualität wird durch einen direkten Vergleich der Messwerte mit den in dem Vertrag vorgegebenen Grenzwerten (vertragliche Werte) beurteilt. Messfehler werden nicht berücksichtigt.

Die Spannungsqualitäts-Merkmale weisen Variationen zwischen Werktagen und Wochenenden auf. Deshalb ist die Messung über einen Zeitraum von mindestens einer Woche (oder über eine ganzzahlige Wochenanzahl) durchzuführen. Es ist jedoch sicherzustellen, dass, sofern nichts anderes vereinbart wurde, normale Netz- und Lastverhältnisse vorliegen. Insbesondere bei angekündigten Abnahmeprüfungen besteht die Gefahr, dass durch Eingriffe in den Prozess zu günstige Messwerte ermitteltet werden.

Für die Beurteilung der gemessenen Werte könnten die folgenden Verfahren zwischen den Parteien vereinbart werden:

- die Anzahl oder der Prozentwert von Werten, die während des Messintervalls vertraglich vereinbarte Werte überschreiten, könnten gezählt werden

- ein Wahrscheinlichkeitswert von 99 % (oder eine andere Prozentzahl), ermittelt über ein einwöchiges Messintervall, könnte mit den vertraglich vereinbarten Werten verglichen werden

- **Beurteilung der Störaussendung von Nieder-, Mittel- und Hochspannungsanlagen**

    In diesem Falle sind Netzmessungen am Verknüpfungspunkt VP erforderlich. Normativ ist der Verknüpfungspunkt VP die dem betrachteten Verbraucher am nächsten gelegene Stelle im öffentlichen Netz, an dem weitere Kunden des öffentlichen Netzes angeschlossen sind oder angeschlossen werden können. In einigen Fällen kann eine Messung auch an der Übergabestelle erfolgen.

    Das Messgerät wird entweder direkt oder bei Messungen im Mittel- oder Hochspannungsnetz über einen Spannungswandler angeschlossen. Die Abbildungstreue der eingesetzten Wandler ist zu berücksichtigen.

    Bei der Beurteilung der Störaussendung einer einzelnen Anlage am Netz ist der Hintergrundpegel rechnerisch zu eliminieren.

- **Störaufklärung**

    Netzmessungen werden häufig mit dem Ziel einer Störaufklärung durchgeführt. In diesem Fall sind genaue Kenntnisse der aktuellen Netzkonfiguration und der Gesetzmäßigkeiten von Erzeugung und Verteilung von Oberschwingungen und Flicker im Netz erforderlich.

Ergänzend sollen noch einige Gesichtspunkte für den Aufbau eines Messprotokolls aufgezeigt werden. Das Protokoll gliedert sich in folgende Punkte:

- Veranlassung der Messung

  Es soll kurz der Grund für die Messung angegeben werden, z. B. Routinemessung, Messung aufgrund von vorliegenden Beschwerden (Wann? Wo? Von wem? Äußere Einflüsse?, usw.).

- Beschreibung des Messpunkts

  Der elektrische Anschlusspunkt sollte eindeutig angegeben werden, z. B. genaue Klemmenbezeichnung. Die elektrischen Eigenschaften des Messpunkts, z. B. Kurzschlussleistung, Netzimpedanz und Netzimpedanzwinkel sollten nachvollziehbar angegeben werden, ggf. mit der zum Messzeitpunkt vorhandenen Netzkonfiguration (Schaltzustände, Einspeiseleistung, ggf. kurzzeitige Sonderschaltung mit Angabe der Zeit). Ziel ist es, auch nach Jahren die aufgenommenen Messwerte interpretieren und mit evtl. neueren Messungen vergleichen zu können.

- Beschreibung der verwendeten Messmittel

  Es sollten alle verwendeten Messmittel wie Wandler (auch Einbauwandler) individuell identifizierbar sein. Die wesentlichen Beeinflussungsgrößen, wie z. B. Genauigkeit, Frequenzgang, Auflösung sowie die Umgebungsbedingungen sollten festgehalten werden. Alle notwendigen Kalibrierprotokolle sollten verfügbar sein. In keinem Falle darf eine an sich technisch einwandfreie Messung nur deswegen angreifbar sein, weil möglicherweise Formfehler eine Rolle gespielt haben.

- Beschreibung der verwendeten Mess- und Auswerteverfahren

  Oftmals entstehen Messwerte in einer Kombination von Erfassung und rechnerischer Auswertung. Die verwendeten Auswerteverfahren sind, sofern sie nicht in Normen vorgegeben sind, insoweit zu spezifizieren, dass alle den Messwert beeinflussenden Parameter genau erfasst werden. Möglicherweise spielen Zeitfenster oder die Festlegung einer Bezugsgröße eine entscheidende Rolle. Messergebnisse setzen sich aus einem oder mehreren (fehlerbehafteten) Messwerten zusammen. Die kumulativen Fehler sind zu ermitteln und anzugeben.

- Darstellung der Messergebnisse

  Die Darstellung der Messergebnisse in einer Tabelle oder einem Diagramm sollte so erfolgen, dass auf dem ersten Blick erkennbar ist, was, wann, wo und wie gemessen wurde. Es kann nicht sinnvoll sein, wenn der Leser des Protokolls erst mehrere Seiten suchend durchlesen muss, um zu erfahren, dass in einem Bild der 1-min-p_{st}-Wert der Messung am Anschlusspunkt A3.71 dargestellt wurde.

8.2 Oberschwingungsmessverfahren – DIN EN 61000-4-7 (VDE 0847-4-7)

Die DIN EN 61000-4-7 (VDE 0847-4-7) beschreibt ein Messverfahren zur Ermittlung von Oberschwingungen in Stromversorgungsnetzen und bei der Geräteprüfung. Es basiert auf der Fourieranalyse, einem mathematischen Verfahren zur Zerlegung einer periodischen Zeitfunktion in einzelne Frequenzanteile. Im Hinblick auf die Messtechnik sind einige Ergänzungen erforderlich, die an dieser Stelle jedoch nur im Überblick angesprochen werden können.

Periodische Signale können in eine Fourierreihe mit einzelnen diskreten Spektrallinien entwickelt werden. Für nicht periodische Signale existiert die Fourierreihe nicht. An dieser Stelle werden nur impulsförmige Zeitverläufe betrachtet. Die Fouriertransformation bietet hier die Möglichkeit, eine impulsförmige Zeitfunktion, z. B. einen Rechteckimpuls, in den Frequenzbereich $\underline{F}(\omega)$ abzubilden. Eine impulsförmige Zeitfunktion hat nur innerhalb eines begrenzten Zeitintervalls einen von null verschiedenen Wert.

Die Frequenzfunktion $\underline{F}(\omega)$ ist das kontinuierliche Spektrum der Zeitfunktion.

Die Fouriertransformation ist definiert durch

$$\underline{F}(\omega) = \int_{-\infty}^{+\infty} f(t)\, e^{-j\omega t}\, dt \tag{8.1}$$

Sie liefert für eine gerade Zeitfunktion ein reelles, für eine ungerade Zeitfunktion ein imaginäres Spektrum. Für den gegebenen Rechteckimpuls $w(t)$ ist die Fouriertransformierte zu bestimmen.

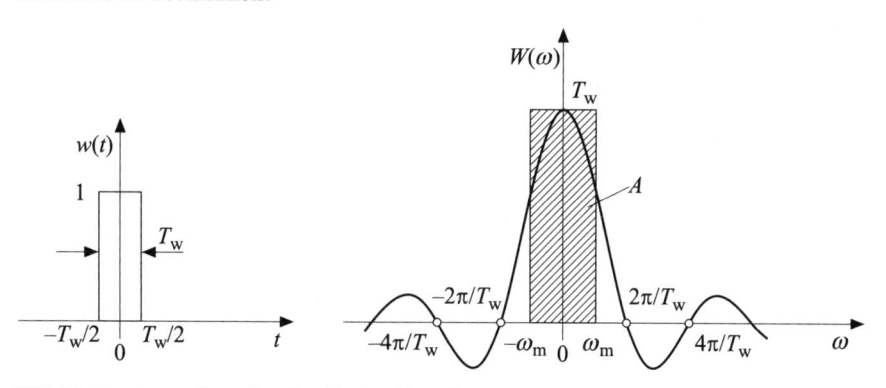

Bild 8.1 Fouriertransformation eines Rechteckimpulses

Die Zeitfunktion $w(t)$ ist gerade, d. h., die Fouriertransformierte $W(\omega)$ ist reell, d. h.

$$W(\omega) = \int_{-\infty}^{+\infty} w(t)\,e^{-j\omega t}\,dt = \int_{-T_W/2}^{+T_W/2} 1 \cdot e^{-j\omega t}\,dt$$

$$= \frac{1}{-j\omega} e^{-j\omega t}\bigg|_{-T_W/2}^{+T_W/2} = \frac{1}{-j\omega}\left[e^{-j\omega T_W/2} - e^{j\omega T_W/2}\right]$$

$$= \frac{2}{\omega}\sin(\omega T_W/2) = T_W\,\frac{\sin(\omega T_W/2)}{\omega T_W/2} = T_W\,\mathrm{Si}\,(\omega T_W/2) \qquad (8.2)$$

bzw.

$$W(f) = T_W\,\mathrm{Si}(\pi f T_W) \qquad (8.3)$$

Die Funktion $\mathrm{Si}(x) = \sin(x)/x$ wird Spaltfunktion genannt. Das Integral der Spaltfunktion liefert:

$$\int_{-\infty}^{\infty} \mathrm{Si}(x)\,dx = \pi \qquad (8.4)$$

Damit erhält man mit

$$\int_{-\infty}^{+\infty} T_W\,\mathrm{Si}(\omega T_W/2)\,d\omega = T_W\,\frac{2}{T_W}\,\pi = A = 2\,T_W\,\omega_m \qquad (8.5)$$

die Fläche unter der Spaltfunktion, die einer gleich großen äquivalenten Rechteckfläche A entsprechen soll.

Daraus folgt:

$$T_W\,\omega_m = \pi \quad\text{bzw.}\quad T_W f_m = 0{,}5 \qquad (8.6)$$

Dieses Ergebnis ist für symmetrische Zeitfunktionen allgemein gültig:
Das Produkt aus mittlerer Impulsbreite und mittlerer Frequenzbandbreite ist gleich π.

Definiert man mit

$$\Delta f = 2 f_m \qquad (8.7)$$

die Bandbreite, dann gilt

$$T_W \Delta f = 1 \tag{8.8}$$

Die Bandbreite bestimmt die spektrale Auflösung. Die Fensterbreite T_W und die spektrale Auflösung Δf stehen in einem festen Zusammenhang zueinander.

Beispiele:

$T_W = 320$ ms $\rightarrow$ $\Delta f = 1/0{,}32$ s $= 3{,}125$ Hz

$T_W = 160$ ms $\rightarrow$ $\Delta f = 1/0{,}16$ s $= 6{,}250$ Hz

$T_W = 200$ ms $\rightarrow$ $\Delta f = 1/0{,}20$ s $= 5{,}000$ Hz

Es ist unmöglich, in einem endlichen Beobachtungsintervall beliebig dicht beieinander liegende Spektrallinien zu beobachten. Diese Aussage ist als Unschärfenrelation bekannt.

Für Oberschwingungsmessgeräte wird $T_W = 200$ ms vorgeschlagen.

In der Praxis kann nur ein endlicher Signalausschnitt ausgewertet werden. Mathematisch gesehen, ist dies die Multiplikation des Zeitsignals $x(t)$ mit einer Rechteckfunktion $W(T_W)$.

$$x_W(t) = x(t)\, W(T_W)$$

mit (8.9)

$$W(T_W) = \begin{cases} 1 \text{ für } 0 \le t \le T_W \\ 0 \text{ sonst} \end{cases}$$

$W(T_W)$ wird als Zeitfenster oder als Fensterfunktion bezeichnet. T_W ist die Fensterlänge. Die obige Fensterfunktion wird Rechteckfenster genannt. Das Rechteckfenster hat im gesamten Bereich dasselbe Gewicht. DIN EN 61000-4-7 (VDE 0847-4-7) schreibt die Verwendung eines Rechteckfensters verbindlich vor.

Das Amplitudenspektrum eines gefensterten Zeitsignals lässt sich durch Anwendung des Multiplikationssatzes der Fouriertransformation berechnen.

$$x_W(t) = W(t)\, x(t) \quad \Rightarrow \quad \underline{S}_W(f) = \underline{W}(f) * \underline{S}(f) \tag{8.10}$$

Die Auswertung des Faltungsprodukts und anschließende Betragsbildung liefern für eine Frequenzkomponente $f = f_0$:

$$\left|\underline{S}_W(f)\right| = \left|\frac{\sin(\pi T_W (f + f_0))}{2\pi (f + f_0)}\right| \tag{8.11}$$

Durch die Zeitfensterung, d. h. durch die Beschränkung des Integrationsintervalls auf eine endliche Länge, verliert die Fouriertransformation ihre unendlich hohe Selektivität (**Bild 8.2**).

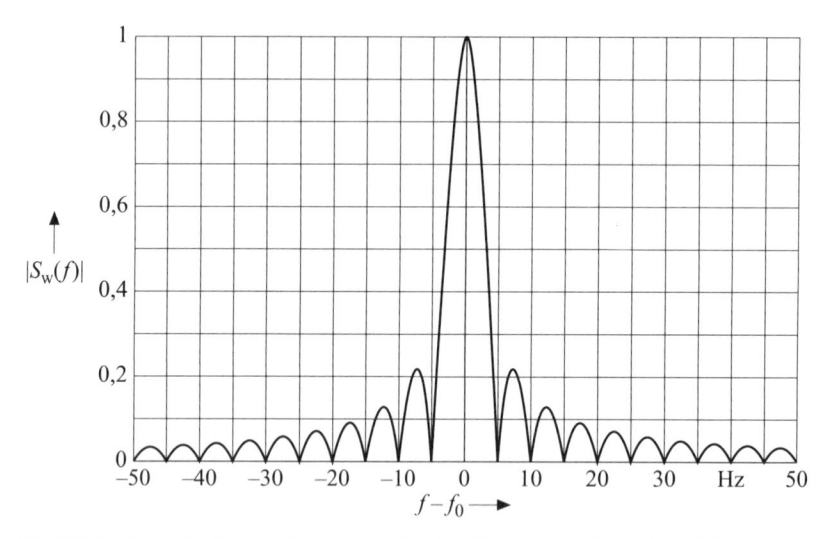

Bild 8.2 Spektrum der Frequenzkomponente f_0 bei endlicher Fensterlänge T_W = 200 ms

Der Betrag von $W(f)$ stellt die Selektionscharakteristik der Rechteckfensterfunktion für die Frequenz f_0 dar. **Bild 8.3** zeigt, dass neben der Hauptfrequenz $f = f_0$ Nebenfrequenzen auftreten. Betrachtet man zunächst nur die Maxima der Nebenfrequenzen, dann erkennt man, dass die Dämpfung mit zunehmendem Abstand von der Messfrequenz f_0 zunimmt. Weiterhin treten an den Stellen $f_0 + n/T_W$ mit n = 1, 2, 3, ... Dämpfungspole mit hoher Dämpfung auf. Theoretisch könnten unter bestimmten Voraussetzungen (ganzzahlige Anzahl von Vollschwingungen innerhalb des Zeitfensters) die Nebenfrequenzen vollständig unterdrückt werden. Der Dämpfungsabfall in der Nähe der Dämpfungspole ist allerdings sehr steil, sodass Schwankungen der Netzfrequenz zu einer erheblich geringeren Dämpfung führen würden. Es ist daher nötig, die Fensterlänge der Netzfrequenz anzupassen, zu synchronisieren. Zwischenharmonische liegen zwischen den Dämpfungspolen; sie werden daher mit einer geringeren Dämpfung unterdrückt. Fremde Frequenzen führen durch das nicht ideale Selektionsverhalten des Rechteckfensters zu einem „Übersprechen". Die Weitabdämpfung für $f - f_0 >$ 50 Hz liegt in der Größenordnung von 30 dB.

Die vorstehenden Überlegungen bezogen sich auf zeitkontinuierliche, periodische Signale. In modernen Messgeräten werden digitale Verfahren bevorzugt, anstelle der kontinuierlichen Fouriertransformation wird die diskrete Fouriertransformation (DFT) angewandt. Dazu ist eine Zeitdiskretisierung des Messsignals erforderlich.

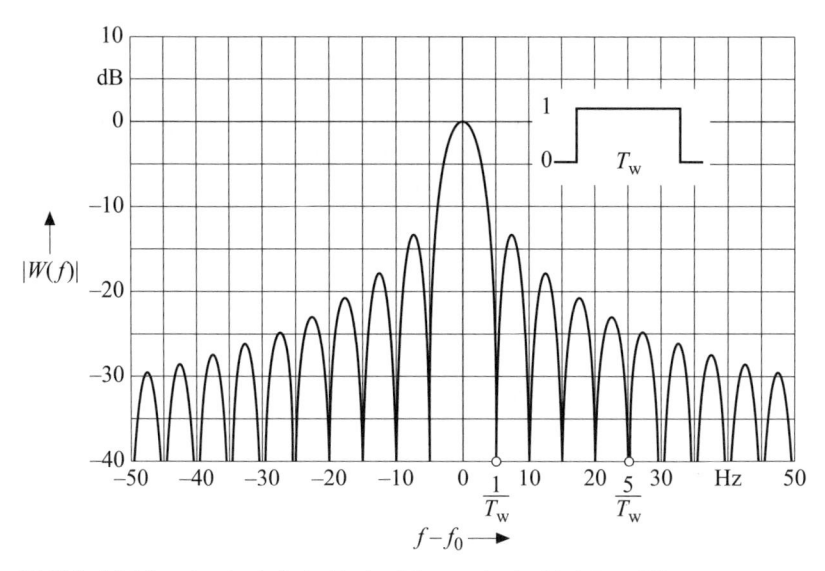

Bild 8.3 Selektionscharakteristik des Rechteckfensters für $f = f_0$ bei $T_W = 200$ ms

Dies wird durch eine Signalabtastung erreicht. Technisch ausgeführte Messgeräte besitzen deswegen einen Analog-Digital-Wandler, der den Funktionswert des Eingangssignals, z. B. des Netzstroms, ermittelt; das Eingangssignal wird in äquidistanten Zeitabschnitten T abgetastet.

Damit der Abtastwertesatz die vollständige Frequenzinformation des analogen Messsignals enthält, muss die Abtastfrequenz f_a mindestens doppelt so hoch sein wie die höchste Frequenzkompenente f_0 im Messsignal. Diese Aussage wird als Abtasttheorem von Shannon bezeichnet.

Abtasttheorem

Ein beliebiges bandbegrenztes kontinuierliches Signal $x(t)$ mit der Grenzfrequenz f_g lässt sich nur dann aus der Abtastfolge $x(nT)$ zurückgewinnen, wenn die Abtastfrequenz $f_a = 1/T > 2 f_g$ ist.

In technisch ausgeführten Geräten wird die Bandbegrenzung des Messsignals durch Vorschalten eines Tiefpassfilters mit einer Dämpfung > 50 dB für Frequenzen $> f_a/2$ (Antialiasing-Filter) erzwungen.

Die Diskrete Fouriertransformation (DFT) $\widetilde{\underline{F}}(j\omega)$ besitzt zunächst die gleichen Eigenschaften wie die kontinuierliche Fouriertransformation, sie ist jedoch zusätzlich über ω mit der Periode $2\pi/T$ periodisch, d. h. es gilt

$$\tilde{\underline{F}}(j\omega) = \tilde{\underline{F}}\left(j\omega + j\frac{2\pi}{T}\right)$$

Bild 8.4 zeigt im Vergleich das Spektrum der kontinuierlichen und der diskreten Fouriertransformation. Im Falle der diskreten Fouriertransformation wird das kontinuierliche Spektrum periodisch wiederholt. Bild 8.4 zeigt, dass bei $f_a > 2 f_g$ das Spektrum im Bereich $f < f_g$ eindeutig ist. Dieser Bereich wird als Auswertebereich bezeichnet. Für $f_a < f_g$ überlagern sich die Spektren, eine Trennung ist nicht möglich.

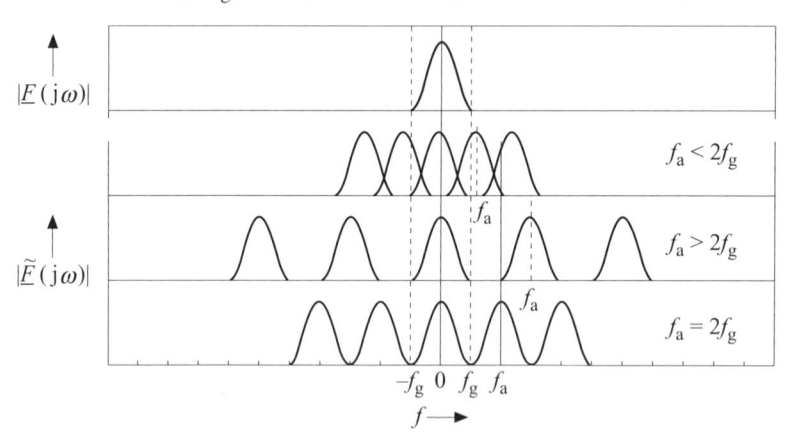

Bild 8.4 Vergleich kontinuierliches $|\underline{F}(j\omega)|$ und diskretes Spektrum $|\tilde{\underline{F}}(j\omega)|$

In der Praxis kann die DFT nur aus einer endlichen Anzahl von Abtastwerten x_n ermittelt werden. Bei gegebener Abtastfrequenz f_a bestimmt die Anzahl der Abtastwerte N die Länge des Zeitfensters. Damit lassen sich die folgenden Beziehungen zusammenfassen:

$$f_a = \frac{1}{T} \tag{8.12}$$

$$f_a > 2 f_g \tag{8.13}$$

$$T_W = N \cdot T = \frac{N}{f_a} \tag{8.14}$$

$$\Delta f = \frac{1}{T_W} = \frac{f_a}{N} \tag{8.14}$$

In **Bild 8.5** ist die DFT einer Schwingung endlicher Länge mit der Frequenz f_0 dargestellt. Man erkennt auch hier, dass neben der Frequenzkomponente f_0 weitere Frequenzen auftreten. Diese Nebenfrequenzen sind dann in der Auswertung nicht sichtbar, wenn die zusätzlichen Frequenzen auf die Nullstellen von $W(f)$ fallen. Dies ist für $f - f_0 = n/T_W$ mit $n = 1, 2, 3, \ldots$ der Fall, d. h., innerhalb eines Zeitfensters muss sich eine ganzzahlige Anzahl von Vollschwingungen befinden.

Beispiel: $T_W = 200$ ms, $f_0 = 50$ Hz → zehn Vollschwingungen. Deswegen muss das Zeitfenster auf den Nulldurchgang der Spannung synchronisiert werden. Dies wird mit einem entsprechenden Regelkreis (PLL) erreicht. Daraus folgt jedoch, dass die tatsächliche Länge des Zeitfensters von der Frequenz des Messsignals abhängig ist. Da die Frequenz in öffentlichen Netzen nicht immer exakt 50 Hz ist, ist die Länge des Zeitfenster $T_W \approx 200$ ms. Für zwischenharmonische Frequenzen ist diese Bedingung nicht erfüllt. In diesem Falle sind die zusätzlichen Frequenzen sichtbar. Man bezeichnet diesen Fehler als „Abbruchfehler" und spricht von einem „Ausfließen" des Spektrums.

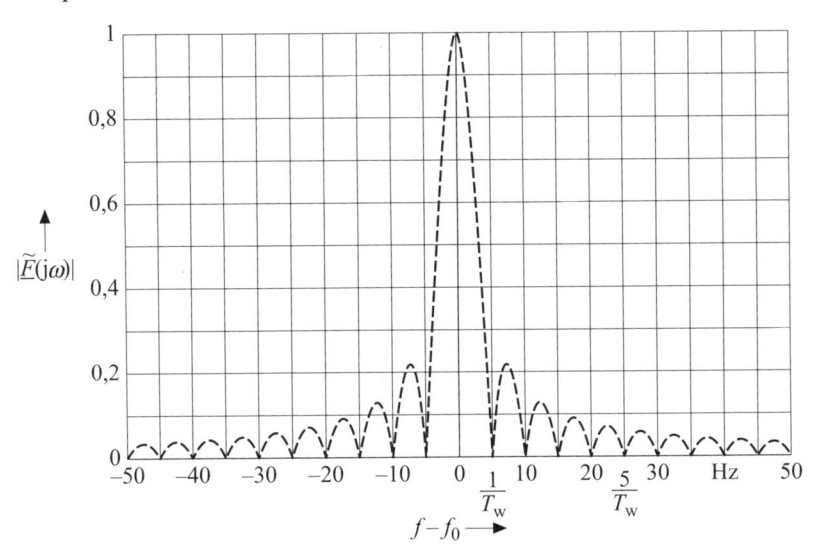

Bild 8.5 Spektrum einer Schwingung mit der Frequenz $f = f_0$, DFT aus N Abtastwerten, $T_W = N\,T$

Man kann zeigen, dass die DFT als Abtastung des Spektrums einer kontinuierlichen Fouriertransformation angesehen werden kann. Mittels der DFT wird eine komplexwertige Folge von Fourierkoeffizienten berechnet, die nach Aufspalten in Real- und Imaginärteil eine entsprechende Beziehung zu den Fourierkoeffizienten a_v und b_v für kontinuierliche Signale ergeben (DIN EN 61000-4-7 (VDE 0847-4-7)):

$$f(t) = c_0 + \sum_{v=1}^{\infty} c_v \sin\left(\frac{v}{N}\omega_1 t + \varphi_v\right) \tag{8.16}$$

mit

$$c_v = \sqrt{a_v^2 + b_v^2}$$

$$C_v = \frac{c_v}{\sqrt{2}} \qquad (8.17)$$

$$\varphi_v = \arctan\left(\frac{a_v}{b_v}\right)$$

v Ordnungszahl

N Anzahl der Grundschwingungsperioden innerhalb des Rechteckfensters

c_v Amplitude der Frequenzkomponente mit $(v/N)f_1$; C_v zugehöriger Effektivwert

c_0 Gleichanteil

In DIN EN 61000-4-7 (VDE 0847-4-7) wird die Amplituden-Phasenform der Fourierreihe als Sinusreihe verwendet. Es ist zu beachten, dass in der Netzwerktheorie die Cosinusreihe Verwendung findet; die Phasenwinkel sind in beiden Reihen unterschiedlich.

In der Praxis spielt die Echtzeitfähigkeit der DFT eine bedeutende Rolle. Die Auswertung der Summenformel führt zu einer großen Anzahl komplexer Multiplikationen. Es ist daher notwendig, die Anzahl der Multiplikationen zu verringern. Prinzipiell lassen sich mehrere Maßnahmen durchführen:

- Ausnutzung der Kreissymmetrie der komplexen e-Funktion
- geeignetes Aufspalten der Summe in Teilsummen

Insbesondere die zweite Maßnahme führt zu schnellen, effizienten Algorithmen, siehe Cooley/Tukey-Algorithmus. Diese schnelle Fouriertransformation wird auch als FFT (fast fourier transform) bezeichnet. Voraussetzung ist allerdings, dass N eine Zweierpotenz ist.

Beispiel: Oberschwingungsanalyse bis $v = 40$, geforderte Auslösung $\Delta f = 5$ Hz

$f_g = 2$ kHz

$T_W = 1/\Delta f = 1/5$ Hz $= 200$ ms $\rightarrow$ 10×50-Hz-Vollschwingungen

$f_a = 10\,240$ Hz (gewählt) $> 2f_g$

$N = f_a/\Delta f = 10\,240$ Hz$/5$ Hz $= 2\,048 = 2^{11}$

Ein Analog-Digital-Wandler löst einen Messwert in einzelne Messquanten auf. Die Auflösung wird in „Bit" angegeben – 12 bit bedeutet $2^{12} = 4\,096$ Stufen. Bei einem Eingangsspannungsbereich von z. B. ±10 V entspricht einer „Stufe" ein Spannungssprung von 20 V/4 096 ≈ 5 mV. Es ist zu beachten, dass eine Angabe „16-bit-A/D-Wandler" nichts über die Genauigkeit des Geräts aussagt. Es treten zusätzliche Fehler im Wandler und im Analogteil des Messgeräts auf.

Die DIN EN 61000-4-7 (VDE 0847-4-7) legt Genauigkeitsforderungen an Oberschwingungsmessgeräte fest. Es werden zwei Genauigkeitsklassen festgelegt. Die Fehlerangaben gelten für einfrequente konstante Messsignale.

Klasse	Messgröße	Bedingung	Höchstwert des Fehlers
I	Spannung	$U_m \geq 1\ \%\ U_N$ $U_m < 1\ \%\ U_N$	$5\ \%\ U_m$ $0{,}05\ \%\ U_N$
I	Strom	$I_m \geq 3\ \%\ I_N$ $I_m < 3\ \%\ I_N$	$5\ \%\ I_m$ $0{,}15\ \%\ I_N$
II	Spannung	$U_m \geq 3\ \%\ U_N$ $U_m < 3\ \%\ U_N$	$5\ \%\ U_m$ $0{,}15\ \%\ U_N$
II	Strom	$I_m \geq 10\ \%\ I_N$ $I_m < 10\ \%\ I_N$	$5\ \%\ I_m$ $0{,}5\ \%\ I_N$

Tabelle 8.1: Genauigkeitsanforderungen DIN EN 61000-4-7 (VDE 0847-4-7)
U_m, I_m sind die Messwerte
U_N, I_N sind die Nenneingangsbereiche des Geräts

Die maximale Abweichung für ein Klasse-I-Gerät ist in **Bild 8.6** am Beispiel der Strommessung dargestellt.

Zusätzlich ist die Wirkleistung (ohne Gleichanteil) zu ermitteln.

Die Wirkleistung wird aus den Fourierkoeffizienten bestimmt und geglättet.

Klasse	Messgröße	Bedingung	Höchstwert des Fehlers
I	Leistung	$P_m \geq 150\ \text{W}$ $P_m < 150\ \text{W}$	$\pm 1\ \%\ P_m$ $\pm 1{,}5\ \text{W}$

Tabelle 8.2: Genauigkeitsanforderungen für die Leistungsmessung nach DIN EN 61000-4-7

Klasse-I-Messgeräte werden verwendet, wenn genaue Messungen, z. B. zur Überprüfung der Einhaltung von Normen oder für vertragliche Zwecke, erforderlich sind. Klasse-II-Messgeräte werden für Überblicksmessungen, für Störaufklärungen oder für statistische Belange eingesetzt.

Bild 8.7 zeigt das Blockschaltbild eines Oberschwingungsmessgeräts. Am Ausgang 1 stehen nach jedem Zeitfenster die Fourierkoeffizienten zur Verfügung. Oberschwingungsmessgeräte messen meist bis zur 40. Ordnung. Dies bedeutet, dass nach jedem Rechenzyklus, d. h. für jedes Zeitfenster der Länge $T_W \approx 200$ ms, 40 Spektrallinien c_v ermittelt werden. Für stationäre Oberschwingungen ergeben sich für

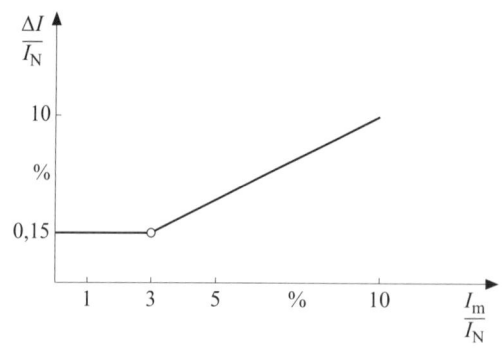

Bild 8.6 Maximale Abweichungen für ein Klasse-I-Gerät – Strommessung

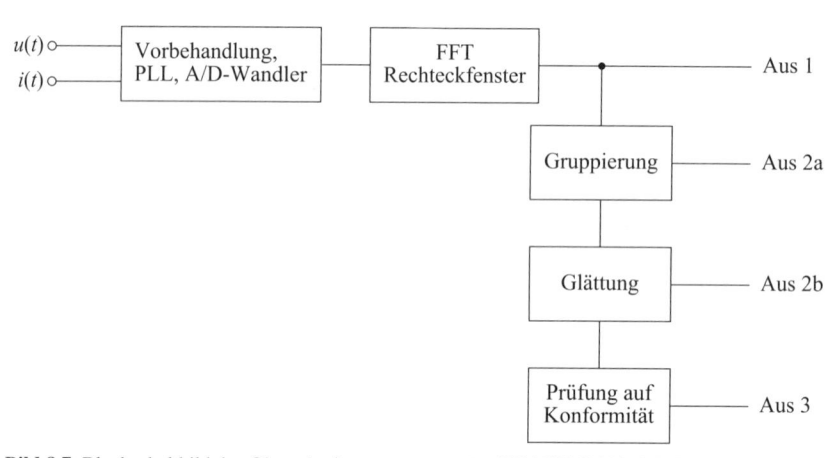

Bild 8.7 Blockschaltbild des Oberschwingungsmessgeräts, DIN EN 61000-4-7 (VDE 0847-4-7)

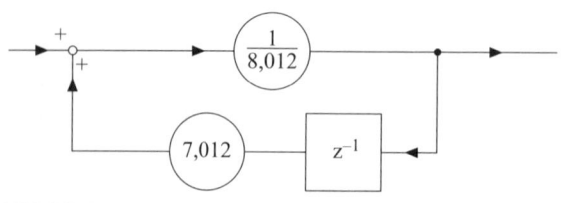

Bild 8.8 Glättungsfilter

jedes Zeitfenster gleichgroße Werte c_v. Die einzelnen Spektralanteile werden gruppiert (Ausgang 2a) und anschließend mit einem digitalen „Filter", entsprechend einem analogen Filter mit der Zeitkonstante $\tau = 1{,}5$ s geglättet (**Bild 8.8**, Ausgang 2b).

Das Gruppierungsverfahren berücksichtigt die Tatsache, dass bei zeitlich veränderlichen Oberschwingungen zusätzliche Spektralanteile auftreten. Nach dem Parseval'schen Theorem

$$\int_{-\infty}^{\infty} |x(t)|^2 \, dt = \int_{-\infty}^{\infty} |X(f)|^2 \, df \qquad (8.18)$$

sind die Energie im Zeitsignal und die Energie im Spektrum gleich groß.

Daraus folgt, dass die Energie einer Oberschwingung G sich durch „Aufsummieren" der Energieinhalte der Spektrallinie C der Oberschwingung und der dazu benachbarten Spektrallinien ergibt; man spricht von Gruppierung (**Bild 8.9**). Der Effektivwert beträgt:

$$G_{g,v} = \sqrt{\frac{C_{k-5}^2}{2} + \sum_{i=-4}^{4} C_{k+i}^2 + \frac{C_{k+5}^2}{2}} \qquad (8.19)$$

G steht als Synonym für U oder I.

Das Gruppierungsverfahren wird in der Norm DIN EN 61000-4-7 (VDE 0847-4-7): 2004 erstmalig vorgeschlagen.

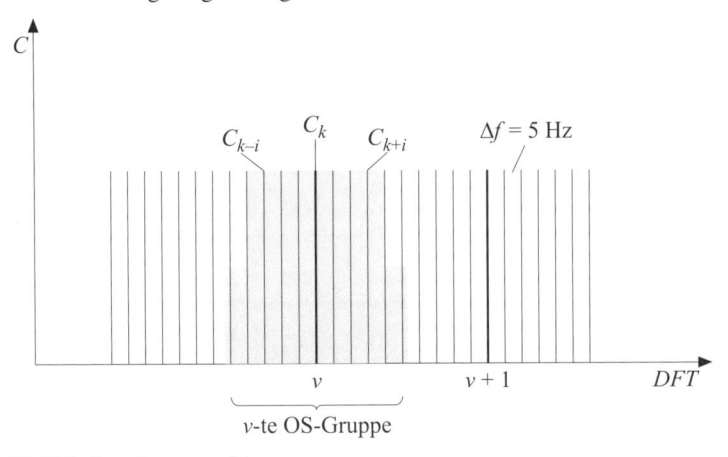

Bild 8.9 Gruppierungsverfahren

Das Gruppierungsverfahren ordnet alle Spektrallinien den Oberschwingungen zu. Da zwischen zwei Oberschwingungen neun Spektrallinien liegen, sind jeweils 4 $^1/_2$ Spektrallinien links und rechts einer Oberschwingung zu gruppieren. Dieses Gruppierungsverfahren ist zur Ermittlung der Oberschwingungsströme nach DIN EN 61000-3-2 (VDE 0838-2) verbindlich vorgeschrieben.

In **Bild 8.10a** ist als Beispiel ein Stromverlauf der Frequenz 250 Hz dargestellt, der sich sprungförmig ändert. Aus dem zugehörigen Spektrum (**Bild 8.10b**) erkennt man, dass neben einer Frequenzkomponente mit 250 Hz weitere Zwischenharmonische vorhanden sind. Der Effektivwert des Stroms (Sollwert) errechnet sich zu:

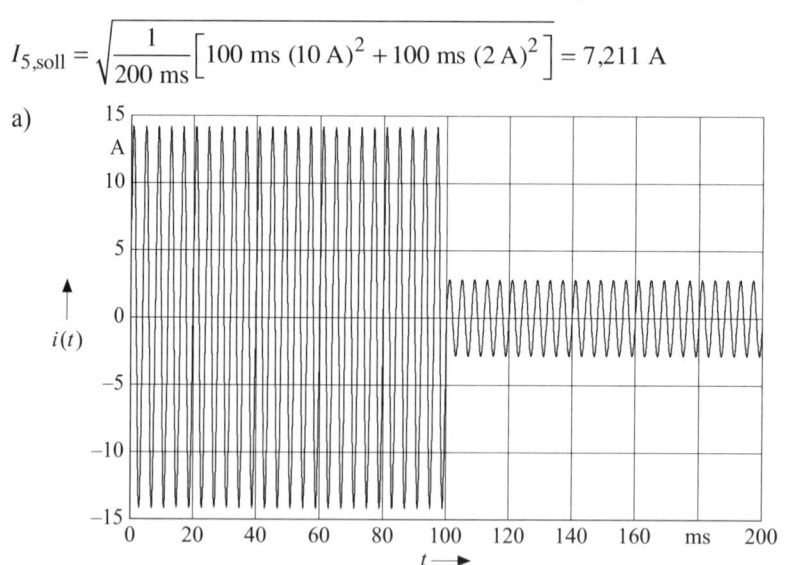

$$I_{5,\text{soll}} = \sqrt{\frac{1}{200 \text{ ms}} \left[100 \text{ ms } (10 \text{ A})^2 + 100 \text{ ms } (2 \text{ A})^2 \right]} = 7{,}211 \text{ A}$$

a)

Bild 8.10a Strom der Frequenz 250 Hz, der sich sprungförmig innerhalb des DFT-Zeitfensters verändert, (0–100) ms: $I_5 = 10$ A; (100–200) ms: $I_5 = 2$ A

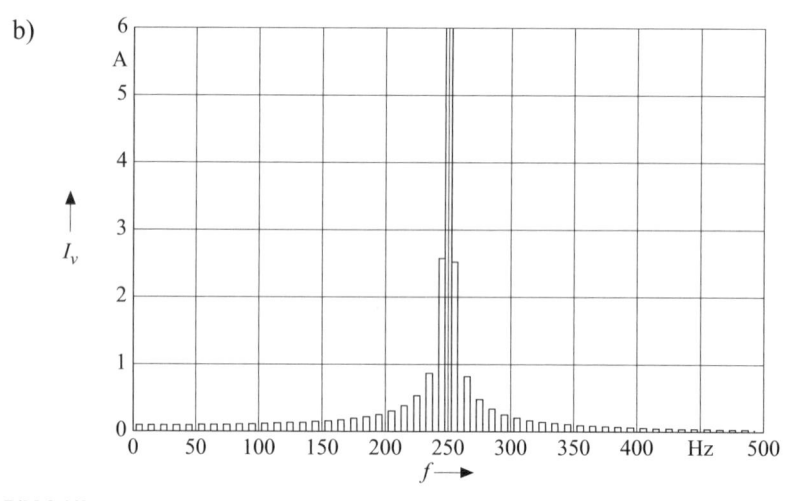

b)

Bild 8.10b Zugehöriges Spektrum

Aus dem Spektrum entnimmt man:

$I_5 = 6{,}000$ A

$I_{g,5} = 7{,}119$ A

In diesem Fall würde die Oberschwingungsgruppe $I_{g,5}$ das korrekte Ergebnis liefern, während I_5 um 17 % zu gering angezeigt wird.

Dieses Gruppierungsverfahren ist zur Messung von Oberschwingungsspannungen in Stromversorgungsnetzen nicht geeignet, da auch „fremde" Zwischenharmonische zu einer Oberschwingung gruppiert würden. Andererseits ändert sich die Spannung nicht so stark wie der Strom, sodass die dominanten Zwischenharmonischen sich in unmittelbarer Nähe zur Oberschwingung befinden. Deswegen werden Oberschwingungsuntergruppen gebildet. Zur Oberschwingungsuntergruppe werden nur die beiden benachbarten Spektrallinien zur Oberschwingung gruppiert (**Bild 8.11**). Die DIN EN 61000-4-30 (VDE 0847-4-30) schreibt zur Auswertung von Spannungsoberschwingungen im Netz die Verwendung von Oberschwingungsuntergruppen verbindlich vor.

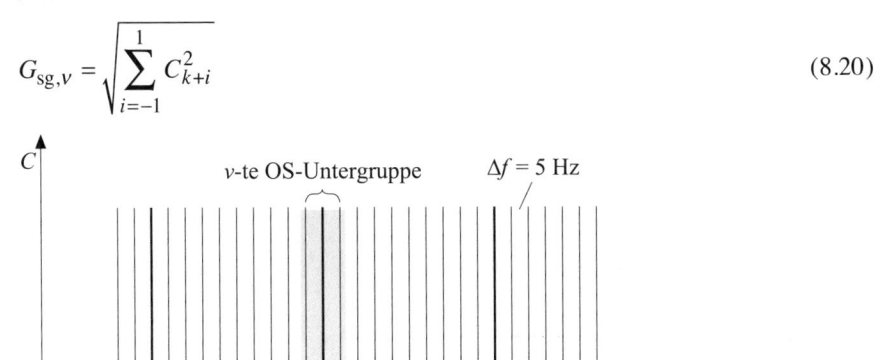

$$G_{sg,v} = \sqrt{\sum_{i=-1}^{1} C_{k+i}^2} \qquad (8.20)$$

Bild 8.11 Oberschwingungsuntergruppe

In **Bild 8.12a** sind der Zeitverlauf einer sich sprungförmig ändernden Spannung und das zugehörige Spektrum dargestellt.

Der Sollwert beträgt:

$$U_{5,\text{soll}} = \sqrt{\frac{1}{200 \text{ ms}} \left[100 \text{ ms} \left(10 \text{ V}\right)^2 + 100 \text{ ms} \left(8 \text{ V}\right)^2\right]} = 9{,}055 \text{ V}$$

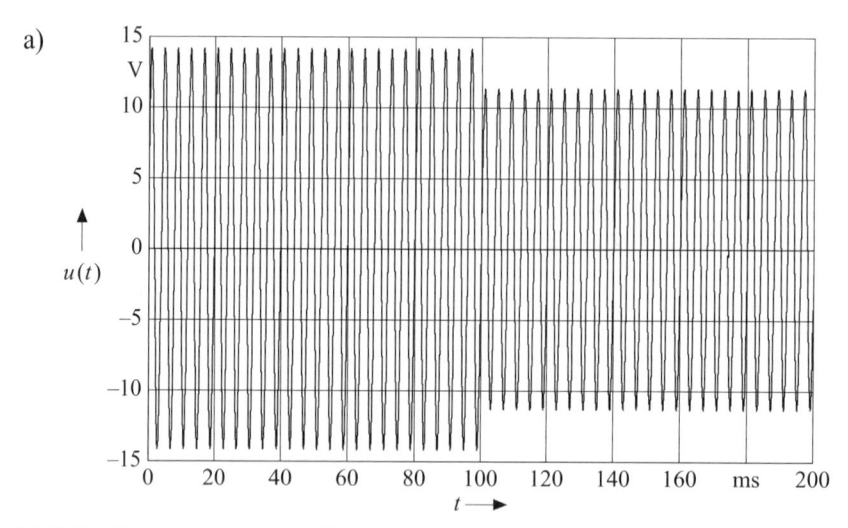

a)

Bild 8.12a Spannung der Frequenz 250 Hz, die sich sprungförmig innerhalb des DFT-Zeitfensters verändert, (0–100) ms: $U_5 = 10$ V; (100–200) ms: $U_5 = 8$ V

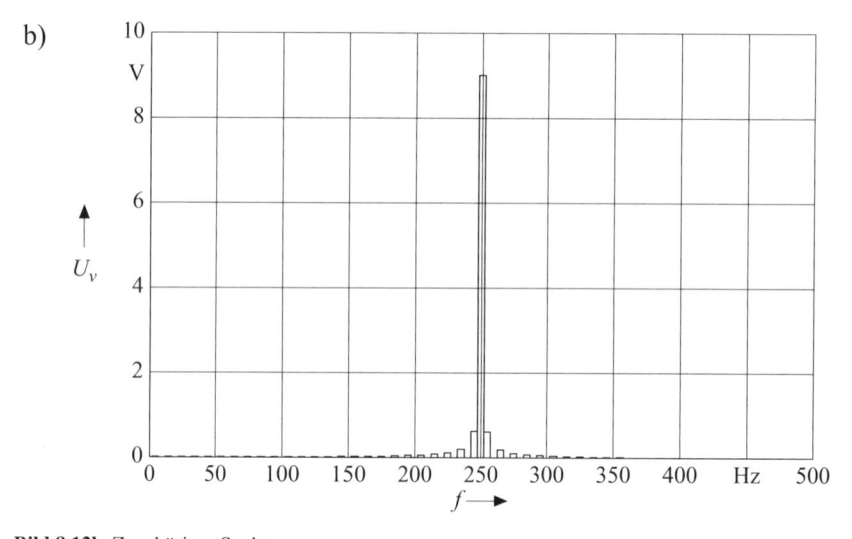

b)

Bild 8.12b Zugehöriges Spektrum

Die Auswertung des Spektrums liefert:

$U_5 = 9{,}000$ V

$U_{sg,5} = 9{,}045$ V

Die Oberschwingungsuntergruppe liefert hier ein korrektes Ergebnis (die Oberschwingungsgruppe würde $U_{g,5} = 9{,}051$ V ergeben).

Wenn in einer Anwendung nur Oberschwingungen ermittelt werden sollen, dann ist das volle Gruppierungsverfahren nach Gl. (8.19) anzuwenden; wenn jedoch Oberschwingungen und Zwischenharmonische getrennt ermittelt werden sollen; dann sollte die Oberschwingungsuntergruppe (Gl. (8.20)) und zusätzlich die zentrierte zwischenharmonische Untergruppe (Gl. (8.21)) verwendet werden. Die zentrierte zwischenharmonische Untergruppe bewertet nur die Zwischenharmonischen zwischen den Oberschwingungsuntergruppen (**Bild 8.13**). Die Frequenz der zentrierten zwischenharmonischen Untergruppe $f_{isg,v}$ ist der Mittelwert der beiden Oberschwingungsfrequenzen, die diese Gruppe einschließen Gl. (8.21).

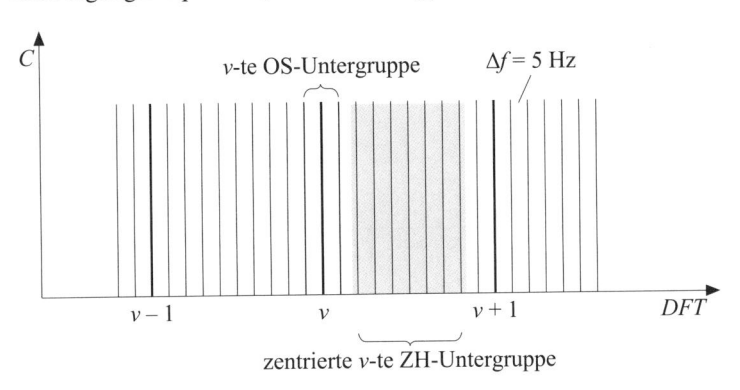

Bild 8.13 Zentrierte zwischenharmonische Untergruppe

Bild 8.14 zeigt die Anwendung der zentrierten zwischenharmonischen Untergruppe. Den Frequenzkomponenten 150 Hz und 250 Hz ist eine Spannung mit der Frequenz 178 Hz überlagert. Da in einem 200-ms-Zeitfenster keine ganze Anzahl von 178-Hz-Vollschwingungen enthalten sein kann, kommt es für die 178-Hz-Komponente zu einem Abbruchfehler und einem Ausfließen des Spektrums. Im Spektrum überlagern sich die Frequenzkomponenten, die durch den Abbruchfehler entstehen, mit denen der Oberschwingungen nach Betrag und Phase, was zu einer Schwankung einzelner Spektralanteile führt. Diese Schwankung rührt daher, dass sich die Phasenlagen der Zwischenharmonischen infolge der nicht synchronen Abtastung der 178-Hz-Komponente von Zeitfenster zu Zeitfenster ändern. Das nachgeschaltete Glättungsfilter reduziert diese Schwankungen deutlich.

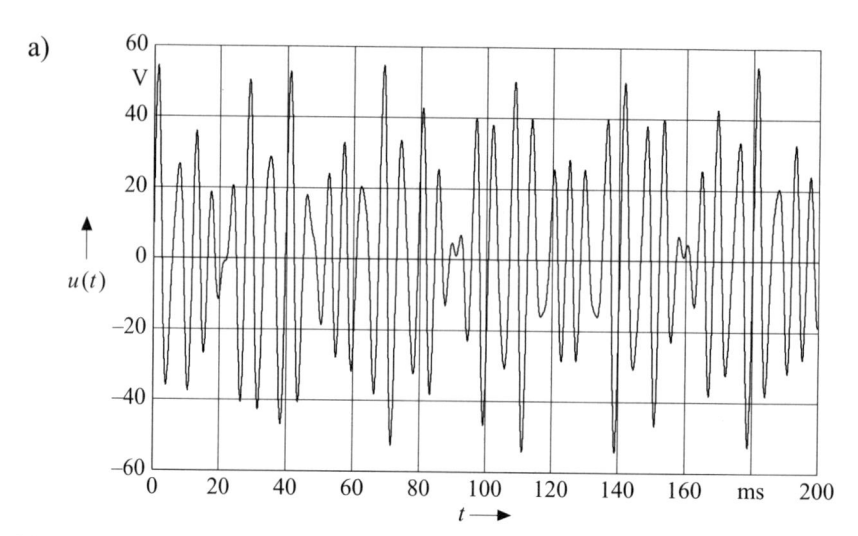

Bild 8.14a Zwischenharmonische 178 Hz, 20 V mit Oberschwingungen $U_3 = U_5 = 10$ V

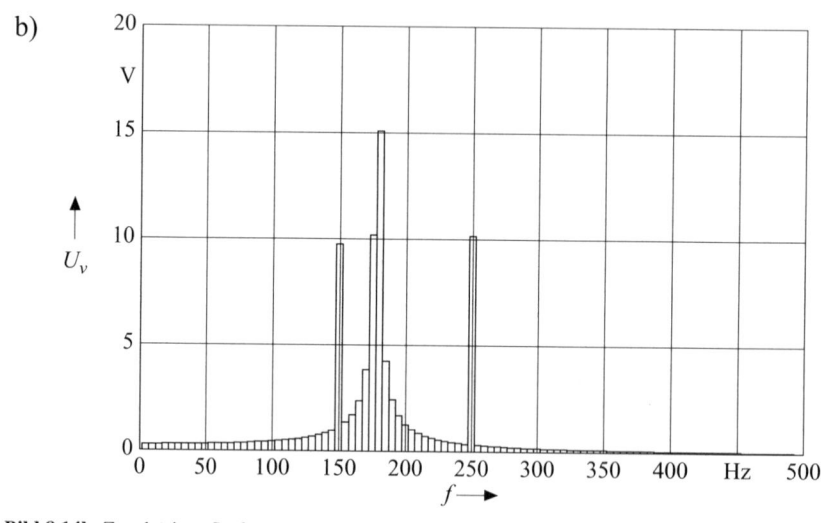

Bild 8.14b Zugehöriges Spektrum

Die Auswertung liefert
$U_{sg,3}$ = 9,9089 V
$U_{sg,5}$ = 10,1699 V
$U_{isg,3}$ = 19,5702 V

Zwischenharmonische schwanken in der Regel sowohl in der Amplitude als auch in der Phase. Die Gruppierung aller Zwischenharmonischen zwischen zwei aufeinanderfolgenden Oberschwingungen bildet eine zwischenharmonische Gruppe $C_{ig,v}$.

$$C_{ig,v} = \sqrt{\sum_{i=1}^{9} C_{k+i}^2} \qquad (8.22)$$

Die n-te zwischenharmonische Gruppe liegt zwischen der v-ten und $(v+1)$-ten Oberschwingung. Die Frequenz der zwischenharmonischen Gruppe $f_{ig,v}$ ist der Mittelwert der beiden Oberschwingungsfrequenzen, die diese Gruppe einschließen. Zwischenharmonische Gruppen sind derzeit in DIN EN 61000-4-7(VDE 0847-4-7) im informativen Anhang beschrieben.

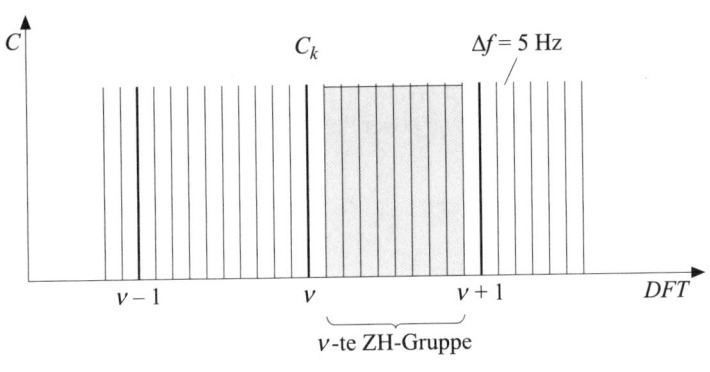

Bild 8.15 Zwischenharmonische Gruppe

Das neue Gruppierungsverfahren führt bei der Beurteilung einiger Geräte zu Problemen hinsichtlich der Einhaltung von Grenzwerten für die Stromoberschwingungen. Die Beurteilung nach Oberschwingungsstrom-Untergruppen ist in der Norm DIN EN 61000-4-7 (VDE 0847-4-7) derzeit nicht zugelassen. Allerdings besteht die Möglichkeit, in einer Produktnorm dann davon abzuweichen, wenn sichergestellt wird, dass sowohl für die Oberschwingungsstrom-Untergruppen als auch für die zentrierten zwischenharmonischen Untergruppen Grenzwerte festgelegt werden. Dieses Konzept wird beispielsweise in der DIN EN 61400-21 (VDE 0127-21) für Windenergieanlagen verfolgt.

In der Norm DIN EN 61000-4-7 (VDE 0847-4-7) werden Kennwerte definiert, die die Gesamtwirkung aller Oberschwingungen berücksichtigen, u. a.

- **Oberschwingungs-Gesamtverzerrung (*THD*)**

  THD ist das Verhältnis des Effektivwerts der Oberschwingungen G_ν zum Effektivwert der Grundschwingung G_1:

  $$THD = \sqrt{\sum_{\nu=2}^{40} \left(\frac{G_\nu}{G_1}\right)^2} \qquad (8.23)$$

- **Gewichtete Oberschwingungs-Teilverzerrung (*PWHD*)**

  PWHD ist das Verhältnis des mit der Oberschwingungsordnung ν gewichteten Effektivwerts einer ausgewählten Gruppe von Oberschwingungen höherer Ordnung (von der 14. OS an aufwärts) zum Effektivwert der Grundschwingung. Mit dem PWHD wird z. B. die Störwirkung eines Oberschwingungsstroms im Netz zum Ausdruck gebracht. Da die (induktive) Netzimpedanz linear mit der Ordnungszahl ν ansteigt, ist die Störspannung, die ein Oberschwingungsstrom im Netz hervorruft, wegen $U_\nu = I_\nu Z_\nu = I_\nu \, \nu Z_1$ umso größer, je höher die Ordnungszahl der Oberschwingung ist.

  $$PWHD = \sqrt{\sum_{\nu=14}^{40} \nu \left(\frac{G_\nu}{G_1}\right)^2} \qquad (8.24)$$

Diese Kennwerte werden in unterschiedlichen Normen und Richtlinien verwendet und sind dort mit Grenzwerten belegt.

Bei Oberschwingungsmessungen sind ggf. Wandler einzusetzen. Die Abbildungseigenschaften der Wandler beeinflussen maßgeblich das Messergebnis. Niederspannungs-Strom- und -Spannungswandler sind für den gesamten Oberschwingungsbereich geeignet. Spannungswandler für die Mittelspannung sind bis etwa 1 kHz (bei 5 % Abweichung) bei der Messung der Amplitude geeignet. Bei Phasenmessungen bis etwa 700 Hz verwendet (zusätzlicher Phasenfehler 5°). Spannungswandler für die Hochspannung sind bis etwa 500 Hz geeignet.

Im Anhang B (informativ) der Norm DIN EN 61000-4-7 (VDE 0847-4-7) wird die Messung von Oberschwingungen im Frequenzbereich von 2 kHz bis 9 kHz beschrieben. In diesem Bereich sind vor allem Frequenzen vorhanden, die keine feste Beziehung zur Grundfrequenz haben. Es ist daher sinnvoll, eine breitbandige Messung durchzuführen. Es wird ein Rechteckfenster mit T_W = 100 ms empfohlen, eine Synchronisierung auf die Grundfrequenz ist nicht erforderlich. Die einzelnen Frequenzanteile mit Δf = 10 Hz werden in Anlehnung an IEC/CISPR-16-1 nach folgender Vorschrift gruppiert:

$$G_b = \sqrt{\sum_{f=b-90\,\text{Hz}}^{b+100\,\text{Hz}} C_f^2} \qquad (8.25)$$

b bezeichnet die Band-Mittenwerte, z. B. 2 100 Hz, 2 300 Hz usw.

Da die Amplituden der Frequenzanteile im Frequenzbereich oberhalb 9 kHz sehr gering sind, sollte die Grundschwingung mit mindestens 55 dB gedämpft werden.

Die Anwendung dieses Messverfahrens ist z. B. in DIN EN 61400-21 (VDE 0127-21) für Windenergieanlagen vorgesehen.

8.3 Flickermeter – DIN EN 61000-4-15 (VDE 0847-4-15)

Spannungsänderungen werden durch Laständerungen verursacht.

Man unterscheidet u. a.:

- Spannungsänderung
  das ist eine einzelne Änderung des Spannungseffektivwerts, ermittelt über eine Halbperiode

- Spannungsschwankung
  das ist eine regelmäßige oder unregelmäßige Folge von Spannungsänderungen; regelmäßige Spannungsänderungen haben z. B. einen sinus- oder rechteckförmigen Verlauf

Als Höhe der Spannungsänderung ΔU wird die Differenz zwischen den Effektivwerten der Spannung vor und nach einer Spannungsänderung verstanden. Im Falle von sinus- oder rechteckförmigen Spannungsänderungen ist ΔU die Variationsbreite der Spannungsschwankung. Durch Bezug von ΔU auf den ungestörten Effektivwert der Spannung U vor Beginn einer Spannungsänderung erhält man die relative Spannungsänderung .

Spannungsschwankungen rufen Helligkeitsschwankungen in Beleuchtungseinrichtungen, sogenannte Flicker, hervor. „Flicker ist der subjektive Eindruck von Leuchtdichteänderungen."

Die Störwirkung von Spannungschwankungen hängt ab von der Höhe, der Wiederholrate und der Kurvenform der Spannungsänderungen.

Um ein Kriterium zur Beurteilung der Störwirkung von Spannungsschwankungen zu schaffen, wurden in Personenversuchen die Helligkeitsschwankungen einer (230 V/60 W)-Glühlampe (Referenzlampe) beurteilt.

Seltene Helligkeitsänderungen werden eher toleriert als häufig auftretende. Die Ergebnisse wurden in einer Störkurve, der „Flickerkurve" (**Bild 8.16**), zusammengefasst. Es ist jedoch zu bemerken, dass diese Kurve nur die Ergebnisse der Personenversuche darstellt. Sie darf nicht dahingehend interpretiert werden, dass Spannungsschwankungen mit Wiederholraten größer als $r = 1\,800\text{ min}^{-1}$ nicht flickerrelevant sind.

Die Wiederholrate r gibt die Anzahl der Spannungsänderungen im 1-min-Zeitintervall an. Für periodische Spannungsschwankungen gilt die Umrechnung

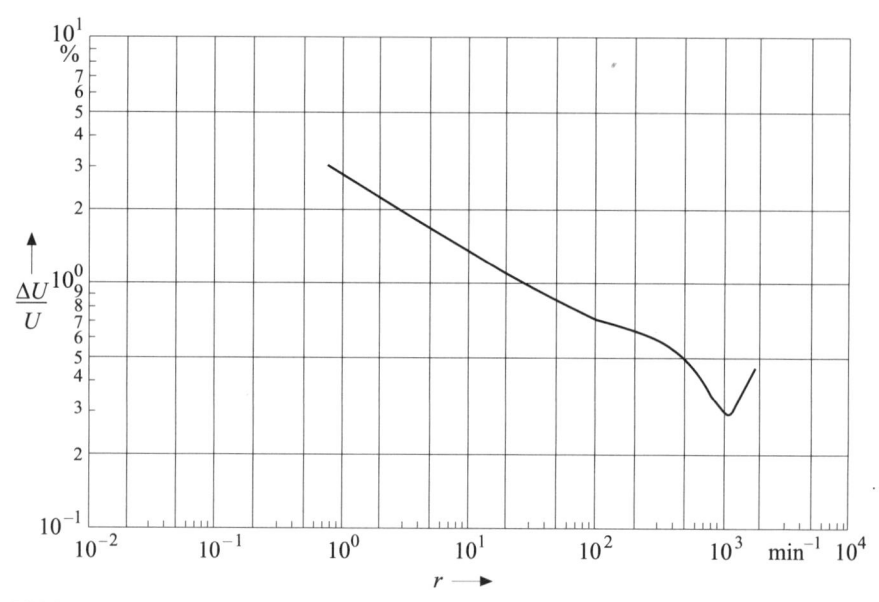

$$r/\text{min}^{-1} = 120\, f_\text{F}/\text{Hz} \tag{8.26}$$

Bild 8.16 Flicker-Kurve (regelmäßige rechteckförmige Spannungsänderungen); relative Spannungsänderung $\Delta U/U$ in Abhängigkeit von der Anzahl der Spannungsänderungen r/min^{-1}

Die Bezugsgröße ist der ungestörte Effektivwert U der Spannung. Helligkeitsschwankungen sind dann als „störend" einzustufen, wenn sie bei länger andauerndem Auftreten zu Beschwerden Anlass geben. Die Flicker-Kurve stellt damit die Grenzwerte zulässiger Spannungsänderungen für rechteckförmige Amplitudenvariation im Tastverhältnis 1:1 dar. Diese Kurve bildet die Basis für das Flickerbewertungsverfahren.

Die Störkurve ist zu unterscheiden von der Bemerkbarkeitskurve. Die Bemerkbarkeitskurven wurden ebenfalls in Personenversuchen ermittelt und sind in Bild 8.17 dargestellt.

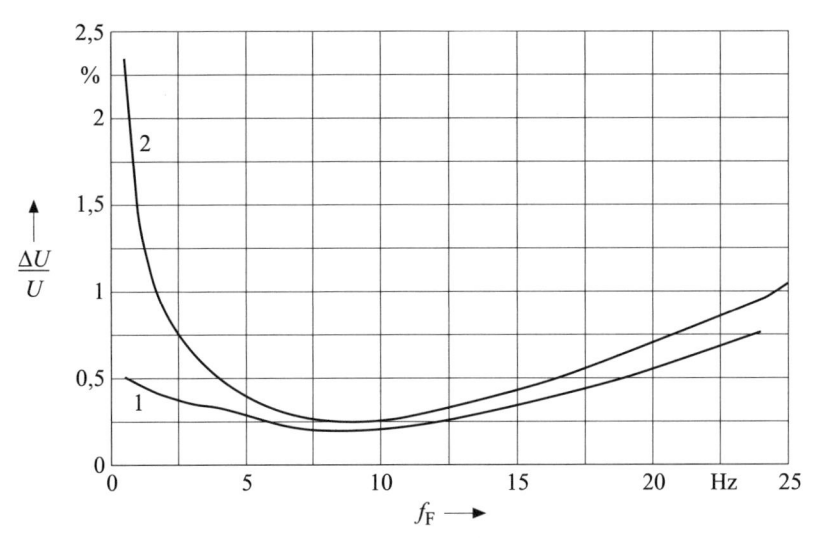

Bild 8.17 Bemerkbarkeitskurven für (1) rechteck- und (2) sinusförmige Spannungsschwankungen; relative Spannungsänderung $\Delta U/U$ in Abhängigkeit von der Flickerfrequenz f_F

Für eine Wiederholrate von $r = 1\,052\text{ min}^{-1}$ bzw. der Frequenz $f_F = 1\,052/120 = 8{,}8$ Hz erhält man für rechteckförmige Spannungschwankungen:

- Bemerkbarkeitsgrenze: $\Delta U/U = 0{,}199\,\%$ (**Bild 8.17**)
- Störgrenze: $\Delta U/U = 0{,}29\,\%$ (**Bild 8.16**)

Ein Maß für die Störwirkung von Spannungsschwankungen ist die Flickerstärke P_{st}. Die Flickerstärke wird mit einem Flickermeter gemessen.

Das Flickermeter ist ein Messgerät zur Beurteilung der Spannungsqualität. Die Anforderungen an ein Flickermeter sind in DIN EN 61000-4-15 (VDE 0847-4-15) genormt. Eine ausführliche Beschreibung des IEC-Flickermeters findet man in [8.1].

Das Flickermeter ist in fünf Funktionsblöcke unterteilt. Block 1 ist ein Spannungsregelkreis. In den Blöcken 2 bis 4 werden die (230 V/60 W)-Glühlampe und das menschliche Wahrnehmungssystem (Auge-Gehirn-Modell – im Wesentlichen eine Folge von Filtern) nachgebildet. Block 5 ist ein Statistik-Block zur Ermittlung der Flickerstärke nach dem P_{st}-Verfahren.

Die Filtereigenschaften des Flickermeters sind so beschaffen, dass bei Vorgabe von Spannungsschwankungen entsprechend den Bemerkbarkeitskurven das Ausgangssignal den Spitzenwert $P_{F5} = 1{,}0$ ergibt. Das Flickermeter stellt fünf analoge Ausgangssignale (einige sind optional) zur Verfügung. Praktische Bedeutung haben die Signale an den Ausgängen 3 und 5, die mit $P_{F3}(t)$ und $P_{F5}(t)$ bezeichnet werden.

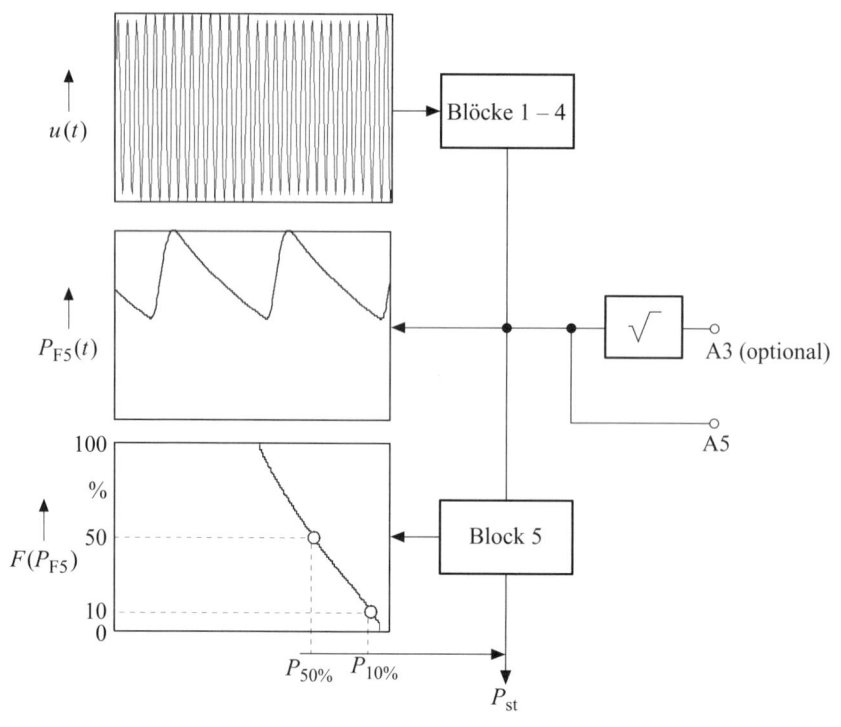

Bild 8.18 Flickermeter
Vereinfachtes Blockschaltbild mit den wichtigsten Signalen

Das Blockschaltbild des IEC-Flickermeters mit den wichtigsten Signalen ist in **Bild 8.18** dargestellt.

Das Flickermeter liefert bei einer schwankenden Eingangsspannung am Ausgang 5 ein Zeitsignal $P_{F5}(t)$, das eine Aussage über die momentane Bemerkbarkeit (im statistischen Mittel) von Flicker zulässt.

Der Block 5 dient zur statistischen Auswertung des „momentanen Flickereindrucks" $P_{F5}(t)$. Eine wahrnehmbare Leuchtdichteänderung wird erst ab einer bestimmten Wiederholrate als „störend" empfunden. Das Störempfinden ist abhängig von der Kurvenform und der Amplitude der Spannungsschwankung sowie der Wiederholrate. Hier spielt das physiologische Wahrnehmen und wieder Vergessen eine entscheidende Rolle. Personenversuche haben ergeben, dass das Störempfinden ein kumulatives Verhalten aufweist. Die Summenhäufigkeitsfunktion $F(P_{F5})$ des momentanen Flickereindrucks $P_{F5}(t)$ über eine festgelegte Beobachtungsdauer ist daher eine geeignete Beschreibungsgröße für das Störempfinden. Aus der zugehörigen Summenhäufigkeitsfunktion wird der P_{st}-Wert nach folgender Vorschrift berechnet:

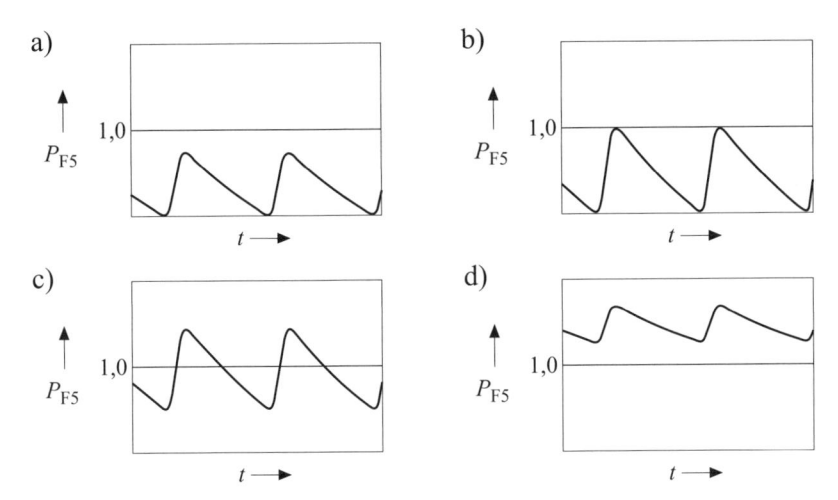

Bild 8.19 Bedeutung des Signals am Ausgang 5
a) nicht bemerkbarer Flicker
b) Flicker an der Bemerkbarkeitsgrenze
c) abschnittsweise bemerkbarer Flicker (in den Zeitabschnitten, in denen $P_{F5}(t) > 1,0$ ist)
d) dauernd bemerkbarer Flicker

$$P_{st} = \sqrt{\sum_i a_i P_{i\%}} \qquad (8.27)$$

$$P_{st} = \sqrt{0,0314 \cdot P_{0,1\%s} + 0,0525 \cdot P_{1\%s} + 0,0657 \cdot P_{3\%s} + 0,28 \cdot P_{10\%s} + 0,08 \cdot P_{50\%s}}$$

mit

$$\begin{aligned}
P_{50\%s} &= \left(P_{30\%} + P_{50\%} + P_{80\%}\right)/3 \\
P_{10\%s} &= \left(P_{6\%} + P_{8\%} + P_{10\%} + P_{13\%} + P_{17\%}\right)/5 \\
P_{3\%s} &= \left(P_{2,2\%} + P_{3\%} + P_{4\%}\right)/3 \qquad (8.28) \\
P_{1\%s} &= \left(P_{0,7\%} + P_{1\%} + P_{1,5\%}\right)/3 \\
P_{0,1\%s} &= P_{0,1\%}
\end{aligned}$$

Darin ist $P_{i\%}$ der Pegel, der in i % der Beobachtungsdauer vom Signal am Ausgang 5 überschritten wird. Die ($P_{st} = 1$)-Kurve ist in **Bild 8.20** dargestellt.

Spannungsschwankungen sind bis nahe 100 Hz flickerrelevant. Es ist zu beachten, dass Helligkeitsschwankungen proportional der Leistung und damit quadratisch von

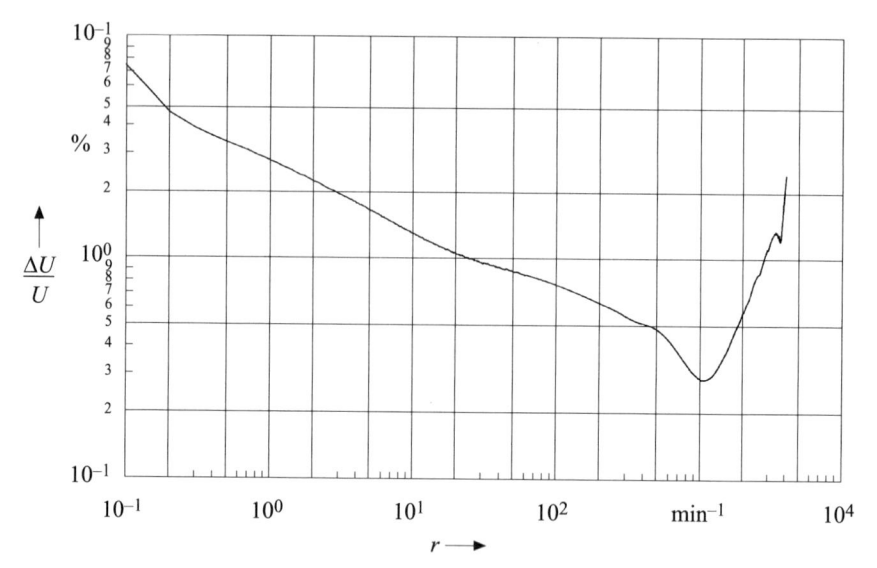

Bild 8.20 ($P_{st} = 1$)-Kurve für rechteckförmige Spannungsschwankungen in Abhängigkeit von der Wiederholrate r

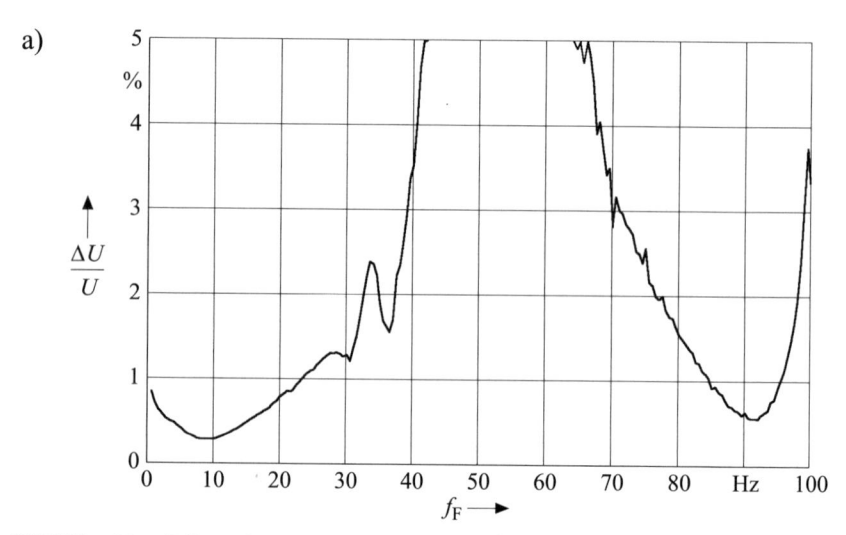

Bild 8.21a ($P_{st} = 1$)-Kurve für rechteckförmige Spannungsschwankungen in Abhängigkeit von der Flickerfrequenz f_F

b)

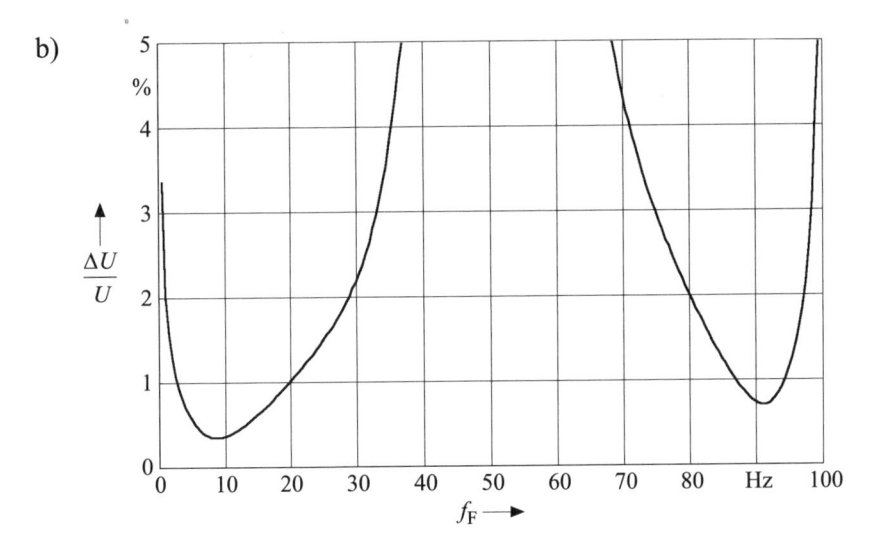

$\frac{\Delta U}{U}$ [graph with y-axis in %, 0 to 5; x-axis f_F in Hz, 0 to 100]

Bild 8.21b ($P_{st} = 1$)-Kurve für sinusförmige Spannungsschwankungen in Abhängigkeit von der Flickerfrequenz f_F

der Spannung abhängig sind. Dadurch wird eine Spannungsschwankung von $f_F = 92$ Hz als Helligkeitsschwankung mit $f_\Phi = 2f_N - f_F = 100$ Hz $- 92$ Hz $= 8$ Hz sichtbar. Die **Bilder 8.21** zeigen die ($P_{st} = 1$)-Kurve für rechteck- und sinusförmige Spannungsschwankungen in Abhängigkeit von der Flickerfrequenz f_F.

Die Ermittlung des P_{st}-Werts wird anhand eines Beispiels (**Bild 8.22**) verdeutlicht. Ermittelt werden soll der P_{st}-Wert am Anschlusspunkt eines Lichtbogenofens. Die Beobachtungsdauer beträgt $T = 1$ min.

In **Bild 8.22a** ist der besseren Übersichtlichkeit halber anstelle von $u(t)$ die gemessene Spannungsschwankung $\Delta U/U$ und in **Bild 8.22b** das Signal am Ausgang 5 $P_{F5}(t)$ dargestellt. Aus der Summenhäufigkeitsfunktion (**Bild 8.22c**) werden die folgenden Quantile ermittelt:

$P_{0,1\%} = 73{,}0$

$\left. \begin{array}{l} P_{0,7\%} = 62{,}8 \\ P_{1\%} = 60{,}5 \\ P_{1,5\%} = 58{,}2 \end{array} \right\} \quad P_{1\%s} = 60{,}5$

$\left. \begin{array}{l} P_{2,2\%} = 55{,}4 \\ P_{3\%} = 52{,}7 \\ P_{4\%} = 50{,}6 \end{array} \right\} \quad P_{3\%s} = 52{,}9$

$$P_{6\%} = 46,5$$
$$P_{8\%} = 43,6$$
$$P_{10\%} = 41,2 \quad\} \quad P_{10\%s} = 41,1$$
$$P_{13\%} = 38,4$$
$$P_{17\%} = 35,7$$

$$P_{30\%} = 29,0$$
$$P_{50\%} = 21,0 \quad\} \quad P_{50\%s} = 17,5$$
$$P_{80\%} = 2,5$$

Beispielsweise bedeutet $P_{10\%} = 41,2$, dass das Signal am Ausgang 5 den Pegel von 41,2 für einen Zeitraum von insgesamt 10 % · 60 s = 6 s (bei einer Beobachtungsdauer von $T_P = 1$ min) überschritten hat, d. h., $P_{F5}(t)$ war für einen Zeitraum von insgesamt 6 s größer als 41,2.

Nach Einsetzen in die P_{st}-Formel folgt:

$$P_{st} = \sqrt{0,0314 \cdot 73,0 + 0,0525 \cdot 60,5 + 0,0657 \cdot 52,9 + 0,28 \cdot 41,1 + 0,08 \cdot 17,5}$$
$$= 4,68$$

Die Störgrenze ist $P_{st} = 1,0$.

$P_{st} = 1$ bedeutet störende Flickererscheinungen. In P_{st}-Einheiten ausgedrückt, liegt die Bemerkbarkeitsgrenze für $r > 100$ min^{-1} bei $P_{st} \approx 0,7$.

Der P_{st}-Wert ist von der Beobachtungsdauer T_P abhängig. In der Norm DIN EN 61000-4-15 (VDE 0847-4-15) wird deshalb die Beobachtungsdauer festgelegt. Als Beobachtungsdauer werden zwei unterschiedliche Zeitintervalle vorgegeben: T_{kurz} und T_{lang}.

- T_{kurz} kann 1 min oder 10 min betragen

Die im Kurzzeitintervall ermittelte „Kurzzeit-Flickerstärke" wird mit P_{st} (st = short term) bezeichnet. Ohne zusätzliche Angabe wird mit P_{st} die Kurzzeitflickerstärke im 10-min-Intervall bezeichnet. In allen anderen Fällen ist die Beobachtungszeit aus dem Kontext der Betrachtung zu entnehmen – es wird jedoch empfohlen, die Flickerstärke im 1-min-Intervall in der Form $P_{st,1min} = 0,77$ anzugeben.

Das Langzeitintervall ist immer ein ganzzahliges Vielfaches des Kurzzeitintervalls von 10 min und beträgt 2 h.

$$T_{lang} = 12 \cdot T_{kurz} \tag{8.29}$$

Die zu T_{lang} gehörende „Langzeit-Flickerstärke" wird mit P_{lt} (lt = long term) bezeichnet. P_{lt} wird aus 12 lückenlos aufeinanderfolgenden P_{st}-Werten nach folgender Vorschrift gebildet:

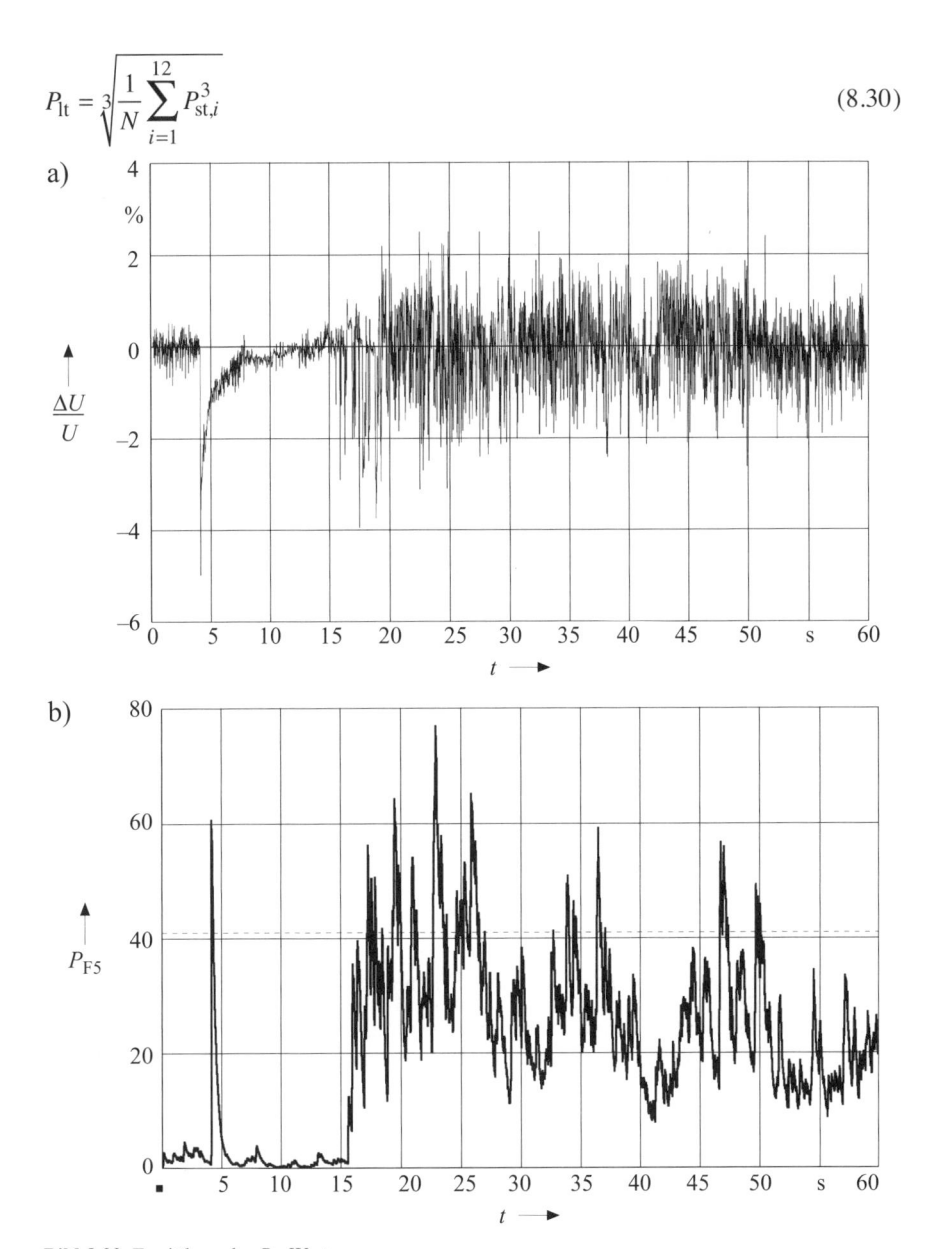

$$P_{\text{lt}} = \sqrt[3]{\frac{1}{N} \sum_{i=1}^{12} P_{\text{st},i}^3} \tag{8.30}$$

Bild 8.22 Ermittlung des P_{st}-Werts
a) relative Spannungsschwankung $\Delta U(t)/U$ (Lichtbogenofen)
b) Signal am Ausgang 5 $P_{\text{F5}}(t)$

c)

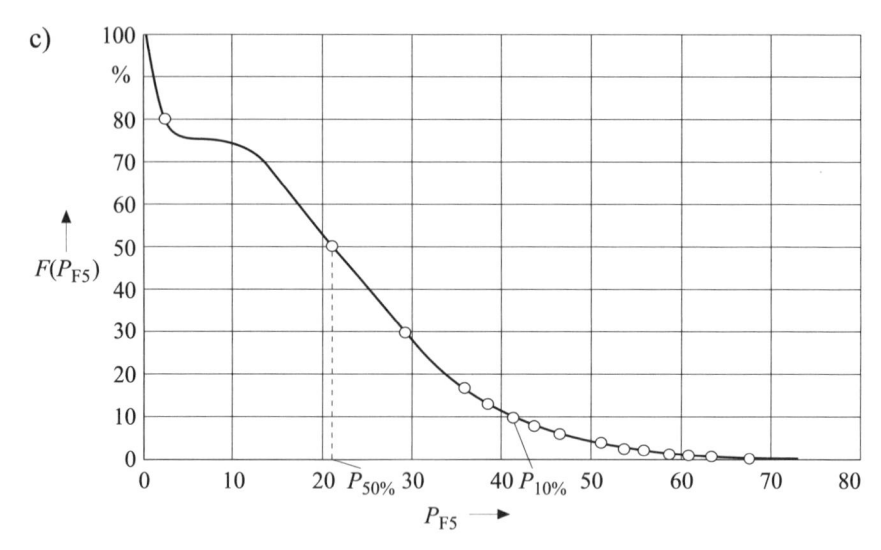

Bild 8.22 Ermittlung des P_{st}-Werts
c) Summenhäufigkeitsfunktion mit Quantile (Beispiel P_{50} und P_{10})

Eigenschaften der Flickerstärke:

- Der P_{st}-Wert ist proportional zur Amplitude der relativen Spannungsänderung.
- Der P_{st}-Wert ist etwa proportional zur dritten Wurzel der Wiederholrate.
- Die Flickerstärke ist für periodische Spannungsschwankungen unabhängig von der Beobachtungsdauer.
- Die Flickerstärke ist für nicht periodische, insbesondere einzelne Ereignisse von der Beobachtungsdauer abhängig.
- Die Flickerstärke ist von der Form der Spannungsschwankung abhängig.
- Harte Übergänge (z. B. Spannungssprünge) in der Spannungsschwankung führen zu höheren, weiche Übergänge (z. B. Rampen) zu niedrigeren P_{st}-Werten.

8.4 Verfahren zur Messung der Spannungsqualität – DIN EN 61000-4-30 (VDE 0847-4-30)

Die Norm DIN EN 61000-4-30 (VDE 0847-4-30) legt Verfahren zur Messung von Merkmalen der Spannungsqualität fest. Sie stellt u. a. eine Messvorschrift zur Messung nach DIN EN 50160 dar. Da die Grenzwerte in Form von Schwellenwerten vom Anwender festzulegen sind, kann sie allgemein als eine Spezifikation für ein Power-Quality-Messgerät angesehen werden. Im Rahmen dieser Norm werden folgende Begriffe definiert:

- **Spannungseinbruch**

    Vorübergehende Verringerung der Spannung auf einen Wert unterhalb eines Schwellenwerts an einem Punkt im elektrischen Versorgungsnetz.

- **Einbruchschwelle**

    Wert, der zur Feststellung von Anfang und Ende eines Spannungseinbruchs festgelegt ist.

- **(Spannungs-)Unterbrechung**

    Verringerung der Spannung auf einen Wert unterhalb der Unterbrechungsschwelle an einem Punkt im elektrischen Versorgungsnetz.

- **Unterbrechungsschwelle**

    Wert, der zur Feststellung von Anfang und Ende einer Spannungsunterbrechung festgelegt ist.

- **Restspannung U_{res}**

    Kleinster Wert von $U_{rms(1/2)}$, der während eines Spannungseinbruchs oder einer Unterbrechung ermittelt wird.

- **Spannungsüberhöhung**

    Vorübergehende Erhöhung der Spannung auf einen Wert oberhalb eines Schwellenwerts an einem Punkt im elektrischen Versorgungsnetz.

- **Schwellenwert der Spannungsüberhöhung**

    Spannungswert, der zur Feststellung von Anfang und Ende einer Spannungsüberhöhung festgelegt ist.

- **Hysterese**

    Unterschied zwischen Anfangs- und End-Schwellenwerten.

- **Effektivwert, der jede Halbperiode erneuert wird, $U_{rms(1/2)}$**

    Der über eine Periode zwischen den Nulldurchgängen der Grundschwingung ermittelte Effektivwert. Der ermittelte Effektivwert wird jede Halbperiode erneuert (nur für die Bestimmung von Spannungseinbrüchen, Spannungsüberhöhungen und Unterbrechungen).

Weiterhin werden in der Norm derzeit zwei Anforderungsklassen definiert:

- **Klasse A**

  Diese Anforderungsklasse wird benutzt, wenn genaue Messungen erforderlich sind, z. B. für vertragliche Anwendungen, zur Überprüfung der Einhaltung von Normen oder zur Klärung von Unstimmigkeiten in Streitfällen. Klasse-A-Messgeräte liefern bei demselben Eingangssignal innerhalb der festgelegten Messunsicherheit übereinstimmende Ergebnisse. Klasse-A-Messgeräte müssen normativ vorgegebene Anforderungen erfüllen.

- **Klasse B**

  Diese Anforderungsklasse ist zu verwenden für statistische Erhebungen, Störaufklärungen und Anwendungen, bei denen eine hohe Messgenauigkeit nicht erforderlich ist. Für Klasse-B-Messgeräte sind die Anforderungen geringer, für einige Merkmale kann der Hersteller die Auswerteverfahren für die (normativen) Grundmessungen selbst spezifizieren.

Die Messwerte für die Ermittlung der Höhe der Versorgungsspannung, von Oberschwingungen, Zwischenharmonischen und Unsymmetrien werden aus Basiswerten in einem Basis-Messintervall ermittelt und zu resultierenden Werten zusammengefasst – man spricht von Zeitaufrechnung. Aufrechnungsintervalle sind „3 s", 10 min und 2 h. Für Flickermessungen sind die Anforderungen nach DIN EN 61000-4-15 (VDE 0847-4-15) zu erfüllen.

Zeitaufrechnung für Klasse-A-Geräte

- Basis-Messintervall „200 ms"

  Die Dauer des Basis-Messintervalls beträgt zehn Perioden für 50-Hz-Netzspannung.

  Die Fensterbreite T_W beträgt damit bei einer Frequenz von 50 Hz exakt 200 ms; bei einer von 50 Hz abweichenden Netzfrequenz gilt $T_W \approx 200$ ms. Der im Basis-Messintervall ermittelte Effektivwert wird mit U_{10} bezeichnet.

- „3 s"-Intervall

  Der „3 s"-Effektivwert U_{3s} wird aus 15 $U_{10,i}$-Werten („200 ms"-Effektivwerte im i-ten Zeitintervall $T_{W,i}$) aufgerechnet.

$$U_{3s} = \sqrt{\frac{\sum_{i=1}^{15}\left[T_{W,i}U_{10,i}^2\right]}{\sum_{i=1}^{15}T_{W,i}}} \approx \sqrt{\frac{1}{15}\sum_{i=1}^{15}U_{10,i}^2} \qquad (8.31)$$

Das „3 s"-Intervall ist bei von 50 Hz abweichender Frequenz nur ungefähr 3 s lang.

- 10-min-Intervall (exakt, Uhr)

  Das 10-min-Intervall ist exakt 10 min lang. Die Messung muss immer zur vollen 10-min-Uhrzeit beginnen und zu jeder neuen, vollen 10-min-Uhrzeit neu synchronisiert werden. Die Uhrzeit am Ende des 10-min-Intervalls wird zur Kennzeichnung der Messung (Zeitstempel) benutzt. Das 10-min-Intervall wird aus 3000 „200 ms"-Intervallen gebildet.

  Die Schreibweise „200 ms" bzw. „3 s" bringt zum Ausdruck, dass die Zeitintervalle bei einer Frequenz $f \neq 50$ Hz nur ungefähr 200 ms bzw. 3 s sind.

  Ein Problem tritt dann auf, wenn die Netzfrequenz von 50 Hz abweicht. Es treten überlappende Zeitfenster auf. **Bild 8.23** klärt die Zusammenhänge:

  Um 17:10:00 Uhr muss eine neue Messung beginnen, das vorhergehende 200-ms-Zeitintervall, hier $T_{W,i}$ genannt, ist allerdings noch nicht zu Ende. Das nächste Zeitintervall $T_{W,i+1}$ beginnt im Spannungsnulldurchgang, der unmittelbar auf 17:10:00 Uhr folgt. Eine gewisse Anzahl von Vollschwingungen werden sowohl dem Zeitintervall $T_{W,i}$ als auch dem Zeitintervall $T_{W,i+1}$ zugeordnet (überlappende Zeitfenster).

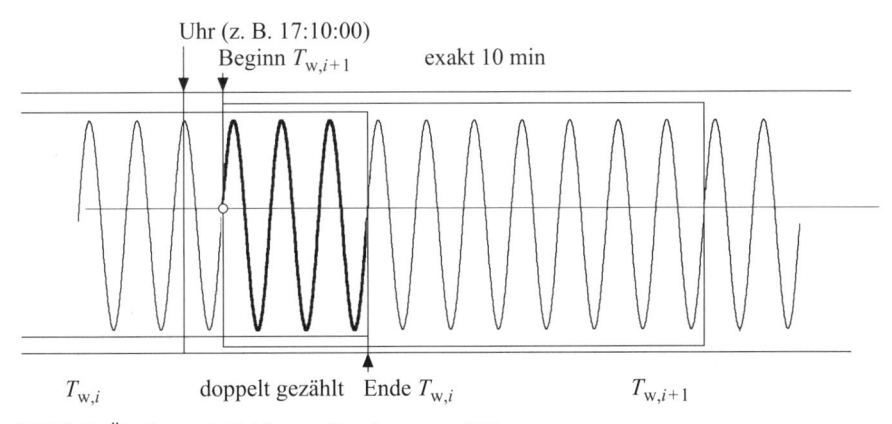

Bild 8.23 Überlappende Zeitfenster, Netzfrequenz $\neq$ 50Hz

- 2-h-Intervall wird aus zwölf 10-min-Aufrechnungen gebildet

Zeitaufrechnung für Klasse-B-Geräte

Für Klasse-B-Geräte sind keine Vorgaben gemacht. Der Hersteller muss das Verfahren, die Anzahl und Dauer der Aufrechnungs-Zeitintervalle angeben.

Markierungskonzept

Messgeräte, die die Merkmale der Spannung nach DIN EN 61000-4-30 messen, sind Geräte, die unterschiedliche Phänomene gleichzeitig ermitteln. Das „Markierungskonzept" vermeidet, dass ein einzelnes Ereignis mehrfach in verschiedenen Merkmalen berücksichtigt wird. Beispielsweise wird ein einzelner Spannungseinbruch als Spannungseinbruch, als Frequenzänderung oder Flicker gewertet.

Das Markierungskonzept ist nur vorgesehen für Klasse-A-Geräte, zur Messung von:
- Netzfrequenz
- Spannungshöhe
- Flicker
- Spannungsunsymmetrie
- Spannungsoberschwingungen
- Spannungszwischenharmonische
- Signalspannungen
- Unter- bzw. Überschreitungsgrößen

Markierungen werden nur ausgelöst von:
- Spannungseinbrüchen
- Spannungsüberhöhungen
- Unterbrechungen

Die Erfassung von Spannungseinbrüchen und Spannungsüberhöhungen ist abhängig von einem vom Benutzer ausgewählten Schwellenwert, der bestimmt, welche Daten „markiert" werden. Markierungen werden auf höheren Aufrechnungsebenen beibehalten, z. B. wird der P_{lt}-Wert dann markiert, wenn einer oder mehrere einzelne P_{st}-Werte in dem betreffenden Beobachtungsintervall markiert sind. Markierte Einzelwerte und alle aufgerechneten Werte werden gespeichert. Der Anwender entscheidet über die weitere Verwendung der markierten Werte. Zur Ermittlung der 95-%-Quantile nach DIN EN 50160 [8.6] sind die markierten Werte auszuschließen.

Messung eines Spannungseinbruchs

Die Basismessgröße ist die Bestimmung des Halbperioden-Effektivwerts $U_{rms(1/2)}$ für jeden einzelnen Messkanal. Man erhält einen stufenförmiger Verlauf (Bild 15.4)

Für Klasse-A-Messungen hängt die Periodendauer für $U_{rms(1/2)}$ von der Frequenz des letzten, nicht markierten 10-s-Intervalls ab. Der Effektivwert $U_{rms(1/2)}$ beinhaltet per Definition Oberschwingungen, Zwischenharmonische, Rundsteuersignale usw.

Mit dem Ziel, die Kenngrößen eines Spannungseinbruchs zu ermitteln, werden einige Bezugsgrößen und Schwellenwerte definiert:

- **vereinbarte Eingangsspannung U_{din}**

  Ein von der vereinbarten Versorgungsspannung mit Hilfe des Messwandlerübersetzungsverhältnisses abgeleiteter Wert.

- **vereinbarte Versorgungsspannung U_c**

  Die vereinbarte Versorgungsspannung U_c ist normalerweise die Nennspannung U_n des Versorgungsnetzes. Wenn durch Vereinbarung zwischen dem Netzbetreiber und dem Kunden am Anschlusspunkt eine andere Spannung als die Nennspannung vereinbart ist, dann ist diese Spannung die vereinbarte Versorgungsspannung U_c.

- **gleitende Referenzspannung U_{sr}**

  Die Folgen der Basis-Effektivwerte $\{U_{10}\}$ werden mit einem Filter erster Ordnung nach folgender Vorschrift geglättet:

  $$U_{sr}(n) = 0{,}9967\, U_{sr}(n-1) + 0{,}0033\, U_{10} \qquad (8.32)$$

  U_{10} = „200 ms"-Effektivwert

  Gleitende Referenzwerte werden zur Störaufklärung verwendet.

- **Einbruch-Schwellenwert**

  Der Einbruch-Schwellenwert U_{Sch} ist entweder ein Prozentwert von U_{din} oder von der gleitenden Referenzspannung U_{sr} (nicht in Niederspannungsnetzen). Der Anwender muss die verwendete Referenzspannung angeben.

Spannungseinbruch

In Einphasennetzen beginnt der Spannungseinbruch, wenn die Spannung $U_{rms(1/2)}$ unterhalb des Einbruch-Schwellenwerts U_{Sch} fällt, und endet, wenn die Spannung $U_{rms(1/2)}$ gleich oder oberhalb des Einbruch-Schwellenwerts U_{Sch} (plus der Hysteresespannung U_{hys}) ist.

In Mehrphasensystemen beginnt der Spannungseinbruch, wenn die Spannung $U_{rms(1/2)}$ in einem oder in mehreren Kanälen unterhalb des Einbruch-Schwellenwerts ist, und endet, wenn die Spannung $U_{rms(1/2)}$ in allen gemessenen Kanälen gleich oder oberhalb des Einbruch-Schwellenwerts (plus der Hysteresespannung) ist. Die Hysteresespannung wird eingeführt, um ein vielfaches Registrieren von Spannungseinbrüchen dann zu vermeiden, wenn die Spannung nur geringfügig um den Schwellenwert schwankt.

Kennzeichen:

- Restspannung U_{res} oder Tiefe $(U_{ref} - U_{res})$ bzw. $(U_{ref} - U_{res})/U_{ref}$
- Dauer Δt_{dip} (abhängig vom gewählten Einbruch-Schwellenwert)

Der Einbruch-Schwellenwert U_{Sch} und die Hysteresespannung U_{hys} werden beide vom Benutzer entsprechend der gestellten Messaufgabe gesetzt.

Richtwerte:

- Störaufklärung: $U_{Sch} = (0{,}85 \dots 0{,}90)\, U_{ref}$
- statistische Untersuchung, Überprüfung von vertraglichen Werten: $U_{Sch} = 0{,}70\, U_{ref}$
- DIN EN 50160: $U_{Sch} = 0{,}90\, U_n$
- Hysterese: $U_{hys} = 0{,}02\, U_{din}$

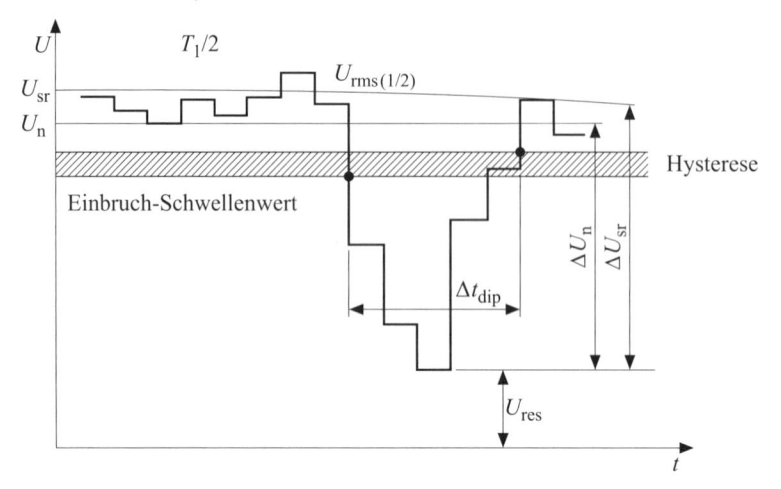

Bild 8.24 Spannungseinbruch

Genauigkeit

- Restspannung U_{res}

Klasse A: $\Delta U \leq 0{,}2\,\%\, U_{din}$

Klasse B: Hersteller gibt die Unsicherheit an, jedoch $\Delta U \leq 1{,}0\,\%\, U_{din}$

- Dauer Δt_{dip} für Klasse A und Klasse B

    Summe der Messunsicherheiten am Anfang und Ende eines Spannungseinbruchs (je Halbperiode)

Spannungsunterbrechung

In Einphasennetzen beginnt die Spannungsunterbrechung, wenn die Spannung $U_{rms(1/2)}$ unterhalb des Schwellenwerts der Spannungsunterbrechung fällt, und endet, wenn die Spannung $U_{rms(1/2)}$ gleich oder oberhalb des Schwellenwerts (plus der Hysteresespannung) ist.

In Mehrphasensystemen beginnt die Spannungsunterbrechung, wenn die Spannung $U_{rms(1/2)}$ in allen Kanälen unterhalb des Schwellenwerts der Spannungsunterbrechung fällt, und endet, wenn die Spannung $U_{rms(1/2)}$ in einem beliebigen gemessenen Kanal gleich oder oberhalb des Schwellenwerts der Spannungsunterbrechung (plus der Hysteresespannung) ist. Eine Spannungsunterbrechung ist immer eingebettet in einen Spannungseinbruch, d. h., eine Spannungsunterbrechung ist immer kürzer als ein Spannungseinbruch.

Der Schwellenwert der Spannungsunterbrechung U_{Sch} und die Hysteresespannung U_{hys} werden vom Benutzer gesetzt.

Richtwerte:

- $U_{Sch} = 0{,}05\ U_{din}$
- Hysterese: $U_{hys} = 0{,}02\ U_{din}$

Messung von Oberschwingungen

Die Norm sieht im normativen Teil nur die Messung von Oberschwingungs-Spannungen vor. Ermittelt werden die Oberschwingungs-Untergruppen $U_{sg,v}$. Die Fensterbreite des Rechteckfensters ist durch die aktuelle Netzfrequenz vorgegeben und beträgt $T_W \approx 200$ ms. Die Rechteckfenster sind ohne Lücke und Überlappung aneinander zu reihen (DIN EN 61000-4-7).

- Genauigkeit

    Klasse A: DIN EN 61000-4-7, Klasse I

    Klasse B: Herstellerspezifikation

- Aufrechnung

    Klasse A: drei Stufen

    Klasse B: nach Herstellerspezifikation

- Messintervall

    – mindestens eine Woche Beobachtungsdauer für die 10-min-Werte

    – mindestens einen Tag für die „3 s"-Werte, die täglich, für wenigstens eine Woche, zu ermitteln sind.

Die Auswertung der gemessenen Oberschwingungsspannungen kann nach unterschiedlichen Verfahren erfolgen. DIN EN 61000-4-30 gibt einige mögliche Beurteilungsverfahren an:

- die Anzahl oder der Prozentwert von Werten, die während des Messintervalls vertraglich vereinbarte Werte überschreiten, könnten gezählt werden
- die ungünstigsten Werte könnten mit den vertraglich vereinbarten Werten verglichen werden
- einer oder mehrere 95-%-Wahrscheinlichkeitswerte der 10-min-Werte, die über ein Intervall von einer Woche ermittelt wurden, könnten mit den vertraglich vereinbarten Werten verglichen werden
- einer oder mehrere 95-%-Wahrscheinlichkeitswerte der 3-s-(150/180-Perioden)-Werte, die täglich ermittelt wurden, könnten mit den vertraglich vereinbarten Werten verglichen werden

Messung von Flicker

Das Messverfahren basiert auf den Anforderungen an ein Flickermeter nach DIN EN 61000-4-15:

- Genauigkeit

    Klasse A: DIN EN 61000-4-15

    Klasse B: keine Festlegung

- Markierung

    P_{st}, P_{lt}, Werte am Ausgang 5

Die Auswertung der gemessenen Flickerwerte kann nach unterschiedlichen Verfahren erfolgen. DIN EN 61000-4-30 gibt einige mögliche Beurteilungsverfahren an:

- Messintervall: mindestens eine Woche
- 10-min-Wert (P_{st}) und/oder 2-h-Wert (P_{lt})
- die Anzahl oder der Prozentwert von Werten, die während des Messintervalls eine vertraglich vereinbarte Werte überschreiten, könnten gezählt werden
- Ein 99-%-Wahrscheinlichkeitswert für P_{st}, ermittelt über ein einwöchiges Messintervall, oder ein 95-%-Wahrscheinlichkeitswerte für P_{lt}, ermittelt über ein einwöchiges Messintervall, könnte mit den vertraglich vereinbarten Werten verglichen werden

Messung nach DIN EN 50160:

- Messdauer mindestens eine Woche
- P_{lt}-Werte lückenlos aufeinanderfolgend, nicht gleitend
- 95-%-Quantile der P_{lt}-Werte eines Messzyklus von einer Woche

Literatur Kapitel 8

[8.1] DIN EN 61000-4-7 (VDE 0847-4-7):2003-08
Elektromagnetische Verträglichkeit (EMV)
Teil 4-7: Prüf- und Messverfahren –
Allgemeiner Leitfaden für Verfahren und Geräte zur Messung von Oberschwingungen und Zwischenharmonischen in Stromversorgungsnetzen und angeschlossenen Geräten

[8.2] DIN EN 61400-21 (VDE 0127-21):2002-11
Windenergieanlagen
Messung und Bewertung der Netzverträglichkeit von netzgekoppelten Windenergieanlagen

[8.3] DIN EN 61000-4-15 (VDE 0847-4-15):2003-11
Elektromagnetische Verträglichkeit (EMV)
Teil 4-15 : Prüf- und Messverfahren –
Flickermeter – Funktionsbeschreibung und Auslegungsspezifikation

[8.4] Mombauer, W.: EMV. Messung von Spannungsschwankungen und Flickern mit dem IEC-Flickermeter. Theorie, Normung nach VDE 0847 Teil 4-15 (EN 61000-4-15) – Simulation mit Turbo-Pascal. VDE Schriftenreihe Band 109. Berlin und Offenbach. VDE VERLAG, 2000

[8.5] DIN EN 61000-4-30 (VDE 0847-4-30):2004-01
Elektromagnetische Verträglichkeit (EMV)
Teil 4-30: Prüf- und Messverfahren – Verfahren zur Messung der Spannungsqualität

[8.6] DIN EN 50160:2000-03
Merkmale der Spannung in öffentlichen Elektrizitätsversorgungsnetzen

Stichwortverzeichnis

%/MVA-System 62, 70
(P_{st} = 1)-Kurve 374
(P_{st} = 1)-Kurve für rechteckförmige Spannungsschwankungen 281

A

Abbruchfehler 357
absolute Häufigkeit 58
Abtasttheorem von Shannon 39, 355
Abwärtstransfer 297, 298
Aktive Filter (AFC) 311
analytische Berechnung der Flickerstärke 279
analytische Bestimmung des P_{st}-Werts 285
Anfangskurzschlusswechselstrom 96, 101
Anfangskurzschlusswechselstromleistung 96
Anforderungsklassen für Hausgeräte 379
Anhaltswert 27
Anlagenstrom 177, 240
Anlagen-THD 240
Anlaufstrombegrenzung 266
Anschluss über einen Transformator an das Netz 294
Anschlussimpedanz 177
Anschlussleistung 177, 271
Antialiasing-Filter 355
arithmetischer Mittelwert 57
Asynchrongenerator 152
Aufwärtstransfer 297, 300
Auslöseeinrichtung 224
AVBEltV 13, 170

B

Bandbreite 94, 353
Bemerkbarkeitsgrenze 371
Bemerkbarkeitskurve 370
Beobachtungsdauer 318, 376
Berechnung von Betriebsmitteln 84
Bestrahlungsstärke 142
Betriebsmittel, Kenndaten 106
Beurteilung von Oberschwingungen 191
Beurteilung der Störaussendung 349
Bewertung von Netzrückwirkungen 228
Bewertung von Oberschwingungen 240
Bewertung von Spannungsunsymmetrien 333
Bewertung von Zwischenharmonischen 244
Bezugsimpedanz 323, 325
Biomasse 120
bipolares Schalten 134
BISI 148
bleibende Spannungsabweichung 261
Blindleistung 54, 207
Blindstromkompensation 247
Brennstoffzellen 120
Bundes-Immissionsschutzgesetz 21

C

CE-Zeichen 21
charakteristische Oberschwingung 129

D

Dämpfung 92, 94
Definition 176
DIN 40110 31, 208
DIN EN 50160 19, 25, 61, 160, 173, 175, 179, 182, 333, 345, 379, 382
DIN EN 50178 333
DIN EN 60034-1 211
DIN EN 60831-1 217, 220
DIN EN 60909-0 96, 105
DIN EN 61000-2-12 229, 327, 333
DIN EN 61000-2-2 217, 223, 229, 245, 316, 327, 333
DIN EN 61000-2-4 231, 333
DIN EN 61000-3-11 323, 326
DIN EN 61000-3-12 236, 237
DIN EN 61000-3-2 232, 234, 361
DIN EN 61000-3-3 288, 316, 318, 323
DIN EN 61000-4-15 369, 371, 380, 386
DIN EN 61000-4-30 348, 378, 386
DIN EN 61000-4-7 234, 351, 353, 357, 367, 385
DIN EN 61400-21 367
DIN EN 62054-11 223
DIN IEC 60038 83, 173
DIN V VDE V 0126-1-1 148
DIN VDE 0100-300 221
DIN VDE 0228-2 223
DIN VDE 0560-1 221
direktes Kompensationsprinzip 310
Direktumrichter 131
diskrete Fouriertransformation 354, 355
Drehstrom-Asynchronmotor 263
Drehstrombrückenschaltung 124
dynamische Schlupfregelung 153

E

E DIN VDE 0126 148
Effektivwert 208, 379

Eigenerzeugungsanlage 174, 175
Einbruchschwelle 379
Einbruch-Schwellenwert 383
Einfluss von Motoren 103
Elektromagnetische Verträglichkeit 13
EMV-Änderungsgesetz 21
EMV-Gesetz EMVG 13, 169
Energiewirtschaftsgesetz EnWG 169
ENS 148, 156
Erdschlusskompensation 223
erneuerbare Energiequellen 119
Erzeugerzählpfeilsystem 35
Erzeugungsanlage 192
Erzeugungsanlagen kleiner Leistung 121
EU-Richtlinie 21

F

Fachgrundnormen 22
Fehlerart 97, 101
Fensterbreite 353
Fensterfunktion 353
FGW-Richtlinien 173
Filter 220
Flicker 20, 179, 244, 261, 263, 369
Flicker-Abwärtstransfer 180
Flickerbeiwert 164
Flickerbewertung 179, 327
Flickeremission 303
Flickererzeugung 263
Flicker-Formfaktor 284
Flickerkoeffizient 164
Flickerkurve 314, 370
Flickermessungen an einem Lichtbogenofen 268
Flickermeter 263, 282, 369, 371
Flickerminimierung 309
Flickerpegel P_{st} im Netz 182
Flickerstärke 263, 278
Flickerstärke P_{st} 371
Formfaktor 283

Fourieranalyse 35, 85, 126
Fourierkoeffizient 357
Fourierreihe 351
Fouriersynthese 40
Fouriertransformation 351
fremdgeführte Stromrichter 123
Frequenzschwankung 20

G

Gegenkomponente 46
Gegensystem 131, 212
Genauigkeitsforderungen an
Oberschwingungsmessgeräte 359
Generator 211
gepulste Leistung 262
Geräteklasse, Auswahl 232, 238
Gesamtoberschwingungsgehalt 177
Gesamtoberschwingungsgehalt der
Anlage 188
Gesamtstörfaktor 208
Gesamtstörpegel 339, 343
gewichtete Oberschwingungs-
Teilverzerrung 368
Gleichphasigkeitsfaktor 210
Gleichspannungswandler 137
gleitende Referenzspannung 383
Glühlampe 227
Grenzkurve OS-Lastanteil 189
Grenzwerte für Emissionen 193
Grenzwerte für d_{max} 319
größte Spannungsänderung 279
Grundnormen 22
Grundschwingungsgehalt 208
Grundschwingungsleistungsfaktor
54, 209
Gruppenkompensation 227
Gruppierungsverfahren 234, 361

H

Hintergrundflicker 277
Hochsetzsteller 140

Höchstkurzschlussleistung 271
Höchstschweißleistung 271
Höchstspannungsnetz 344
Höhe der maximalen
Spannungsänderung 181
Hysterese 379

I

IEC 61000-3-13 335
IEC 61000-3-7 298
IEC 77A/535/CD 336
IEC 61400-21 164
IEC-Flickermeter 371, 372
Impedanzkorrekturfaktor 102
indirektes Kompensationsprinzip 311

K

kapazitive Leistung 91
Kenndaten von Betriebsmitteln 61, 106
Kirchhoff'sche Gesetze 33
Klasse-A-Gerät 380
Klasse-B-Gerät 381
Kommutierungseinbruch 191
Kompaktleuchtstofflampe 195, 199
Kompensation 309
Kompensationsanlage 88
komplexe Rechnung 28
Kondensator 212, 215
Koordination der Störaussendung 326
Kopplungsfaktor 343
Korrekturfaktor $R = f(r)$ 282
Kurzschlussimpedanz 261
Kurzschlussleistung 17, 91, 178, 288, 348
Kurzschlussstrom 142
Kurzschlussstromberechnung 112
Kurzschlussverhältnis 236, 245
Kurzzeit-Flickeremissions-Grenzwert 181

391

Kurzzeit-Flicker-Grenzwert 327
Kurzzeit-Flickerstärke 376
Kurzzeitintervall 376

L

Längsspannungsfall 289
Langzeit-Flickeremissions-Grenzwert 181
Langzeit-Flicker-Grenzwert 327
Langzeitflickerstärke 278, 376
Langzeitintervall 376
Laständerung 177
Leerlaufmessung 47
Leerlaufspannung 142
Leistung 53
Leistungsbeiwert 150
Leistungsfaktor 56, 177, 209
Leistungsschalter 222
Leistungsverhältnis 178, 236
Leitungselektronik 121
Leuchtstofflampe 227
Lichtbogenofen 262, 267
Liniennetz 76

M

Markierungskonzept 382
Maschennetz 77
maximal zulässige Netzimpedanz 324
maximale Spannungsänderung 261
maximaler Kurzschlussstrom 99
Maximum-Power-Point 144
Messgerät 347
Messprotokoll 350
Messung der Impedanzen 47
Messung der Spannungsqualität 57, 378
Messung der Störaussendung 347
Messung von Flicker 386
Messung von Oberschwingungen 385
Messung von Spannungsqualitätsmerkmalen 347
Messverfahren 347
minimaler Kurzschlussstrom 100
Mitkomponente 45
Mitsystem 212
Mittelwertbildung 58
Modellierung der Betriebsmittel 86
Modulationsfrequenz 313
momentaner Flickereindruck 372
Motor 211, 263
Motoranlauf 261
Motoren größerer Leistung 262
MPP-Regelung 147
MPP-Tracker 144

N

Nachbildung von Verbraucherlasten 87
NAV 13, 170
Nennleistung 271
Nennspannung 28
Netzebenenfaktor 83
Netzimpedanz 19, 82, 96, 104, 113, 179, 183
Netzresonanz 95
netzseitige Maßnahme 312
Netzüberwachung 148
Nichtfunktionspegel 245
Niederspannungsverbraucher 255
Nullkomponente 46
Nullsystem 210, 211

O

Oberschwingung 20, 52, 176, 182, 195
Oberschwingungserzeuger 250
Oberschwingungs-Gesamtverzerrung 368
Oberschwingungslast 178, 188, 189

Oberschwingungslastanteil 178, 190, 191, 241
Oberschwingungsmessgerät 353
Oberschwingungspegel 182
Oberschwingungsspannungsquelle 123
Oberschwingungsstöraussendung 159
Oberschwingungsstromquelle 123
Oberschwingungsuntergruppe 362, 363
Ohm-System 63, 70
Overlapping-Effekt 277

P

Parallelresonanz 247
Parallelschaltgerät 223
Parallelschwingkreis 93, 213
Pegelwert 26
Per-unit-System 62
Photovoltaikanlage 120, 141, 197
Physikalisches System 61
Planungspegel 335, 339, 343, 344
P_{lt}-Wert 325
Polarität der Spannungsänderung 277
Produktnormen 22
Proportionalitätsfaktor 240
Prüfimpedanz 288
Prüfkreis 318
P_{st}-Formel 282
P_{st}-Wert 325
Pulsweitenmodulation 133
PV-Anlage 145
PWHD 209
p_V-Faktor 83, 184, 187

Q

quadratischer Mittelwert 58

R

Rechteckfenster 353

Referenzlampe 369
Reihenschwingkreis 90, 217
relative Häufigkeitsverteilung 60
relative Oberschwingungsleistung 183
relative Oberschwingungsströme je Kundenanlage 184
Resonanz 86, 110, 212
Resonanzfrequenz 91, 93
Restspannung 379
Ringnetz 74
Rundsteuerempfänger 205, 223, 245

S

Sanftanlaufschaltung 266
Saugwirkung 220
Schaltnetzteil 201
Scheinleistung 53
Schnelllaufzahl 150
Schutzgerät 224
Schweißmaschine 262, 294
Schwellenwert der Spannungsüberhöhung 379
selbstgeführte Stromrichter 130
Selektionscharakteristik 354
Sinus-Unterschwingungsverfahren 136
Solarzelle 141
Spannungsänderung 20, 179, 262, 275, 279, 288, 369
Spannungsänderungen und Flicker 176
Spannungsänderungsverlauf 20, 275, 278, 279
Spannungsebene 83
Spannungs-Effektivwertverlauf 279
Spannungseinbruch 379, 383
Spannungsfaktor 99
Spannungsqualitätsmerkmal 347, 349
Spannungsschwankung 20, 261, 262, 279, 369
Spannungsüberhöhung 379

Spannungsunsymmetrie 20, 182, 331, 345
Spannungsunterbrechung 385, 379
Spannungswandler 222
spektrale Auflösung 353
Standardabweichung 58
Statistik 56
Stern-Dreieck-Anlauf 265
Störaufklärung 349
Störaussendung 232, 236, 340
Störaussendungen von PV-Anlagen 155
Störaussendungen von Windenergieanlagen 163
Störaussendungspegel 16
Störemission einer Einzelanlage 182
Störfestigkeit 16
Störgrenze 371
Störgröße 16
Störkurve 370
Strahlennetz 73
Strangnetz 76
Stromrichterkaskade 154
Stromwandler 222
Summationsexponent 275, 277, 285, 336
Summationsgesetz 275, 307, 339
Summenhäufigkeitsverteilung 61
SVC 311
Symmetrierung 310
symmetrische Belastung 41, 67, 69, 85, 288, 332
Synchrongenerator mit Umrichter 155

T

TAB 172, 328
Technische Regeln 23, 171, 175, 228, 240, 244, 326
Teillastbetrieb 136, 158
Teilverzerrungsfaktor 209
Telefoninterferenzfaktor 227

Temperaturabhängigkeit 142
THD 177, 208
Thyristorgeregelte Induktivitäten (TCR) 311
Thyristorgeschaltete Kondensatoren (TSC) 310
Tiefsetzsteller 138
TN-Netz 221
Tonfrequenzrundsteuerung 192
Transferfaktor 336
Transferkoeffizient 180, 297, 307
Transformator 222
Transmission Code 172
TT-Netz 221
Typenprüfung 318

U

Übergabestelle 178
Übersprechen 354
unipolares Schalten 135
Unschärfenrelation 353
Unsymmetriefaktor 332
Unsymmetriegrad 182
unsymmetrische Belastung 291
Unterbrechungsschwelle 379

V

VDE-Klassifikation 23
VDEW-Richtlinie 171, 174, 175
VDN-Technische Regeln 104, 105, 326
Verbraucherzählpfeilsystem 35
Verdrosselung 217
Verdrosselungsgrad 218
vereinbarte Eingangsspannung 383
vereinbarte Versorgungsspannung 28, 383
Verknüpfungpunkt 178
Verlegung des Anschlusspunkts einer Last 301
Verlustfaktor 92

vermaschtes Netz 77, 342
Verschiebungsfaktor 178, 209
Verschiebungsfaktor der
 Grundschwingung 56
Verschiebungsfaktor der
 Höchstschweißleistung 271
Versorgungsspannung 28
Verteilung der Flickerpegel 297, 321
Verteilung der Flickerstärke im
 Strahlennetz 301
Verträglichkeitspegel 16, 179, 180,
 229, 245, 327
Verzerrungsblindleistung 55
Verzerrungsfaktor 209
Verzerrungsleistung 207
Vorgehensweise 243, 246, 334, 341

W

Wasserkraft 120
Weibull-Verteilungsfunktion 87
Widerstandsschweißmaschine 269
Wiederholrate 278

Windenergieanlage 120, 149, 197,
 262, 307, 367
Windkraftanlage 197
Wirkleistung 53, 207

Z

Zählpfeil 33
Zeigerdiagramm 34
Zeitaufrechnung 380
Zeitfenster 353
zentrierte zwischenharmonische
 Untergruppe 365
zulässige Oberschwingungsspannung
 184
zulässiger Oberschwingungsstrom
 185
Zweiweggleichrichter 198, 201
Zwischenharmonische 20, 206, 245,
 252, 312, 365
zwischenharmonische Gruppe 367
zwischenharmonische Spannung 192